W0256396

Peter Giesecke

# Dehnungsmeßstreifentechnik

# Aus dem Programm
## Messen – Steuern – Regeln

### *Meßtechnik*

**Elektrische Meßtechnik**
von K. Bergmann

**Meßwertanalyse**
von K.-H. Hauck

**Angewandte Elektrische Meßtechnik**
von A. und F. Haug

**Dehnungsmeßstreifentechnik**
von P. Giesecke

**Fertigungsmeßtechnik**
von E. Lemke

### *Steuerungstechnik*

**Steuerungstechnik mit SPS**
von G. Wellenreuther und D. Zastrow

**Elektropneumatische und elektrohydraulische Steuerungen**
von E. Kauffmann, E. Herion und H. Locher

**Hydraulische Steuerungen**
von E. Kauffmann

**Pneumatische Steuerungen**
von G. Kriechbaum

### *Regelungstechnik*

**Regelungstechnik für Ingenieure**
von M. Reuter

**Regelungstechnik für Maschinenbauer**
von W. Schneider

**Digitale Regelungssysteme**
von W. Büttner

**Regelungstechnik Aufgaben**
von H. Unbehauen

## Vieweg

Peter Giesecke

# Dehnungs-meßstreifentechnik

## Grundlagen und Anwendungen in der industriellen Meßtechnik

Mit 181 Abbildungen und 10 Tabellen

Die Deutsche Bibliothek – CIP-Einheitsaufnahme

**Giesecke, Peter:**
Dehnungsmeßstreifentechnik: Grundlagen und Anwendungen
in der industriellen Meßtechnik; mit 10 Tabellen / Peter Giesecke. -
Braunschweig; Wiesbaden: Vieweg, 1994
ISBN-13: 978-3-528-03375-0  e-ISBN-13: 978-3-322-86797-1
DOI:10.1007/978-3-322-86797-1

Alle Rechte vorbehalten
© Friedr. Vieweg & Sohn Verlagsgesellschaft mbH, Braunschweig/Wiesbaden, 1994
Softcover reprint of the hardcover 1st edition 1994

Der Verlag Vieweg ist ein Unternehmen der Verlagsgruppe Bertelsmann International.

Das Werk einschließlich aller seiner Teile ist urheberrechtlich geschützt. Jede
Verwertung außerhalb der engen Grenzen des Urheberrechtsgesetzes ist ohne
Zustimmung des Verlags unzulässig und strafbar. Das gilt insbesondere für
Vervielfältigungen, Übersetzungen, Mikroverfilmungen und die Einspeiche-
rung und Verarbeitung in elektronischen Systemen.

Umschlaggestaltung: Klaus Birk, Wiesbaden
Gedruckt auf säurefreiem Papier

# Vorwort

Das vorliegende Buch wendet sich vor allem an Ingenieurstudenten der höheren Semester und an Ingenieure, die auf dem Gebiet der industriellen Meßtechnik tätig sind oder sich in dieses einarbeiten wollen. Es bezieht sich auf einen Gegenstand, dessen Größe in krassem Gegensatz zu seiner technischen und wirtschaftlichen Bedeutung steht: der in der Regel nur cirka einen Quadratzentimeter große Dehnungsmeßstreifen ist ein Meßaufnehmer mit ausgesprochen vielfältigen Einsatzgebieten und damit auch ein ausgezeichneter Wegweiser in das allgemeine Gebiet der industriellen Meßtechnik. Die Grundlage für den fachlichen Inhalt des Buches wird durch eine fünfzehnjährige Praxis auf dem Gebiet der Sondermeßanlagen gebildet. Die Arbeit auf diesem Gebiet ist gekennzeichnet durch einen ständigen Wechsel zwischen Projekt-, Verkaufs- und Entwicklungsarbeit, wobei die meisten Entwicklungen während der Auftragsbearbeitung durchgeführt werden. Damit ist eine der wichtigste Fähigkeiten bei der Leitung einer derartigen Abteilung das Entscheidungsvermögen darüber, ob die gestellten Kundenforderungen mit einem noch nicht fertig entwickelten Meßverfahren erfüllbar sind. Diese in den meisten Ingenieurberufen erforderliche Eigenschaft läßt sich in folgendem Diagramm veranschaulichen:

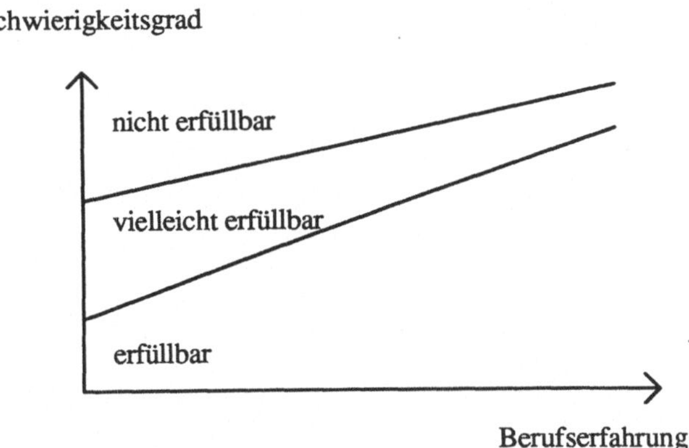


Der Ingenieur sollte also bemüht sein, den Schwierigkeitsgrad seiner Aufgaben und gleichzeitig die Zuverlässigkeit seiner Voraussagen ständig zu steigern. Das Erstere erfordert vor allem Kreativität, die im Rahmen dieses Buches nur unvollständig zu vermitteln ist, Ansätze dazu finden sich in Kapitel 1.3. Das Zweite erfordert systematisches Vordenken, in der Meßtechnik vor allem in Form einer qualitativen und quantitativen Fehleranalyse. Die qualitative Fehleranalyse, d.h. die Aufstellung einer Liste aller möglichen Fehlerquellen, erfordert vor allem Erfahrung, dabei kann das in Kapitel 2.5 gezeigte Schema hilfreich sein. Die quantitative Fehleranalyse, d.h. die Berechnung der Größe des zu erwartenden Fehlers, erfordert vor allem Fachwissen. Dieses setzt sich zusammen aus den in Kapitel 10 zusammengefaßten allgemeinen Grundlagen der Fehlerrechnung, dem in Kapitel 2 behandelten allgemeinen Aufbau einer Meßkette und den in den übrigen Kapiteln beschriebenen fachspezifischen Kenntnissen. Dazu dient insbesondere für das neue Gebiet der fehlerkompensierten Direktapplikation die in Kapitel 7.3 gezeigte Fehlerabschätzung, die den für die Erreichung einer vorgegebenen Genauigkeit zu leistenden Aufwand festlegt, die hierzu erforderlichen Grundlagen der Elastomechanik finden sich in Kapitel 3.

Der allgemeine Aufbau des Buches ist in den nicht DMS-spezifischen Teilen so gehalten, daß es mehr Wegweiser als detaillierte Gebrauchsanweisung ist, insbesondere die elektrische Signalverarbeitung konzentriert sich auf die zur Auswahl und Beurteilung wesentlichen Merkmale.

Wesentlichen Anteil an der Gestaltung des Buches hatte Herr cand. Ing. Armin Muth, der sich der mühevollen Aufgabe unterzog, die Bilder und Formeln zu gestalten und mich mit viel Geduld und Nachsicht in die Formatisierungsgeheimnisse des verwendeten Textverarbeitungsprogramms einwies. Weiterhin danke ich Herrn Schmitt vom Vieweg Verlag für seine Hilfe bei der Konzepterstellung, Frau Zander für ihre sorgfältige Korrektur und nicht zuletzt meiner Frau Najia für ihre Geduld.

*Wiesbaden, März 1994*

# Inhaltsverzeichnis

# 1 Einleitung

## 1.1 Historisches

Die Entwicklung der Dehnungsmeßstreifen-Methode, im folgenden mit DMS abgekürzt, geht auf **Robert Hooke** zurück, der bereits 1678 den proportionalen Zusammenhang zwischen Materialspannungen und Materialdehnungen erkannte. Damit war der erste Schritt zur Zugänglichmachung von Normalspannungen getan, wobei die Dehnungsmessung an der Materialoberfläche allerdings noch mit mechanischen Hilfsmitteln erfolgte.

Der zweite Schritt, d.h. der Übergang zur elektrischen Messung der Dehnung, wurde möglich durch Nutzung des **Thompson-Effektes**, der die Änderung des Widerstandes mechanisch verformter elektrischer Leiter beschreibt.

Die eigentliche Erfindung des DMS, die die Anwendung der beschriebenen Effekte im großen Maßstab meßtechnisch nutzbar machte, wird **Artur Claude Ruge** zugeschrieben, der Ende der dreißiger Jahre am **Massachusetts Institute of Technology** nach einer Möglichkeit suchte und mittels des DMS fand, die Erdbebenfestigkeit dünnwandiger Wassertanks zu untersuchen.

Der entscheidende Verdienst von Ruge bestand darin, daß er bereits im ersten Anlauf den elektrischen Verformungskörper auf ein separates Trägermaterial brachte und damit einen unabhängigen und leicht zu plazierenden Sensor schuf. Das Hauptproblem bestand dabei in der Erzielung eines meßtechnisch nutzbaren Geberwiderstandes, der, um den Einfluß äußerer Störungen möglichst gering zu halten, wesentlich größer als der Widerstand der Anschlußkabel sein muß. Er löste dieses Problem durch Verwendung extrem dünner Drähte mit d = 25 μm und einer meanderförmigen Anordnung zur weiteren Vergrößerung des Widerstandes bis zu einigen 100 Ω. Die ersten dieser "**elektrischen Widerstands-Dehnungs-Meßstreifen mit gebundenem Gitter**" wurden noch auf Seidenpapier geklebt und waren entsprechend empfindlich in der Handhabung, erfüllten aber bereits optimal ihre meßtechnische Aufgabe. Die wirkliche Bedeutung des DMS trat allerdings erst etwas später zutage. Nachdem die Patentrechte von der Patentabteilung des MIT auf Grund mangelndem wirtschaftlichen Nutzen freigegeben wurden und Prof. Ruge sich an die amerikanische Firma BALDWIN wandte, bekam er zunächst die ernüchternde Antwort:

*"Wir sind im Lokomotivgeschäft und beabsichtigen nicht, Briefmarken herzustellen."*

Doch auch Manager können sich irren, und heute ist der Name BALDWIN mit der DMS-Entwicklung und der Herstellung von DMS-Aufnehmern engstens verbunden.

Nachdem in den Folgejahren die Nachfrage nach DMS seitens der amerikanischen Flugzeugindustrie lawinenartig anstieg, wurde zunächst auf Zelluloselack als Trägermaterial übergegangen. Ab Anfang der fünfziger Jahre wurde dann die sich damals entwickelnde gedruckte Schaltungstechnik genutzt; der daraus hervorgegangene Folien-DMS ist bis heute üblich und wurde im Laufe der Weiterentwicklung an die verschiedensten Meßaufgaben angepaßt.

## 1.2 Übersicht über bestehende und potentielle neue Anwendungsgebiete

### 1.2.1 Analyse von durch äußere Belastungen hervorgerufenen Spannungszuständen

Die ursprüngliche Anwendung war, wie oben geschildert, die Bestimmung von Spannungszuständen in mechanisch belasteten Bauteilen, die der analytischen Berechnung nicht zugänglich sind. War man früher in solchen Fällen gezwungen, das Bauteil aus Sicherheitsgründen überzudimensionieren, so bietet die DMS-Spannungsanalyse heute eine äußerst zuverlässige und bequeme Methode der Bauteiloptimierung. Dies ist vor allem dann notwendig, wenn die Überdimensionierung nicht nur zu erhöhtem Materialeinsatz führt, sondern darüber hinaus auch noch die Funktion wesentlich beeinträchtigt. Damit ist dann auch das anfangs erwähnte enorme Interesse der Flugzeugindustrie erklärlich, die nun plötzlich in der Lage war, das Eigengewicht ihrer Flugzeuge ganz beträchtlich zu senken und damit bei erhöhter Flugsicherheit auch die Tragfähigkeit und damit die Rentabilität zu erhöhen. Das zu dimensionierende Bauteil wird zu diesem Zweck im Modell oder im Original an den gefährdeten Stellen mit sogenannten DMS-Rosetten appliziert, die jeweils drei in verschiedenen Richtungen angeordnete DMS besitzen. Anschließend werden die einzelnen DMS getrennt zu jeweils einer Wheatstone-Viertelbrückenschaltung verdrahtet. Die Diagonalspannung wird an ein geeignetes Meßgerät angeschlossen und für das unbelastete Bauteil auf "Null" kompensiert. Wird das Bauteil anschließend entsprechend den späteren Betriebsbedingungen belastet, können aus den gemessenen Ausgangsspannungen die Dehnungen in den drei vorgegebenen DMS-Richtungen berechnet werden. Aus diesen drei Werten lassen sich dann die drei Unbekannten "Erste Hauptdehnung", "Zweite Hauptdehnung" und "Hauptspannungsrichtung" berechnen. Damit sind dann auch über das Hooksche Gesetz für den zweidimensionalen Spannungszustand Größe und Betrag der beiden Hauptspannungen berechenbar und ebenso über den Mohrschen Spannungskreis Betrag und Richtung der maximalen Schubspannung.

Eine gewisse Konkurrenz zu dem beschriebenen Verfahren ist durch die großen Fortschritte auf dem Sektor der "FINITE ELEMENTE-Methode" entstanden, die viele Probleme der rechnerischen Lösung zugänglich macht und in der DMS-Methode eine ideale Ergänzung zur späteren Verifizierung der Ergebnisse findet.

### 1.2.2 Analyse von Eigenspannungen

Etwas schwieriger gestaltet sich die Ermittlung von Eigenspannungszuständen, die z.B. beim Abkühlen von großen Gußteilen durch unterschiedliche Abkühlungsgeschwindigkeit entstehen. Da der Spannungszustand sich nicht durch äußere Belastung aufheben läßt, muß er an der betreffenden Stelle durch "Öffnen der Oberfläche" gezielt geändert und dann über die damit verbundene Relaxation erfaßt werden. Dies geschieht durch Applikation mit speziellen Bohrlochrosetten und geringfügigem Anbohren der Probe. In den meisten Fällen ist die Zerstörung der Oberflächenstruktur für das Festigkeitsverhalten vernachlässigbar und das Verfahren damit als praktisch zerstörungsfrei einzustufen.

### 1.2.3 DMS-Serienaufnehmer

Die Entwicklung, die Fertigung und der Vertrieb von DMS-Serienaufnehmern sind ein Tätigkeitsfeld, das vor allem größeren Firmen mit entsprechenden Forschungs- und Fertigungseinrichtungen und Vertriebsstrukturen vorbehalten ist. Bei Wahl der optimalen Fertigungstiefe und konsequenter Nutzung der Kostenreduzierung durch Serienfertigung ist hier ein Lieferprogramm aufzubauen, das in sich tragfähig ist.

Eine weitere wichtige Voraussetzung ist die Bereitstellung möglichst praxisnaher Anwenderunterlagen, die auf Grund der Praxisferne derartig spezialisierter Firmen ein gewisses Problem darstellt. Hier sind vor allem ein offenes Ohr für Reklamationen und eine konstruktive Zusammenarbeit mit den Anwendern notwendig. Diese Anwender sind meist entweder wiederum größere Firmen, die die DMS-Sensoren in ihre Produkte integrieren, oder auch kleinere Unternehmen, die sich auf bestimmte Marktnischen konzentriert haben. Ein Beispiel für den ersten Kundenkreis ist die Hydraulikindustrie mit ihrem Massenbedarf an Drucksensoren; ein Beispiel für den zweiten Kundenkreis finden wir in den oft noch handwerklich strukturierten Waagenbauunternehmen, die sich im Laufe der letzten zwei Jahrzehnte von den vorher üblichen mechanischen Hebelwaagen auf den immer stärkeren Einsatz von Wägezellen umstellten.

Neben den genannten DMS-Aufnehmern gibt es noch eine ganze Reihe weiterer Aufnehmer, die für die Serienproduktion geeignet sind, und darüber hinaus Spezialaufnehmer, die nach Kundenwünschen entwickelt und nur in kleiner Stückzahl gefertigt werden. Prinzipiell gilt, daß sich jede Meßgröße mit DMS-Sensoren messen läßt, die in irgend einer Form, direkt oder indirekt, eine Kraftgröße hervorruft. Da Spezialaufnehmer meist nicht in die Unternehmensphilosophie der Firmen passen, die Serienaufnehmer herstellen, bietet sich hier auch eine Chance für kleinere Unternehmen, die den Nachteil fehlender Fertigungskapazitäten durch den Vorteil größerer Flexibilität ersetzen. Als Beispiel dienen hier die sogenannten "Internen Windkanalwaagen" und DMS-Sensoren für Montageroboter. Es hat sich als außerordentlich nützlich herausgestellt, sowohl bei der Formgebung der Meßkörper als auch bei ihrer endgültigen Dimensionierung die FINITE ELEMENTE-Methode anzuwenden. Sie ermöglicht durch gezielte Veränderungen der Geometrie die Verlagerung eines großen Teils der Experimente in den Computer. Insbesondere ist sie ein ungemein hilfreiches Mittel zum Erkennen von Spannungsspitzen an Querschnittsübergängen. Diese Spannungsspitzen können, wenn sie bestimmte Grenzen überschreiten, zu mikroplastischen Verformungen führen, die einerseits die Hysterese des Aufnehmers erhöhen und darüber hinaus auch die Dauerfestigkeit herabsetzen.

### 1.2.4 DMS-Direktapplikation

Die DMS-Direktapplikation ist ein noch relativ junges und weitgehend unbekanntes Anwendungsgebiet. Sie bietet vor allem anwenderorientierten Firmen, wie z.B. Lieferanten von Wägeanlagen, eine profitable Ergänzung ihres Lieferprogramms; sie ist darüber hinaus aber auch ein äußerst interessantes Betätigungsfeld für kleinere Unternehmen. Neben der erweiterten Umsatzzone ist für die erste Gruppe vor allem der innovative Aspekt vorteilhaft, der mit der Bearbeitung nicht routinemäßiger Aufgaben verbunden ist. Bei konsequentem Informationsfluß zwischen der Projektabteilung, der Montageabteilung und der Entwicklungsabteilung ergeben sich hier häufig Impulse, die anschließend auch für die Standardaufgaben nutzbar sind. Die besondere Chance für kleinere Unternehmen besteht in dem geringen erforderlichen Kapital- und Mitarbeitereinsatz, da sowohl der Fertigungs- als auch der Montageaufwand vergleichsweise gering ist. Dies wird möglich durch die nur für Dehnungsmeßstreifen typische Eigenschaft, das der DMS direkt auf vorhandene Bauteile geklebt werden kann und diesen Bauteilen damit ohne weitere konstruktive Änderungen völlig neue Eigenschaften verleiht. Zur Demonstration dieser Behauptung könnten Sie sich beispielsweise vorstellen, den Stuhl, auf dem Sie vermutlich gerade sitzen, an seinen Beinen mit vier DMS zu applizieren und damit in eine Personenwaage umzufunktionieren, ohne damit die ursprüngliche Verwendung des Stuhles zu schmälern. Abgesehen von derartigen Gedankenspielereien gibt es für die DMS-Direktapplikation ein noch weitgehend ungenutztes Betätigungsfeld, dessen Nutzung mit sinkenden Rechnerkosten zunehmend profitabler wird.

Die aktuellsten Beispiele hierzu sind die Bunker- und Silowägung mit dem Ziel der On-line-Bilanzierung im Zentralrechner und die Wägung auf der Schiene, die sowohl im Stand als auch während der Fahrt erfolgen kann.

Als besonders wichtiger Vorteil dieser Methode hat sich der Umstand herausgestellt, daß die Arbeiten vor Ort mit einem Minimum an Stillegungsaufwand vorgenommen werden können, d.h. die Produktion im Idealfall ohne Unterbrechung weitergehen kann.

Alle Anwendungsfälle sind gekennzeichnet durch einen im Vergleich zu den Standardlösungen relativ hohen Rechneraufwand, der das Gebiet der notwendigen Kenntnisse beträchtlich erweitert. Weiterhin benötigt wird ein überdurchschnittlich gutes räumliches Vorstellungs-vermögen, die Fähigkeit zum analytischen und ganzheitlichen Denken und vor allem viel Phantasie.

Die zunächst vielleicht abschreckende Wirkung der obigen Aufzählung ist ambivalent, bietet sie doch dem, der die aufgezählten Voraussetzungen erfüllt, eine hervorragende Barriere ge-genüber Nachahmung, viel wirksamer als Patente oder Gebrauchsmuster, die in den meisten Fällen sowieso umgehbar sind und der Konkurrenz darüber hinaus noch wertvolle Hinweise über den eigenen Entwicklungsstand geben. Der geringe erforderliche Materialeinsatz und Fertigungsaufwand macht die DMS-Direktapplikation auch zum idealen Betätigungsfeld in Schwellenländern, in denen der verstärkte Rechnereinsatz die nachträgliche Aufrüstung mit Signalgebern erfordert, ohne die bestehenden Produktionsanlagen wesentlich zu verändern.

Wenn man es geschafft hat, auf dem genannten Gebiet erfolgreich zu arbeiten, dann bietet sich bei Vorliegen entsprechender Erfahrungswerte auf Grund der nun möglich gewordenen "Kalkulation nach Kundennutzen" anstatt der üblichen Risiko- und Fertigungskostenbasis eine weit über dem Durchschnitt liegende Gewinnspanne.

### 1.2.5 Überwachung sicherheitsrelevanter Bauteile

Dieses Aufgabengebiet ist, bezogen auf die Arbeitstechnik, mit dem vorhergehenden eng ver-wandt, hat aber eine andere Zielsetzung.  Es gibt in der Technik eine Vielzahl von Fällen, bei denen von durch Überlastung hervorgerufenen Schadensfällen Menschen gefährdet sind oder hohe Kosten auf Grund von Produktionsausfällen entstehen.

Bleiben wir bei dem bereits erwähnten Beispiel "Flugzeugtragflächen", dann bietet die DMS-Applikation an den besonders gefährdeten Anschlußelementen die Möglichkeit der nachträgli-chen Feststellung einer möglichen Überlastung bei Crash-Situationen, die dann konsequenter-weise zum Austausch der betroffenen Bauteile führt. Auch im Fall eines Flugzeugabsturzes kann der DMS noch zu Hinweisen verhelfen, wenn die Ausgangssignale besonders exponier-ter Meßstellen ständig aufgezeichnet und im Flugschreiber registriert werden.

Da die Anwendung derartig gelagerter Meßaufgaben im allgemeinen sehr profunde Insider-kenntnisse erfordert, wird ihre Projektierung und Realisierung meistens von den betroffenen Firmen selbst vorgenommen. Da hier die spätere Feststellung einer eventuellen Schuldfrage im Raume steht, ist bei derartigen Meßaufgaben neben einer überdurchschnittlichen Sorgfalt auch auf gesetzliche Vorschriften und eine ausführliche Dokumentation zu achten.

### 1.2.6 Grenzen der DMS-Anwendung

Der Hauptvorteil der Möglichkeit der DMS-Applikation auf praktisch beliebigen Bauteilen ist damit notwendigerweise mit dem Nachteil verbunden, daß sich im Meßergebnis alle deh-nungsrelevanten Eigenschaften des Bauteilmaterials wiederspiegeln.
Der DMS teilt dieses Schicksal mit allen anderen Kraftmeßverfahren, bei denen die Kraft auf dem Umweg der Verformung eines Meßkörpers gemessen wird. Der Umweg über den Ver-

formungskörper hat zwar keinen Einfluß auf die eigentliche Funktion, wirkt sich aber nachteilig auf die Qualität der Messung aus. Beeinflußt werden die Linearität, die Hysterese, und das Zeitverhalten mit entsprechenden Auswirkungen auf die Meßgenauigkeit und die Reproduzierbarkeit.

Der beschriebene Effekt hat je nach Anwendungsfall verschiedene Konsequenzen:

Bei der DMS-Spannungsanalyse ist er praktisch bedeutungslos bzw. im Einzelfall sogar erwünscht, wenn die Materialeigenschaften selbst Gegenstand der Untersuchung sind.

Bei DMS-Aufnehmern läßt sich der Materialeinfluß durch Wahl besonders geeigneter Meßkörpermaterialien minimieren; eine gewisse Resthysterese ist hierbei, wie später gezeigt wird, sogar erwünscht. Bei ausgesprochenen Präzisionsaufnehmern allerdings legen die Materialeigenschaften eine Grenze fest, die ohne weitere elektrische bzw. rechnertechnische Korrekturmaßnahmen nicht mehr unterschritten werden kann.

Bei der DMS-Direktapplikation sind die durch das betreffende Bauteil gegebenen Materialeigenschaften dann sehr störend, wenn sie dem Erreichen der erforderlichen Genauigkeitsgrenze entgegenstehen. In kritischen Fällen kann dann das verformte Teil durch ein besseres Material ersetzt werden, beispielsweise bei der Schienenwägung durch Einfügen eines präparierten Gleisstückes geeigneteren Materials; allerdings geht bei dieser Hybridlösung damit der Hauptvorteil des störungsfreien Einbaues weitgehend verloren.

Bei der Überwachung sicherheitsrelevanter Bauteile spielen die Materialeigenschaften auf Grund der weit herabgesetzten Genauigkeitsforderungen keine Rolle.
Für alle Anwendungsfälle gilt, daß sowohl die maximale Kraftamplitude als auch die das dynamische Verhalten bestimmende Resonanzfrequenz durch den Verformungskörper und nicht durch den DMS festgelegt wird.


## 1.3 Vorgehensweise bei der Lösung praktischer Meßaufgaben


### 1.3.1 Übersicht

Die Frage nach den notwendigen Arbeitsgängen zur Lösung einer Meßaufgabe läßt sich nicht pauschal beantworten. Sie hängt zunächst in trivialer Weise von der vorliegenden Aufgabenstellung ab, d.h. davon, ob eine Messung durchgeführt werden soll, ob Meßmittel hergestellt werden müssen, ob eine bestehende Meßanlage gewartet oder kalibriert werden soll, ob ein neues Meßverfahren zu entwickeln oder eine Meßeinrichtung aus bestehenden Bauelementen aufzubauen ist usw.

Von der Fülle möglicher Aufgabenstellungen wollen wir uns zunächst auf zwei Aufgabenstellungen beschränken:

    a) der Entwurf und die Dimensionierung eines DMS-Sensors und seine elektrische Verschaltung zur Lösung einer bestimmten Meßaufgabe

    b) die Durchführung eines komplexen Meßablaufs

Beide Aufgaben erfordern die für die meisten Ingenieurtätigkeiten charakteristischen Merkmale "Kreativität" und "Systematik". Da sich die beiden genannten Merkmale im allgemeinen widersprechen, werden sie bei der Lösungssuche sinnvollerweise abwechselnd angewendet. Auf eine systematische (d.h. vollständige und nach Prioritäten geordnete) Anforderungsliste folgt eine möglichst weiträumige Lösungssuche mit anschließender Entscheidungsfindung für die vermeintlich beste Lösung.

Dieser erste Lösungsansatz wird anschließend einer kritischen Prüfung unterzogen und führt dann im allgemeinen zu mehr oder weniger großen Schwächen bzw. Widersprüchen. Darauf setzt dann wieder ein kreativer Prozeß ein, der entweder zu einer völlig neuen Lösung führt, oder die vorherige Lösung unter Berücksichtigung der gefundenen Widersprüche modifiziert. Die beschriebene, rezeptartig formulierte Klammer zwischen Systematik und Kreativität wird ergänzt durch eine weitere Brücke, die allerdings wesentlich schwieriger herzustellen ist: die Lösungsfindung durch Assoziation, d.h. die Übertragung oft artfremder Lösungskonzepte auf das eigene aktuell anstehende Problem. Die Voraussetzung für erfolgreiches assoziieren sind somit ein möglichst umfassendes und systematisches Wissen über bewährte Lösungsansätze und -konzepte, und darüber hinaus ein souveränes Verständnis für technische Zusammenhänge. Es ist mit ein Ziel dieses Buches, die beschriebenen typischen Merkmale erfolgreicher Ingenieurtätigkeit zumindest andeutungsweise aufzuzeigen und zu trainieren.

### 1.3.2 Entwurf und Auslegung eines DMS-Sensors

Wir gehen im folgenden von der Situation einer Ingenieurabteilung aus, die sich auf die Projektierung, Entwicklung, Konstruktion, Lieferung und Inbetriebnahme von Sondermeßanlagen spezialisiert hat. Dann könnte die typische Voranfrage eines potentiellen Kunden etwa folgendermaßen lauten:

*Können Sie eine Meßeinrichtung liefern, die den Inhalt von Tankfahrzeugen anzeigt?*

Wir wollen nun die sich an diese Anfrage anschließenden Arbeitsgänge unter der Voraussetzung dikutieren, daß eine derartige Einrichtung bisher noch nicht geliefert wurde. Die genannte Aufgabenstellung ist natürlich viel zu pauschal, deshalb steht am Anfang, wie bei allen anderen Ingenieuraufgaben auch, eine gründliche Analyse der Aufgabenstellung.

#### Schritt 1: Aufgabenanalyse

Welche Fragen müssen gestellt und beantwortet werden, bevor das sogenannte Pflichtenheft verfaßt werden kann?

Wichtige Fragenkomplexe sind die Materialeigenschaften des Transportgutes (Aggregatzustand, Druck, Temperatur, Explosionsgefährdung und chemische Aggressivität), maximale Tankfüllung, die geforderte Meßgenauigkeit und Meßsignalauflösung, Eichfähigkeit, Fahrverhalten, Messung im Stand oder in der Fahrt, Messung auch bei schiefstehendem Fahrzeug, maximal erlaubte Meßzeit, Tankform, Art der Befestigung am Chassis, Kostenrahmen, erlaubte Umbaumaßnahmen, Verfügungsstellung eines Versuchsfahrzeuges, erlaubte Dauer der Erprobungsphase, behördliche Sicherheitsvorschriften, Garantiebedingungen etc. Es ist die Pflicht des Meßingenieurs, den Fragenkatalog wirklich umfassend zu gestalten; dem branchenkundigen Anwender erscheinen viele für den Meßingenieur wichtige Punkte als so selbstverständlich, daß er gar nicht auf die Idee kommt, sie zu erwähnen.

Sind alle Fragen vom Anwender soweit wie möglich beantwortet, werden die sich daraus ergebenden Forderungen und Randbedingungen systematisch geordnet und zu einem vorläufigen Pflichtenheft zusammengefaßt.

### Schritt 2: Erstellung des vorläufigen Pflichtenheftes

Ein für die vorliegende Aufgabenstellung mögliches Pflichtenheft könnte (in stark gekürzter Form) etwa folgendermaßen aussehen:

*Pflichtenheft für die Entwicklung einer Meßeinrichtung zur Erfassung der aktuellen Füllmenge eines Tankfahrzeuges:*

1. Tankfüllung: flüssiges $CO_2$

2. Tankdruck: 5 bar

3. Tanktemperatur: $-10$ °C

4. maximale Tankfüllung: 10 to

5. Meßgenauigkeit: 5 kg eichfähig

6. Tankform: oval

7. Messung im Stand bis 5% Schiefstellung

8. Maximal zulässige Meßzeit: 1 min

Dieses vorläufige Pflichtenheft wird dann dem potentiellen Anwender zur Prüfung und Genehmigung vorgelegt. Wir gehen nun von der (unrealistischen) Annahme aus, daß der Anwender es ohne Änderungen genehmigt und erklären das Pflichtenheft damit für beide Parteien verbindlich. Spätestens an dieser Stelle allerdings kommt es, auch bei aller Übereinstimmung in technischen Fragen, zur ersten ernsthaften Auseinandersetzung. Diese leitet sich dadurch ein, daß bei der nächsten Verhandlungsrunde seitens des potentiellen Auftraggebers plötzlich eine neue Person in Erscheinung tritt: der Vertreter der Einkaufsabteilung. Es geht jetzt um folgenden Intressenskonflikt:

– Der Einkäufer wünscht einen Festpreis, der für den Hersteller sowieso und auf Grund der noch bestehenden Unwägbarkeiten noch verstärkt nicht akzeptabel ist.

– Der Anwender möchte eine technisch gute Lösung für sein Problem, und Kosten stehen für ihn nach dem Liefertermin erst an dritter Stelle (hier bietet sich für den Anbieter ein möglicher Ansatzpunkt für ein gemeinsames taktisches Vorgehen gegen den Einkäufer).

– Der Anbieter möchte einen Preis, der mit Sicherheit zumindest die Entwicklungskosten deckt und nach Möglichkeit auch noch Gewinn abwirft.

Solange nun die Forderung nach einem Festpreis aufrechterhalten wird, werden der Einkäufer und der Anwender versuchen, das Entwicklungsrisiko herunterzuspielen, während der Anbieter sich um eine möglichst realistische Einstellung bemüht, da übertriebenes Hochspielen der zu erwartenden Meßprobleme für ihn die Chancen natürlich verschlechtern würde. Aus dieser für die Auftraggeberseite etwas günstigeren Situation gibt es dann im allgemeinen nur einen Ausweg, der für beide Seiten befriedigend ist: Der Auftraggeber gibt zunächst eine Machbarkeitsstudie in Auftrag, die zumindest teilweise kostendeckend ist und damit das Risiko einigermaßen fair verteilt, da der Anbieter nach Abschluß der Studie im Fall der Machbarkeit eine wesentlich verbesserte Kalkulationsgrundlage hat und damit auch dem Wunsch nach einem Festpreisangebot nachkommen kann. Nehmen wir für die weitere Vorgehensweise an, diese Einigung habe stattgefunden, und beginnen wir mit der Lösungsfindung.

### Schritt 3: Lösungsfindung

An dieser Stelle lassen sich nur wenige konkrete Hinweise geben, generell gilt das bereits unter 1.3.1 Gesagte. Falls die Lösungsfindung in einer Arbeitsgruppe erfolgt, empfiehlt sich unter Umständen eine Absprache über gewisse Verfahrensregeln. Vor allem bei der Zusammenarbeit zwischen abgeklärten "alten Hasen" und hoffnungsvollen "Einsteigern" kommt es häufig zu Konfliktsituationen, die sich dann im "not inveted by me"-Syndrom oder in Sprüchen wie "das haben wir schon immer so gemacht" oder "haben wir schon viel früher alles probiert und geht nicht weil..." äußert.

Nehmen wir an, nach einigen "Brainstormingsessions" haben sich folgende drei Lösungskonzepte herauskristallisiert:

a) **DMS-Direktapplikation** an den tragenden Bauteilen des Tankfahrzeuges. Diese könnten sein: $a_1$) die Achsen, $a_2$) die Verbindungselemente zwischen Chassis und Tank. Diese Möglichkeit wurde vom Direktapplikationsexperten vorgeschlagen, der hier eine Chance zur Erweiterung seines Aufgabenbereiches sieht.

b) **Vier tragbare Radwaagenplattformen**, auf die das Tankfahrzeug vor der Messung auffährt. Diese Lösung ist typisch für den konventionellen Waagenbauer, der ein möglichst geringes Risiko eingehen will.

c) **Messung des hydrostatischen Druckes** am Tankboden und Berechnung der Tankfüllung über das spezifische Gewicht und die Tankgeometrie. Diese Idee kam von dem Sporttaucher, der sich an sein Gerät zur Anzeige der Tauchtiefe erinnerte: *Lösungsfindung durch Assoziation.*

Spätestens hier entsteht nun die zweite Konfliktsituation: aus Kostengründen soll nur eine Lösung realisiert werden. Jeder der Mitarbeiter favorisiert natürlich **seinen** Lösungsvorschlag, und wir gehen nun davon aus, daß der Leiter der Projektabteilung eine Entscheidung fällen muß.

Diese Situation ist ebenfalls typisch für die ambivalente Situation des Ingenieurs im Beruf:

Der Ingenieur hat einen außerordentlich hohen Freiraum an Entscheidungsfreiheit, vielleicht vergleichbar dem eines Politikers, aber mit dem Unterschied, daß das Ergebnis seiner Entscheidung später eindeutig überprüfbar ist.

Dies zwingt ihn zum Vordenken, d.h. zum gedanklichen Durchspielen aller in Frage kommenden Möglichkeiten mit möglichst allen Konsequenzen und vorhersehbaren Schwierigkeiten. Der Arbeitsgang "Entscheidung" ist also sowohl systematisch als auch kreativ anzugehen, wobei es sich für den systematischen Teil empfiehlt, eine Entscheidungstabelle anzulegen. Diese Tabelle enthält alle in Erwägung gezogenen Lösungsvorschläge und alle Kriterien, oft mit Wichtungsfaktoren versehen, die zur Beurteilung relevant sind. Anschließend wird der Erfüllungsgrad für jede Lösung-Kriterien-Kombination mit Punkten bewertet, die dann die Wahl der optimalen Lösung über Summenbildung erlaubt. Dieses vordergründig objektiv erscheinende Verfahren wird natürlich subjektiv durch die Entscheidung bei der Festsetzung des Erfüllungsgrades, doch zwingt sie immerhin zur Systematik und macht die Entscheidung transparent und nachvollziehbar. Falls jetzt trotz aller Differenzierung doch noch zwei Alternativen gleichwertig erscheinen sollten, sollte man sich ohne Zögern für irgendeine entscheiden, sonst droht ein Ende wie dem Esel von Aristoteles, der genau in der Mitte zwischen zwei genau gleichgroßen Heuhaufen genau gleicher Qualität stand und genau deshalb verhungerte, weil er kein Kriterium für seine Entscheidung fand. Auf die Ingenieurpraxis bezogen bedeutet dies, daß auch eine nicht so gute Entscheidung in den meisten Fällen besser als gar keine Entscheidung ist; zumindest geht das Projekt weiter.

**Schritt 4:　Entscheidung für die basierend auf dem bestehenden Kenntnisstand "beste Lösung"**

| **Entscheidungstabelle** (in stark gekürzter Form) | | Lösungen | | | |
|---|---|---|---|---|---|
| Kriterien | Wichtungsfaktor | $a_1$ | $a_2$ | b | c |
| 1. Genauigkeit | 2 | 6 | 8 | 10 | 6 |
| 2. Handhabbarkeit | 1 | 6 | 2 | 0 | 6 |
| 3. Meßzeit | 2 | 12 | 4 | 0 | 10 |
| 4. Umbauaufwand | 2 | 0 | 0 | 12 | 10 |
| 5. Kalibrieraufwand | 1 | 6 | 3 | 6 | 0 |
| Summe: | | 30 | 17 | 28 | 32 |

**Tabelle 1.1** Entscheidungstabelle

Die Entscheidungstabelle führt damit zu einem knappen Vorsprung des Druckmeßsystems gegenüber der integrierten Achswägung. Dabei wurden Punkte von 0 (sehr schlechte Lösung) bis 6 (sehr gute Lösung) vergeben. Die Punkteverteilung basiert auf folgenden Überlegungen:

Die Genauigkeit ist bei den Lösungen $a_1$ und b auf Grund des höheren Taraanteils beeinträchtigt, bei $a_2$ auf Grund der Störkräfte zwischen den Verbindungselementen, und bei c auf Grund des Einflusses der Tankgeometrie. Die Handhabbarkeit ist bei den Lösungen $a_1$ und c optimal, während bei $a_2$ vor der Messung eine Entarretierung vorgenommen werden muß, und bei b zusätzlich Rangierarbeiten erforderlich sind. Entsprechendes gilt natürlich für die Meßzeit, wobei für Lösung c noch eine gewisse Beruhigungszeit bei "schwappendem Flüssigkeitsspiegel" erforderlich ist. Der Umbauaufwand ist bei Lösung b total vernachlässigbar, während sich die Änderungen bei c auf den Tank konzentrieren und durch den Austausch von Flanschen vorgenommen werden können. Der Kalibrieraufwand ist bei c am höchsten, weil die Tankgeometrie mit erfaßt werden muß.

Nachdem nun die innerbetriebliche Entscheidung getroffen ist, wird sie mit dem Anwender diskutiert, und wir gehen davon aus, daß er sie ebenfalls akzeptiert. Vor der eigentlichen Realisierungsphase wird nun ein Konzept erstellt, das neben dem technischen Lösungsentwurf auch die terminlichen, personellen und organisatorischen Aspekte berücksichtigt.

### Schritt 5: Konzepterstellung

— Bestimmung eines Projektleiters und seines Vertreters

— Aufstellung eines Terminplanes unter Berücksichtigung der personellen Situation

— Definition von Meilensteinen
(Verfügungsstellung des Tankwagens, Eichantrag etc.)

— Blockschaltbild der Meßeinrichtung

— Arbeitsaufteilung (Mechanik, Elektrik und Software)

Zu dem anschließenden "Kick of"-Meeting sollten aus psychologischen Gründen auch die betroffenen Querschnittsabteilungen eingeladen werden (Einkauf, Prüffeld, Montage), anschließend steht einem Beginn der konkreten Realisierungsphase nichts mehr im Wege.

### Schritt 6: Realisierung

Wir wollen das Beispiel an dieser Stelle zum Zwecke der besseren Übersichtlichkeit dahingehend vereinfachen, daß entsprechend Bild 2.13 als Behälter ein fest installierter zylindrischer Stehtank angenommen wird, in dem Öl gelagert ist. Die Lösung der Wägung in Tankfahrzeugen ist in [1] näher beschrieben. Wir werden die vereinfachte Aufgabenstellung, die sich wie ein roter Faden durch das Buch zieht, in den entsprechenden Kapiteln weiterbehandeln.

### 1.3.3 Organisation und Durchführung eines Meßablaufs

Für den Flugzeugprototyp einer nationalen Forschungseinrichtung in Indonesien sind an den Tragflächen Dauerfestigkeitsmessungen durchzuführen. Ein deutsches Unternehmen für Meßtechnik hat den Auftrag erhalten, das Meßkonzept zu entwerfen, die Messungen vorzubereiten, durchzuführen und auszuwerten. Zur Vereinfachung lassen wir den finanziellen Aspekt beiseite (bei der Zusammenarbeit mit Ländern Süd-Ost-Asiens kommen hier noch besondere Randbedingungen hinzu, die aber für Insider bekannt sind) und beginnen mit der

### Klärung der Aufgabenstellung.

Hier finden zunächst ausführliche Gespräche mit allen Beteiligten statt. Wichtig dabei ist, daß wir uns mit unseren Fragen nicht so sehr auf die Meßaufgabe beschränken, sondern den Versuchsablauf in seiner Gesamtheit sehen. Als übergeordnete Aufgabenstellung stellt sich die Absicht heraus, für den vorliegenden Prototyp ein Abnahmezertifikat der internationalen Flugkontrollbehörde zu erhalten. Wir werden darauf mit Vertretern dieser Behörde sprechen und uns über den unsere Messungen betreffenden Teil der Abnahmebedingungen informieren. Wir erfahren hier Einzelheiten über die vorgeschriebenen Belastungsprogramme, d.h. über die vorgeschriebenen statischen und dynamischen Belastungen, über die Zahl der Lastwechsel, über die Frequenzbereiche, lernen neue Begriffe kennen wie "post stall" und "buffeting" und werden auf diese Weise mit unserem Meßobjekt immer vertrauter. Anschließend reden wir mit der Firma, die den Zuschlag für die Installation der hydraulischen Belastungseinrichtungen erhalten hat (sog. Hydropulser), die zur Simulation der auf die Tragflächen wirkenden Kräfte und Momente erforderlich sind. Hier erfahren wir mehr über die mit der Belastung verbundenen Wege, und insbesondere informieren wir uns über die in der Belastungsstruktur bereits vorhandenen Meßeinrichtungen zur Erfassung der aufgebrachten Kräfte, um diese Meßsignale auch für unsere Messung nutzbar zu machen. Wir sind jetzt in der Lage, alle Meßgrößen, soweit nicht bereits festgelegt, eindeutig zu definieren (Erste Fundamentalvoraussetzung) und überschlägig ihre Zahl und die Plazierung festzulegen. Mit dem so gewonnenen Kenntnisstand stellen wir eine Liste auf, die die Informationen "Meßgröße", "Signalamplitude und Signalfrequenz", "geforderte Genauigkeit und Reproduzierbarkeit", "Meßsignalauflösung", und "Zahl und Ort der Meßstellen" enthält. Als Meßgrößen nehmen wir für die Fortführung des Beispiels die Größen "Dehnungen", "Weg", "Kraft", "Biegemoment", "Torsionsmoment", "Frequenz", "Beschleunigung", "Schwingweg" und "Temperatur" an.

Wir werden bei der Durcharbeitung des vorliegenden Buches die meisten der dazu erforderlichen Aufnehmer wiederentdecken und lernen, sie anwendungsspezifisch zu dimensionieren und in die Meßkette zu integrieren.

Nach einer anschließenden "Round table"-Diskussion mit allen wichtigen Mitarbeitern des Auftraggebers (das sind immer mehr, als wir denken) betrachten wir die Aufgabenstellung als geklärt und kommen zur

**Auswahl der Meßverfahren und Meßgeräte.**

Hier entstehen gelegentlich Diskrepanzen zwischen den Vorstellungen des Auftraggebers und denen der ausführenden Firma, und es gilt dann, die eigenen Vorstellungen möglichst diplomatisch und ohne Gesichtsverlust für die wichtigen Mitarbeiter des Auftraggebers durchzusetzen. Es gilt aber auch zu erkennen, wann wir besser nachgeben sollten; besonders bei der Diskussion der Art der Meßsignalauswertung sieht der Auftraggeber oft eine Möglichkeit, einen bisher noch nicht genehmigten PC unterzubringen, dessen Anschaffung sich für uns im allgemeinen als kostengünstiger als der Nachweis seiner Überflüssigkeit herausstellt.

Wir entscheiden uns jetzt in jedem Einzelfall für das günstigste Meßverfahren und -gerät (Wegmessung mit Poti oder induktiv?, Temperaturmessung mit PTC oder Thermoelement?, Kraftmessung mit DMS oder Piezoquarz? usw.) und ergänzen unsere oben begonnene Liste um die gewonnenen Informationen. Nachdem nun alle Größen festliegen, kommen wir zur

**Planung des Meßaufbaus, Planung der Durchführung und Planung der Auswertung.**

Dieser Punkt wird häufig unterschätzt, ist aber in der vorliegenden Aufstellung einer der wichtigsten Punkte überhaupt.

Der erfolgreiche Abschluß des Auftrages hängt von einer Vielzahl von Faktoren ab, die oft völlig untypisch für das normale Arbeitsfeld des Ingenieurs sind. In ungeordneter Reihenfolge und ohne jeden Anspruch auf Vollständigkeit sind zu nennen: Zeit des Ramadan-Monats (ändert sich jedes Jahr), Einfuhrbeschränkungen, Zollbestimmungen ("Sondergebühren" für eine bevorzugte Abfertigung), Transportmöglichkeiten, Impfvorschriften, Tropentauglichkeit, Termiten (essen gerne bestimmte Kabelisolierungen), Luftfeuchte, Taupunkt, Vor-Ort-Möglichkeiten zur Beschaffung von Ersatzteilen, Mannschaftsunterkunft, Stromversorgung (beruhigtes Netz für Rechner), Platz für Meßcontainer, sanitäre Einrichtungen, Eßgewohnheiten, Gastgeschenke, Mitarbeiterurlaubsplanung, Leihfahrzeug mit Fahrer (in Indonesien herrscht Linksverkehr mit Vorfahrtsrecht für den Schnelleren und Dauerhubgebot zur ständigen Positionsanzeige), Ausbildungsstand des Bedienpersonals vor Ort (den sollten Sie nicht durch Erfragen sondern durch Erfahren erkunden), Pönalebestimmungen usw.

Haben Sie sich über alle Punkte genügend informiert, schreiten Sie zur Erstellung eines Termin- und Aktivitätenplanes. Für überschaubare Fälle genügt hier ein **Balkenplan**, wenn Überschneidungen und besondere situative Entscheidungsvorgänge zu erwarten sind, ist ein **Netzplan** vorzuziehen.

*Beiden Plänen gemeinsam ist die Eigenschaft, daß sie mit hoher Wahrscheinlichkeit nicht eingehalten werden.*

Nach dem organisatorischen Teil kommen wir nun zurück zu der eigentlichen Meßaufgabe. Aufzustellen sind:

- ein Meßstellenplan für jede Meßgröße, mit Angabe der Plazierung mittels eines übersichtlichen Bezeichnungssystems (z.B. eines Matrixsystems für die DMS-Anordnung auf dem Tragflügel) und Angaben über die Signalverarbeitung,

- Blockschaltbilder für die verschiedenen Meßketten,

- eine Liste möglicher Fehlerquellen mit Angaben über Kompensationsmöglichkeiten,

- daraus abgeleitet die Erstellung der elektrischen Schaltbilder mit Stücklisten,

- ein Pflichtenheft zur Software der Meßsignalverarbeitung,

- Festlegung der Rechnerkonfiguration (den als Ersatzteil deklarierten PC für den örtlichen Projektleiter nicht vergessen),

- aus den Schaltbildern abgeleitet eine Aufteilung der verschiedenen Komponenten in die Geräteschränke (auf Trennung von Starkstrom- und Meßstromkreisen achten, nicht zu sparsam sein, der Monteur vor Ort ist dankbar für Reserveplatz),

- ein Stellplan für die Geräteschränke (nicht direkt an die Wand, wenn ausschwenkbare Rückseiten vorgesehen sind, auf Kabelkanäle und Belüftungsmöglichkeiten achten),

- eine Liste aller Zulieferfirmen mit Telefonangabe,

- Festlegung des Versuchablaufs (Reihenfolge, Prioritäten etc.),

- Formulare zur Protokollierung des Meßablaufs,

- eine Liste der vor Ort vorzunehmenden Kalibriermaßnahmen,

- die Festlegung und Beschreibung der Meßsignalauswertung.


Nach Abschluß der Planungsphase beginnt die

**Versuchsvorbereitung.**

Hierzu gehören die Material- und Gerätebeschaffung (hier sind Sie nun endlich auch einmal in der Position des Einkäufers, durch eine vergleichende Selbstbeobachtung können Sie jetzt wertvolle Hinweise zur Selbsterkenntnis gewinnen), der Bau von Hilfsvorrichtungen, die Fertigungsüberwachung bis zur Endkontrolle, der Transport und die Installation der Meßeinrichtungen vor Ort. Spätestens in dieser Phase rächen sich alle Nachlässigkeiten, die in der Planungsphase vorgekommen sind.

Auf Grund fehlender Fortschritte in der wissenschaftlichen Chaostheorie lassen sich auch hier nur wenige Hinweise zur Bewältigung dieser kritischsten aller Phasen geben:

- Vom leitenden Projektingenieur werden vor allem starke Nerven und Improvisationstalent verlangt.

- Nutzen Sie bevorzugt informelle Wege.

- Vermeiden Sie im Falle von offensichtlichen Fehlfunktionen "Verbrüderungen" mit dem Auftraggeber. Aussagen wie "typisch für die zu Hause" und "immer wieder das gleiche" können Ihnen und Ihrer Firma teuer zu stehen kommen, vor allem Monteure sind in dieser Beziehung anfällig.

- Dokumentieren Sie alle Abweichungen zwischen der Situation vor Ort und den vertraglich festgelegten Zusagen seitens des Auftraggebers, sichern Sie Beweismaterial, machen Sie Fotos.

- Halten Sie in allen Phasen Kontakt zum Kunden, bauen Sie ein Vertrauens- und Sympathiepotential auf

Haben Sie schließlich alle Schwachstellen und Fehler behoben, beginnen Sie mit den

**Messungen.**

Im Idealfall ist das Kommende Routine; in der Praxis empfiehlt sich aber auf alle Fälle eine sorgfältige Aufzeichnung aller die Messung begleitenden Ereignisse. Im Zweifelsfall sollten sofort Messungen unter gezielt geänderten Versuchsbedingungen vorgenommen werden, um scheinbar zufällige Fehler zu entlarven. Auf die Messungen folgt die letzte Phase des Meßprojektes, die

**Auswertung der Meßergebnisse.**

Im Vergleich zu den vorigen Phasen ist dies eine Zeit der Kontemplation: die Monteure beschäftigen sich mit äußerst wichtigen Restarbeiten, der Projektleiter läßt den Kollegen Computer für sich arbeiten, und das örtliche Bedienpersonal spielt auf seinem neuen PC "Schiffe versenken".

Die ausführliche Schilderung der die beiden Beispiele begleitenden Situationen soll zeigen, wie vielseitig die Arbeitsweise des in der Meßtechnik tätigen Ingenieurs sein kann. Weiterhin erhalten wir einen Eindruck von den verschiedenen fachlichen Voraussetzungen, die im Vergleich zu vielen anderen Ingenieurdisziplinen über das übliche Maß hinausgehen.

Zusammenfassend läßt sich somit festhalten, daß das Gebiet der Meßtechnik ein Betätigungsfeld für Ingenieure ist, das durch wenig Routine gekennzeichnet und somit ganz anders geartet ist, als man es sich gemeinhin vorstellt.

# 2 Grundlagen der Industriellen Meßtechnik

## 2.1 Einleitung

**"Messen"** bedeutet, eine physikalische Größe (die zu messende Größe) nach Zahl und Einheit festzulegen:

**Meßgröße = Zahl · Maßeinheit**

Einsatzgebiete finden wir:

in der Grundlagenforschung (Astronomie, Kernphysik etc.),

in der angewandten Forschung (Materialprüfanstalten, Fraunhofer Institute etc.),

in der Entwicklung (Windkanäle, Motorenprüfstände etc.),

in der mechanischen Fertigung (Qualitätskontrolle),

in der Produktion (Prozeßsteuerung),

im Handel und im Verkauf (Wertfeststellung, Eichämter),

in sicherheitstechnischen Anlagen (TÜV, Kernreaktoren, etc.)

und bei der durch den technischen Fortschritt notwendig gewordenen Ergänzung unserer Sinnesorgane (18 Zehnerpotenzen elektromagnetische Strahlung, Teilchenstrahlung).

Erweitern wir den Begriff des Messens noch auf die Meßwertverarbeitung, kommt für den Menschen ein weiterer Aspekt hinzu, der heute besonders im Umgang mit Umweltschäden immer bedeutsamer wird. Dazu ein kleiner Ausflug in die Biologie. Nach Erkenntnissen der "Evolutionären Erkenntnistheorie" neigt das menschliche Gehirn dazu, Vorgänge, die so komplex sind, daß es sie nicht mehr verarbeiten kann, unzulässig zu vereinfachen. Dieses Vereinfachungsprinzip wird noch ergänzt durch das sogenannte Verschleierungsprinzip. Da das Gehirn irgendwie merkt, daß etwas nicht so ganz stimmt, korrigiert es den Eingangsinformationsfluß so, daß das Ergebnis trotz der falschen Interpretation wieder schlüssig erscheint. *Rupert Ridel*, ein Schüler von *Konrad Lorenz*, hat für diese Zusammenhänge eine sehr anschauliche und nachvollziebare Demonstration gefunden [2]. Läßt man einen aus Draht gebogenen Würfel vor einem Spiegel um seine diagonale Achse rotieren und betrachtet durch den Würfel hindurch gleichzeitig den Würfel und sein (des Würfels) Spiegelbild, dann gelingt es dem menschlichen Gehirn nicht, beide Drehrichtungen, die nach den bekannten Spiegelungsgesetzen natürlich gegensinnig verlaufen, gleichzeitig richtig zu erkennen. Je nachdem, auf welches Bild wir unsere Augen fokussieren, scheinen sich beide Würfel gleichzeitig nach links oder rechts zu drehen: **Vereinfachungsprinzip**. Dabei wird die sich mit der Drehung ändernde Perspektive, die die richtige Information enthält, im Gehirn so verändert, d.h. verbogen (Ridel spricht hier von einem Bauchtanz der Würfel), daß die Information widerspruchsfrei wird: **Verschleierungsprinzip**. Diese Prinzipien, die früher evolutionär überlebenswichtig waren, erweisen sich heute immer mehr als Gefahr. Der bequemen Meinung, es wird schon alles nicht so schlimm sein, läßt sich nur durch reproduzierbare, d.h. nachvollziehbare Messungen und objektive Meßwertverarbeitung begegnen (Ozonloch).

## 2.2 Voraussetzungen

Um reproduzierbare und vergleichbare Messungen durchführen zu können, müssen zwei **Fundamentalvoraussetzungen** erfüllt sein:

**Erstens: Die zu messende Größe muß eindeutig definiert sein.**

Diese Bedingung erscheint selbstverständlicher, als sie ist. Während sie bei der Definition der Länge im nichtrelativistischen Fall noch relativ problemlos ist, müssen wir bei der Gewichtsdefinition bereits die örtliche Gravitation berücksichtigen.

Wenn wir von der Meßgröße Zeit sprechen, glauben wir genau zu wissen, wovon wir reden, doch je tiefer wir über das Phänomen Zeit nachdenken, desto unerklärlicher wird es. Welche Bedeutung bliebe der Zeit in einer – gedanklich vorstellbaren – absolut bewegungslosen Welt? Selbst der Begriff der Gleichzeitigkeit verliert seine Eindeutigkeit, wenn wir relativistische Effekte berücksichtigen müssen (Messung der Höhenstrahlung). Betrachten wir unser Beispiel der Tankwägung mittels Druckmessung, so müssen wir uns entscheiden, ob wir den Absolutdruck oder den Differenzdruck messen. Bei der Definition des Wirkungsgrades einer Maschine muß definiert werden, welche Anteile als Nutzleistung anzusehen sind. Umgekehrt kann die bewußte Nichterfüllung der ersten Fundamentalvoraussetzung auch zur Erlangung von Wettbewerbsvorteilen genutzt werden, z.B. bei Messungen des $c_w$-Wertes, der bei Automessungen im Windkanal mit und ohne angezogener Handbremse zu etwas verschiedenen Werten führen kann.

**Zweitens: Die der Meßgröße zugeordnete Maßeinheit muß eindeutig definiert und reproduzierbar sein.**

Das abschreckendste Beispiel einer nicht eindeutig definierten (und schon gar nicht reproduzierbaren) Längenmaßeinheit ist die Elle, von der es bis 1800 allein in Baden noch etwa 110 verschiedene Ausführungen gab. Daß es damals aber auch schon recht intelligente Ansätze zur Lösung des Problems der verschiedenen Körpergrößen gab, zeigt das Beispiel der Meßrute. Zu ihrer Verifizierung bediente man sich einer statistischen Auswahl von 16 Bürgern, deren Füße aneinandergereiht die Länge einer Meßrute definiert, wobei die Statistik durch die Vorschrift sichergestellt wurde, daß die Bürger so auszuwählen sind, wie sie nacheinander die Kirche verlassen.

Bei der Benutzung von Meßgrößen und Einheiten, die im SI-System definiert sind (s.u.), können beide Fundamentalvoraussetzungen als erfüllt angesehen werden.

Noch bis 1970 allerdings wurde in Deutschland mit dem m kp s -System gearbeitet. Dieses System war unter anderem dadurch gekennzeichnet, daß zusammengesetzte physikalische Größen ohne Rücksicht auf die Einheiten ihrer Bestandteile definiert wurden.

Bekannteste Beispiele sind die Wärmeenergie, gemessen in kcal, und die mechanische Leistung, gemessen in PS, für deren Umrechnung auf Grund des oben genannten Umstandes unhandliche Faktoren erforderlich waren (1 PS = 75 kpm/s, 1 kcal = 427 kpm).

Um das Umrechnungsproblem zu lösen, wurde die Vielzahl aller bekannten physikalischen Größen auf eine Mindestmenge von sieben Basisgrößen reduziert, aus der alle anderen Größen dann wieder ableitbar sind.

Das daraus entstandene SI-System ist seit 1970 in der BRD gesetzlich vorgeschrieben:

**"Systeme International d`Unites"**

**Das SI-System baut auf folgenden Basiseinheiten auf:**

| Basismeßgröße | Formelzeichen | Basiseinheit | Einheitenbezeichnung |
|---|---|---|---|
| Länge | l | Meter | m |
| Masse | m | Kilogramm | kg |
| Zeit | t | Sekunde | s |
| Stromstärke | I | Ampere | A |
| Temperatur | T | Kelvin | K |
| Lichtstärke | $I_L$ | Candela | cd |
| Stoffmenge | | Mol | mol |

**Tabelle 2.1** Basiseinheiten des SI-Systems

Aus den Basiseinheiten des SI-Systems lassen sich alle anderen für physikalische Größen benötigten Einheiten ableiten, dabei erfolgt die Umrechnung zwischen den kohärenten, d.h. mit dem Umrechnungsfaktor "Eins" umzurechnenden Maßeinheiten der Mechanik, der Thermodynamik und der Elektrizitätslehre über die bekannte Beziehung:

**1 Nm = 1 J = 1 Ws.**

Aus der "willkürlichen" Einheit kp für die physikalische Größe Kraft wird nun

$$1\,\text{N(Newton)} = 1\frac{\text{kg} \cdot \text{m}}{\text{s}^2}.$$

Weitere wichtige abgeleitete Einheiten des SI-Systems:

| | | |
|---|---|---|
| Druck p | 1 Pa (Pascal) | $1\dfrac{\text{N}}{\text{m}^2} = 1\dfrac{\text{kg}}{\text{m} \cdot \text{s}^2} \, (= 10^{-5}\,\text{bar})$ |
| Leistung P | 1 W (Watt) | $1\dfrac{\text{kg} \cdot \text{m}^2}{\text{s}^3}$ |
| Ladung Q | 1 C (Coulomb) | $1\text{A} \cdot \text{s}$ |
| Spannung U | 1 V (Volt) | $1\dfrac{\text{W}}{\text{A}} = 1\dfrac{\text{kg} \cdot \text{m}^2}{\text{s}^3 \cdot \text{A}}$ |
| Widerstand R | 1 Ω (Ohm) | $1\dfrac{\text{V}}{\text{A}} = 1\dfrac{\text{kg} \cdot \text{m}^2}{\text{s}^3 \cdot \text{A}^2}$ |
| Induktivität L | 1 H (Henry) | $1\dfrac{\text{V} \cdot \text{s}}{\text{A}} = 1\dfrac{\text{kg} \cdot \text{m}^2}{\text{s}^2 \cdot \text{A}^2}$ |
| Kapazität C | 1 F (Farad) | $1\dfrac{\text{A} \cdot \text{s}}{\text{V}} = 1\dfrac{\text{A}^2 \cdot \text{s}^4}{\text{kg} \cdot \text{m}^2}$ |
| Magn. Fluß ∅ | 1 Wb (Weber) | $1\text{V} \cdot \text{s} = 1\dfrac{\text{kg} \cdot \text{m}^2}{\text{A} \cdot \text{s}^2} \, (= 10^8\,\text{Maxw})$ |
| Magn. Flußdichte | 1 T (Tesla) | $1\dfrac{\text{V} \cdot \text{s}}{\text{m}^2} = 1\dfrac{\text{kg}}{\text{A} \cdot \text{s}^2} \, (= 10^4\,\text{Gauß})$ |

**Tabelle 2.2** Abgeleitete Einheiten des SI-Systems

Wesentlich schwieriger als die Definition von Basisgrößen gestaltet sich ihre Realisierung.

Ursprünglich waren der Mensch (natürlich) und die Erde das Maß aller Dinge. Beide sind (vor allem ersterer) bekanntermaßen unzuverlässig und so zur Erfüllung der zweiten Fundamentalvoraussetzung wenig geeignet.

So wurde nach dem Übergang von der Elle zum Meter zur Definition zunächst die Erde herangezogen (1m = 1/10 000 000-tel des Erdmeridians) und die so gewonnene Basiseinheit durch das "Urmeter" in Paris dargestellt.

Mit dem Urmeter wurde bereits eine Reproduzierbarkeit von $10^{-7}$m erreicht, doch war auf Grund des Verdachts einer Umkristallisation nicht sicher, daß sich die Länge nicht doch verändert, und außerdem forderten die Fortschritte in der Technik (Laser) immer höhere Reproduzierbarkeiten bis in den Bereich der Wellenlänge des sichtbaren Lichts.

Ähnliche Probleme ergaben sich bei der Zeitmessung, die an die nicht konstante Erdumdrehung (1s = 1/24*60*60 tel der Erdumdrehungszeit) gebunden war.

Erstaunlicherweise wurden diese Probleme von Maxwell bereits vor hundert Jahren vorausgeahnt und theoretisch gelöst. Er erkannte die Atome als die einzigen Dinge, die absolut zeitlos sind, und deren Eigenschaften sich weder durch Abnutzung noch durch Alterung ändern. Mit der Nutzbarmachung dieser Erkenntnis mußte allerdings noch solange gewartet werden, bis die meßtechnischen Voraussetzungen geschaffen waren, und auch heute sind erst ein Teil der Basiseinheiten über die Atomeigenschaften realisierbar.

**Heutiger Stand der Basiseinheitendarstellung in vereinfachter Beschreibung:**

Ein **Meter** ist die Länge der Strecke, die Licht im Vakuum während 1/299792458 Sekunden durchläuft (Bis 1983: Definition über die Wellenlänge der Krypton-Strahlung).

Ein **Kilogramm** ist die Masse des internationalen Prototyps (Urkilogramm in Paris).

Eine **Sekunde** ist das 9192631770fache der Periodendauer der Cäsium-Strahlung.

Ein **Ampere** ist die Stärke eines elektrischen Stromes, der zwischen zwei sich im Abstand von einem Meter befindlichen und einen Meter langen Drähten die Kraft $0{,}2 \cdot 10^{-2}$ N hervorruft.

Ein **Kelvin** ist der 273,16te Teil der Temperatur des Tripelpunktes von Wasser.

Ein **Candela** ist die Lichtstärke, mit der 1/600000 $m^2$ erstarrtes Platin leuchten.

Ein **Mol** ist die Stoffmenge eines Systems, das aus ebensovielen Teilchen besteht, wie Atome in 0,012 kg Kohlenstoff enthalten sind.


## 2.3 Grundbegriffe der Meßtechnik

Wir wollen die wichtigsten der in der Meßtechnik vorkommenden Definitionen und Begriffe am Beispiel der Druckmessung diskutieren. Zur Beschreibung der Meßstruktur bedient man sich des Blockschaltbildes, das die einzelnen Funktionsblöcke als "black boxes" betrachtet. Das heißt, daß für die Funktionsweise der Blöcke nur der funktionale Zusammenhang zwischen Aus- und Eingangssignal betrachtet wird, unabhängig von der inneren Funktionsweise. Im einfachsten Fall besteht eine Meßeinrichtung aus einer Kettenschaltung von drei Funktionsblöcken, die dann eine sogenannte Meßkette bilden [3],[4]:

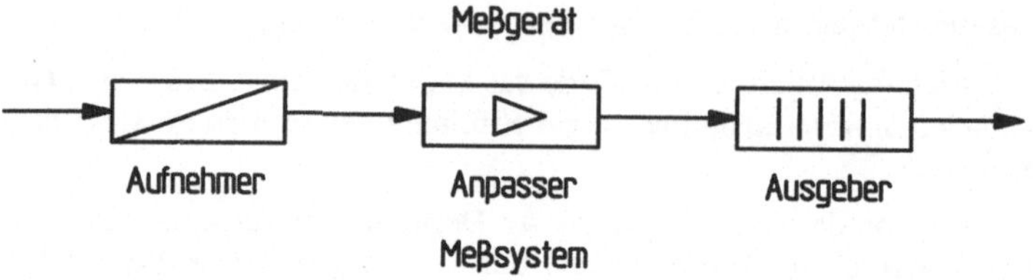


**Bild 2.1** Typischer Aufbau einer Meßstrecke

**Der Aufnehmer**, genauer Meßwertaufnehmer, bildet immer das erste Glied der Meßkette. Er formt die Meßgröße, d.h. die zu messende physikalische Größe x, in das Meßsignal, d.h. in die vom Aufnehmer abgegebene Größe $x_{a1}$ um. Andere gültige Bezeichnungen für den Aufnehmer sind, je nach Anwendungsfall, die Begriffe Fühler, Sensor und Sonde.
Als Drucksensor betrachten wir einen mit DMS applizierten Biegestab in Kombination mit einer Membran.

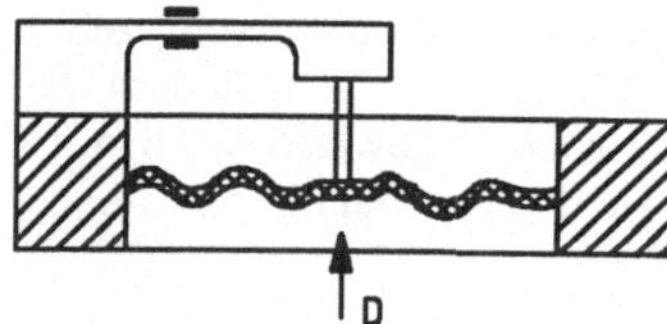


**Bild 2.2**
Druckaufnehmer mit DMS-Biegebalken

In den meisten Fällen erhalten wir als Ausgangssignal des Meßaufnehmers eine elektrische Spannung, die im Fall der DMS Aufnehmer im mV-Bereich liegt.

Der **Anpasser** bereitet das Meßsignal zur Anzeige am Ausgeber auf. In den meisten Fällen ist das vom Aufnehmer gelieferte Meßsignal zu schwach, um direkt angezeigt werden zu können. In diesen Fällen benötigt man einen Meßverstärker, wobei der Verstärkungsfaktor so gewählt wird, daß der Meßwert der am Aufnehmereingang anliegenden Meßgröße entspricht. In anderen Fällen sollen vor der Anzeige noch bestimmte Rechenoperationen durchgeführt werden. Man unterscheidet Verknüpfungsgeräte zum Addieren, Subtrahieren, Multiplizieren usw., Funktionsgeräte zum Radizieren, Quadrieren, Logarithmieren usw. und Zeitgeräte zum Differenzieren und Integrieren. So erhält man aus dem Druckaufnehmersignal durch einen differenzierenden Anpasser die Druckänderungsgeschwindigkeit, aus der sich beispielsweise die Steig- und Sinkgeschwindigkeit eines Heißluftballons ermitteln läßt. Die meisten der von einem Anpasser geforderten Funktionen lassen sich mit Operationsverstärkern entsprechender Qualität auf einfache Weise in Analogschaltungstechnik realisieren.

**Der Ausgeber** gibt den Zahlenwert (Meßanzeige) aus, dessen Multiplikation mit der entsprechenden Einheit den Meßwert ergibt. Man unterscheidet zwischen Sichtausgebern (Drehspulinstrumente, Digitalvoltmeter, Schreiber usw.) und indirekten Ausgebern (Magnetband, Festplatte usw.).
Die Gesamtheit von Aufnehmer, Anpasser und Ausgeber bildet das **Meßgerät**.

Wird nun, was zur Beurteilung der Qualität einer Messung unbedingt erforderlich ist, der betrachtete Bereich über die Grenzen des Meßgerätes hinaus erweitert, sprechen wir vom **Meßsystem**; so ist beispielsweise bei der Tankwägeaufgabe die Tankgeometrie für die Meßgenauigkeit eine ganz entscheidende Einflußgröße.

Für die Beschreibung der meßtechnischen Eigenschaften der als "black boxes" betrachteten Funktionsblöcke wird die Änderung des Ausgangssignals auf die Änderung des Eingangssignals bezogen, und der so erhaltene Quotient als **Empfindlichkeit e** definiert:

$$e = \frac{dx_a}{dx} \quad (\text{bzw.} \frac{\Delta x_a}{\Delta x} \quad \text{für lineare Funktionen}).$$

Die Empfindlichkeit ist mit Ausnahme des reinen Verstärkerblockes dimensionsbehaftet, bezogen auf das komplette Meßgerät hat sie im allgemeinen den Wert "Eins", multipliziert mit der zugehörigen Einheitenrelation (z.B. 1 dig/mbar).

Zur Berechnung der Empfindlichkeit dient die **Kennlinie $x_a = f(x)$**.

Bevorzugt werden Aufnehmer mit linearer Kennlinie durch den Nullpunkt, in diesem Fall geht die obige Definition über in die vereinfachte Beziehung $e = x_a/x$.

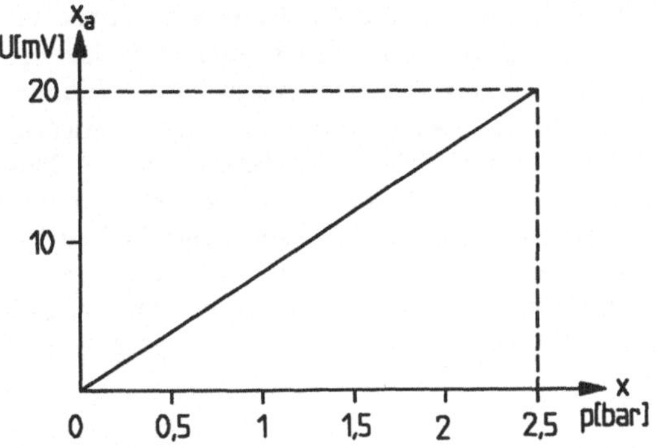


**Bild 2.3**
Ideale Kennlinie eines Druckaufnehmers

Ein weiteres wichtiges Kriterium zur Beurteilung eines Funktionsblockes bzw. Meßgerätes ist die **Auflösung $\Delta x$**, definiert als die kleinste noch erkennbare Änderung der Meßgröße x.

Die Auflösung ergibt sich aus der Mikrostruktur der Kennlinie, z.B. zeigt ein aus Drahtwicklungen mit d = 0,1 mm aufgebautes Längspoti etwa folgendes Verhalten:

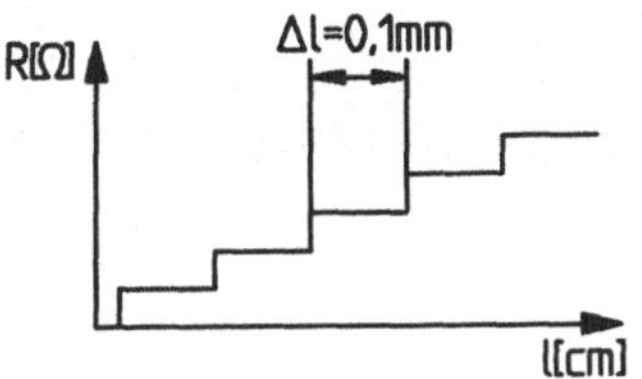


**Bild 2.4**
Auflösung eines Drahtpotentiometers

Bei Meßgeräten wird die Auflösung meistens durch die Anzeigeeinheit festgelegt, beispielsweise erhalten wir mit dem DMS-Druckaufnehmer nach Bild 2.3 nach Verstärkung um den Faktor 125 bei Verwendung eine Digitalvoltmeters der Empfindlichkeit e = 1 dig/mV eine Meßsignalauflösung von $\Delta p = 1$ mbar/dig.

Bei der Signalverarbeitung im Rechner wird die Auflösung durch die Bit-Zahl n des eingesetzten A/D-Wandlers bestimmt; beispielsweise erhalten wir für unseren Druckaufnehmer bei Verwendung eines 12-Bit Wandlers eine Auflösung von:

$$\Delta p = \frac{p_{max.}}{2^n} = \frac{2500 \text{ mbar}}{2^{12}} = 0,61 \text{ mbar} \, .$$

Besonders bei überlastungsgefährdeten Meßaufnehmern ist auf eine sorgfältige Unterscheidung der Belastungsbereiche zu achten. Betrachten wir dazu den DMS-Drucksensor, so ist das empfindlichste Glied der Biegestab, dessen Biegespannung mit steigendem Druck zunächst linear ansteigt.

Dieses meßtechnisch günstige Verhalten (linearer Bereich) wird er etwa bis der einer Dehnung von 0,15% entsprechenden Spannung beibehalten. Der betrachtete Bereich wird als **Meßbereich** "MB" genutzt, definiert als der Bereich, in dem die spezifizierten Genauigkeitsangaben garantiert werden. Steigt der Druck und damit die Biegespannung weiter, so kommen wir in den nichtlinear-elastischen Bereich, der zwar noch nicht zu bleibenden Verformungen führt, d.h. der Aufnehmer wird nicht bleibend verändert, aber die Genauigkeit ist herabgesetzt. Wird dieser Bereich mit angezeigt, spricht man vom **Anzeigebereich** "AB". Ein noch weiteres Ansteigen des Druckes und damit der Biegespannung in den **Überlastungsbereich** "ÜB" führt zur plastischen Verformung und damit zu bleibenden Veränderungen der Meßkörpergeometrie, wobei die Funktionsweise des Sensors nach erfolgter Rücknahme der Belastung noch nicht beeinträchtigt ist, er aber eventuell zur Empfindlichkeitskontrolle neu kalibriert werden muß. Wird der Druck auch über diesen Bereich hinaus noch weiter erhöht, kommen wir in den **Zerstörungsbereich** "ZB"; hier wächst mit steigender Belastung die Wahrscheinlichkeit für eine nichtreversible Zerstörung des Aufnehmers, beispielsweise durch Strecken, Bruch oder Membranriß.

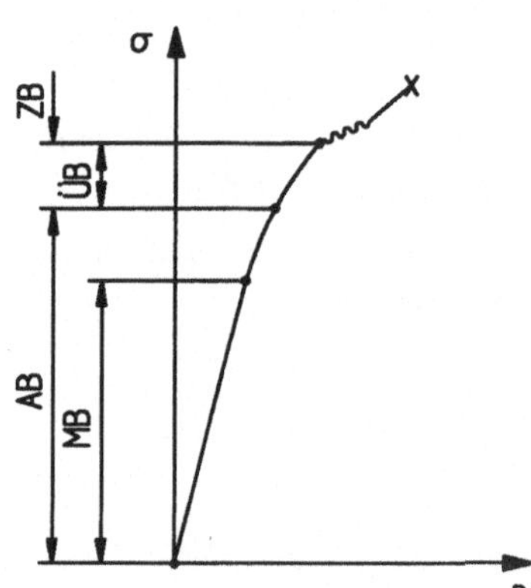


**Bild 2.5**
Lastbereiche eines DMS-Sensors, abgeleitet am Spannungs-Dehnungsdiagramm

## 2.4 Zusammenstellung und Berechnung der Meßkette

Für den ersten Entwurf der Meßkette genügt zunächst die Beschränkung auf folgende Schritte:

1. Definition der Aufgabenstellung: Meßgröße, Meßbereich, Auflösung, Art der Meßwertausgabe,

2. Festlegung des Meßaufnehmers und Wahl des Anzeigegerätes,

3. Berechnung der vorliegenden Aufnehmerempfindlichkeit, bzw., falls ohne Meßverstärker gearbeitet werden soll, Berechnung der erforderlichen Aufnehmerempfindlichkeit,

4. Berechnung des Meßverstärkers, bzw. ohne Meßverstärker Berechnung der erforderlichen Speisespannung.

Dazu ergänzen wir zunächst die Meßkette nach Bild 2.1 um die zugehörigen Empfindlichkeiten:

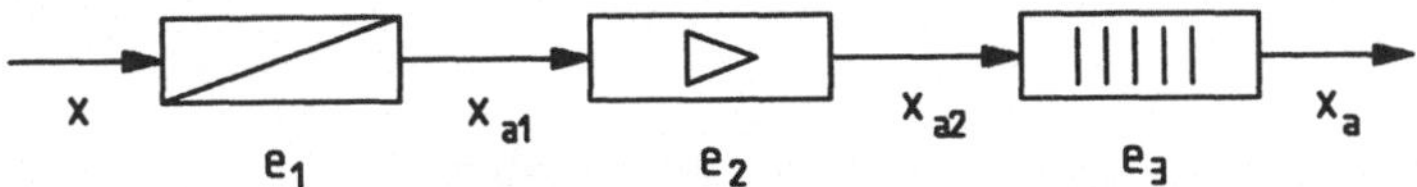


**Bild 2.6** Meßkette mit Angabe der Empfindlichkeiten

Die Gesamtempfindlichkeit ergibt sich offensichtlich als Produkt der Einzelempfindlichkeiten:

$$e_{ges} = e_1 \cdot e_2 \cdot e_3 = \frac{x_{a1}}{x} \cdot \frac{x_{a2}}{x_{a1}} \cdot \frac{x_a}{x_{a2}} = \frac{x_a}{x} \tag{2.1}$$

Wir wollen die einzelnen Schritte ausgehend von der Definition der Aufgabenstellung bis zur Berechnung des Meßsignalverlaufs an Hand der in Kapitel 1.3 gestellten Tankwägeaufgabe nachvollziehen.

Zu 1:    Meßgröße x: Heizölgewicht G in to

$$\text{Meßbereich: } G_{max.} = A \cdot h_{max.} \cdot \rho = 40 \, m^2 \cdot 25 \, m \cdot 1 \frac{to}{m^3}$$

$$= 1000 \, to$$

Auflösung:   $\Delta G = 0,1$ to mit digitaler Anzeige

Zu 2:    Drucksensor: $p_{max.} = \rho \cdot g \cdot h = 1000 \frac{kg}{m^3} \cdot 10 \frac{m}{s^2} \cdot 25 m$

$$= 2,5 \, bar$$

gewählt: DMS-Druckaufnehmer nach Bild 2.2
$$p_{Nenn} = 2,5 \, bar \quad \text{Kennwert: } C = U_{Nenn}/U_S = 2 \, mV/V$$
$$\text{Digitalvoltmeter } e_{DVM} = 1 \, dig/mV$$

Zu 3a:   mit Meßverstärker:

gewählt:    Speisespannung $U_S = 10$ V

$$\text{damit } e_1 = \frac{20mV}{1000 \, to} = 0,02 \frac{mV}{to}$$

Zu 4a:    Der Meßverstärker erhält also bei $G_{max}$ ein Eingangssignal von $x_{a1} = 20$ mV, das zur Anzeige erforderliche Ausgangssignal von $x_{a2} = 10$ V ergibt sich aus der erforderlichen Digitzahl von $z = G_{max.}/\Delta G = 10000$ dig und der DVM-Empfindlichkeit. Damit ist eine Meßsignalverstärkung von $e_2 = 10$ V/20 mV $= 500$ erforderlich.

*Kontrolle:*

$$e_{ges.} = 0,02\,\frac{mV}{to} \cdot 500 \cdot 1\,\frac{dig}{mV} = 10\,\frac{dig}{to}$$

Zu 3b:    ohne Meßverstärker:

gewählt: Digitalvoltmeter mit $e_{DVM} = 1$ dig/$\mu$V

Damit beträgt die bei $G_{max}$ erforderliche Aufnehmerausgangsspannung $x_{a1} = 10$ mV und die zugehörige Aufnehmerempfindlichkeit $e_1 = 0,01$ mV/to.

Zu 4b:    Mit dem oben angenommenen Aufnehmerkennwert muß dann die Speisespannung auf $U_s = 5$ V eingestellt werden.

*Kontrolle:*

$$e_{ges.} = 0,01\,\frac{mV}{to} \cdot 1000\,\frac{dig}{mV} = 10\,\frac{dig}{to}$$

## 2.5 Einfluß der Kennlinienabweichung auf den Meßfehler

Die allgemeine Fehlerdefinition lautet:

    **"Fehler" = "Falsch" - "Richtig"**,

d.h. ein zu großer Meßwert verursacht einen positiven Fehler. Daraus abgeleitet folgen die Definition des **"absoluten Fehlers"**

    **E = gemessener Wert (Meßwert) – wirklicher Wert**

und die Definition des **"relativen Fehlers"**

$$\varepsilon = \frac{\text{Absoluter Fehler}}{\text{Bezugsgröße}}\ .$$

Als Bezugsgröße dienen bei der Fehlerangabe von Meßgeräten bzw. Komponenten der Meßbereichsendwert und bei Messungen zur Angabe des Meßfehlers der Meßgröße der Meßwert.

Wichtig zur Beurteilung der Güte eines Meßverfahrens ist die Kenntnis möglichst aller möglichen Fehlerquellen. Bei sorgfältigem Vordenken lassen sich mögliche Fehler entweder ganz vermeiden oder zumindest oft durch vorbeugende Maßnahmen gezielt reduzieren. Im Extremfall kann konsequentes Vordenken auch zu der Erkenntnis führen, daß ein vorgesehenes Meßprinzip besser erst gar nicht realisiert wird. Unser in der Einleitung gewähltes Beispiel der Tankwägung bietet sicher Möglichkeiten zur Fehlervermeidung und -reduzierung, und auch die Unmöglichkeit des Erreichens der geforderten Genauigkeit ist nicht total auszuschließen. Als Hilfe bei der Vorabsuche von Fehlerquellen kann die folgende allgemeine Übersicht aller prinzipiell möglichen Fehlereinflüsse dienen [5]. Wie bereits erwähnt, ist zur Beurteilung einer Messung die Erweiterung der Grenzen über das Meßgerät hinaus zum Meßsystem erforderlich.

Der durch **"Rückwirkung"** (1) durch den Sensor auf das Meßobjekt entstehende Fehler ist in der DMS-Technik in den meisten Fällen vernachlässigbar. Ausnahmen können entstehen bei der Verwendung von aufschweißbaren DMS auf dünnwandigen Verformungskörpern und bei der Messung von Längenänderungen an weichen Probekörpern mittels DMS-Biege-Wegaufnehmern.

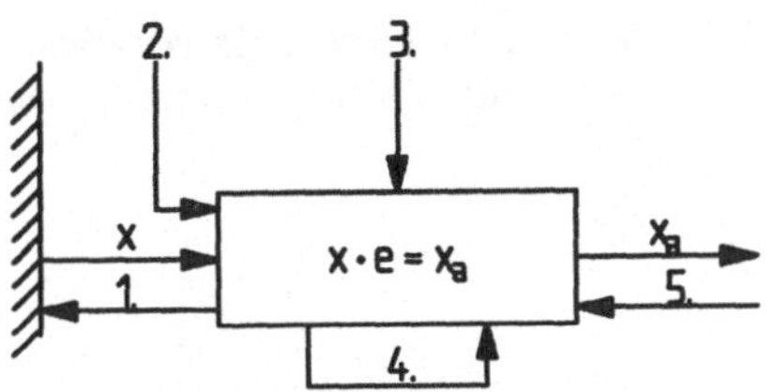



1. Rückwirkung
2. additive äußere Störung
3. multiplikative äußere Störung
4. innere Störung
5. Ablesefehler

**Bild 2.7**
Blockschaltbild eines fehlerbehafteten Meßsystems

Unter **"Additiven äußeren Störungen"** (2) versteht man alle von außen auf die Meßeinrichtung wirkenden Einflüsse, die eine Parallelverschiebung der Kennlinie $x_a = f(x)$ bewirken. Die häufigsten Ursachen sind induktive Einstreuungen und Temperatur-, Druck- und Feuchteänderungen. Additive Störungen können durch "Nullstellen" am Meßgerät unterdrückt werden und haben damit keinen Fehlereinfluß, wenn die Störung während der folgenden Messung konstant bleibt.

Als Beispiel für eine durch Temperaturänderungen hervorgerufene additive äußere Störung betrachten wir den Einfluß der Thermospannung auf den DMS-Druckaufnehmer der Tankwägeaufgabe:

| | |
|---|---|
| max. Drucksignal: | $p = 2\,500$ mbar |
| max. Aufnehmerausgangssignal: | $U = 20$ mV bei 20 °C |
| gemessene Thermospannung: | $U_\vartheta = 0{,}01$ mV/°C |

Wir wollen den bei einer Meßtemperatur von 30 °C auftretenden Fehler berechnen.

Die Thermospannung der Größe 0,01 mV/°C · 10 °C = 0,1 mV wirkt additiv auf das Meßsignal, d.h. unabhängig vom Belastungszustand der Wägezelle. Zur Überlagerung von Nutz- und Störsignal berechnen wir zunächst die Aufnehmerempfindlichkeit:

$$e = \frac{x_a}{x} = \frac{U}{p} = \frac{20\,\text{mV}}{2500\,\text{mbar}} = 0{,}008\,\frac{\text{mV}}{\text{mbar}}$$

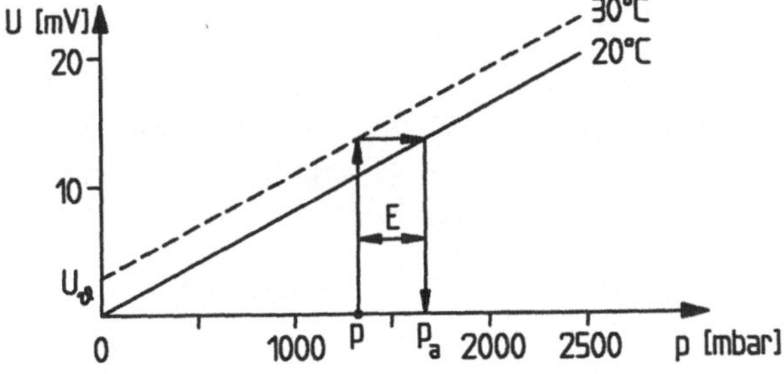



**Bild 2.8** Kennlinienverschiebung durch additive Störung

Zum besseren Verständnis zeichnen wir die Aufnehmerkennlinien für den fehlerfreien Zustand bei 20 °C und nach einer Temperaturerhöhung auf 30 °C.

Wenn wir den Druckaufnehmer nun mit dem Druck p belasten, wird das Ausgangssignal um 0,1 mV zu groß sein und damit der Wert $p_a$ um $\Delta p$ zu hoch ermittelt.

Damit läßt sich der absolute Fehler über die bereits ermittelte Empfindlichkeit e wie folgt berechnen:

$$E = \Delta p = \frac{0{,}1\,\text{mV}}{0{,}008\,\text{mV}/\text{mbar}} = 12{,}5\,\text{mbar}$$

Der durch additive Störungen hervorgerufene absolute Fehler ist also unabhängig vom Meßwert, während der relative Meßfehler mit abnehmendem Meßwert nach einer Hyperbelfunkti-
on ansteigt: $E = const$, $\varepsilon = E/x$.

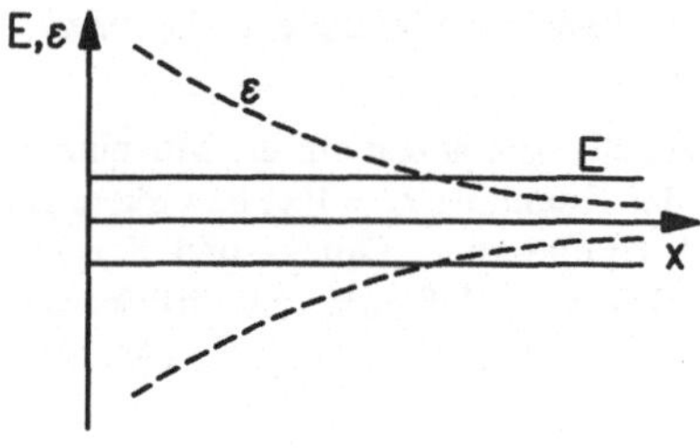


**Bild 2.9**
Fehlercharakteristik für eine additive äußere Störung

Aus obiger Fehlercharakteristik resultiert die Forderung, Meßgeräte möglichst im oberen Teil
des Meßbereichs einzusetzen. Bezogen auf das Beispiel der Druckmessung beträgt der relative Fehler bei maximalen Druck 0,5% (gerätebezogener Fehler) und steigt bei einer Messung
von 250 mbar auf 5% (meßwertbezogener Fehler).

**"Multiplikative äußere Störungen"** (3) wirken auf das Übertragungsverhalten. Sie verursa-
chen eine Empfindlichkeitsänderung und führen damit zur Drehung der Kennlinie. Häufigste
Ursache sind wie bei den additiven Störungen auch Temperaturänderungen, die bei DMS-
Aufnehmern beispielsweise den Elastizitätsmodul verändern.

Empfindlichkeitsfehler können durch Änderung der Meßverstärkerempfindlichkeit wieder ausgeglichen werden, sie bewirken dann keinen Fehler, wenn die äußere Störung bei der folgenden Messung konstant bleibt.
Als Beispiel betrachten wir wieder unseren Druckaufnehmer, für den wir den Einfluß der E-
Modul-Temperaturabhängigkeit abschätzen wollen.

Wird der Biegebalken aus C-Stahl mit ca. 0,5% C gefertigt, so ist im Bereich von 20-60 °C
mit einem Absinken des E-Moduls von etwa $2,10 \cdot 10^7$ auf $2,05 \cdot 10^7$ N/cm$^2$ zu rechnen. Dadurch wird die Dehnung $\varepsilon = \sigma/E$ und damit das Ausgangssignal U vergrößert, der Aufnehmer
wird mit zunehmender Temperatur empfindlicher. Nach Kap. 4.2 erhalten wir für die Empfindlichkeit des Membrandruckaufnehmers:

$$e = \frac{U_s \cdot k \cdot A_{eff} \cdot l}{W \cdot E}$$

Durch Anwendung des Fehlerfortpflanzungsgesetzes nach Kap. 10.1.5 auf die "Variable" E ergibt sich damit die relative Änderung der Empfindlichkeit zu:

$$\frac{\Delta e}{e} = -\frac{\Delta E}{E} \approx 2,5\,\%$$

Multiplikative Fehler bewirken also eine Drehung der Kennlinie:

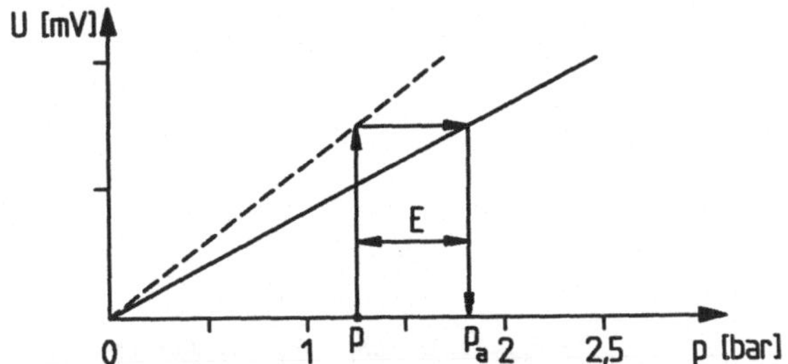

**Bild 2.10** Kennlinienverdrehung durch multiplikative Störung

Damit ist der absolute Fehler proportional zum Meßwert und der relative Fehler konstant:

$$E = \Delta x = \frac{\Delta e}{e} \cdot x \quad \text{und} \quad \varepsilon = \frac{\Delta x}{x} = \frac{\Delta e}{e}$$

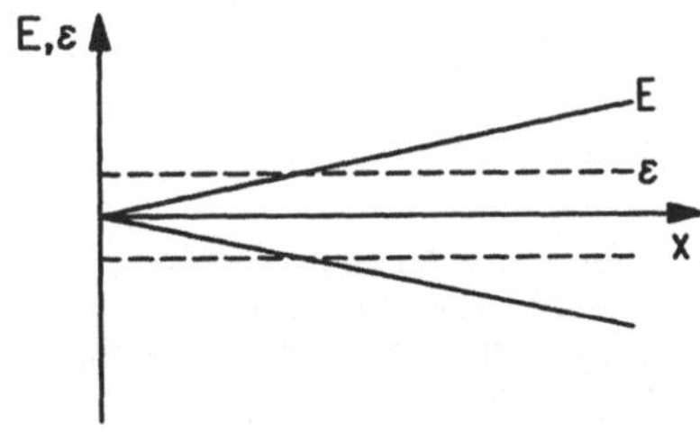

**Bild 2.11**
Fehlercharakteristik einer multiplikativen Störung

In der Praxis geht der absolute Fehler für kleine Meßwerte natürlich nicht gegen Null, sondern bleibt über der Meßsignalauflösung. Hieraus folgt die Forderung, daß die Meßsignalauflösung möglichst 5 bis 10 mal kleiner als die geforderte Genauigkeit sein sollte.
**"Innere Störungen"** (4) sind geräteinterne Effekte. Die wichtigsten inneren Störungen sind an der Abweichung der realen von der idealen Kennlinie erkennbar, z.B. in Bild 2.12 am Beispiel des DMS-Druckaufnehmers.
**"Ablesefehler"** (5) entstehen durch menschliche Unzulänglichkeiten. Beispiele hierfür sind der Parallaxefehler beim Ablesen von Zeigerinstrumenten, der Interpolationsfehler bei Analoganzeigen und das Ablesen falscher Zahlen bei Digitalanzeigen.
Als letzte Fehlerklasse lassen sich noch sogenannte **"Repräsentativitätsfehler"** (6) definieren, sie entstehen durch falsche Meßbedingungen, die für den wirklichen Anwendungsfall nicht repräsentativ sind. Betrachten wir z.B. die Messung der Hallentemperatur bei unserer Flugzeugflügelmessung in Indonesien, so wird das Ergebnis einer solchen Messung sicher in ganz erheblichen Maße von der Wahl des Meßortes abhängen. Neben dieser ungewollten Unsicherheit wird die genannte Fehlerart oft auch zur Verschleierung unerwünschter Messungen eingesetzt (Emissionsmessungen).

Die folgende Abbildung gibt einen Überblick über die inneren Störungen, die bei einem Druckaufnehmer nach Bild 2.2 zu erwarten sind:

### a) Linearitätsfehler

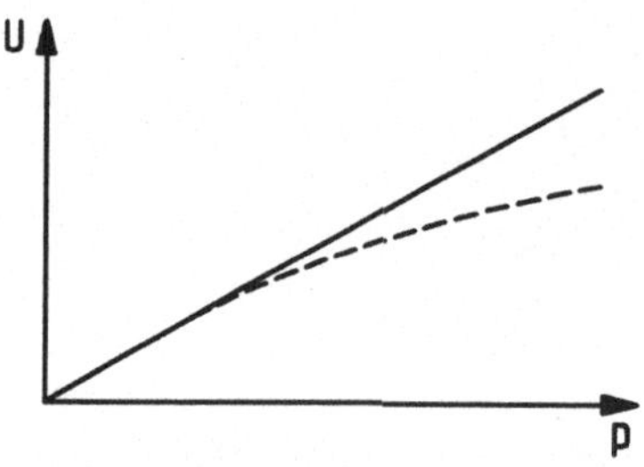

Mögliche Ursachen für die Abnahme der Empfindlichkeit sind die Verkürzung des Hebelarmes unter Last und die Überschreitung der Proportionalitätsgrenze.

### b) Nullpunktsfehler

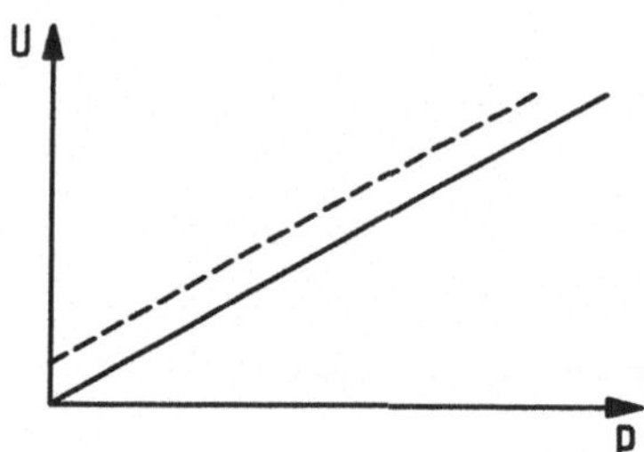

Eine typische Ursache für diese Fehlerart ist eine vorübergehende Überlastung des DMS-Verformungskörpers in den Bereich bleibender Verformung.

### c) Empfindlichkeitsfehler

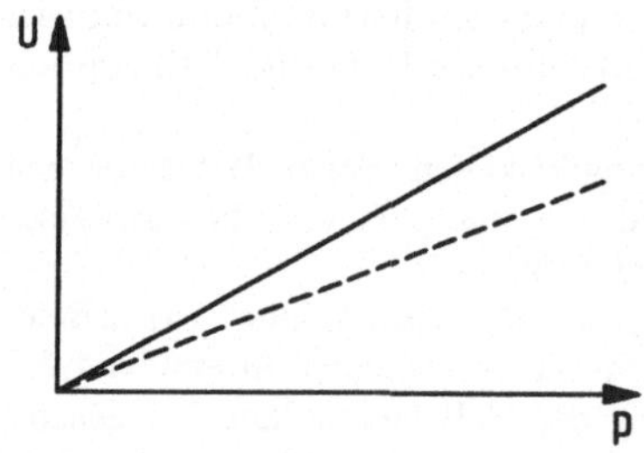

Für die gezeigte Drehung der Kennlinie kann beispielsweise eine Änderung der Isolationsfähigkeit des Klebermaterials die Ursache sein.

## d) Ansprechempfindlichkeit

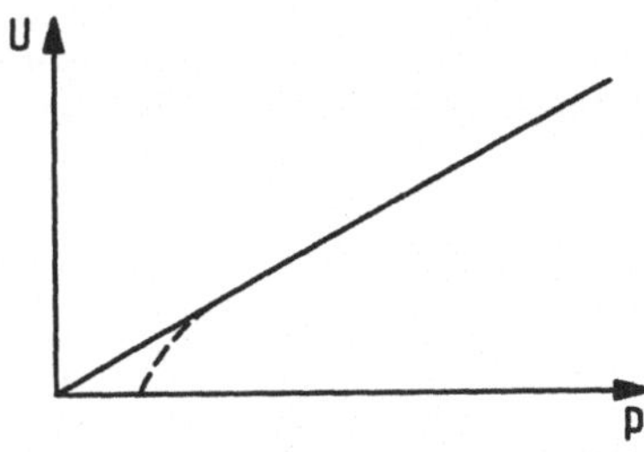

Dieser Einfluß einer gewissen "Losbrech-kraft" vor der Reaktion des Aufnehmers wäre bei unserem Druckaufnehmer durch einen nicht ideal elastische Membrankörper zu erwarten.

## e) Umkehrspanne

Hier ist zwischen zwei Fällen zu unterscheiden:

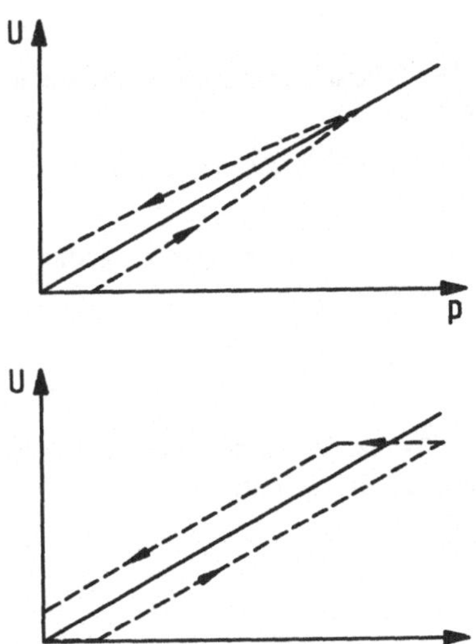

Diese typische Hystersekurve wird durch **innere** Reibungsvorgänge im Meßkörper und im DMS hervorgerufen.

Für ein derartiges "eckiges" Verhalten sind immer entweder **äußere Reibung** oder **mechanisches Spiel** als Ursache verantwortlich. Bei unserem Druckaufnehmer könnte ein reibungsbehafteter Rollmembran zu dieser Kennlinie führen.

**Bild 2.12** Abweichungen von der idealen Druckaufnehmerkennlinie

Daß Meßfehler in bestimmten Fällen auch den Informationsgehalt einer Messung vergrößern können, zeigt das Beispiel eines reibungsbehafteten Manometers, bei dem durch "Klopfen" die Tendenz der zu erwartenden Druckänderung ablesbar ist.

*Die aufgeführten Beispiele machen deutlich, wie groß die Bedeutung einer gründlichen Fehleranalyse bereits in der Planungsphase einer Meßanlage ist.*

Wir wollen das Vordenken möglicher Fehlerquellen und ihrer Behandlung am Beispiel der Tankwägeaufgabe üben.

Zur besseren Übersicht entwerfen wir zunächst das Blockschaltbild für die einzelnen Phasen der Meßsignalwandlung von der Meßgröße m bis zum Ausgangssignal des Druckaufnehmers.

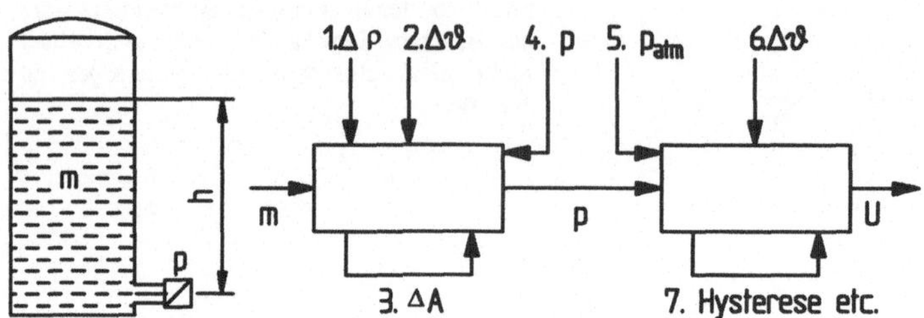


**Bild 2.13** Fehleranalyse zur Tankwägeaufgabe

Der erste Block umfaßt die Umwandlung der Meßgröße "Masse" in den hydrostatischen Druck p, diese Umwandlung wird über die Tankgeometrie bestimmt.

Der zweite Block beschreibt den DMS-Druckaufnehmer nach Bild 2.2, der den Druck p in eine elektrische Spannung U umformt.

Zusätzlich sind für die Blöcke "Tank" und "Druckaufnehmer" äußere Störungen eingetragen, die wir jetzt bezüglich ihres Fehlereinflusses untersuchen wollen.

### Zu 1. *Dichteschwankung des Meßmediums*

Diese kann sowohl produktionsbedingt sein als auch durch Temperaturänderungen hervorgerufen werden, in beiden Fällen hat sie keinen Einfluß auf die Gewichtsermittlung:

$$m = V \cdot \rho = A \cdot h \cdot \rho = A \cdot \frac{p}{\rho \cdot g} \cdot \rho = \frac{A \cdot p}{g} \neq f(\rho)$$

Unser Meßsystem verhält sich also bezüglich der Dichte des zu wiegenden Mediums wie eine normale Waage. Wird an Stelle der Masse allerdings das Volumen gemessen, dann gehen Dichteschwankungen als Fehler in das Meßergebnis ein.

### Zu 2. *Temperaturausdehnung der Tankwandung*

Bei Temperaturänderungen ändert sich der Tankquerschnitt und damit die Füllhöhe, die dadurch entstehende Druckänderung führt zu einem multiplikativen Meßfehler:
Bei einer Temperaturerhöhung um $\Delta\vartheta$ vergrößert sich der Tankquerschnitt von

$$A = r^2 \cdot \pi \quad \text{auf} \quad A_\vartheta = r^2 \cdot (1 + \alpha \cdot \Delta\vartheta)^2 \cdot \pi \approx r^2 \cdot (1 + 2 \cdot \alpha \cdot \Delta\vartheta) \cdot \pi.$$

Dann verringert sich die Füllhöhe von

$$h \quad \text{auf} \quad h_{\vartheta} = h \cdot \frac{A}{A_{\vartheta}} \approx \frac{h}{1+2 \cdot \alpha \cdot \Delta\vartheta}$$

und die Anzeige von

$$m_a = \frac{A \cdot p}{g} \quad \text{auf} \quad m_{a,\vartheta} = \frac{A \cdot p \cdot {}^{h_\vartheta}\!/_h}{g} \, .$$

Damit erhalten wir durch Einsetzen den relativen Meßfehler zu:

$$\varepsilon = \frac{m_{a,\vartheta} - m_a}{m_a} = \frac{1}{1+2 \cdot \alpha \cdot \Delta\vartheta} - 1 \approx -2 \cdot \alpha \cdot \Delta\vartheta \, .$$

Der relative Fehler liegt also für $\alpha \approx 10^{-5}$ /°C bei 10 °C Temperaturerhöhung in der Größenordnung von 0,25‰.

Der relative Fehler ist unabhängig vom Meßwert, er wirkt also multiplikativ; die Kennlinie wird für steigende Temperaturen nach rechts gedreht.


## Zu 3: *Einfluß der Tankgeometrie*

Der geforderte lineare Zusammenhang zwischen Füllhöhe und Tankinhalt setzt einen exakt konstanten Tankquerschnitt über der Höhe voraus. Nimmt der Tankquerschnitt dagegen beispielsweise nach oben leicht konusförmig ab, erhalten wir eine nichtlineare Kennlinie mit zunehmender Empfindlichkeit. Eine einfache Abschätzung zeigt, daß ein Durchmesserunterschied von 0,01 d zu einem maximalen Fehler von etwa 1% führt.

Um den Meßfehler zu reduzieren, kann die Kurve nach der Methode der kleinsten Fehlerquadrate entweder durch eine beste Gerade oder durch eine Parabelfunktion angenähert werden (Kap. 2.6). Falls die Tankgeometrie beispielsweise durch seitlich angebrachte Stutzen unstetig verläuft, muß der Kurvenverlauf durch eine Kalibriermessung punktförmig ermittelt und im Rechner gespeichert werden.

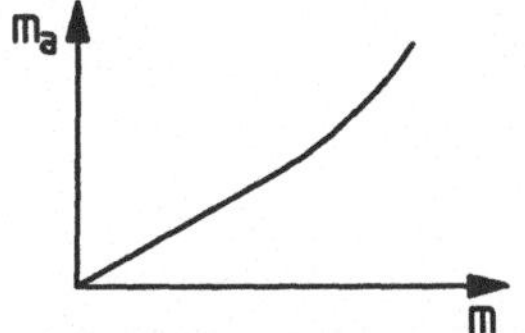


**Bild 2.14**
Einfluß der Tankgeometrie


## Zu 4: *Einfluß der Tankaufweitung*

Die während des Füllvorganges auf Grund des zunehmenden hydrostatischen Druckes im unteren Bereich auftretende Tankaufweitung führt ebenfalls zu einem nichtlinearen Kurvenverlauf, der in diesem Fall durch eine mit dem Meßwert abnehmende Empfindlichkeit gekennzeichnet ist. Der Fehler wird kleiner mit zunehmender Wanddicke, er liegt bei den üblichen Dimensionierungsverhältnissen in der Größenordnung von weniger als einem Promille.

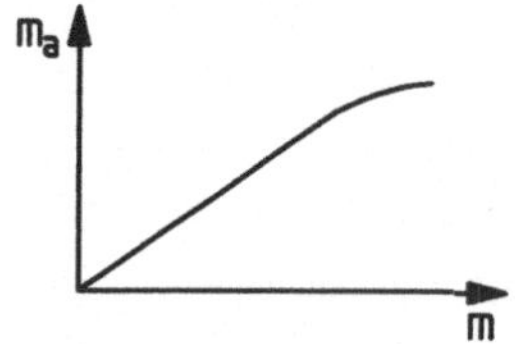

**Bild 2.15**
Einfluß der Tankaufweitung

Der Fehler kann sich bei entsprechender Konizität entsprechend 3 ganz oder teilweise kompensieren, die Restunlinearität wird durch eine geeignete Kurvenapproximation ausgeglichen.

Zu 5: *Einfluß des Atmosphärendrucks*

Die Größe des Fehlereinflusses der äußeren Störung "Druck" ist entscheidend abhängig von der Art der Druckmessung (Kap. 6.8).

Die Absolutdruckmessung ist bei der vorliegenden Aufgabe ungeeignet, weil Luftdruckschwankungen voll in das Ergebnis eingehen: Der absolute Meßfehler beträgt z.B. bei 5% Luftdruckschwankung 1000 to·0,05 bar/2,5 bar = 20 to über den gesamten Meßbereich, d.h. die Luftdruckschwankung geht als additiver Fehler in das Ergebnis ein.

Der Fehler läßt sich durch eine Überdruckmessung gegen die Atmosphäre entscheidend verkleinern, wenn über der Flüssigkeitsoberfläche ebenfalls Atmosphärendruck herrscht oder für einen guten Druckausgleich gesorgt ist; Restdruckdifferenzen wirken allerdings weiterhin als additive Fehler. Das genaueste Ergebnis erhalten wir durch eine Differenzdruckmessung zwischen Meßstelle und Tankdeckel, wir werden dieses Konzept also an der entsprechenden Stelle weiterverfolgen.

Zu 6: *Einfluß der Temperatur auf den Druckaufnehmer*

Wie bereits weiter oben besprochen, können Temperaturänderungen sowohl additiv (Thermospannung) als auch multiplikativ (E-Modul) wirken.

Zu 7: *Innere Störungen des Druckaufnehmers*

Hier sind vor allem die Unlinearität, die Umkehrspanne, das Kriechen und die Langzeitstabilität des Nullpunktes und der Empfindlichkeit zu beachten. Jede der genannten Größen kann bei entsprechender Erfahrung und Kreativität durch geeignete konstruktive Maßnahmen genügend klein gehalten werden.

## 2.6 Kalibrierung von Meßgeräten

Die Empfindlichkeit von Meßkettenkomponenten bzw. von Meßgeräten ist in der Praxis meistens nicht mit genügender Genauigkeit berechenbar. Die Hauptgründe dafür liegen in der Abweichung des mathematischen Beschreibungsmodells von der Wirklichkeit, in der Streuung von Materialkonstanten und von Kenngrößen elektrischer Bauelemente und in den Fertigungs- und Meßtoleranzen der geometrischen Sensorabmessungen.

Immer dann, wenn die geforderte Meßgenauigkeit die rechnerisch ermittelbare Genauigkeit übersteigt, muß die Meßkettenkomponente bzw. das Meßgerät kalibriert werden. Zu diesem Zweck wird der Eingang mit einem mit genügender Genauigkeit bekannten Signal belastet und dem jeweilige Ausgangssignal zugeordnet. Aus den so erhaltenen Wertepaaren läßt sich dann ein funktionaler Zusammenhang ableiten, der im Idealfall durch eine Gerade gebildet wird. Wenn dies nicht der Fall ist, muß die Funktion entweder durch eine geeignete Gerade angenähert oder durch zusätzliche Komponenten linearisiert werden. Falls in der Meßkette ein Mikroprozessor vorhanden ist, kann auch mit nichtlinearen Funktionen höherer Ordnung gearbeitet werden, die ebenfalls aus den erhaltenen Wertepaaren ableitbar sind.

Als Beispiel betrachten wir wieder den Druckaufnehmer der Tankwägeanlage, den wir nun nach verschiedenen Methoden kalibrieren wollen, angezeigt werden soll jeweils der Druck in mbar. Zunächst benötigen wir die wirkliche Kennlinie des Aufnehmers, wir benutzen zu ihrer Ermittlung eine Meßanordnung mit einem Kolbenmanometer als Vergleichsnormal.

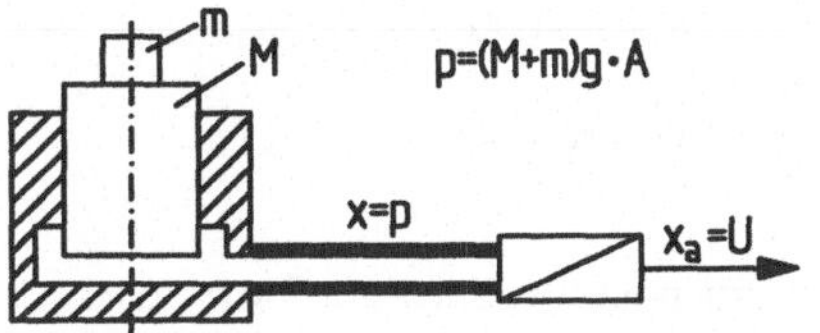


**Bild 2.16**
Kalibrierung eines Druckaufnehmers

Im Idealfall würden wir nach vorheriger Nulljustage entsprechend Bild 2.3 eine Gerade durch "Null" erhalten. In der Praxis wird das Ausgangssignal allerdings auf Grund der bereits besprochenen Fehlermöglichkeiten unlineare Anteile enthalten. Ohne jetzt näher konkret auf mögliche Einflüsse einzugehen, nehmen wir an, das Ergebnis der Kalibrierung führt zu dem in folgender Tabelle in den Spalten A und B aufgeführten Meßwerten:

| A | B | C | D | E | F | G |
|---|---|---|---|---|---|---|
| $\dfrac{p}{bar}$ | $\dfrac{U}{mV}$ | $\dfrac{p^2}{bar^2}$ | $\dfrac{p \cdot U}{bar \cdot mV}$ | $\dfrac{p^3}{bar^3}$ | $\dfrac{p^4}{bar^4}$ | $\dfrac{p^2 \cdot U}{bar^2 \cdot mV}$ |
| 0,00 | 0,000 | 0,00 | 0,0000 | 0,000 | 0,0000 | 0,0000 |
| 0,50 | 4,041 | 0,25 | 2,0205 | 0,125 | 0,0625 | 1,0102 |
| 1,00 | 8,058 | 1,00 | 8,0580 | 1,000 | 1,0000 | 8,0580 |
| 1,50 | 12,062 | 2,25 | 18,0930 | 3,375 | 5,0625 | 27,1395 |
| 2,00 | 16,036 | 4,00 | 32,0720 | 8,000 | 16,0000 | 64,1440 |
| 2,50 | 20,000 | 6,25 | 50,0000 | 15,625 | 39,0625 | 125,0000 |
| 7,50 | 60,197 | 13,75 | 110,2435 | 28,125 | 61,1875 | 225,3517 |

**Tabelle 2.3** Meßwerttabelle

Zur Kenntlichmachung der Kennlinienabweichung wurde das Ausgangssignal in Bild 2.17 übertrieben unlinear, aber mit richtiger Krümmungsrichtung dargestellt.
Je nach Genauigkeitsforderung und vertretbarem Aufwand stehen jetzt zur Auswertung folgende Möglichkeiten zur Verfügung:

**1. Fixpunktkalibrierung:** einfachste Methode, Gerade durch Anfangs- und Endpunkt

**2. Toleranzbandmethode:** Fehlervermittlung durch Regressionsgerade

**3. Kurvenapproximation:** Ermittlung der Funktion höherer Ordnung, die die Wertepaare mit genügender Genauigkeit annähert

**4. Tangentennäherung:** bei Überwachung eines fest vorgegebenen Meßwertes, Tangente durch Sollwert

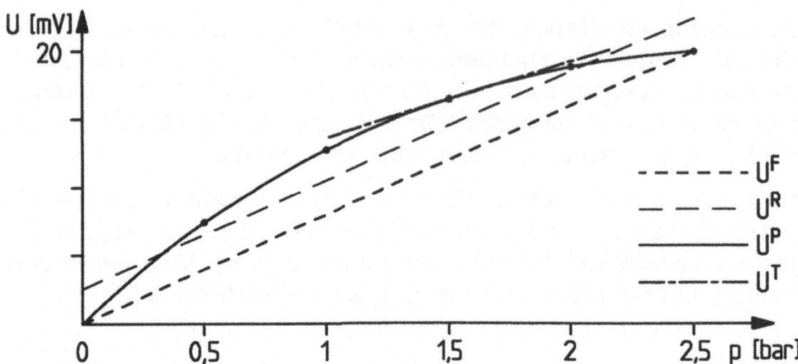



**Bild 2.17** Ausgangssignal des Druckaufnehmers mit verschiedenen Näherungsmethoden

Wir wollen jetzt nacheinander die einzelnen Methoden auf unser Beispiel zur Druckmessung anwenden.

Zu 1: *Fixpunktkalibrierung*

Zur Berechnung der Empfindlichkeit benötigt man lediglich das Ausgangssignal bei Belastung mit dem maximalen Eingangssignal:

$$e = \frac{x_{a\,max}}{x_{max}} \qquad (2.2)$$

Diese Methode ist vor allem in der Massenproduktion von Sensoren mit normalen Genauigkeitsanforderungen vorherrschend.
Für unser Beispiel erhalten wir damit eine Aufnehmerempfindlichkeit von e=20 mV/2500 mbar = 0,008 mV/mbar. Zur Druckanzeige wählen wir ein Digitalvoltmeter mit der Empfindlichkeit 1 dig/mV und erhalten mit der erforderlichen Verstärkerempfindlichkeit

$$e_2 = \frac{e_{ges}}{e_1 \cdot e_2} = \frac{1\,^{dig}\!/_{mbar}}{0,008\,^{mV}\!/_{mbar} \cdot 1\,^{dig}\!/_{mV}} = 125$$

die unten dargestellte Meßkette. Zur Ermittlung der Fehlercharakteristik sind in Tabelle 2.4 die wirklichen Signalverläufe und der daraus resultierende Meßfehler angegeben.

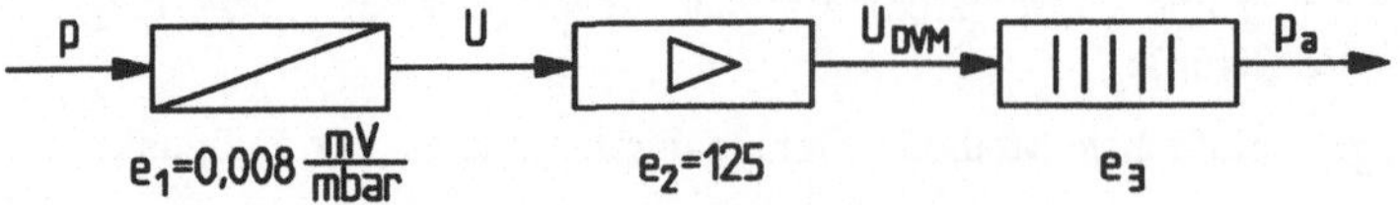



**Bild 2.18** Blockschaltbild für die Fixpunktjustage

| p [mbar] | U [mV] | $U_{DVM}$ [mV] | $p_a$ [mbar] | E [mbar] | $\varepsilon$ [%] |
|---|---|---|---|---|---|
| 0 | 0,000 | 0,0 | 0 | 0 | 0 |
| 500 | 4,041 | 505,1 | 505 | 5 | 0,20 |
| 1000 | 8,058 | 1007,2 | 1007 | 7 | 0,28 |
| 1500 | 12,062 | 1507,8 | 1508 | 8 | 0,32 |
| 2000 | 16,036 | 2004,5 | 2005 | 5 | 0,20 |
| 2500 | 20,000 | 2500,0 | 2500 | 0 | 0 |

**Tabelle 2.4** Meßfehlertabelle

Die Fehler an Anfang und Ende des Meßbereichs sind erwartungsgemäß Null, der Fehler ist durchgängig positiv und erreicht etwa in der Mitte des Meßbereichs einen maximalen Wert von 0,32%.

Zu 2: *Toleranzbandmethode*

Die Gerade wird so gewählt, daß die Summe der Abweichungen der einzelnen Meßpunkte von der Gerade zu Null wird:

$$x_a{}^R = a \cdot x + b \quad \text{mit} \quad \sum \left[ x_{ai} - (ax_i + b) \right] = 0 \tag{2.3a}$$

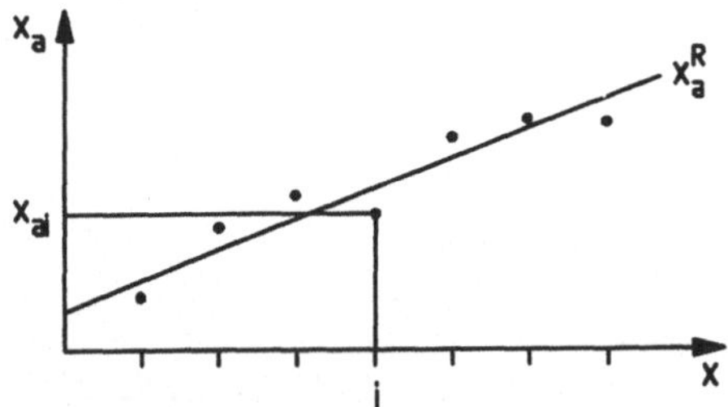


**Bild 2.19**
Ermittlung der Regressionsgeraden

Da eine Bedingung zur Bestimmung der zwei Unbekannten a und b nicht ausreicht, wird auf die äquivalente Bedingung "Summe der quadratischen Abweichungen minimal" übergegangen, das im folgenden beschriebene Verfahren zur Ermittlung der Regressionsgeraden wird deshalb auch "Methode der kleinsten Quadrate" genannt.

Minimalbedingung:

$$\sum \left( x_{ai} - (a \cdot x_i + b) \right)^2 = \min$$

Ausmultiplizieren:

$$\sum \left( x_{ai}{}^2 - 2 \cdot x_{ai} \cdot a \cdot x_i - 2 \cdot x_{ai} \cdot b + a^2 \cdot x_i{}^2 + 2 \cdot ax_i \cdot b + b^2 \right) = \min$$

Ableitung nach den "Variablen" a und b Null setzen:

$$\frac{\partial \sum}{\partial a} = \sum \left( -2 \cdot x_{ai} \cdot x_i + 2 \cdot a \cdot x_i^2 + 2 \cdot x_i \cdot b \right) = 0$$

$$\frac{\partial \sum}{\partial b} = \sum \left( -2 \cdot x_{ai} + 2 \cdot a \cdot x_i + 2 \cdot b \right) = 0$$

Damit erhalten wir folgende Bestimmungsgleichungen zur Ermittlung der Koeffizienten der Regressionsgeraden:

$$a \cdot \sum x_i^2 + b \cdot \sum x_i = \sum x_i \cdot x_{ai}$$
$$a \cdot \sum x_i + b \cdot n = \sum x_{ai}$$

(2.3b)

Als Beispiel berechnen wir die Regressionsgerade für den Druckaufnehmer:

Nach der Summenbildung in den Spalten A, B, C und D in obenstehender Tabelle erhalten wir die folgenden Bestimmungsgleichungen für a und b:

$$a \cdot 13,75 \, (\text{bar})^2 + b \cdot 7,5 \, \text{bar} = 110,2435 \, \text{bar} \cdot \text{mV}$$

$$a \cdot \ 7,5 \, \text{bar} + b \cdot 6 = 60,197 \, \text{mV}$$

mit der Lösung:

$$U^R = 0,0336 \, \text{mV} + 7,9994 \, \frac{\text{mV}}{\text{bar}} \cdot p \, \text{bar} \ .$$

Die beste Gerade ist also gegenüber der Fixpunktgeraden erwartungsgemäß nach oben verschoben und hat eine leicht veränderte Steigung; wir ergänzen deshalb die Meßkette durch eine Hilfsspannung zur Kennlinienverschiebung und ändern den Verstärkungsfaktor zu:

$$e_2{}^R = \frac{e_{ges}}{e_1{}^R \cdot e_3} = \frac{1^{\text{dig}} / \text{mbar}}{7,9994 \cdot 10^{-3} \, \text{mV} / \text{mbar} \cdot 1^{\text{dig}} / \text{mV}} = 125,0094$$

Für die so veränderte Meßkette berechnen wir wieder den Signalverlauf und die sich für die einzelnen Kalibrierpunkte ergebenden Fehler:

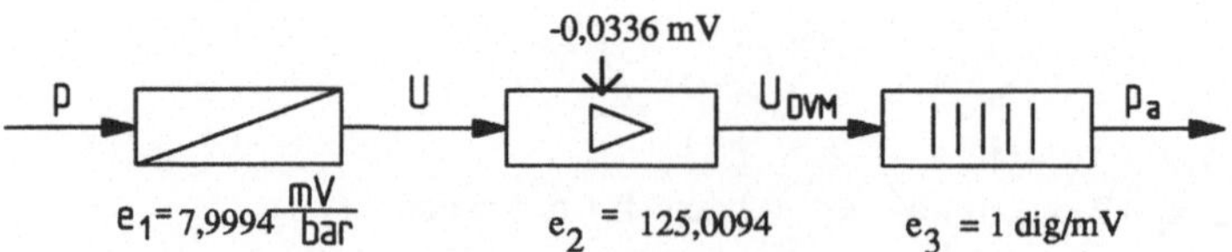


**Bild 2.20** Blockschaltbild für die Regressionsgerade

| p [mbar] | U [mV] | UR [mV] | $U_{DVM}$ [mV] | $p_a$ [mbar] | E [mbar] | $\varepsilon$ [%] |
|---|---|---|---|---|---|---|
| 0,0 | 0,000 | -0,0336 | -4,20 | -4 | -4 | -1,6 |
| 0,5 | 4,041 | 4,0074 | 500,96 | 501 | 1 | 0,4 |
| 1,0 | 8,058 | 8,0244 | 1003,12 | 1003 | 3 | 1,2 |
| 1,5 | 12,062 | 12,0284 | 1503,66 | 1504 | 4 | 1,6 |
| 2,0 | 16,036 | 16,0024 | 2000,45 | 2000 | 0 | 0 |
| 2,5 | 20,000 | 19,9664 | 2495,99 | 2496 | -4 | -1,6 |
| | | | | | 0 | 0,0 |

**Tabelle 2.5** Meßfehlertabelle

Der maximale Fehler ist somit durch Vermitteln gegenüber der Fixpunktjustage etwa halbiert; die Fehlersumme ist erwartungsgemäß Null.


Zu 3: *Kurvenaproximation:*

Falls die Abweichungen der kalibrierten Meßwerte von der Regressionsgeraden noch zu groß sind, können die Wertepaare durch eine Funktion höherer Ordnung approximiert werden. Solange ein DMS-Aufnehmer ohne Vorzeichenwechsel belastet wird, wie dies z.B. bei unserem Druckaufnehmer der Fall ist, reicht erfahrungsgemäß eine Parabel zweiter Ordnung als beste Kurvenapproximation aus:

$$x_a{}^{P2} = a_2 \cdot x^2 + a_1 \cdot x + a_0 \tag{2.4a}$$

Die Bestimmungsgleichungen für die Koeffizienten $a_0$ bis $a_2$ lauten:

$$a_2 \cdot \sum x^4 + a_1 \cdot \sum x^3 + a_0 \cdot \sum x^2 = \sum x^2 \cdot x_a$$
$$a_2 \cdot \sum x^3 + a_1 \cdot \sum x^2 + a_0 \cdot \sum x \ = \sum x \cdot x_a \tag{2.4b}$$
$$a_2 \cdot \sum x^2 + a_1 \cdot \sum x \ + a_0 \cdot n \ \ \ = \sum x_a \ .$$

Durch Einsetzen der in den Spalten A bis G obiger Tabelle berechneten Summenanteile erhalten wir für den Druckaufnehmer folgendes Gleichungssystem:

$$a_2 \cdot 61,1875 \, bar^2 + a_1 \cdot 28,125 \, bar + a_0 \cdot 13,75 = 225,35175 \, mV$$

$$a_2 \cdot 28,125 \ \ bar^2 + a_1 \cdot 13,75 \ \ bar + a_0 \cdot 7,5 \ \ = 110,2435 \ \ mV$$

$$a_2 \cdot 13,75 \ \ \ bar^2 + a_1 \cdot 7,5 \ \ \ \ bar + a_0 \cdot 6 \ \ \ \ = 60,20 \ \ \ \ \ \ mV$$

mit der Polynomlösung:

$$U^{P2} = 0,0004 \, mV + 8,099 \, mV/bar \cdot p - 3,9824 \cdot 10^{-2} \, mV/bar^2 \cdot p^2 \ .$$

Die erhaltene Funktion wird im Rechner gespeichert, die maximale Abweichung zwischen den errechneten und den tatsächlichen Spannungswerten beträgt 0,003 mV und der maximale Meßfehler damit $\varepsilon = 0,003 \, mV/20 \, mV = 0,015\%$ !

Bei DMS-Aufnehmern mit Nulldurchgang, d.h. beispielsweise bei Zug-Druck-Aufnehmern, ist erfahrungsgemäß oft eine Parabel dritter Ordnung die beste Näherung:

$$x_a^{P3} = a_3 \cdot x^3 + a_2 \cdot x^2 + a_1 \cdot x + a_0. \tag{2.5a}$$

Die Koeffizienten erhalten wir analog zu dem bisherigen Vorgehen durch folgendes Gleichungssystem:

$$a_3 \cdot \sum x_i^6 + a_2 \cdot \sum x_i^5 + a_1 \cdot \sum x_i^4 + a_0 \cdot \sum x_i^3 = \sum x_i^3 \cdot x_{ai}$$

$$a_3 \cdot \sum x_i^5 + a_2 \cdot \sum x_i^4 + a_1 \cdot \sum x_i^3 + a_0 \cdot \sum x_i^2 = \sum x_i^2 \cdot x_{ai}$$

$$a_3 \cdot \sum x_i^4 + a_2 \cdot \sum x_i^3 + a_1 \cdot \sum x_i^2 + a_0 \cdot \sum x_i^1 = \sum x_i \cdot x_{ai} \tag{2.5b}$$

$$a_3 \cdot \sum x_i^3 + a_2 \cdot \sum x_i^2 + a_1 \cdot \sum x_i + a_0 \cdot n = \sum x_{ai}.$$

Zu 4: *Tangentennäherung*

Diese Näherung wird vorzugsweise dann angewendet, wenn nur in einem eingeschränkten Teil des Meßbereiches gearbeitet wird. Die Tangente wird dann in die Mitte dieses Teiles gelegt und die Abweichung zwischen Tangente und Kurve damit umso kleiner, je näher der Meßwert zur Mitte liegt.

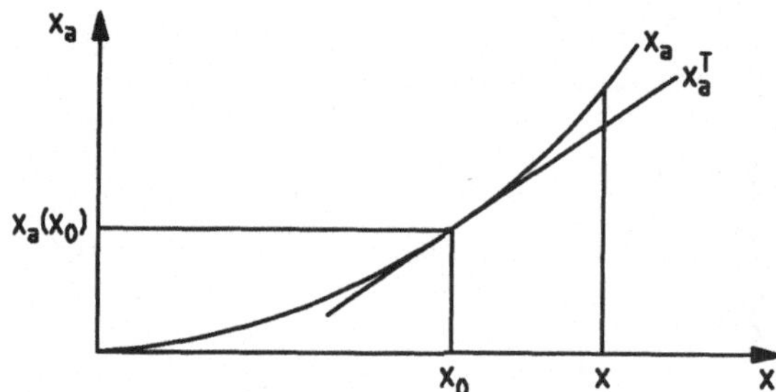


**Bild 2.21** Tangentennäherung

Die Gleichung der Tangente läßt sich aus Bild 2.21 ablesen:

$$x_a^T = x_a(x_0) + \frac{dx_a(x_0)}{dx} \cdot (x - x_0) \tag{2.6}$$

In unserem Beispiel wäre die Tangentennäherung z.B. dann anwendbar, wenn eine bestimmte Füllmenge sehr genau eingehalten werden sollte. Nehmen wir dazu an, dies wäre bei genau 2 bar Druck der Fall, dann erhalten wir:

$$U^T = U(2\,\text{bar}) + \frac{dU(2\,\text{bar})}{dp} \cdot (p - 2\,\text{bar})$$

$$= 16,036\,\text{mV} + \left(8,099\,{}^{\text{mV}}\!\big/_{\text{bar}} - 2 \cdot 3,9824 \cdot 10^{-2}\,{}^{\text{mV}}\!\big/_{\text{bar}^2}\right) \cdot (p - 2\,\text{bar})$$

$$= 16,036\,\text{mV} + 7,9307\,{}^{\text{mV}}\!\big/_{\text{bar}} \cdot (p - 2\,\text{bar}).$$

Die Steigung der Tangente ist also erwartungsgemäß etwas geringer als die Steigung der besten Geraden.

Das entsprechende Blockschaltbild erhalten wir analog zum Vorgehen bei der besten Geraden

$$e_2 = \frac{1000\,{}^{\text{dig}}\!\big/_{\text{bar}}}{7,9307\,{}^{\text{mV}}\!\big/_{\text{bar}} \cdot 1\,{}^{\text{dig}}\!\big/_{\text{mV}}} = 126,092,$$

angezeigt wird die Abweichung vom Sollwert $p_0 = 2$ bar.

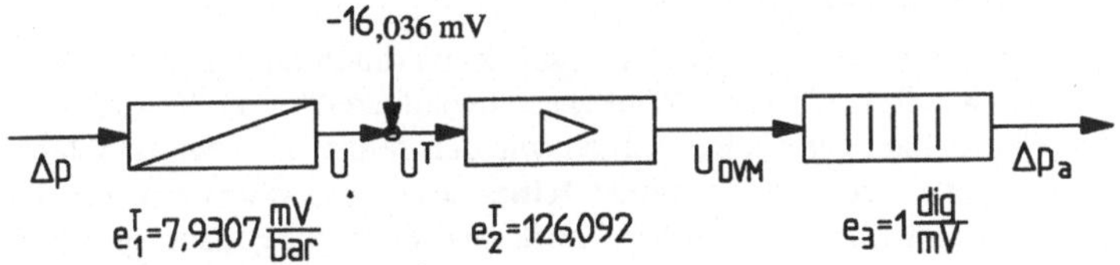


**Bild 2.22** Blockschaltbild für die Tangentennäherung

| p [mbar] | Δp [bar] | U [mV] | U$^T$ [mV] | U$_{\text{DVM}}$ [mV] | Δp$_a$ [mbar] | E [mbar] | ε [%] |
|---|---|---|---|---|---|---|---|
| 1,5 | -0,5 | 12,062 | -3,974 | -501,08 | -501 | -1 | -0,2 |
| 2,0 | 0 | 16,036 | 0 | 0 | 0 | 0 | 0,0 |

**Tabelle 2.6** Meßfehlertabelle

Der Meßfehler verringert sich bei der Tangentennäherung also mit kleiner werdender Abweichung zum Sollwert und geht bei Erreichen des Sollwertes gegen Null.

# 3 Grundlagen der Festigkeitslehre

## 3.1 Einführung

Wir wollen uns in diesem Kapitel auf die zum Verständnis der DMS-Aufnehmer absolut notwendigen Punkte beschränken.

Die Festigkeitslehre [6] ist ein Teilgebiet der Technischen Mechanik und folgt im allgemeinen auf die Statik [7]. Die Statik befaßt sich vorwiegend mit der Bestimmung der an Körpern auftretenden äußeren Kräfte, wobei die betrachteten Körper als unendlich steif angenommen werden.

Die auf einen Körper einwirkenden Kräfte können zwei Wirkungen hervorrufen:

a) Spannungen und Verformungen im elastischen und plastischen Bereich bis zum Fließen und schließlich zum Bruch. Das Teilgebiet, in dem diese Reaktionen berechnet werden, bezeichnen wir als **Festigkeitslehre**.

b) Translatorische und rotatorische Bewegungen, beschrieben durch die Größen "Weg" bzw. "Winkel", "Geschwindigkeit" bzw. "Winkelgeschwindigkeit", und "Beschleunigung" bzw. "Winkelbeschleunigung". Betrachten wir den reinen Bewegungsablauf, dann nennen wir das entsprechende Teilgebiet **Kinematik**, und erweitern wir die Betrachtung auf den Zusammenhang zwischen Kräfte und Bewegung, dann sprechen wir von der **Kinetik**.

Für die DMS-Anwendungen wichtig sind in der Statik das Schnittprinzip (Freischneiden des betrachteten Körpers von seiner Umgebung und Ersetzen der Verbindungen durch Kräfte und Momente), in der Festigkeitslehre die Spannungs- und Verformungsermittlung (Inhalt des folgenden Kapitels), in der Kinematik die Bewegungsgesetze (v = ds/dt, a = dv/dt) und in der Dynamik das Newtonsche Grundgesetz (F = m · a).

## 3.2 Zusammenhang zwischen Beanspruchungsart und Spannungsart

Wir unterscheiden bezüglich der Art der äußeren Belastung zwischen vier **Beanspruchungsarten**, die alle in der DMS-Aufnehmertechnik angewandt werden:

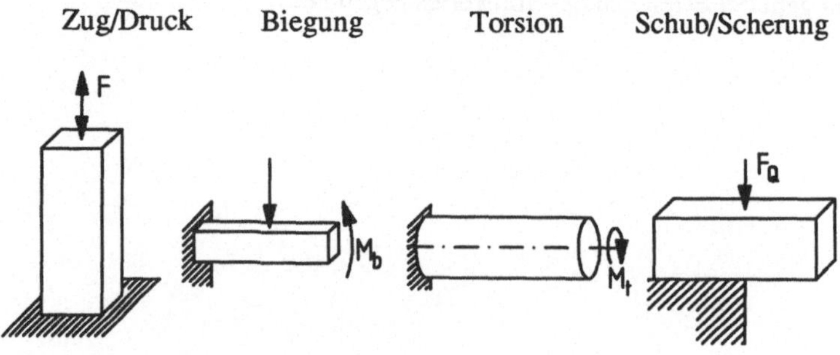


**Bild 3.1** Körper mit äußerer Belastung

Daraus ergeben sich im Körper zwei in ihrer Wirkung unterschiedliche **Spannungsarten:**

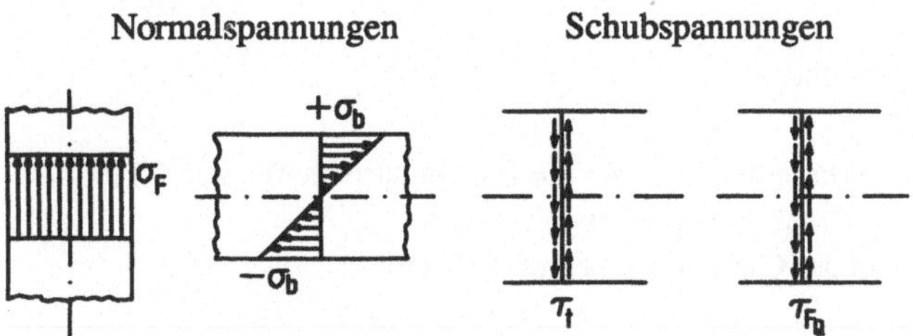


**Bild 3.2** Normal- und Schubspannungen

Normalspannungen ($\sigma$) sind senkrecht zu der belasteten Fläche orientiert, Schubspannungen ($\tau$) liegen parallel dazu.

Zu jeder Spannungsart gehört eine charakteristische Formänderungsart:

**Normalspannung**                                 **Schubspannung**

Dehnung $\varepsilon$ und Querkontraktion $\varepsilon_q$                          Gleitung $\gamma$

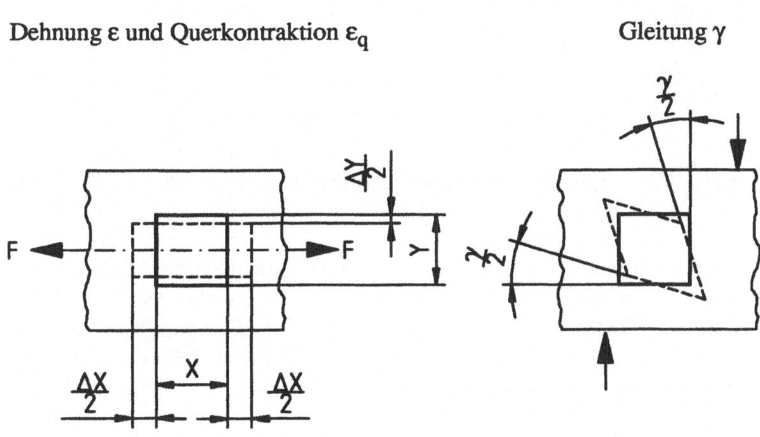


**Bild 3.3** Dehnung und Gleitung

Die die Verformung beschreibenden Größen werden unabhängig von den Abmessungen des Verformungskörpers definiert:

$$\varepsilon = \frac{\Delta x}{x} \qquad \varepsilon_q = \frac{\Delta y}{y} \qquad \gamma = 2 \cdot \left(\frac{\gamma}{2}\right) \tag{3.1}$$

Der für DMS-Aufnehmer wichtige lineare Zusammenhang zwischen Spannungen und Verformungen ergibt sich aus:

$$\varepsilon = \frac{\sigma}{E} \qquad \varepsilon_q = -\mu \cdot \varepsilon \qquad \gamma = \frac{\tau}{G} \tag{3.2}$$

mit: E = Elastizitätsmodul,
    $\mu$ = Querkontraktionszahl und
    G = Gleitmodul

Die Querkontraktionszahl liegt innerhalb der Grenzen $\mu$ = 0 (sehr spröder Werkstoff) und
$\mu$ = 0,5 (plastischer Werkstoff), für Stahl beträgt er etwa $\mu$ = 0,3.
Bei bekannten E-Modul und $\mu$ kann der Gleitmodul berechnet werden:

$$G = \frac{E}{2 \cdot (1+\mu)} \tag{3.3}$$

## 3.3 Berechnung der maximalen Spannungen

Die Berechnung der auf Grund äußerer Belastungen hervorgerufenen Spannungen für die verschiedenen Belastungszustände erfolgt nach den bekannten Formeln:

$$\text{Zug/Druck:} \quad \sigma = \frac{F}{A} \tag{3.4}$$

$$\text{Biegung:} \quad \sigma_b = \frac{M_b}{W_b} \quad \text{mit Wb = Widerstandsmoment} \tag{3.5}$$

$$\text{Torsion:} \quad \tau = \frac{M_t}{W_t} \quad \text{mit Wt= Widerstandsmoment gegen Torsion} \tag{3.6}$$

Die Schubspannung infolge Querkraftbelastung nimmt in dieser Aufstellung eine Sonderstellung ein: der Verlauf der Schubspannung über den Querschnitt ist weder konstant (Zug/-Druck) noch linear (Biegung, Torsion). Die Abhängigkeit über der Höhe ergibt sich aus der Querschnittsbreite b(y) und dem statischen Moment $S_x$ der Teilquerschnittsfläche, die durch die Parallele zur x-Achse bei y vom Gesamtquerschnitt abgetrennt wird:

$$\tau = \frac{F_Q \cdot S_x}{b \cdot I_x} \tag{3.7}$$

Betrachten wir dazu als einfachstes Beispiel den skizzierten Kragträger mit rechteckigen Querschnitt. In allen Querschnitten wirkt, unabhängig von der Längskoordinate, die Querkraft $F_Q$ = F. Diese Unabhängigkeit vom Krafteinleitungspunkt ist, wie wir später sehen werden, eine für DMS-Aufnehmer äußerst wichtige Eigenschaft.

Das statische Moment errechnet sich zu:

$$S_x(y) = \int\limits_{y}^{h/2} y\, dA = \int\limits_{y}^{h/2} y \cdot b\, dy = \frac{b}{2} \cdot \left( \frac{h^2}{4} - y^2 \right).$$

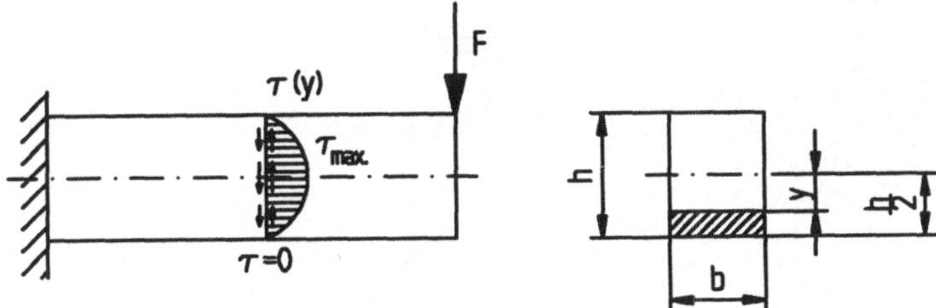

**Bild 3.4** Zur Schubspannungsermittlung im Kragarm

Damit erhalten wir durch Einsetzen in die Schubspannungsformel:

$$\tau(y) = 1{,}5 \cdot \left(1 - 4 \cdot \left(\frac{y}{h}\right)^2\right) \cdot \frac{F}{b \cdot h}.$$

also einen quadratischen Verlauf mit den Randwerten $\tau(\pm h/2){=}0$ und der maximalen Schubspannung in der Mitte: $\tau_{max} = 1{,}5\ F/A$. Das beschriebene Verhalten ist wichtig für die Dimensionierung der später zu besprechenden Schubkraftaufnehmer. Allgemein wird die maximale Schubspannung durch folgende Gleichung beschrieben:

$$\text{Querkraft:}\qquad \tau_{max.} = \frac{F_q}{A} \cdot c_A \tag{3.8}$$

$$\text{mit } c_A = \text{Querschnitts-Formfaktor: Rechteck: } c_A = 1{,}5$$
$$\text{Rund: }\quad c_A = 1{,}3$$

## 3.4 Eindimensionaler Spannungszustand

Der eindimensionale Spannungszustand tritt nur bei Zug- und Druckstäben auf. Sie werden in der DMS-Technik für Kraftaufnehmer und Wägezellen hoher Nennlast eingesetzt.

Die Normalspannung $\sigma_1 = F_1/A$ verursacht die Dehnung $\varepsilon$ und die Querkontraktion $\varepsilon_q$, beide werden, wie wir später sehen werden, für DMS-Messungen benutzt.

Wie eine einfache Überlegung zeigt, treten im Zugstab aber auch noch zusätzlich Schubspannungen auf: Denken wir uns den Zugstab aus magnetischen Material gefertigt und unter einem Winkel $\varphi$ aufgeschnitten, so sind zur Erhaltung des Gleichgewichtes zwei Spannungskomponenten notwendig: eine Normalspannung (Magnetzugkraft) senkrecht zur Schnittfläche und eine Schubspannung (Haftreibung) in Richtung der Schnittfläche. Beide Spannungsbeträge sind richtungsabhängig, nur in den Grenzfällen $\varphi = 0$ und 90° wird die Schubspannung Null.

Wir wollen nun die Größe der Normal- und der Schubspannung als Funktion des Winkels $\varphi$ berechnen.

Der Winkel $\varphi$ bezeichnet die Richtung der Normalen auf der gedachten Schnittfläche zur Mittellinie in "1"-Richtung. Damit ergibt sich die Größe der Schnittfläche zu $A_\varphi = A/\cos \varphi$.

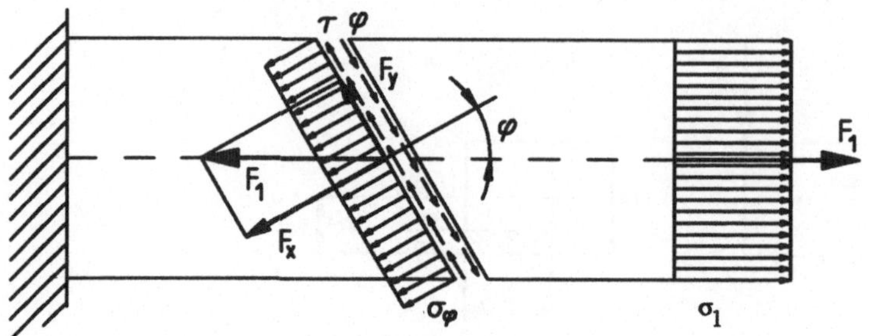


**Bild 3.5** Winkelabhängigkeit von Normal- und Schubspannung

Aus dem Kräftegleichgewicht an der Schnittfläche (Schnittprinzip) erhalten wir:

$$F_1{}^2 = F_x{}^2 + F_y{}^2 \quad \text{bzw.} \qquad F_x = F_1 \cos\varphi \quad \text{und} \quad F_y = F_1 \sin\varphi .$$

Daraus folgt für die rechnerische Bestimmung der Schnittflächenspannungen:

$$\sigma_\varphi = \frac{F_x \cdot \cos\varphi}{A} = \frac{F_1 \cdot \cos^2\varphi}{A} = \sigma_1 \cdot \cos^2\varphi \tag{3.9}$$

$$\tau_\varphi = \frac{F_y \cdot \cos\varphi}{A} = \frac{F_1 \cdot \sin\varphi \cdot \cos\varphi}{A} = \sigma_1 \cdot \sin\varphi \cdot \cos\varphi . \tag{3.10}$$

Für DMS-Anwendungen wesentlich übersichtlicher ist die zeichnerische Lösung mit Hilfe des Mohrschen Spannungskreises:

$$\text{aus} \quad F_1 = A \cdot \sigma_1, \qquad F_x = \frac{A \cdot \sigma_\varphi}{\cos\varphi} \quad \text{und} \quad F_y = \frac{A \cdot \tau_\varphi}{\cos\varphi} \quad \text{folgt:}$$

$$\sigma_1{}^2 = \left(\frac{\sigma_\varphi}{\cos\varphi}\right)^2 + \left(\frac{\tau_\varphi}{\cos\varphi}\right)^2 . \tag{3.11}$$

Aus dem sich hieraus ergebenden Thaleskreis lassen sich die Schnittflächenspannungen $\sigma_\varphi$ und $\tau_\varphi$ für jeden beliebigen Winkel $\varphi$ ablesen.

Die einzelnen Schritte zum Arbeiten mit dem Mohrschen Spannungskreis sind damit:

1. Berechnung der Hauptspannung $\sigma_1$ aus Kraft und Fläche

2. Zeichnen des Spannungskreises mit $r = \sigma_1/2$

3. Eintragung der gewünschten Schnittnormalenrichtung $\varphi$

4. Ablesen von $\sigma_\varphi$ und $\tau_\varphi$

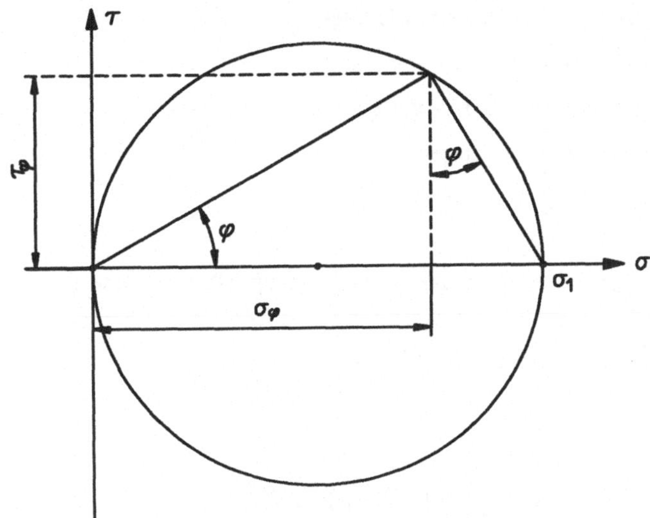

**Bild 3.6** Mohrscher Spannungskreis für den einachsigen Spannungszustand am Beispiel des Zugstabes

Für DMS-Anwendungen wichtiger ist der zugehörige Verformungs- bzw. Dehnungskreis, der hier ohne weiteren Beweis abgebildet ist:

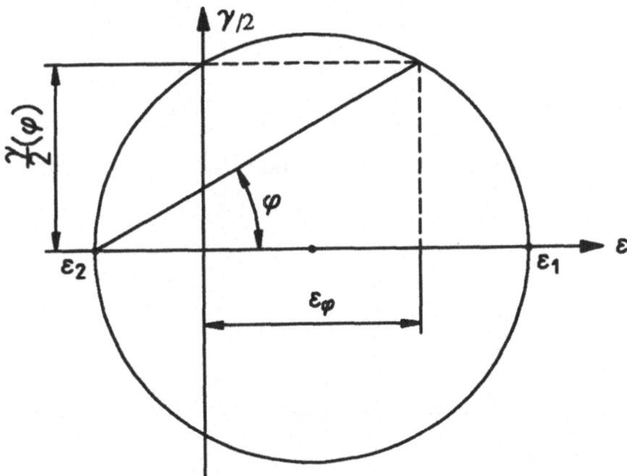

**Bild 3.7** Mohrscher Dehnungskreis

Der auf der y-Achse aufgetragene Winkel $\gamma/2$ ist der in Kap. 3.2 beschriebene halbe Gleit- bzw. Schiebewinkel.

Der Dehnungskreis wird konstruiert und ausgewertet wie folgt:

 1. Berechnung von $\varepsilon_1 = \sigma_1/E$ und $\varepsilon_2 = -\mu\cdot\varepsilon_1$

 2. Zeichnen des Dehnungskreises mit $r = (\varepsilon_1 - \varepsilon_2)/2$

 3. Schnittnormalenrichtung $\varphi$ von $\varepsilon_2$ aus einzeichnen

 4. $\varepsilon_\varphi$ (und ggf. $\gamma/2$) ablesen

Die für DMS-Messungen wichtige Winkelabhängigkeit der Dehnung läßt sich damit folgendermaßen berechnen:

$$\varepsilon_\varphi = \frac{\varepsilon_1-\varepsilon_2}{2}+\varepsilon_2+\frac{\varepsilon_1-\varepsilon_2}{2}\cos 2\varphi = \frac{\varepsilon_1+\varepsilon_2}{2}+\frac{\varepsilon_1-\varepsilon_2}{2}\cdot\cos 2\varphi$$

bzw. mit $\varepsilon_2 = -\mu\cdot\varepsilon_1$:

$$\varepsilon_\varphi = \frac{\varepsilon_1-\mu\cdot\varepsilon_1}{2}+\frac{\varepsilon_1+\mu\cdot\varepsilon_1}{2}\cdot\cos 2\varphi = \frac{\varepsilon_1}{2}\left(1-\mu+(1+\mu)\cdot\cos 2\varphi\right) \tag{3.12}$$

Wichtig sind vor allem die Grenzfälle:

$$\varphi = 0: \quad \varepsilon_\varphi = \varepsilon_1 \quad \text{(Längsdehnung)},$$

$$\varphi = 90°: \quad \varepsilon_\varphi = -\varepsilon_1\cdot\mu \ \text{(Querdehnung)}$$

und die "Nulldehnungsrichtung":

$$\varepsilon = 0 \quad \text{für} \quad \varphi = \frac{1}{2}\cdot\arccos\frac{1-\mu}{-1-\mu}\ . \tag{3.13}$$

In Polarkoordinaten aufgetragen erhalten wir für einen Zugstab folgende Dehnungsverteilung:

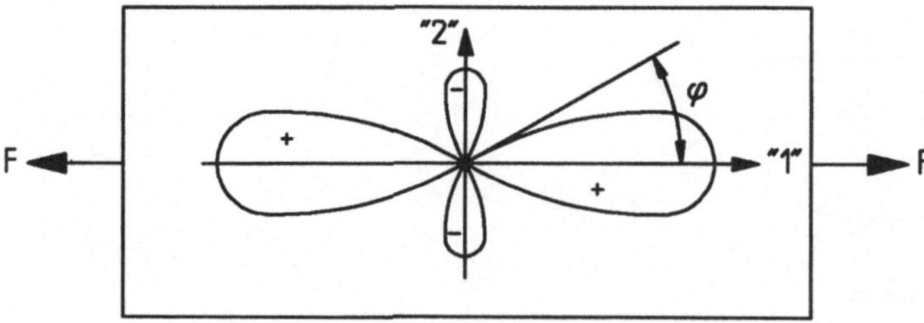


**Bild 3.8** Dehnung in Polarkoordinaten für den einachsigen Spannungszustand

In jedem Punkt eines eindimensional belasteten Körpers gibt es also unendlich viele Dehnungen. Die Umrechnung $\varepsilon = \sigma/E$ zwischen Spannung und Dehnung nach dem vereinfachten Hookschen Gesetz ist nur für die erste Hauptrichtung "1" gültig:

$$\varepsilon_1 = \frac{\sigma_1}{E} \,.$$

## 3.5 Zweidimensionaler Spannungszustand

Während der eindimensionale Spannungszustand nur beim Zug/Druck-Stab und im Fall reiner Biegung auftritt, wird der Verformungskörper in allen anderen Belastungsfällen im zweidimensionalen oder auch im dreidimensionalen Spannungszustand belastet. DMS-Messungen beschränken sich naturgemäß auf die Oberfläche des belasteten Körpers, können also nur den zweidimensionalen Spannungszustand erfassen.

Als übersichtlichstes Beispiel betrachten wir eine unter dem Druck $p = 400$ bar stehende Rohrleitung mit dem Durchmesser $d = 100$ mm und der Wandstärke $s = 1$ mm:

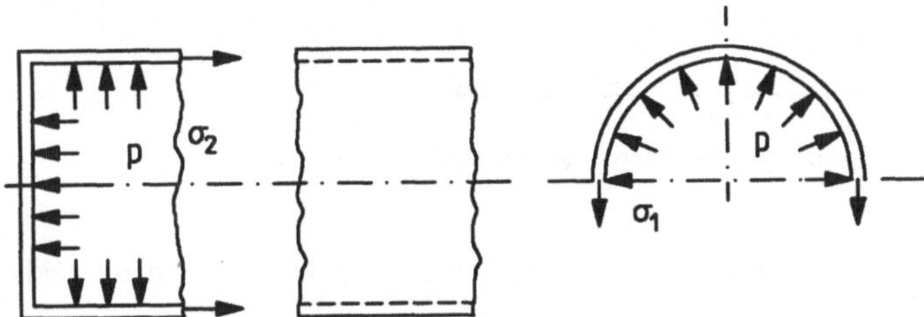


**Bild 3.9** Rohrleitung unter Innendruck

Nach gedanklichen Aufschneiden der Rohrleitung in Längs- und Querrichtung erhalten wir aus der Gleichgewichtsbedingung für Innendruckkraft und Materialspannungskraft die beiden Hauptspannungen:

$$\sigma_1 = \frac{d \cdot p}{2 \cdot s} \qquad \text{in tangentialer Belastungsrichtung,}$$

$$\sigma_2 = \frac{d \cdot p}{4 \cdot s} = \frac{\sigma_1}{2} \qquad \text{in axialer Belastungsrichtung.}$$

Auf der Außenwand ist also ein zweiachsiger Spannungszustand nachzuweisen: erste Hauptspannung $\sigma_1 = 20000$ N/cm$^2$, zweite Hauptspannung $\sigma_2 = 10000$ N/cm$^2$. Die dritte durch den Innendruck hervorgerufene Hauptspannung von $\sigma_3 = 4000$ N/cm$^2$ tritt in radialer Richtung auf und kann durch DMS-Messungen nicht erfaßt werden. Wie aus der folgenden Betrachtung zu sehen ist, beeinflussen sich die beiden Hauptspannungen über die Querkontraktion in ihrer Wirkung auf die Dehnung wechselseitig. Dazu berechnen wir mit $E = 2 \cdot 10^7$ N/cm$^2$ und $\mu = 0{,}3$ zunächst für jede Hauptspannung die zugehörigen Dehnungsanteile getrennt:

$$\varepsilon_1(\sigma_1) = \frac{\sigma_1}{E} = 1\,\%o \qquad\qquad \varepsilon_2(\sigma_2) = \frac{\sigma_2}{E} = 0,5\,\%o$$

$$\varepsilon_2(\sigma_1) = -\mu \cdot \varepsilon_1(\sigma_1) = 0,3\,\%o \quad \varepsilon_1(\sigma_2) = -\mu \cdot \varepsilon_2(\sigma_2) = -0,15\,\%o$$

Durch Überlagerung der einzelnen Dehnungsanteile entsprechend Bild 3.10 erhalten wir dann die resultierenden Gesamtdehnungen zu:

$$\varepsilon_1 = \varepsilon_1(\sigma_1) + \varepsilon_1(\sigma_2) = 0,85\,\%o$$
$$\varepsilon_2 = \varepsilon_2(\sigma_1) + \varepsilon_2(\sigma_2) = 0,20\,\%o$$

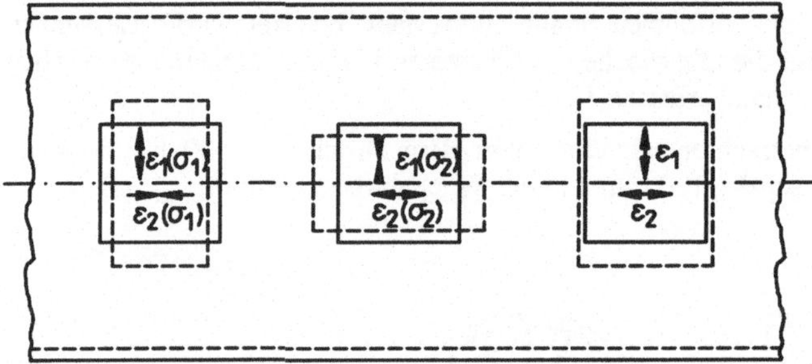


**Bild 3.10** Überlagerung der den beiden Hauptspannungen zugeordneten Dehnungsanteile

Analog zu obiger Vorgehensweise formulieren wir nun das Hooksche Gesetz für den zweidimensionalen Spannungszustand:

a) Berechnung der resultierenden Dehnung bei bekannten Hauptspannungen:

$$\varepsilon_1 = \frac{\sigma_1}{E} - \mu \cdot \frac{\sigma_2}{E} = \frac{1}{E} \cdot (\sigma_1 - \mu \cdot \sigma_2)$$
$$\varepsilon_2 = \frac{\sigma_2}{E} - \mu \cdot \frac{\sigma_1}{E} = \frac{1}{E} \cdot (\sigma_2 - \mu \cdot \sigma_1)$$

(3.14a)

b) Durch Umstellung obiger Formeln erhalten wir die für die DMS-Analyse wichtige Berechnung der Hauptspannungen aus den gemessenen Dehnungen:

$$\sigma_1 = \frac{E}{1-\mu^2} \cdot (\varepsilon_1 + \mu \cdot \varepsilon_2)$$
$$\sigma_2 = \frac{E}{1-\mu^2} \cdot (\varepsilon_2 + \mu \cdot \varepsilon_1)$$

(3.14b)

Anwendung auf das Beispiel "Rohr unter Innendruck" ergibt die bereits bekannten Hauptdehnungen $\varepsilon_1 = 0,85\,\%o$ und $\varepsilon_2 = 0,2\,\%o$.

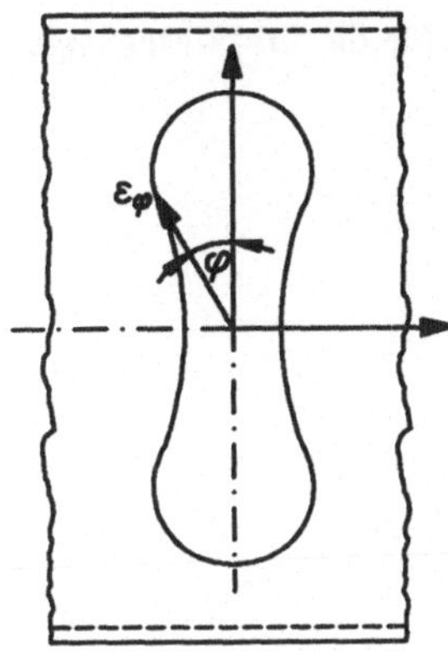

**Bild 3.11**
Verformung unter zweidimensionalen Spannungszustand

Die Spannungen $\sigma_\varphi$ und $\tau_\varphi$ für eine unter dem Winkel $\varphi$ zur ersten Hauptspannung liegende Schnittfläche (Bild 3.11) ergibt sich aus dem Mohrschen Spannungskreis für den zweidimensionalen Spannungszustand:

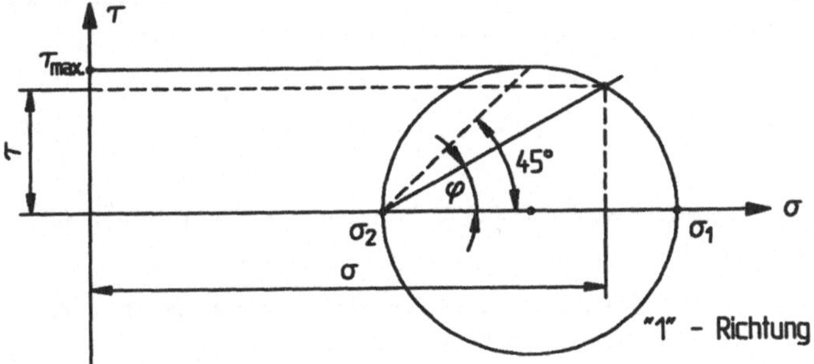


**Bild 3.12** Mohrscher Spannungskreis für den zweidimensionalen Spannungszustand

Hinweis: Die Indizierung der Hauptrichtungen "1" und "2" wird so gewählt, daß $\sigma_1 > \sigma_2$ ist.

Als wichtigste Folgerungen für DMS-Messungen entnehmen wir dem Spannungskreis, daß erstens die maximale Schubspannung immer unter dem Winkel $\varphi = 45°$ zur ersten Hauptachse auftritt und zweitens senkrecht zu den Hauptspannungen verlaufende Schnittflächen schubspannungsfrei sind.

Aus dem Mohrschen Spannungskreis lassen sich wieder die Formeln zur Berechnung der unter dem Winkel $\varphi$ wirkenden Spannungen ableiten:

$$\sigma_\varphi = \frac{\sigma_1 + \sigma_2}{2} + \frac{\sigma_1 - \sigma_2}{2} \cdot \cos(2\varphi)$$

$$\tau_\varphi = \frac{\sigma_1 - \sigma_2}{2} \sin(2\varphi)$$

$$(3.15)$$

Analog läßt sich bei bekannten Hauptdehnungen $\varepsilon_1$ und $\varepsilon_2$ der für die DMS-Messungen wichtigere Mohrsche Dehnungskreis zeichnen (Bild 3.13).

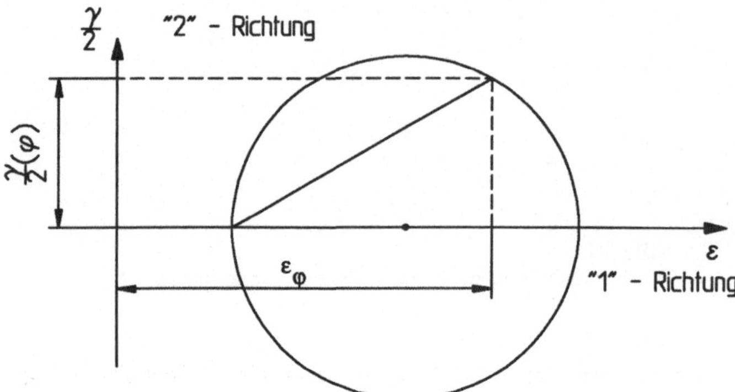


**Bild 3.13:** Mohrscher Dehnungskreis für den zweidimensionalen Spannungszustand

Die Ableitung der Formel für die unter dem Winkel $\varphi$ zur ersten Hauptrichtung auftretende Dehnung $\varepsilon_\varphi$ ergibt die Ausgangsgleichung der experimentellen Spannungsanalyse:

$$\varepsilon_\varphi = \frac{\varepsilon_1 + \varepsilon_2}{2} + \frac{\varepsilon_1 - \varepsilon_2}{2} \cdot \cos(2\varphi). \tag{3.16}$$

Bei unbekannten Hauptrichtungen eines zweidimensional belasteten Körpers enthält obige Gleichung die Unbekannten $\varphi$, $\varepsilon_1$ und $\varepsilon_2$.

Zur Bestimmung des Verformungszustandes müssen also drei unter verschiedenen Winkeln verlaufende Dehnungsmessungen vorgenommen werden: Kap. 5.3.

## 3.6 Ermittlung der Vergleichsspannung

Maßgebend für die Dimensionierung jedes mechanisch belasteten Bauteils ist die Bedingung, daß die maximale auftretende Spannung kleiner ist als die zulässige Spannung:

$$\sigma_{max} < \sigma_{zul} \;.$$

Die zulässigen Spannungen werden dabei im allgemeinen durch einen Zugversuch ermittelt, der den Prüfling nur im eindimensionalen Spannungszustand belastet.

Da die meisten mechanisch belasteten Bauteile einem zweiachsigen Spannungszustand unterworfen sind, ist die Frage zu beantworten, wie die Spannungen in obiger Ungleichung zu vergleichen sind.

Um nun einen beliebigen Spannungszustand mit der aus dem eindimensionalen Spannungszustand gewonnenen zulässigen Spannung vergleichbar zu machen, wurden verschiedene Festigkeitshypothesen entwickelt, die jeweils eine Vergleichsspannung $\sigma_v$ definieren, mit der dann der Spannungsnachweis

$$\sigma_v \leq \sigma_{zul}$$

möglich wird. Keine der aufgestellten Hypothesen deckt alle Anwendungsfälle ab, wir beschränken uns hier auf die zwei für den ebenen Spannungszustand wichtigsten Fälle:

### a) Normalspannungshypothese

Die Normalspannungshypothese wird vor allem bei spröden Werkstoffen wie z.B. Grauguß verwendet. Sie geht davon aus, daß ein mögliches Versagen des Werkstoffes durch die betragsmäßig größere Hauptspannung verursacht wird:

$$\sigma_v{}^N = \max\left(\sigma_1, \sigma_2\right).$$

### b) Gestaltänderungshypothese

Die Gestaltänderungshypothese ist die für zähe Werkstoffe am häufigsten angewandte Methode. Sie beruht auf der Vorstellung, daß die Materialbeanspruchung durch die Veränderung der Gestalt und nicht durch eine Volumenänderung hervorgerufen wird. Aus dieser Modellvorstellung läßt sich folgende Vergleichsspannung herleiten:

$$\sigma_v{}^G = \sqrt{\sigma_x{}^2 + \sigma_y{}^2 - \sigma_x \cdot \sigma_y + 3 \cdot \tau_{xy}{}^2} \tag{3.17}$$

Zur Verdeutlichung wollen wir die wichtigsten Spezialfälle diskutieren:

### Fall 1: Einachsiger Spannungszustand

Aus $\sigma_x = \sigma_1$, $\sigma_y = 0$ und $\tau_{xy} = 0$ folgt: $\sigma_v{}^G = \sigma_1$, d.h. der einachsige Spannungszustand ist damit als Spezialfall in der Gestaltänderungshypothese mit enthalten.

### Fall 2: Reine Schubspannung

Mit $\tau_{xy} = \tau_0$ und $\sigma_x = \sigma_y = 0$ erhalten wir die Vergleichsspannung

$$\sigma_v{}^G = \sqrt{3} \cdot \tau_0 . \tag{3.17a}$$

Für Werkstoffe, deren experimentell ermittelten Spannungswerte von dieser Annahme der Hypothese abweichen, wird ein als Anstrengungsverhältnis bezeichneter Korrekturfaktor eingeführt.

### Fall 3: Gleiche Zugspannung in zwei zueinander senkrecht stehenden Richtungen

In diesem Fall reduziert sich der Mohrsche Spannungskreis auf einen Punkt und wir erhalten

$$\sigma_v{}^G = \sigma_1 . \tag{3.17b}$$

### Fall 4: Betragsmäßig gleichgroße Druck- und Zugspannung in zwei zueinander senkrecht stehenden Richtungen

Aus $\sigma_2 = -\sigma_1$ und $\tau_{xy} = 0$ folgt:

$$\sigma_v{}^G = \sqrt{3} \cdot \sigma_1 , \tag{3.17c}$$

d.h. wir erhalten im Vergleich zu Fall 3 das plausible Ergebnis einer höheren Vergleichsspannung.

**Fall 5: Biegespannung kombiniert mit Torsionsschubspannung**

Diese Beanspruchungsart ist bei Wellen vorherrschend, die ja definitionsgemäß ein Drehmoment übertragen und in praktisch allen Fällen auch einem Biegemoment unterworfen sind:

$$\sigma_v{}^G = \sqrt{\sigma_b{}^2 + 3 \cdot \tau_t{}^2} \ . \qquad\qquad\qquad\qquad (3.17d)$$

Für Wellen mit Kreis- oder Kreisringquerschnitt gibt es auf dem Außenrand immer zwei Punkte, in denen die maximale Biegespannung mit der maximalen Torsionsspannung zusammenfällt, somit sind in obige Formel die Werte

$$\sigma_{b,max.} = \frac{M_b}{W_b} \qquad \text{und} \qquad \tau_{t,max.} = \frac{M_t}{W_t}$$

einzusetzen.

# 4 Grundlagen für das Messen mit DMS

## 4.1 Physikalische Grundlagen

Dehnungsmeßstreifen gehören zur Gruppe der passiven Sensoren, d.h. sie benötigen zur Erzeugung des Ausgangssignals eine Hilfsspannung (Speisespannung $U_S$), die über den Sensor vom Eingangssignal moduliert wird. Diese Modulierung erfolgt bei Dehnungsmeßstreifen über die Veränderung des elektrischen Widerstandes eines Leiters, der über seine ganze Länge kraftschlüssig mit dem belasteten Bauteil (Meßkörper) verbunden ist. Die Verbindung erfolgt bei applizierten DMS durch Kleben und in der Dünnfilmtechnik direkt durch Aufsputtern oder Aufdampfen der verschiedenen DMS-Schichten. Damit ergibt sich folgende Blockstruktur für die Umformung einer mechanischen Kraftgröße in ein elektrisches Spannungssignal:

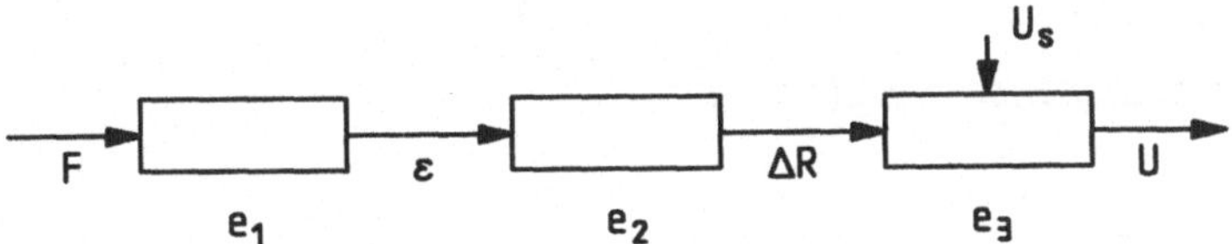


**Bild 4.1** Struktur der DMS-Signalerzeugung

Die Kraft F ist die Meßgröße, und die Dehnung $\varepsilon$, die Widerstandsänderung $\Delta R$ und die Ausgangsspannung U sind die Meßsignale in den verschiedenen Umwandlungsstufen.

Die die einzelnen Blöcke kennzeichnenden Größen $e_1$ bis $e_3$ beschreiben die in Kapitel 2.3 definierte Empfindlichkeit $x_a/x$:

$$e_1 = \frac{\varepsilon}{F} \qquad e_2 = \frac{\Delta R}{\varepsilon} \qquad e_3 = \frac{U}{\Delta R} \; .$$

Aus der Vielzahl möglicher mechanischer Belastungsarten wählen wir den im Druckaufnehmer nach Bild 2.2 eingesetzten einseitig eingespannten Biegestab:

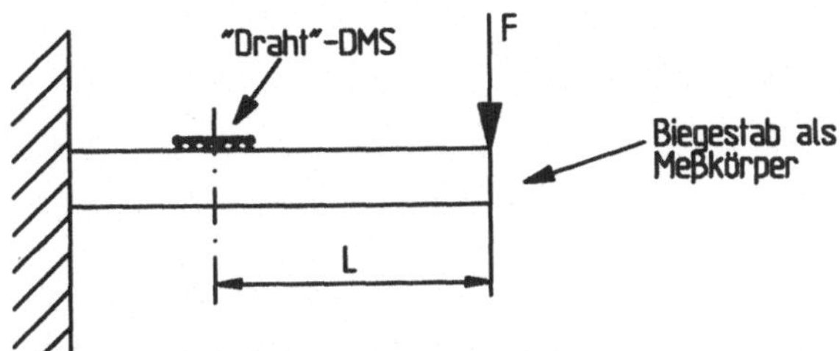


**Bild 4.2** Applizierter Biegeaufnehmer

Der Einfachheit halber wählen wir als DMS zunächst ein Stück Draht mit dem Radius r und der Länge l, der im Abstand L von der zu messenden Kraft F appliziert ist.

Wird jetzt der Biegestab mit der Kraft F belastet, dann bewirkt die dadurch entstehende mechanische Spannung der Größe $\sigma = F{\cdot}L/W$ in der Zugzone eine Längenänderung, die über das Hooksche Gesetz durch die Dehnung $\varepsilon = \sigma/E$ beschrieben wird. Die Empfindlichkeit $e_1$ des ersten Blockelements beträgt damit:

$$e_1 = \frac{\varepsilon}{F} = \frac{L}{W{\cdot}E} \ .$$

Zur Bestimmung der Empfindlichkeit des zweiten Blockelements betrachten wir die vom Biegestab aufgezwungene Verformung des als Draht angenommenen DMS:

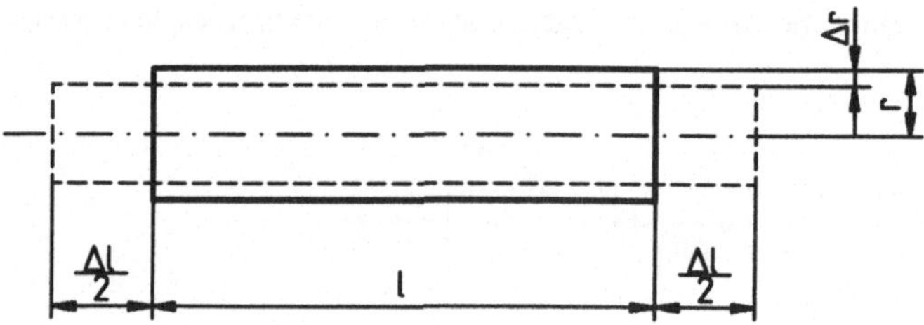

**Bild 4.3** Verformter elektrischer Leiter

Der Ausgangszustand ist ein unverformter Draht mit dem elektrischen Widerstand $R = \rho{\cdot}l/A$ bzw.:

$$R = \frac{\rho{\cdot}l}{r^2{\cdot}\pi} \ .$$

Die durch Verformung hervorgerufene Änderung des Widerstandes erhalten wir analog zur Berechnung der Fehlerfortpflanzung durch Bildung des totalen Differentials über die Ableitung nach allen Größen, die den Widerstand beeinflussen:

$$\Delta R = \frac{\partial R}{\partial l}\Delta l + \frac{\partial R}{\partial r}\Delta r + \frac{\partial R}{\partial \rho}\Delta \rho$$

$$= \frac{\rho}{\pi{\cdot}r^2}\Delta l - 2{\cdot}\frac{\rho{\cdot}l}{\pi{\cdot}r^3}\Delta r + \frac{1}{\pi{\cdot}r^2}\Delta \rho \ .$$

$$\frac{\Delta R}{R} = \frac{\Delta l}{l} - 2{\cdot}\frac{\Delta r}{r} + \frac{\Delta \rho}{\rho}$$

Da sich der spezifische Widerstand eines Leiters im elastischen Spannungszustand proportional zur Dehnung ändert, erhalten wir mit:

$$\frac{\Delta l}{l} = \varepsilon \quad , \qquad \frac{\Delta r}{r} = \varepsilon_r \quad , \qquad \varepsilon_r = -\mu \cdot \varepsilon \quad \text{und} \qquad \frac{\Delta \rho}{\rho} = \beta_\rho \cdot \varepsilon$$

die relative Widerstandsänderung $\dfrac{\Delta R}{R} = \left(1 + 2 \cdot \mu + \beta_\rho\right) \cdot \varepsilon$

bzw.: $\quad \dfrac{\Delta R}{R} = k \cdot \varepsilon$ . $\hfill (4.1)$

Die Widerstandsänderung setzt sich also aus einem geometrischen Anteil und einem Gefügeanteil zusammen, wobei der Gefügeanteil bei plastischer Verformung zu Null wird: $\beta_\rho$(plastisch) = 0.

Damit können wir für den Sonderfall der plastischen Verformung die Widerstandsänderung berechnen. Die Querkontraktionszahl $\mu$ ergibt sich in diesem Spannungszustand aus der Volumenkonstanz:

Aus $\quad \Delta r \cdot 2 \cdot r \cdot \pi \cdot l = -\Delta l \cdot r^2 \cdot \pi \quad$ folgt: $\quad \dfrac{\Delta r}{r} = -0,5 \cdot \dfrac{\Delta l}{l}$ ,

$$\text{bzw.:} \quad \mu = 0,5 \; ,$$

und wir erhalten:

$$\frac{\Delta R}{R(\text{plastisch})} = 2 \cdot \varepsilon \; .$$

Damit sich nun beim Übergang von elastischer zu plastischer Verformung die Empfindlichkeit nicht oder nur wenig ändert, sind DMS-Werkstoffe zu bevorzugen, die im elastischen Bereich einen Proportionalitätsfaktor nahe zwei aufweisen. Daraus resultiert die Bedingung $k = 1 + 2 \cdot \mu + \beta_\rho = 2$, die z.B. von Konstantan mit $\mu = 0,3$ und $\beta = 0,4$ in guter Näherung erfüllt wird. Platin-Wolfram ist zwar mit $k = 4$ doppelt so empfindlich, zeigt damit aber auch eine deutliche Empfindlichkeitsänderung beim Übergang vom elastischen in den plastischen Bereich:

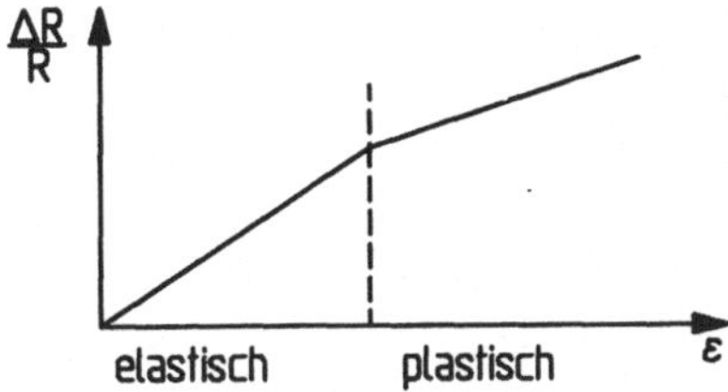


**Bild 4.4**
Kennlinie eines Platin-Wolfram DMS

Eine wesentliche Empfindlichkeitssteigerung um bis zu zwei Zehnerpotenzen läßt sich durch Verwendung von Halbleitermaterialien erreichen, wobei dies allerdings mit der für Halbleiter typischen starken Temperaturempfindlichkeit des Ausgangssignals und weiterhin mit einem parabolischen Verlauf der Kennlinie verbunden ist:

$$\frac{\Delta R}{R} = k \cdot \varepsilon \cdot \frac{T_0}{T} + C \cdot \varepsilon^2 \cdot \frac{T_0^2}{T^2} + \dots \tag{4.2}$$

Beispielsweise besitzt p-Silizium mit einem spezifischen Widerstand von $\rho = 0{,}02\ \Omega\text{cm}$ den k-Faktor 120 und C = 4000.

Soll bei Halbleiter-DMS mit linearer Verstärkung gearbeitet werden, ist beispielsweise die in Kapitel 2.6 beschriebene Tangentennäherung anzuwenden.

Mit Gleichung 4.1 ist jetzt die Empfindlichkeit des zweiten Blockelements ebenfalls bestimmt: $e_2 = \Delta R / \varepsilon = R \cdot k$.

## 4.2 Elektrische Meßschaltung

Die Empfindlichkeit des DMS unter Belastung ist relativ gering, beispielsweise erhält man für den beschriebenen Konstantan DMS bei einer Dehnung von $\varepsilon = 1{,}5\%o$ eine relative Widerstandsänderung von $\Delta R / R = 3\%o$.

Würde man also zur Bildung des Ausgangssignals eine Konstantstromquelle mit Spannungsmessung am DMS-Widerstand verwenden, würde sich die Ausgangsspannung ebenfalls nur um $3\%o$ ändern, also beispielsweise von 10000 auf 10030 mV. Es ist klar, daß mit einer solchen Schaltung in der Praxis nicht gearbeitet werden kann, deshalb wird die Widerstandsänderung mit der Wheatstonschen Brückenschaltung gemessen. Die Speisespannung kann wahlweise mit Gleichspannung (Verstärkung des Ausgangssignals mit Gleichspannungsverstärker: DC-Verstärker) oder Wechselspannung (Verstärkung mit Trägerfrequenzverstärker: TF-Verstärker) erfolgen, wobei sich DC-Verstärker durch eine hohe Bandbreite und TF-Verstärker durch eine hohe Störunempfindlichkeit auszeichnen [8].

Zur Verdeutlichung der Arbeitsweise der Brückenschaltung betrachten wir wieder den mit der Kraft F belasteten Biegestab. Die durch die zu messende Kraft F hervorgerufene Dehnung ist auf der Oberseite positiv $(+\varepsilon_b)$ und auf der Unterseite negativ $(-\varepsilon_b)$.

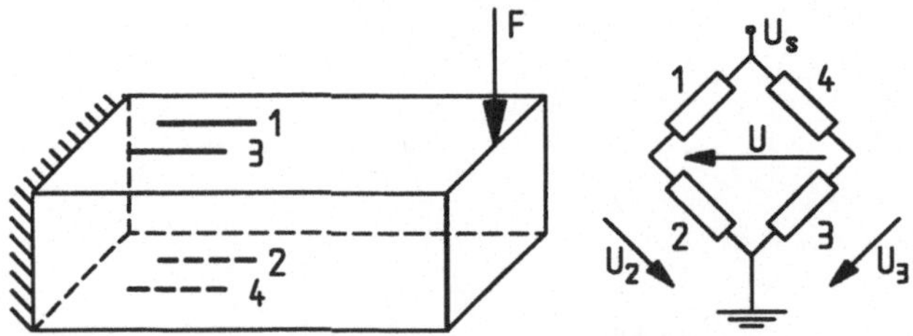


**Bild 4.5** Biegestab mit DMS-Applikation und Brückenschaltung

Zunächst schalten wir nur den ersten Widerstand $R_1$ als DMS (Viertelbrückenschaltung), während die anderen drei Widerstände noch durch Ersatzwiderstände $R_E$ gebildet werden.
Wenn die Brücke vor der Belastung abgeglichen war (Spannungspotential an a und b gleich groß, Ausgangsspannung U = 0), wird das Potential an a bei Belastung des Biegebalkens auf Grund des vergrößerten DMS-Widerstandes (Zugzone) kleiner, und wir erhalten ein positives Ausgangssignal. Das Ausgangssignal kann um den Faktor zwei vergrößert werden, wenn wir einen zweiten DMS auf der Unterseite des Biegestabes applizieren und mit dem ersten zu einer Halbbrückenschaltung zusammenfügen.

Das größte Ausgangssignal erhalten wir, wenn alle vier Brückenwiderstände aus DMS gebildet und in der gezeichneten Anordnung zu einer Vollbrücke zusammengeschaltet werden.

Wir wollen nun für den häufigsten Fall der Vollbrückenschaltung das Ausgangssignal U als Funktion der Dehnungen $\varepsilon_n$ berechnen. Dazu gehen wir davon aus, daß die DMS-Widerstände im unbelasteten Zustand alle gleich groß sind:

$$R_1 = R_2 = R_3 = R_4 = R \ .$$

Weiterhin gilt für die Widerstandsänderungen bei Belastung des Biegebalkens mit der Kraft F:

$$\Delta R_1 = -\Delta R_2 = \Delta R_3 = -\Delta R_4 = \Delta R \ .$$

Mit den obigen Voraussetzungen teilt sich dann der Brückenstrom $I = U_s/R$ für jeden Belastungszustand immer in die beiden gleichgroßen Teilströme $I/2$ auf. Aus dem Spannungsumlauf in der unteren Masche erhalten wir:

$$U = U_3 - U_2 = \frac{I}{2} \cdot (R_3 - R_2) = -\frac{I}{2} \cdot (R + \Delta R - (R - \Delta R)) = I \cdot \Delta R = \frac{U_s}{R} \cdot \Delta R \ ,$$

bzw. mit Gleichung 4.1: $U/U_s = k \cdot \varepsilon$ .

Für unterschiedliche $\Delta R$ gilt die allgemeine Brückengleichung für DMS-Messungen:

$$\frac{U}{U_s} = \frac{k}{4} \cdot (\varepsilon_1 - \varepsilon_2 + \varepsilon_3 - \varepsilon_4) \tag{4.3}$$

Wie im DMS-Aufnehmerbau üblich, bezeichnen wir das sich unter Nennbelastung ergebende Spannungsverhältnis

$$C = \left( \frac{U}{U_s} \right)_{Nenn} \tag{4.4}$$

als Kennwert des Aufnehmers. Damit erhält man aus dem Kennwert multipliziert mit der gewählten Speisespannung das Ausgangssignal unter Nennlast und daraus nach Division durch die Nennlast die Aufnehmerempfindlichkeit $e_{DMS}$.

Das Überspringen der Widerstandsänderung ermöglicht nun eine erste Vereinfachung des Blockschaltbildes für den DMS-Sensor:

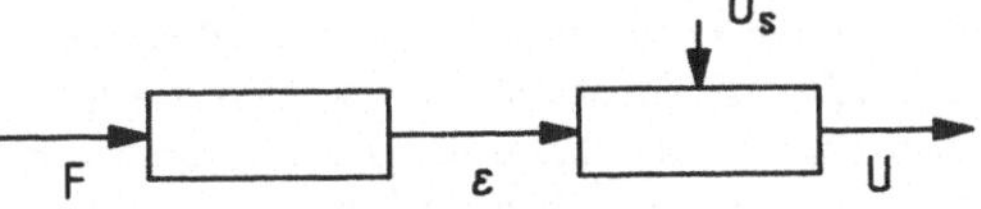


**Bild 4.6** Vereinfachtes Blockschaltbild für einen DMS-Sensor

Damit ergeben sich folgende Arbeitsschritte zur Berechnung des Kennwertes C, der Gesamtempfindlichkeit $e_{DMS}$ und der kompletten Meßkette:

a) Festlegung der Brückenschaltung (Viertel-, Halb-, Zweiviertel- oder Vollbrücke),

b) Wahl der DMS-Positionen auf dem Verformungskörper,

c) Berechnung der durch die äußere Belastung hervorgerufenen Dehnungen an den gewählten DMS-Positionen,

d) Berechnung des Kennwertes C nach den Gleichungen 4.3 und 4.4 und nach Wahl der Speisespannung Berechnung der Sensorempfindlichkeit $e_{DMS}$ = U/F, wobei für die erforderlichen Kompensationsmaßnahmen nach Kapitel 4.5 ein Empfindlichkeitsabzug von ca. 10 bis 20% zu berücksichtigen ist.

Anschließend kann der Sensor in der Meßkette als ein einzelner Block dargestellt werden:

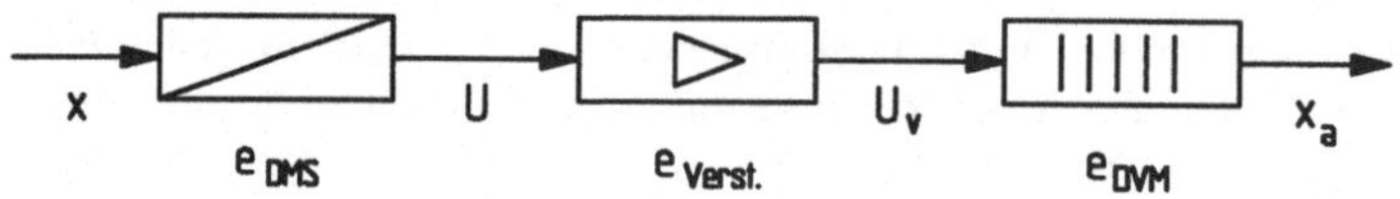


**Bild 4.7** Meßkette mit DMS-Sensor, DC-Verstärker und Digitalvoltmeteranzeige

Die notwendige Meßverstärkerempfindlichkeit ergibt sich dann entsprechend Kapitel 2.4 aus der Aufgabenstellung und der am Digitalvoltmeter eingestellten Empfindlichkeit $e_{DVM}$.

Wir wollen die erforderlichen Arbeitsschritte am Beispiel des Druckaufnehmers nach Bild 2.2 demonstrieren.

Dazu gehen wir aus von einem Biegebalken mit den Abmessungen b = 20 mm, h = 8 mm, l = 120 mm, der verwendete Federstahl hat einen E-Modul von $2,1 \cdot 10^7$ N/cm$^2$, und die über die Membranfläche bei p = 2,5 bar auf den Balken ausgeübte Kraft betrage F= 625 N. Der Druck soll digital mit einer Auflösung von $\Delta p$ = 1 mbar angezeigt werden, das verwendete Digitalvoltmeter habe eine Empfindlichkeit von $e_{DVM}$ = 1 dig/mV.

Zu a) Zur Erzielung optimaler Meßeigenschaften bezüglich Signalverhältnis und Störgrößenkompensation wählen wir die Vollbrückenschaltung.

Zu b) Als wirksame Länge zwischen DMS-Position und Krafteinleitung wählen wir L = 90 mm, damit bleibt ein genügend großer Abstand zwischen DMS und Einspannstelle zur Vermeidung von Spannungsüberlagerungen. Die Positionierung der vier DMS erfolgt entsprechend Bild 4.5.

Zu c) Mit obigen Werten errechnen sich das Biegemoment bei Nennlast zu $M_b$ = 5625 Ncm, das Widerstandsmoment zu $W_b$= 0,21 cm$^3$, die Biegespannungen an Ober- und Unterseite zu $\sigma_b$ = ± 26 367 N/cm$^2$ und die zugehörigen Dehnungen zu $\varepsilon_b$ = ± 1,25‰.

Zu d) Durch Einsetzen der Nenndehnungen in die Gleichungen 4.3/4.4 erhalten wir einen maximalen Kennwert von 2,5 mV/V. Als Nennkennwert wählen wir C = 2 mV/V und behalten damit genügend Reserve für die in Kapitel 4.5 durchzuführenden Kompensationsmaßnahmen. Bei einer gewählten Speisespannung von $U_S$ = 10 V wird die Empfindlichkeit des Aufnehmers $e_{DMS}$ = U/p = 8 mV/bar und die Ausgangsspannung bei Nenndruck U = 20 mV.

Zur Anzeige der erforderlichen 2500 dig benötigen wir am Digitalvoltmeter eine Eingangsspannung von $U_{DVM}$ = 2,5 V; der Meßverstärker muß also auf eine Verstärkung von $e_2$ = 2500 mV/ 20 mV = 125 eingestellt werden.

## 4.3 Dehnungsmeßstreifenauswahl

### 4.3.1 Mechanischer Aufbau und Werkstoff

Bezüglich des mechanischen Aufbaus lassen sich Dehnungsmeßstreifen in die Gruppen "Folien-DMS", "Dünnfilm-DMS" und "Halbleiter-DMS" einteilen, wobei der in Ätztechnik hergestellte Folien-DMS aufgrund seiner leichten Handhabbarkeit und Genauigkeit mit großem Abstand am häufigsten zur Anwendung kommt.

Zur Erzielung des für eine störgrößenresistente Meßsignalverarbeitung erforderlichen Widerstandswertes von größer als 100 $\Omega$ ist das Meßgitter beim Folien-DMS meanderförmig aus der Metallfolie herausgeätzt; der die Empfindlichkeit bestimmende Wert $\Delta R/R$ wird dabei allerdings nicht erhöht.

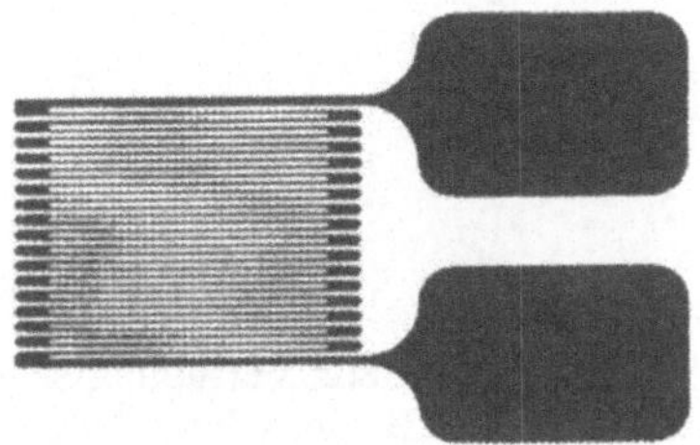

**Bild 4.8**
Typischer Folien-DMS

Beim Dünnfilm-DMS werden die DMS-Schichten entweder in Sputtertechnik oder durch Aufdampfen unter Vakuum direkt auf den Meßkörper aufgetragen [9].

Aufgrund der aufwendigen Technologie beschränkt sich die Dünnfilmtechnik auf Meßaufnehmer und hat sich hier besonders bei in Chiptechnik hergestellten Drucksensoren durchgesetzt (Kap. 6.8). Der Hauptvorteil der Dünnfilm-DMS liegt im Wegfall des aufwendigen und Spezialkenntnisse erfordernden Klebevorganges, weiterhin entfallen die mit der Klebestelle verbundenen Nachteile bezüglich Alterung, Feuchtigkeitsaufnahme und Relaxationsvorgängen. Da die Schichtdicke bei entsprechender Technologie sehr dünn ausgeführt werden kann, entfällt weiterhin die Notwendigkeit der meanderförmigen Ausführung.

Es gibt auf dem Markt eine ganze Reihe verschiedener DMS-Materialien, das gebräuchlichste ist Konstantan (Kapitel 4.1). Nachteilig ist die mit steigender Temperatur erfolgende Zunahme des k-Faktors, die in Kombination mit dem im allgemeinen abnehmenden E-Modul des Verformungskörpermaterials zu einem positiven Temperaturkoeffizient der Empfindlichkeit führt. Dieser Effekt läßt sich reduzieren, wenn als DMS-Material Karma gewählt wird. Durch die bei Karma erfolgende Abnahme des k-Faktors mit der Temperatur kann die Temperaturabhängigkeit des E-Moduls bei entsprechender Kombination zumindest teilweise kompensiert werden.

Halbleiter-DMS besitzen, wie oben ausgeführt, eine wesentlich höhere Empfindlichkeit, sind aber teurer und ungenauer als metallische DMS, sehr temperaturempfindlich und aufgrund des spröden Materialverhaltens schwierig in der Handhabung. Die aufgezählten Nachteile beschränken die Anwendung von Halbleiter-DMS im wesentlichen auf die Messung sehr kleiner Dehnungen.

### 4.3.2 Bauformen und Abmessung

Die Bauform und Größe der Dehnungsmeßstreifen richtet sich nach dem konkreten Anwendungsfall. Am gebräuchlichsten sind die sogenannten "Linear-DMS"; sie messen die Dehnung nur in einer Richtung und unterscheiden sich hauptsächlich in der Meßgitterlänge und in der Lage der Lötanschlüsse.

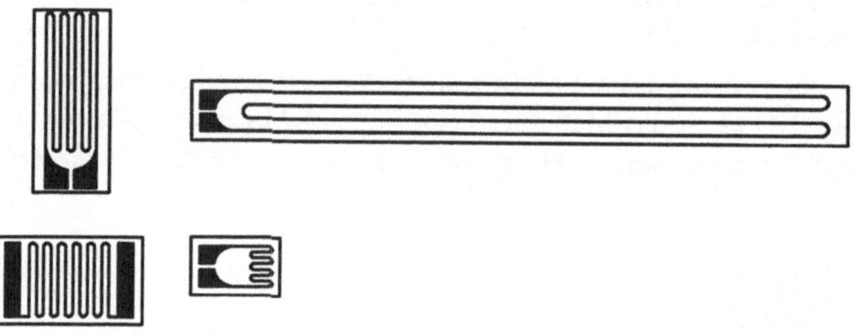

**Bild 4.9** Auswahl "Linear-DMS"

Die für den konkreten Einsatzfall optimale Länge richtet sich nach dem zur Verfügung stehenden Platz und dem Verformungsverhalten des zu untersuchenden Bauteils bzw. Werkstoffs.

Ist die Dehnung in dem Bereich der Meßstelle konstant (homogenes Dehnungsfeld), sollte die Meßgitterlänge im Bereich von ca. 3 bis 6 mm liegen: eine zu klein gewählte Meßgitterlänge verringert die Qualität der Messung aufgrund der kleinen Dehnungseinleitungsstrecken in Kleber und Trägermaterial, und eine zu groß gewählte Meßgitterlänge erfordert einen unnötig vergrößerten Applikationsaufwand. Falls es die vorliegenden Platzverhältnisse erforderlich machen, kann der DMS an seinen Rändern etwas beschnitten werden, wobei in Längsrichtung ein minimaler Abstand von ca. 1 bis 2 mm eingehalten werden sollte, seitliches Beschneiden ist dagegen bis dicht an den Rand des Meßgitters erlaubt.

Dehnungsmeßstrecken mit örtlich veränderlicher Dehnung (inhomogenes Dehnungsfeld) entstehen bei Meßkörpermaterialien mit inhomogener Materialzusammensetzung, wie beispielsweise Beton und glasfaserverstärkten Kunststoffen, und bei Meßkörperbauformen mit veränderlichen Spannungsquerschnitten, wie z.B. Kerben. Da der DMS prinzipiell den integralen Wert der Dehnung mißt, richtet sich die zu wählende Meßgitterlänge nach der gesuchten Information. Für die Ermittlung der mittleren Dehnung von Beton ist die Meßgitterlänge etwa dem vier- bis fünffachen der mittleren Körnung zu wählen. Für die Ermittlung der Spannungsspitze am Zahnfuß eines Ritzels wäre die Meßgitterlänge "0" ideal, in der Praxis sind allerdings Meßgitterlängen kleiner als 0,5 mm aufgrund der kleinen Dehnungseinleitungsstrecke und des geringen Wärmeübergangs zu vermeiden.

Neben den beschriebenen Linear-DMS gibt es eine ganze Reihe von Sonderbauformen, bei denen mehrere DMS auf einem gemeinsamen Trägerkörper aufgebracht sind. Diese "Mehrfach-DMS" sind immer dann vorteilhaft einzusetzen, wenn an einem räumlich konzentrierten Meßort gleichzeitig verschiedene Dehnungsmessungen vorgenommen werden sollen. Die besonderen Vorteile sind die mit hoher Genauigkeit bekannte Positionierung der DMS untereinander und der verringerte Applikationsaufwand.

Wie in Kapitel 5 gezeigt wird, benötigt man zur Bestimmung des zweiachsigen Spannungszustandes drei unterschiedlich orientierte Messungen, die mit sogenannten DMS-Rosetten
durchgeführt werden.

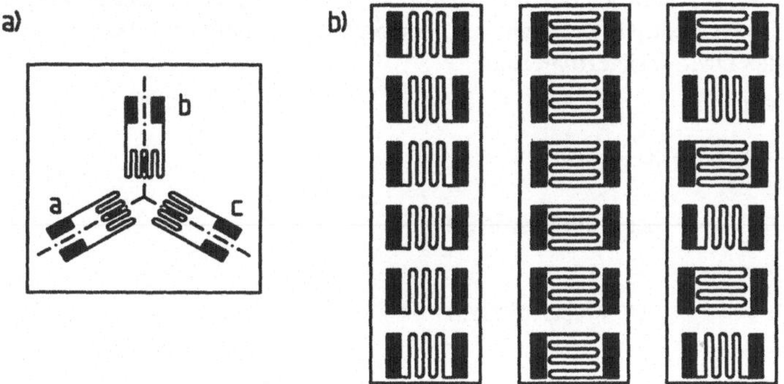


**Bild 4.10** DMS-Sonderbauformen
a) DMS-Rosette
b) DMS-Ketten

Zur Bestimmung von Spannungsgradienten werden DMS-Ketten appliziert, wobei das kleinste Teilungsmaß 1 mm beträgt.

Bezüglich der Art der Befestigung sind noch die anschweißbaren DMS von einer gewissen
Bedeutung. Sie werden auf dem zu untersuchenden Bauteil durch Punktschweißung befestigt;
ihr Hauptvorteil liegt in der Robustheit, der steife Trägerkörper hat allerdings eine starke
Rückwirkung (Bürde) und beschränkt die Anwendung auf dickwandige, kräftige Objekte. Eine vor allem für die Direktapplikation interessante Variante besteht im Einsatz von selbstkle-
benden DMS.

Sie lassen sich auch an schwer zugänglichen Applikationsstellen anbringen, müssen allerdings
wie die normalen Folien-DMS auch besonders sorgfältig gegen Umwelteinflüsse geschützt
werden.

### 4.3.3 DMS-Widerstand

DMS werden in verschiedenen Widerstandswerten hergestellt, am häufigsten finden wir die
Widerstandswerte 120 $\Omega$ und 350 $\Omega$.

Wie wir bei den konkreten Anwendungsfällen sehen werden, sind die 350 $\Omega$ vor allem bei
Meßaufnehmern vorteilhaft, während in der Spannungsanalyse 120 $\Omega$-DMS üblich sind.

Generell gilt, daß hochohmige DMS elektrisch höher belastbar sind, damit ein höheres Nutzsignal ermöglichen und dadurch die relative Nullpunktdrift von Gleichspannungsverstärkern
verbessern. Gleichzeitig sind hochohmige DMS unempfindlicher gegen störungsbedingte Wi-
derstandsschwankungen im Zuleitungskabel, aber empfindlicher gegen Isolationsschwankun-
gen. Ein weiterer Gesichtspunkt ist die bei der Übertragung hochfrequenter Signalanteile und
beim TF-Verfahren auftretende Dämpfung, die sich mit steigendem DMS-Widerstand stärker
auswirkt.

### 4.3.4 Kriechanpassung

Unter dem Begriff Kriechen versteht man in der Meßtechnik das Verhalten eines Meßaufnehmers bzw. Meßgeräts, daß sich das Meßsignal nach einer Belastungsänderung trotz anschließender Lastkonstanz noch weiter ändert. Bei DMS-Aufnehmern sind hierfür hauptsächlich zwei Effekte verantwortlich: das positive Kriechen des Verformungskörpers und das negative Kriechen des Klebers und des DMS-Trägermaterials.

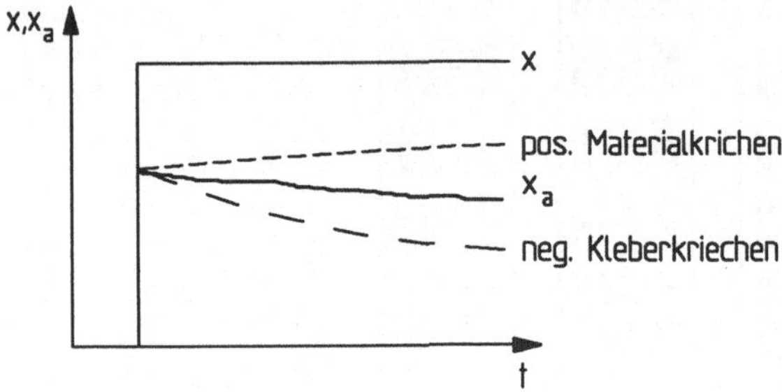


**Bild 4.11** Meßsignalkriechen bei konstantem Belastungssprung

Das positive Kriechen entsteht im Verformungskörper durch eine weitere, zeitlich abklingende Verformungszunahme nach der Belastungserhöhung und führt damit zu einem weiteren Ansteigen des Signals. Das negative Kriechen entsteht hauptsächlich im Klebermaterial durch Relaxationsvorgänge, die mit steigenden Schubspannungsgradienten zunehmen.

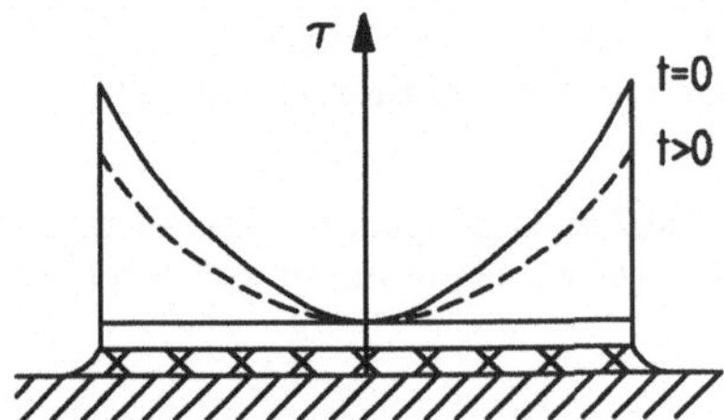


**Bild 4.12**
Schubspannungsverteilung in der DMS-Klebeschicht

Wie in Bild 4.11 gezeigt, läßt sich das Kriechen in den Fällen, wo mit dem DMS eine eingeprägte Kraft gemessen wird, durch die kompensierende Wirkung der beiden gegenläufigen Effekte weitgehend kompensieren, bei wegmessenden DMS-Aufnehmern versagt der Kompensationsmechanismus allerdings.

Da Größe und zeitlicher Verlauf des Kriechens sowohl im Verformungskörper als auch im DMS-Trägermaterial und Kleber material- und verarbeitungsabhängigen Schwankungen unterliegen, ist eine möglichst vollständige Kriechkompensation in der Praxis äußerst schwierig. Erschwerend kommt noch hinzu, daß beide Kriechvorgänge verschiedene Temperaturverhalten zeigen. Zur Kriechanpassung werden DMS mit verschieden langen Umkehrstellen hergestellt.

**Bild 4.13**
Kompensationskriech-DMS

Diese Umkehrstellen sind nicht bzw. vernachlässigbar dehnungsaktiv; damit wird der Einfluß des Kriechens umso kleiner, je weiter sie in den Bereich der großen Spannungsgradienten an den DMS-Anfängen hereinragen: Bild: 4.12.

Daraus folgt, daß DMS mit längeren Umkehrstellen geringeres negatives Kriechen aufweisen und umgekehrt. Die Auswahl des passenden DMS erfolgt durch Erfahrung und erforderlichenfalls durch Probemessungen.

### 4.3.5 Zusammenfassung der Auswahlkriterien

Wir wollen die zur Auswahl der optimalen DMS-Applikation zu berücksichtigenden Gesichtspunkte zusammenfassen.

Das wichtigste Kriterium zur Auswahl des DMS ist zunächst die Art der Meßaufgabe, d.h. die Unterscheidung zwischen Spannungsanalyse, Meßwertaufnehmerbau oder Direktapplikation. Für die auszuwählende DMS-Bauart ist vor allem die Art des Spannungszustandes wichtig, d.h. die Unterscheidung zwischen ein- und zweiachsigem Spannungszustand und zwischen Normal- und Schubspannungen.

Für die Ausführung der Applikation bezüglich Aufwand und Sorgfalt ist eine ganze Reihe von Randbedingungen maßgebend, die wichtigsten sind die Meßstellenzugänglichkeit und störende Umweltbedingungen wie Temperatur, Feuchte, Spritzwasser, Druck, elektrische und magnetische Felder, energiereiche Strahlung etc.

Durch eine gründliche Analyse der Problemstellung in der Projektierungsphase lassen sich kosten- und zeitintensive Rückschläge vermeiden bzw. weitgehend reduzieren. Wo theoretische Überlegungen nicht ausreichen, empfehlen sich modellartige Vorversuche.


## 4.4 Meßstellenapplikation

Für den Vorgang des Applizierens, d.h. des Aufklebens der DMS auf den Meßkörper, sind vorrangig die Vorschriften der DMS- und der Kleberhersteller zu beachten. Für eine anspruchsvollere Anwendung empfiehlt es sich, an einem der von namhaften DMS-Herstellern angebotenen Trainingsseminare teilzunehmen [10].

Wir wollen uns hier auf eine grobe Beschreibung der einzelnen Arbeitsgänge beschränken:

a) Festlegung der Applikationsstellen auf dem Meßkörper

Es empfiehlt sich, zu diesem Zweck eine maßstabsgerechte Skizze des Meßkörpers anzufertigen und die zu applizierenden Bauelemente "DMS, Abgleichwiderstände und Lötstützpunkte" einzuzeichnen. Anschließend ergänzen wir die Skizze entsprechend dem elektrischen Schaltbild um die Kabelführung und korrigieren erforderlichenfalls noch einmal die Anordnung der Bauelemente.

b) Vorbereitung des Meßkörpers

Für eine zuverlässige und dauerhafte Applikation der DMS ist vor allem eine sorgfältige Vorbereitung der vorgesehenen Meßkörperoberfläche erforderlich. Diese besteht aus einer mechanischen Grobreinigung und anschließender Feinreinigung mittels geeigneter organischer Lösungsmittel. Wenn vorhanden, sollte die Oberfläche mit einem Sandstrahlgerätes aufgerauht werden. Anschließend werden auf der Oberfläche entsprechend der unter a) angefertigten Skizze Ausrichtmarkierungen angebracht, und dann sollte zur Vermeidung von Verschmutzungsvorgängen möglichst schnell mit dem Klebevorgang begonnen werden.

c) Kleben

Grundsätzlich wird zwischen kalt- und heißhärtenden Klebstoffen unterschieden, wobei beide Versionen als Ein- als auch als Zweikomponentenkleber erhältlich sind. Heißhärtende Kleber werden auf Grund der besseren Meßeigenschaften vor allem im Aufnehmerbau eingesetzt, während in der Spannungsanalyse der Vorteil der schnelleren und leichteren Verarbeitbarkeit der kalthärtenden Kleber zum tragen kommt. Grundsätzlich gilt, daß bei der Auswahl des Klebers die Empfehlungen der DMS-Hersteller zu beachten sind. Für den Klebevorgang gelten die Grundsätze, daß zur Vermeidung von Verunreinigungen zunächst die DMS geklebt werden und daß für die Applikation der Abgleichwiderstände und Lötstützpunkte die Anforderungen nicht so hoch wie für die DMS sind.

d) Verdrahtung

Die elektrische Verbindung zwischen den DMS und den Kompensationswiderständen sollte bevorzugt durch Löten erfolgen; für die Verbindung zum Meßkabel werden auch Quetschverbindungen und mit allerdings eingeschränkten Meßeigenschaften auch Klemm- und Steckverbindungen eingesetzt. Für kurze, unbelastete Verbindungen ist Kupferlackdraht mit 0,2 mm Durchmesser einzusetzen, bei erhöhter dynamischer Beanspruchung ist Schwinglitze vorzuziehen.

Für das Löten sollte ein temperaturgeregelter Lötkolben mit etwa 50 W Heizleistung verwendet werden. Bei der Auswahl des Weichlotes ist darauf zu achten, daß das Flußmittel nicht korrodierend wirkt; empfehlenswert ist beispielsweise die Verwendung von Röhrenlot mit eingebetteten Kolophonium. Der Lötvorgang sollte unter einer beleuchteten Lupe durchgeführt werden; zur Vermeidung von Ablöseeffekten am DMS sollte die Löttemperatur 350 °C nicht überschreiten und nicht länger als eine Sekunde auf die Lötstelle einwirken.

Bei der Verdrahtung der Wheatstonebrücke ist zur Reduzierung der erforderlichen Abgleichmaßnahmen auf eine möglichst symmetrische Leitungsführung zu achten.

e) Prüfung

Zunächst sollte der Applikationsbereich mittels einer Lupe einer sorgfältigen Sichtprüfung unterzogen werden. Bei der anschließenden elektrischen Prüfung wird zunächst der Durchgangswiderstand an den DMS mit einer Auflösung von 0,1 $\Omega$ gemessen und mit den ursprünglichen DMS-Werten verglichen. Anschließend wird der Isolationswiderstand zwischen DMS und Meßkörper überprüft, die Prüfspannung sollte hierbei 50 V nicht überschreiten, der Isolationswiderstand sollte im Bereich von 10 M$\Omega$ oder größer liegen.

f) Meßstellenabdeckung

In allen Fällen, in denen die DMS-Meßstelle über einen längeren Zeitraum genutzt werden soll, muß sie gegen mechanische Einwirkungen und insbesondere gegen alle den Isolationswiderstand herabsetzende äußere Einflüsse sorgfältig geschützt werden. Wie groß der hierzu erforderliche Aufwand ist, hängt vom Verwendungszweck und den zu erwartenden Umweltbedingungen ab. Generell gilt, daß standardisierte Aufnehmer möglichst hermetisch gekapselt werden sollten. Dies ist dauerhaft nur durch metallische Verschlußelemente möglich, wobei diese Art der Meßstellenabdeckung mit Abstand die teuerste ist. Für Fälle mit geringeren Langzeitanforderungen kann man sich auf den Einsatz einfacherer Abdeckmittel beschränken; gebräuchlich sind Polyuretan-, Nitrilkautschuk- und Siliconlacke, dauerplastischer Kitt, Siliconkautschuk, Bienenwachs und Aluminiumklebestreifen.

Da die Meßstellenabdeckung meistens einen unvermeidbaren Kraftnebenschluß bewirkt, ist sie bei allen Aufnehmern mit eingeprägter Kraft gemäß Betrachtung nach Bild 2.7 als innere Störung anzusehen. Um die daraus resultierende Kennlinienverfälschung möglichst klein zu halten, ist bei der Gestaltung der Abdeckung auf folgende Punkte besonders zu achten:

- Der Anteil des Kraftnebenschlusses sollte im Vergleich zur Meßkraft möglichst gering sein.

- Die Verbindung zwischen Abdeckung und Meßstelle sollte zur Vermeidung von zusätzlicher Hysterese frei von äußerer Reibung sein, d.h. bei metallischen Abdeckungen sollten anstelle von Schraubverbindungen Löt- oder Schweißverbindungen eingesetzt werden.

- Der Kraftnebenschlußverlauf als Funktion der Belastung muß linear und ohne Sprünge verlaufen. Geeignete Konstruktionselemente sind Wellmembrane oder glatte Membrane, die zur Vermeidung des Froscheffektes vorgespannt werden müssen.

- Relaxationsanteile sollten zur Reduzierung des Kriechens klein gehalten werden.

- Bei Membranlösungen ist besonders darauf zu achten, daß atmosphärische Druckänderungen den Meßwert nicht über den zulässigen Fehler hinaus verändern.

## 4.5 Meßstellenabgleich

### 4.5.1 Prinzip

Wenn wir den DMS-Aufnehmer appliziert, verdrahtet und an die Spannungsversorgung und ein Anzeigegerät angeschlossen haben, werden wir folgende Abweichungen vom erwünschten Verhalten feststellen:

a) Wir messen bereits bei unbelasteten Aufnehmer ein von Null verschiedenes Ausgangssignal. Hauptgründe für dieses Verhalten sind elektrische Unsymmetrien in der Brücke und das Eigengewicht des Aufnehmers. Die erforderliche Kompensationsmaßnahme bezeichnen wir als "Brückenabgleich": BA.

b) Das beobachtete Nullsignal ändert sich mit der Temperatur, hierfür sind unsymmetrisch verteilte temperaturabhängige Widerstandsanteile in der Brücke verantwortlich. Die erforderliche Gegenmaßnahme wird als Temperaturkompensation des Nullpunktes" bezeichnet: $TK_0$.

c) Das Ausgangssignal des Aufnehmers bei Nennbelastung entspricht nicht dem gewünschten Wert. Gründe hierfür liegen vor allem in der Unsicherheit der bei der Berechnung verwendeten Größen. Die Einstellung des gewünschten Kennwertes C bezeichnen wir als Empfindlichkeitsabgleich: EA.

d) Das Ausgangssignal des mit einer konstanten Größe belasteten Aufnehmers ändert sich mit der Temperatur. Ursachen hierfür sind vor allem temperaturbedingte E-Moduländerungen im Verformungskörpermaterial und die Temperaturabhängigkeit des k-Faktors. Die erforderliche Gegenmaßnahme wird als Temperaturkompensation der Empfindlichkeit bezeichnet: $TK_E$.

e) Das Ausgangssignal ist nicht exakt linear, dies kann beispielsweise durch belastungsbedingte Geometrieänderungen des Verformungskörpers verursacht werden. Wir bezeichnen die erforderliche Korrektur als "Linearisierungsabgleich": LA.

Die Kompensation der aufgeführten Störungen erfolgt in allen Fällen durch Einfügen bestimmter Festwiderstände und dehnungs- und temperaturabhängiger Widerstände. Bevor wir die einzelnen Abgleichvorgänge im Detail besprechen, wollen wir das Prinzip an Hand des Bildes 4.15 erläutern. Die dargestellte Widerstandsanordnung entspricht dem in der Praxis bevorzugten Verfahren, gemeinsam mit den DMS Ketten aus Konstantan- und Nickelfolienwiderstände zu applizieren [11].

Diese Widerstandsketten sind anfangs noch kurzgeschlossen und deshalb in der Brückenschaltung unwirksam. Bei Bedarf können sie durch Auftrennen an den gekennzeichneten Stellen annähernd in der gewünschten Größe in den einzelnen Brückenzweigen aktiviert werden. Der Grad der Annäherung ergibt sich aus der Staffelung der einzelnen Kettenwiderstände, wobei die unten aufgeführte Kombination sich in der Praxis bewährt hat und im allgemeinen ausreicht:

Brückenabgleich: Zwei mal 2,4  1,2  0,6  0,3  0,15  0,08 $\Omega$
Material: Konstantan mit $\alpha \approx 0$

$TK_0$-Abgleich: Zwei mal 0,6  0,3  0,15 $\Omega$
Material: Nickel mit $\alpha = 5 \cdot 10^{-3} /°C$

$TK_C$-Abgleich: 32  16  8  4 $\Omega$
Material: Nickel

Der Empfindlichkeitsabgleich wird in Abweichung zum obigen Verfahren durch Einfügen von temperaturstabilen Präzisionswiderständen durchgeführt. Anstelle der Folienwiderstände kann zur Temperaturkompensation auch Nickel- oder Kupferdraht ($\alpha = 4 \cdot 10^{-3}/ °C$) verwendet werden. Die Reihenfolge der Abgleichvorgänge wird so gewählt, daß die bereits erfolgten durch die folgenden Maßnahmen möglichst nicht gestört werden:

Nehmen wir zunächst an, daß das Nullsignal mit steigender Temperatur positiver wird, dann wird dieser Effekt durch einen entsprechend großen positiv temperaturabhängigen Widerstand in Reihe mit dem DMS 4 ausgeglichen, dies wird erreicht durch Auftrennen in der oberen Widerstandsdekade an $TK_0$.

Als nächstes gehen wir davon aus, daß das Nullsignal jetzt positiv ist, dann benötigen wir einen temperaturunabhängigen Widerstand in Reihe mit DMS 2, der durch Auftrennen in der unteren Widerstandsdekade von BA eingefügt wird.

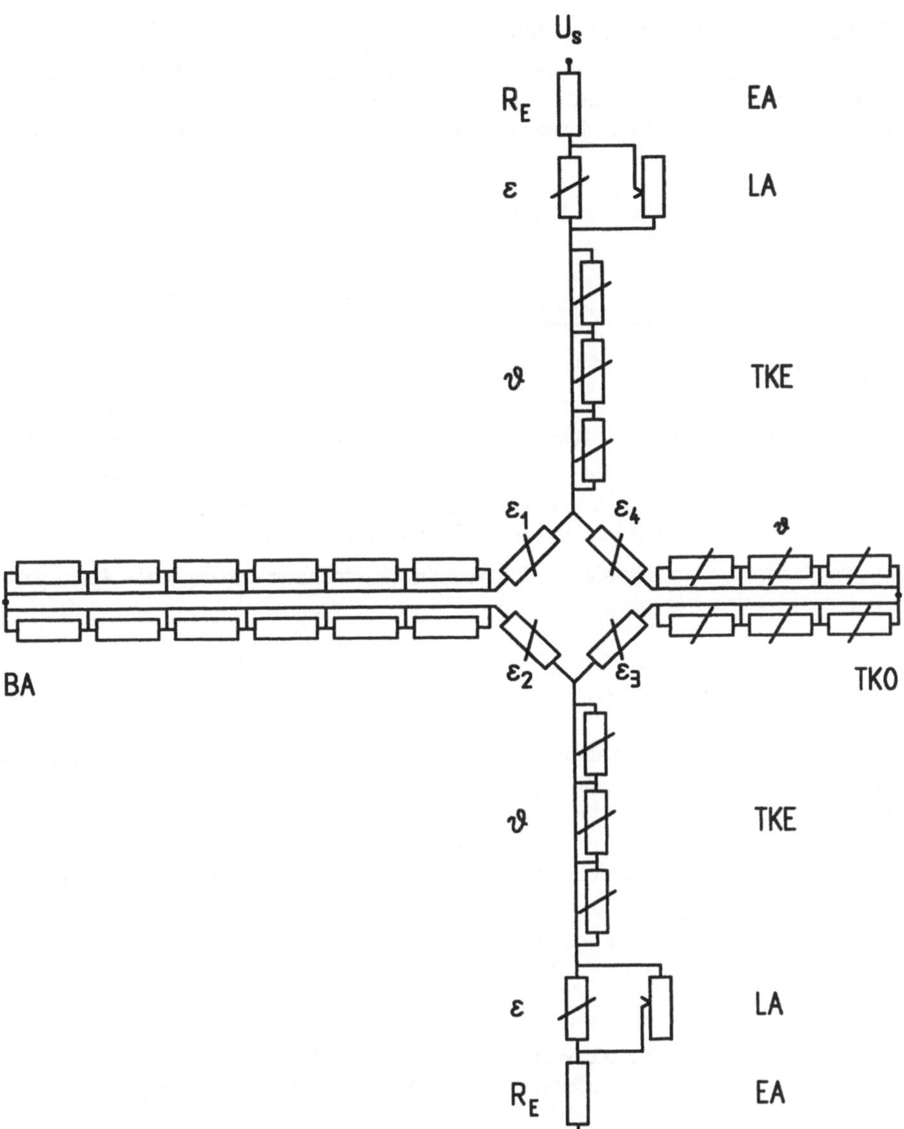



**Bild 4.14** Prinzipschaltung zum Meßstellenabgleich

Wie oben beschrieben, wird die Temperaturabhängigkeit der Empfindlichkeit auf Grund der beiden sich verstärkenden Effekte "E-Modulverkleinerung" und "k-Faktorvergrößerung" im allgemeinen immer positiv sein, d.h. die Empfindlichkeit mit steigender Temperatur zunehmen. Zur Kompensation verringern wir die Speisespannung über einen Widerstand mit positiven Temperaturkoeffizienten, wobei der erforderliche Widerstandswert gleichmäßig auf die positive und negative Speiseleitung verteilt wird: $TK_E$.

Der abschließende Empfindlichkeitsabgleich erfolgt über zwei Festwiderstände ebenfalls in der Speiseleitung, wobei der angestrebte Kennwert natürlich verringert wird: EA.

### 4.5.2 Temperaturkompensation des Nullpunktes

Wir wollen die Größe des erforderlichen temperaturabhängigen Widerstandes für eine vorgegebene Temperaturabhängigkeit des Nullpunktes bestimmen. Dazu berechnen wir zunächst umgekehrt die Änderung des Brückensignals bei einer Widerstandsänderung in der Viertelbrücke:

$$\frac{\Delta U}{U_S} = \frac{1}{4} \cdot k \cdot \varepsilon = \frac{1}{4} \cdot \frac{\Delta R_\vartheta}{R_{DMS}} = \frac{1}{4} \cdot \frac{R_\vartheta \cdot \alpha \cdot \Delta\vartheta}{R_{DMS}} .$$

Damit wird der erforderliche Kompensationswiderstand

$$R_\vartheta = \frac{4 \cdot R_{DMS}}{\alpha \cdot \Delta\vartheta} \cdot \frac{\Delta U_\vartheta}{U_S} \tag{4.5}$$

mit $\Delta U_\vartheta$ als der bei einer Temperaturänderung $\Delta\vartheta$ festgestellten Änderung der Brückenausgangsspannung und $\alpha$ als Temperaturkoeffizient des Kompensationswiderstandes. Die Entscheidung darüber, in welchen Brückenzweig der Widerstand einzufügen ist, ergibt sich wie oben erläutert aus dem Vorzeichen der Spannungsänderung.

Im folgenden Beispiel nehmen wir an, daß für den Druckaufnehmer unserer Tankwägeaufgabe folgende Meßergebnisse vorliegen:

$$\text{Nullsignal bei } \vartheta_1 = 20\ °C\text{:}\quad (U/U_s)_1 = 0{,}212\ mV/V$$
$$\text{Nullsignal bei } \vartheta_2 = 60\ °C\text{:}\quad (U/U_s)_2 = 0{,}272\ mV/V .$$

Dann hätten wir ohne Kompensation einen Temperaturkoeffizienten des Nullpunktes von $0{,}06\ mV/V//40°C = 1{,}5 \cdot 10^{-3}\ mV/V//°C$ bzw. $0{,}75‰/°C$, bezogen auf den angestrebten Kennwert von $2{,}0\ mV/V$.

Für den Abgleich mit einer Nickelfolie errechnet sich der einzufügende Widerstandswert zu:

$$R_\vartheta = \frac{4 \cdot 350\,\Omega}{\left(5 \cdot 10^{-3}\big/°C\right) \cdot 40°C} \cdot 0{,}06\frac{mV}{V} = 0{,}42\ \Omega .$$

Als beste Näherung trennen wir die Widerstände 0,3 und 0,15 $\Omega$ im oberen Zweig der $TK_0$ Dekade auf und erhalten mit der Differenz zwischen Soll- und Istwiderstand einen neuen $TK_0$ von

$$TK_0 = \frac{\delta R_\vartheta \cdot \alpha}{4 \cdot R_{DMS}} = \frac{0{,}03\,\Omega \cdot 5 \cdot 10^{-3}}{4 \cdot 350\,\Omega} = \frac{1{,}1 \cdot 10^{-4}\ mV\big/V}{°C}$$

bzw. $0{,}05\ ‰/°C$. Für einen genaueren Abgleich könnte an Stelle der Nickelfolie auch 30 mm Kupferdraht mit 0,04 mm Durchmesser und 0,014 $\Omega$/mm eingefügt werden.

### 4.5.3 Brückenabgleich

Analog zu obigem Vorgehen ergibt sich der einzufügende Widerstandswert zu:

$$R_0 = 4 \cdot R_{DMS} \cdot \left(\frac{U}{U_S}\right)_0 \tag{4.6}$$

Für unser Beispiel gehen wir davon aus, daß das Nullsignal nach erfolgten Temperaturabgleich positiv ist und 0,512 mV/V beträgt. Damit wäre zur vollständigen Kompensation ein Widerstand von $R_0 = 4 \cdot 350\ \Omega \cdot 0{,}512$ mV/V $= 0{,}72\ \Omega$ erforderlich, den wir durch Auftrennen im unteren Zweig der BA-Dekade auf einen Wert von $0{,}6 + 0{,}15 = 0{,}75\ \Omega$ annähern. Damit ist das Nullsignal etwas überkompensiert, wir erhalten als verbleibendes Signal einen Wert von:

$$\frac{U}{U_S} = \frac{\Delta R_0}{4 \cdot R_{DMS}} = -\frac{0{,}03\ \Omega}{4 \cdot 350\ \Omega} = -0{,}02\ \frac{mV}{V} \quad \text{bzw.} \quad -1\% \quad \text{bezogen auf } 2{,}0\ \frac{mV}{V}\ .$$

Ein genauerer Abgleich wäre wieder durch Einfügen eines Konstantandrahtes entsprechenden Widerstandes möglich.

### 4.5.4 Temperaturkompensation der Empfindlichkeit

Wir berechnen zunächst die Veränderung des Kennwertes, die durch einen zusätzlichen Widerstand R in der Speiseleitung verursacht wird. Dazu vergleichen wir die Situation mit und ohne Widerstand in Bild 4.15.

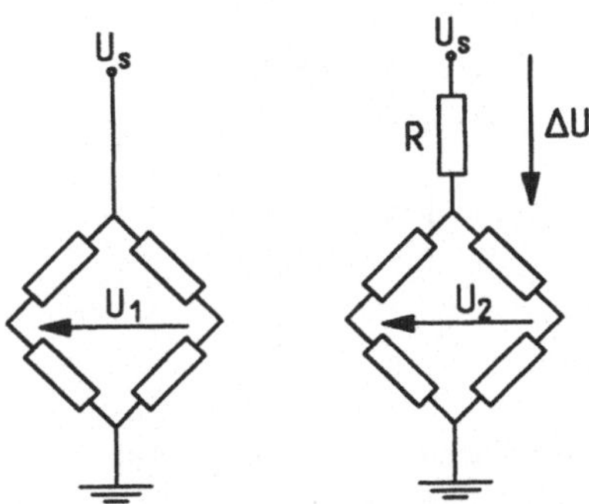


**Bild 4.15**
Empfindlichkeitsänderung durch R

Der Kennwert vor dem Einfügen von R beträgt

$$C_1 = \frac{U_1}{U_S} = \frac{1}{4} \cdot k \cdot \varepsilon_{a,Nenn} \cdot$$

Mit R verringert er sich auf $C_2 = U_2/U_S$ , wobei sich der auf die reduzierte Brückenspannung bezogene Kennwert natürlich nicht verändert:

$$\frac{U_2}{U_S - \Delta U} = \frac{1}{4} \cdot k \cdot \varepsilon_{a,Nenn} = C_1 \; .$$

Durch Umformen obiger Beziehung und Einsetzen des Spannungsverhältnisses $\Delta U/U_S = R/(R_B+R)$ erhalten wir mit $R_B$ als Brückeneingangswiderstand den verkleinerten Kennwert $C_2$ zu:

$$C_2 = C_1 \cdot \left(1 - \frac{R}{R_B + R}\right) . \qquad (4.7a)$$

Den eine gewollte Verkleinerung bewirkenden Widerstand gewinnen wir durch Umformen obiger Beziehung zu:

$$R = \left(\frac{C_1}{C_2} - 1\right) \cdot R_B \; . \qquad (4.7b)$$

Anwendung auf die Temperaturkompensation führt auf die Bestimmungsgleichungen:

$$\Delta R_\vartheta = \left(\frac{C(\vartheta)}{C(\vartheta_0)} - 1\right) \cdot R_B \quad \text{mit} \quad \Delta R_\vartheta = R_\vartheta \cdot \alpha \cdot \Delta\vartheta \; . \qquad (4.8)$$

Für die Fortführung unseres Beispiels gehen wir von folgenden Meßergebnissen aus:

| $\dfrac{U}{U_s}$ | ohne Last: | mit Nennlast: | |
|---|---|---|---|
| bei $\vartheta = 20°C$: | 0,02 mV/V | 2,42 mV/V | $C(\vartheta_0)$=2,40 mV/V |
| bei $\vartheta = 60°C$: | 0,02 mV/V | 2,45 mV/V | $C(\vartheta)$ =2,43 mV/V |

Damit beträgt der Temperaturkennwert der Empfindlichkeit ohne Kompensation:

$$TK_E = \frac{C(\vartheta) - C(\vartheta_0)}{\Delta\vartheta} = \frac{0,03\,mV/V}{40°C} = 0,00075\,\frac{mV/V}{°C} \quad \text{bzw.} \quad 0,03\,\frac{\%}{°C} \; .$$

Die zur Kompensation erforderliche temperaturabhängige Widerstandserhöhung erhalten wir für $R_B = 350\,\Omega$ durch Einsetzen obiger Werte in Gleichung 4.8 zu $\Delta R_\vartheta = 4{,}375\,\Omega$. Bei Verwendung von Nickel wäre also für eine vollständige Kompensation ein temperaturabhängiger Widerstand von $R_{\vartheta,Soll} = 21{,}875\,\Omega$ einzufügen. Als beste Näherung erhalten wir nach Aufteilung in zwei gleichgroße Folienwiderstände den Wert $R_{\vartheta,Ist} = 2 \cdot (8+4)\,\Omega = 24\,\Omega$. Der neue Temperaturkennwert hat sich damit durch diese Maßnahme auf

$$TK_E = \frac{(R_{\vartheta,soll} - R_{\vartheta,Ist})\alpha}{R_B} \cdot C(\vartheta_0) = -0{,}000073\,\frac{mV/V}{°C} \quad \text{bzw.} \quad -0{,}003\,\frac{\%}{°C}$$

reduziert, wobei durch die etwa 10%ige Überkompensation ein Vorzeichenwechsel stattgefunden hat.

### 4.5.5 Linearisierung

Zum Linearisieren der Aufnehmerkennlinie werden auf Stellen mit bezüglich der Krümmung entgegengesetzten Dehnungsverhalten zwei weitere DMS appliziert, die die Speisespannung an der Brücke so verändern, daß sich die Unlinearitäten weitgehend aufheben. Da sich der Kompensationseffekt nicht genau genug voraus berechnen läßt, wird die Krümmung zunächst überkompensiert und die Überkompensation anschließend durch einen einstellbaren Parallelwiderstand wieder zurückgenommen. Bei der Berechnung der Biegebalkenkompensation für den Druckaufnehmer gehen wir davon aus, daß kein Linearisierungsabgleich durchgeführt wurde.

### 4.5.6 Empfindlichkeitsabgleich

Zur Berechnung des in die Speiseleitung einzufügenden Festwiderstandes $R_E$ gehen wir wieder von Gleichung 4.7 aus:

$$R_E = \left( \frac{C_{Ist}}{C_{Soll}} - 1 \right) \cdot R_B - R_{\vartheta,Ist} \cdot \tag{4.9}$$

In unserem Beispiel erhalten wir für eine Sollempfindlichkeit von 2 mV/V einen in zwei gleiche Teile aufzuteilenden Festwiderstand von $R_E = 70\,\Omega - 24\,\Omega = 46\,\Omega$.

## 4.6 Zusammenschaltung mehrerer DMS-Meßstellen

### 4.6.1 Aufgabenstellung

In der industriellen Meßpraxis werden in einem Großteil der DMS-Anwendungen mehrere Aufnehmersignale zur Gewinnung eines Ausgangssignals zusammengeschaltet, bekanntestes Beispiel hierfür ist die auf vier Wägezellen gelagerte Brückenwaage, bei der die Wägezellensignale zu einem Gewichtssignal addiert werden. Prinzipiell läßt sich die Addition auch über eine Operationsverstärkerschaltung durchführen, doch bieten hier die besonderen Eigenschaften der Brückenschaltung für die häufigsten Operationen "Addition und Subtraktion mit und ohne Wichtung" durch direkte Zusammenschaltung der Aufnehmer eine preiswertere Alternative. Zu beachten ist dabei die gegenseitige Beeinflussung der Aufnehmer untereinander, die zu veränderten Kennwerten führt.

### 4.6.2 Signaladdition durch Parallelschaltung

Wir gehen im folgenden von bezüglich der Kompensation gemäß Kap.4.5 abgeglichenen Brücken aus, wobei die Abgleichwiderstände in den Schaltbildern nicht mehr dargestellt werden. Zur Signaladdition von zwei oder mehr DMS-Aufnehmern werden sowohl die Speisespannungseingänge als auch die Signalausgänge elektrisch parallel geschaltet.
Wird nun beispielsweise nur Aufnehmer "1" belastet, ändert sich sein Ausgangssignal auf Grund des Brückenausgangswiderstandes von Aufnehmer "2" unter der Annahme gleicher Aufnehmerkennwerte und Ausgangswiderstände nur noch um den halben Wert gegenüber einer Einzelschaltung. Die gleiche Überlegung gilt auch für den umgekehrten Fall, d.h. der Kennwert beider Aufnehmer hat sich halbiert. Werden beide Aufnehmer mit Nennlast belastet, ändern sich beide Brückenspannungen um den gleichen maximalen Wert, d.h. der Kennwert der Parallelschaltung ist gleich groß wie der Kennwert der Einzelaufnehmer.

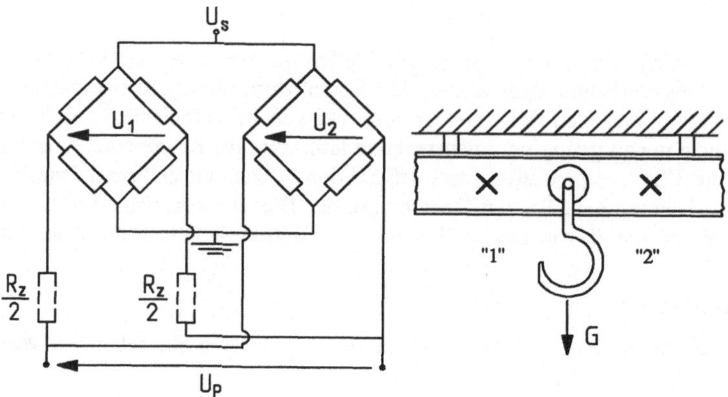

**Bild 4.16** Parallelschaltung mit Anwendungsbeispiel "Hängebahnwaage"

In allen Fällen, wo die Kennwerte $C_i$ und Ausgangswiderstände $R_i$ der einzelnen Aufnehmer nicht übereinstimmen, d.h. insbesondere bei der Direktapplikation, ändern sich die effektiven Kennwerte der parallelgeschalteten Aufnehmer entsprechend Gleichung 4.10[12]:

$$C_{1,P} = \frac{C_1}{1 + R_1 \cdot \left( \dfrac{1}{R_2} + \dfrac{1}{R_3} + .. + \dfrac{1}{R_n} \right)}$$

$$C_{2,P} = \frac{C_1}{1 + R_2 \cdot \left( \dfrac{1}{R_1} + \dfrac{1}{R_3} + .. + \dfrac{1}{R_n} \right)}$$

$$(4.10)$$

Für den Fall, daß die Kennwerte der parallelgeschalteten Aufnehmer stark abweichen und damit zu unzulässig großen Unterschieden in der Wichtung der einzelnen Signalanteile führen, müssen die Brücken einander über Zusatzwiderstände angeglichen werden. Um die in der Speiseleitung durchgeführten Kompensationsmaßnahmen nicht zu verändern, wird der Angleich zweckmäßigerweise in den Ausgangsleitungen vorgenommen. Zur Berechnung der Zusatzwiderstände bestimmen wir zunächst die Brücke mit dem geringsten Signalanteil. Dazu bilden wir als erstes für jeden Aufnehmer eine Hilfsgröße $H_i = C_i/R_i$ , die die Anteile miteinander vergleicht. Dabei ist der Anteil ist umso kleiner, je kleiner die Empfindlichkeit und je größer der Ausgangswiderstand ist.
Der Aufnehmer mit dem kleinsten Hilfswert bleibt dann unverändert, während die anderen Aufnehmer durch angepaßte Zusatzwiderstände abgeschwächt werden. Die Zusatzwiderstände werden zu gleichen Teilen auf die beiden Ausgangsleitungen aufgeteilt, ihr Wert errechnet sich zu:

$$R_{z,i} = C_i/H_{min} - R_i .$$

$$(4.11)$$

Als Beispiel betrachten wir eine Hängebahnwaage nach dem in Bild 4.16 dargestellten Prinzip, die durch Direktapplikation von zwei Meßstellen entstanden ist. Gemessen wurden nach erfolgten Kompensationsmaßnahmen die Werte:

$C_1 = 0{,}82$ mV/V, $R_1 = 351\ \Omega$  und $C_2 = 0{,}78$ mV/V, $R_2 = 349\ \Omega$ .

Damit wird $H_1 = 0{,}002336$ mV/V$\Omega$ und $H_2 = 0{,}002235$ mV/V$\Omega$ mit der Konsequenz, daß Aufnehmer "1" durch einen Zusatzwiderstand von $R_{z,1} = 366{,}9 - 351 = 15{,}9\ \Omega$ abgeschwächt werden muß. Zur Kontrolle berechnen wir die neuen Kennwerte zu $C_{1,P} = C_{2,P} = 0{,}39975$ mV/V; damit beträgt der Gesamtkennwert der Hängebahnwaage nach Einfügen der beiden halben Zusatzwiderstände in die Ausgangsleitungen von Aufnehmer "1": $C_P = 0{,}8$ mV/V.

### 4.6.3 Signalsubtraktion durch Antiparallelschaltung

Anwendungen, bei denen zwei DMS-Aufnehmersignale voneinander subtrahiert werden, finden wir vor allem in der Druck- und in der Kraftmessung. Bevor wir zu einer konkreten Anwendung kommen, wollen wir das Prinzip an Hand eines einfachen Beispiels erläutern. Nach Bild 4.17 wirken auf einen reibungsbehafteten Körper zwei entgegengesetzt gerichtete Kräfte, die mit zwei DMS-Kraftaufnehmern gemessen werden. Zur Bestimmung der Reibung wird die Differenz der beiden Kraftaufnehmersignale gemessen, indem die beiden Ausgangssignale gegeneinander geschaltet werden.

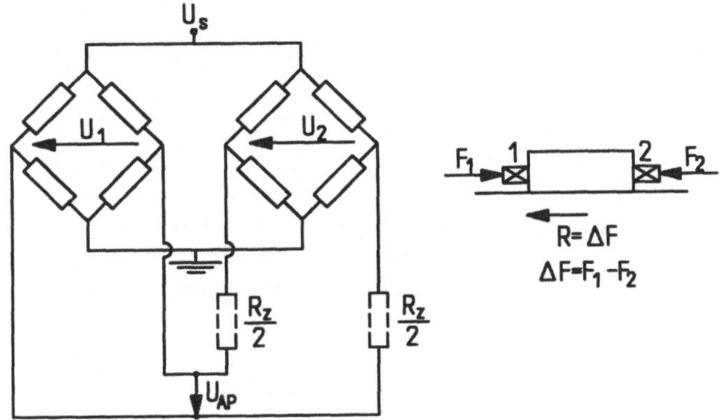


**Bild 4.17** Antiparallelschaltung mit Anwendungsbeispiel

Da das Ausgangssignal sich auch hier wieder als Mittelwert der Einzelsignale ergibt, erhalten wir, wie folgende Überlegung zeigt, im Fall identischer Aufnehmerdaten für die Bildung der Differenzkraft auch wieder den gleichen Kennwert $C_P$: Für zwei gleichgroße entgegengesetzt gerichtete Kräfte wird das Ausgangssignal Null. Wenn beide Aufnehmer mit der Nennkraft belastet und die beiden Kräfte gleichgerichtet sind, erhalten wir für das Nenneingangssignal $\Delta F_N = F_{N,2} - (-F_{N,1})$ das gleiche Nennausgangssignal wie für einen Einzelaufnehmer.

Für den Fall nicht übereinstimmender Aufnehmerdaten können auch hier Zusatzwiderstände zur Anpassung eingesetzt werden, die Berechnung erfolgt in gleicher Weise wie bei der Parallelschaltung. Ein konkretes Anwendungsbeispiel für die beschriebene Kraftaufnehmeranordnung finden wir in der Präzisionskraftmeßtechnik in den Fällen, in denen die zu messende Kraft sowohl im Zug- als auch im Druckbereich liegen. Zur Vermeidung der Nullpunkthysterese werden zwei Wägezellen mit etwa der halben Nennlast über ein steifes Joch gegeneinander vorgespannt [13], [14]. Bei Einleitung einer Kraft in die auf einer Zwischenplatte gelagerten Zug- Druckeinheit wird der eine Kraftaufnehmer entlastet und der andere um etwa den gleichen Betrag belastet.

Da die elektrischen Signale mit umgekehrten Vorzeichen wirken, addieren sich die Kraftsignale bei der Differenzbildung. Das gemessene Signal entspricht damit exakt der zu messenden Kraft, unabhängig von möglichen Änderungen der Vorspannkraft.

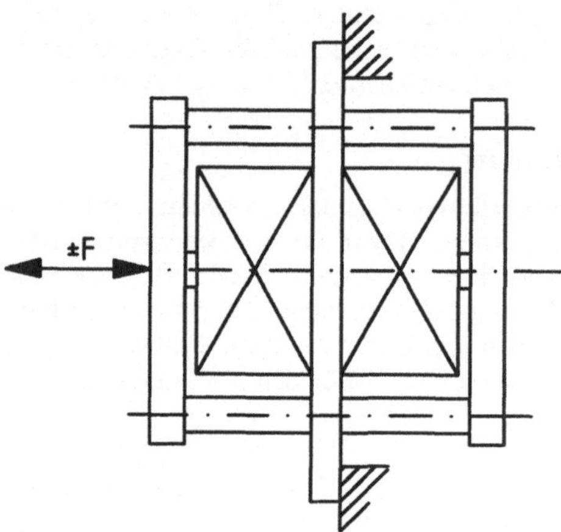


**Bild 4.18** Zug- Druckeinheit

Als weiteres konkretes Beispiel kommen wir auf unsere Tankwägeaufgabe zurück, bei der zur Vermeidung von druckschwankungsbedingten Fehlern der Differenzdruck zwischen Meßstelle und Behälterinnenvolumen gemessen wird. Dazu verwenden wir zwei Überdruckaufnehmer gleicher Nenngröße $p_{Nenn}$ = 2,5 bar, als Druckaufnehmerdaten wurden folgende Werte gemessen:

$$C_1 = 1,95 \text{ mV/V}, R_1 = 349 \ \Omega \ \text{ und } C_2 = 2,01 \text{ mV/V}, R_2 = 351 \ \Omega \ .$$

Damit wird $H_1$ = 0,005587 mV/V$\Omega$ und $H_2$ = 0,005726 mV/V$\Omega$ mit der Konsequenz, daß der Druckaufnehmer "2" mit einem Zusatzwiderstand der Größe $R_{z,2}$ = 359,8 $\Omega$ – 351 $\Omega$ = 8,8 $\Omega$ abgeschwächt werden muß. Der Aufnehmerkennwert bezüglich dem maximalen Differenzsignal von $\Delta p$ = 2,5 bar – (–2,5) bar = 5 bar ist gleich der Summe der nach Gleichung 4.10 berechneten Einzelkennwerte: $C_P$= 1,9795 mV/V. Allerdings reduziert sich der Kennwert bezogen auf unsere konkrete Aufgabenstellung, bei der als Nennbelastung bei gefüllten Behälter von einer Druckdifferenz $\Delta p_{Nenn}$ = 2,5 bar auszugehen ist, auf den halben Wert: $C_{Nenn}$ = 0,08975 mV/V.

### 4.6.4 Gewichtete Signaladdition und Signalsubtraktion

In der Praxis entsteht manchmal die Notwendigkeit, Signalanteile verschieden zu wichten. Wir wollen dies an einem Prinzipbeispiel verdeutlichen, bei dem eine einen doppeltwirkenden Kolben beaufschlagende Kraft F über die Summe zweier Drucksignale gemessen werden soll.

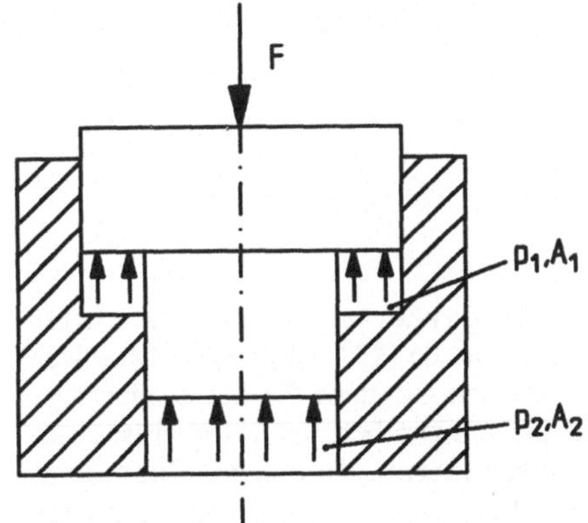


**Bild 4.19**
Gewichtete Druckmessung

Da die wirksame Fläche an Druckaufnehmer "1" größer ist als die wirksame Fläche an Druckaufnehmer "2", muß das Signal von Aufnehmer "1" vor der Signaladdition entsprechend dem Flächenverhältnis stärker gewichtet werden. Die geschieht durch gezieltes Abschwächen des "2"-Signales durch Einfügen eines Zusatzwiderstandes, der sich folgendermaßen berechnen läßt: Durch das Flächenverhältnis wird das erforderliche Verhältnis der gewichteten Kennwerte festgelegt:

$$\frac{C_{1,g}}{C_{2,g}} = x \, .$$

Der Aufnehmer mit der größeren gewichteten Empfindlichkeit wird nicht verändert. Bei der folgenden Gleichung zur Bestimmung des Zusatzwiderstandes gehen wir wie in obigen Beispiel davon aus, daß Aufnehmer "1" die größere Empfindlichkeit haben soll, dann muß Aufnehmer "2" durch einen Zusatzwiderstand folgender Größe abgeschwächt werden:

$$R_{2,z} = \frac{x \cdot C_2 \cdot R_1}{C_1} \, . \tag{4.12}$$

Wir gehen nun zur Lösung obiger Aufgabe von zwei Druckaufnehmern mit 10 bar Nenndruck aus, weiterhin nehmen wir o.B.d.A. an, daß beide Aufnehmer gleiche Kenndaten besitzen: C= 2 mV/V, R =350 Ω. Die wirksamen Kolbenflächen seien $A_1 = 20 \text{ cm}^2$ und $A_2 = 10 \text{ cm}^2$. Das einzustellende Kennwertverhältnis beträgt dann $C_{1,g}/C_{2,g} = 2$, damit wird $R_{2,z} = 700 \ \Omega$. Die neuen Kennwerte erhalten wir über Gleichung 4.10 im gewünschten Verhältnis zu: $C_{1,g} = 1{,}333 \text{ mV/V}$ und $C_{2,g} = 0{,}666 \text{ mV/V}$.

# 5 DMS-Spannungsanalyse

## 5.1 Einleitung

Die DMS-Analyse ist ein wichtiges Hilfsmittel bei der konstruktiven Gestaltung und Erprobung komplizierter und mechanisch hochbeanspruchter Bauteile [15]. Die an der Oberfläche herrschenden Spannungen werden mit Hilfe des Hookeschen Gesetzes für den zweiachsigen Spannungszustand aus den mittels DMS gemessenen Dehnungen berechnet. Dabei ist zu beachten, daß der DMS immer nur die bei einer **Belastungsänderung** auftretende **Spannungserhöhung** registriert und damit die wirkliche maximale Spannung u.U. weit über dem ermittelten Wert liegen kann. So ist also insbesondere bei der Ermittlung der Vergleichsspannung zu untersuchen, ob der Ausgangszustand wirklich lastfrei ist, oder ob eine nicht zu vernachlässigende Vorbelastung vorliegt. Im zweiten Fall könnte man dann zunächst nach den in Kap. 5.4 beschriebenen Verfahren die Eigenspannung ermitteln und dann in einer zweiten Messung die zusätzliche Spannungserhöhung unter Belastung addieren. Bei der Zusammenfügung beider Spannungsanteile ist dann allerdings zu beachten, daß die Hauptrichtungen für die beiden Belastungsfälle nicht notwendigerweise zusammenfallen, beispielsweise dann nicht, wenn die Vorlast vom Eigengewicht des betrachteten Körpers verursacht wird und die eigentliche Funktionsbelastung durch waagerecht angreifende Kräfte erfolgt. Ein weiteres für die Praxis wichtiges Beispiel sind die durch Temperaturänderungen hervorgerufene Wärmespannungen, die beispielsweise bei der später zu behandelnden Fahrtwägung in den Schienen zu erheblichen Zusatzbelastungen führen.

Die wichtigsten Vorteile der DMS-Spannungsanalyse sind:

- zerstörungsfreie Durchführung

- elektrisches Ausgangssignal

- praktisch keine Rückwirkung auf das Meßobjekt

- schematisierte, damit programmierbare Auswertung

- on-Line Messungen auch für Langzeitversuche

- preiswert

Die zur Auswertung erforderlichen gesetzmäßigen Zusammenhänge zwischen gemessener Dehnung und zu berechnender Spannung sind in Kap. 3.5 zusammengefaßt. Ausgangspunkt ist die am Ende des Kapitels aus dem Dehnungskreis abgeleitete Gleichung zur Berechnung einer unter einem beliebigen Winkel $\varphi$ auftretenden Dehnung aus den Hauptdehnungen $\varepsilon_1$ und $\varepsilon_2$. Bei unbekannter Hauptdehnungsrichtung sind damit drei Unbekannte zu bestimmen, die die Messung von drei in unterschiedlichen Richtungen orientierten Dehnungen erfordert. In der Praxis haben sich für diesem Zweck zwei Rosettentypen bewährt:

- die 0°/45°/90°-Rosette, wenn die Richtung der Hauptachsen ungefähr bekannt ist,

- die 0°/60°/120°-Rosette, wenn über die Kenntnis der Hauptachsenrichtungen keine Information vorliegt.

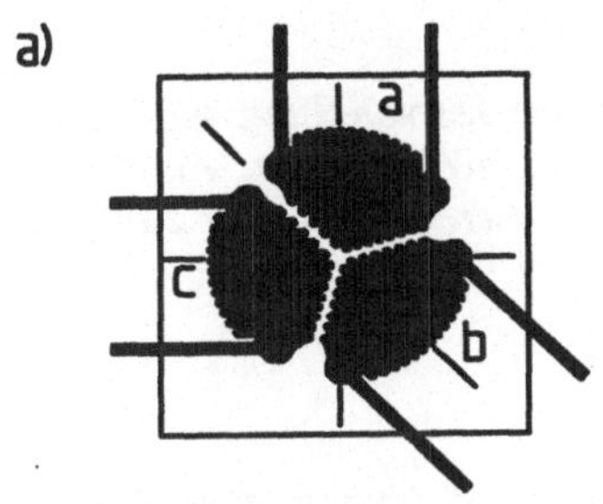


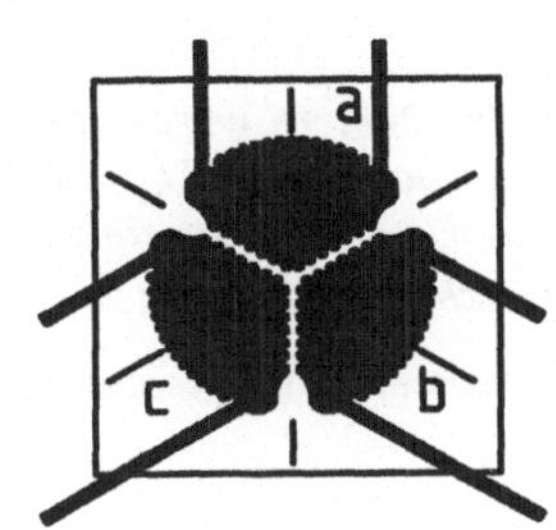


**Bild 5.1** Rosettentypen

## 5.2 DMS-Analyse bei bekannter Hauptspannungsrichtung

Als einfachstes Beispiel betrachten wir das bereits in Kap. 3.5 behandelte unter Innendruck stehende Rohr. Die einzelnen Arbeitsgänge zur Berechnung der Hauptspannungen lassen sich dann wie folgt zusammenfassen:

a) Applizierung einer 0°/45°/90°-Rosette auf der Außenfläche des Rohres mit axialer Orientierung des a-DMS,

b) Verdrahtung des a- und des c-DMS zu jeweils einer Viertelbrückenschaltung mit gemeinsamer Spannungsversorgung,

c) Anschluß der zur Messung der Brückenausgangsspannungen erforderlichen Meßverstärker oder Digitalvoltmeter,

d) Berechnung der Empfindlichkeit der DMS-Brückenschaltung,

e) Nullabgleich der DMS-Brücken bei unbelastetem Rohr ($p = 0$) gemäß Kap 4.5,

f) Belastung des Rohres durch Innendruck bis zum gewünschten Wert $p_{max}$,

g) nach Erreichen des stationären Zustandes Ablesen des $U_a$ und des $U_c$ Wertes,

h) Berechnung der zugehörigen Dehnungen mit der unter d) berechneten Empfindlichkeit,

i) Berechnung der Hauptspannungen über das Hookesche Gesetz für den zweiachsigen Spannungszustand.

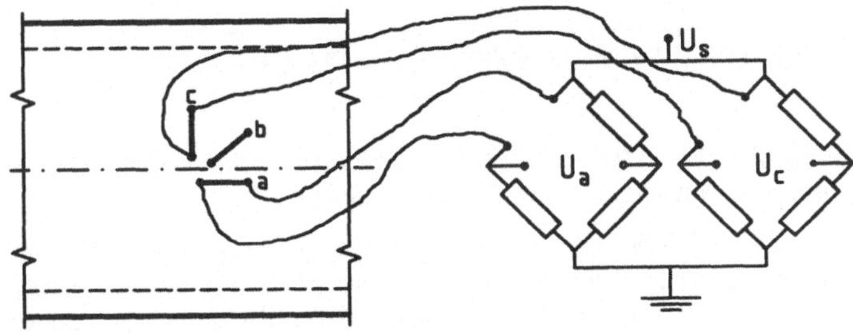


**Bild 5.2** Applizierte Druckrohrleitung mit Verdrahtung

**Beispiel:**

*Mit zwei Digitalvoltmetern wurden nach Erhöhung des Innendruckes von 0 auf 400 bar die Brückenausgangsspannungen $U_a$ = 0,205 mV und $U_b$ = 0,871 mV gemessen. Als Speisespannung wurde $U_s$ = 2 V gewählt, der k-Faktor der verwendeten DMS betrug 2,05. Die Rohrleitung besteht aus Stahl mit E = $2,0 \cdot 10^7$ N/cm² und μ = 0,3.*

*Gesucht ist die maximale Vergleichsspannung.*

**Lösung:**

Die Empfindlichkeit der Viertelbrücken erhalten wir aus der DMS-Brückengleichung (4.3):

$$U = \frac{1}{4} \cdot U_s \cdot k \cdot \varepsilon \quad , \quad e = \frac{U}{\varepsilon} = \frac{1}{4} \cdot U_s \cdot k = \frac{1}{4} \cdot 2V \cdot 2,05 = 10,25 \frac{mV}{\%} .$$

Damit betragen die gemessenen Dehnungen

$$\varepsilon_a = \frac{U_a}{e} = 0,2 \text{ ‰ in axialer Richtung und}$$

$$\varepsilon_c = \frac{U_c}{e} = 0,85 \text{ ‰ in tangentialer Richtung.}$$

Nach Zuordnung der ersten Hauptrichtung zur größeren Dehnung erhalten wir aus dem Hookeschen Gesetz für den zweidimensionalen Spannungszustand:

$$\sigma_1 = \frac{2 \cdot 10^7 \text{ N}/cm^2}{1-0,3^2} \cdot (0,85 + 0,3 \cdot 0,2)\text{‰} = 20000 \text{ N}/cm^2$$

und entsprechend $\sigma_2$ = 10000 N/cm².

Das Ergebnis entspricht also dem in Kap. 3.5 gewählten Beispiel, und zur Ermittlung der maximalen Vergleichsspannung betrachten wir den dort bereits gezeichneten Mohrschen Spannungskreis. Wir berechnen nun die Vergleichsspannungen nach der Gestaltänderungshypothese für φ = 0° und 45°:

$$\sigma_v{}^G(0°) = \sqrt{20000^2 + 0 - 0 + 0} \; \frac{N}{cm^2} = 20000 \frac{N}{cm^2}$$

$$\sigma_v{}^G(45°) = \sqrt{15000^2 + 10000^2 - 10000^2 + 3 \cdot 5000^2} \; \frac{N}{cm^2} = 17300 \frac{N}{cm^2} .$$

Die größte Vergleichsspannung tritt also in tangentialer Richtung auf und das Ergebnis bestätigt damit unsere Erfahrung mit unter Frost geplatzten Wasserleitungen.

Wir wollen nun im Vorgriff auf die DMS-Direktapplikationstechnik das gewählte Beispiel weiter zur Druckmessung ausbauen. Dazu benutzen wir jetzt zur Erhöhung der Ausgangsspannung eine Zweiviertelbrückenschaltung mit zwei in tangentialer Richtung applizierten Einzel-DMS (die temperaturstabile Halb- oder Vollbrückenschaltung würde die Empfindlichkeit vermindern, da auf der Rohroberfläche keine negative Dehnung auftritt).

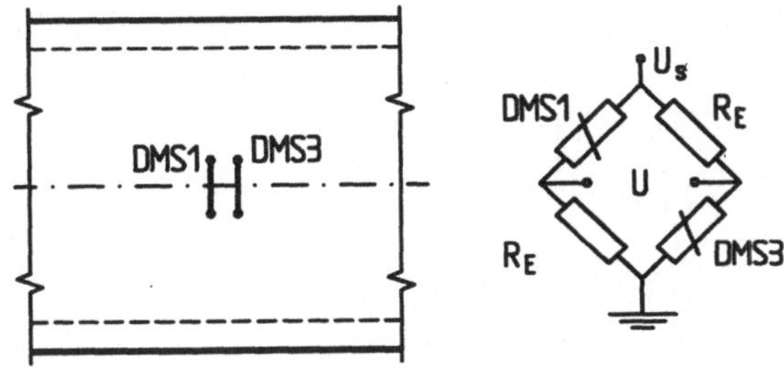

**Bild 5.3:** Zweiviertelbrückenapplikation zur Druckmessung

Für eine gewählte Brückenspeisespannung von $U_s = 16$ V erhalten wir dann bei $k = 2$ die Ausgangsspannung nach Gleichung (4.3):

$$U = \frac{1}{4} \cdot 16 \text{ V} \cdot 2 \cdot (0,85 + 0 + 0,85 + 0) \cdot 10^{-3} = 13,6 \text{ mV} \ .$$

Um p = 400 bar mit einer Auflösung von einem bar anzuzeigen, wählen wir ein dreistelliges Digitalvoltmeter mit einer Empfindlichkeit 1dig/mV.

Zur besseren Übersicht zeichnen wir das Blockschaltbild der Meßkette:

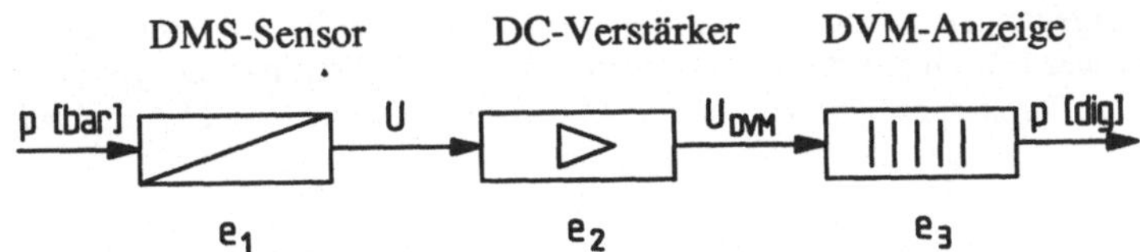



**Bild 5.4** Blockschaltbild der Druckmeßstrecke

Damit p = 400 bar mit 400 dig angezeigt werden, werden am Digitalvoltmeter $U_{DVM} = 400$ mV Eingangsspannung benötigt. Das bei 400 bar abgegebene Ausgangssignal der Vollbrücke beträgt U = 13,6 mV. Daraus resultiert eine erforderliche Meßverstärkerempfindlichkeit (Verstärkung) von $e_2 = 400\text{mV}/13,6$ mV = 29,4.

$$\text{Kontrolle:} \quad e_1 \cdot e_2 \cdot e_3 = \frac{13,6 \text{ mV}}{400 \text{ bar}} \cdot 29,4 \cdot 1 \frac{\text{dig}}{\text{mV}} = 1 \frac{\text{dig}}{\text{bar}}$$

Wir wollen die elektrische Schaltung jetzt durch Zufügung eines Operationsverstärkers komplettieren und die erforderlichen Teilerwiderstände entsprechend Kap 9.2 berechnen.

$$\text{Aus} \quad U_{DVM} = \left( \frac{R_1}{R_2} + 1 \right) \cdot U \quad \text{folgt:} \quad 29,4 - 1 = \frac{R_1}{R_2} \ .$$

Wir wählen für den kleineren Widerstand $R_2 = 1$ kΩ und erhalten dann $R_1 = 28,4$ kΩ.

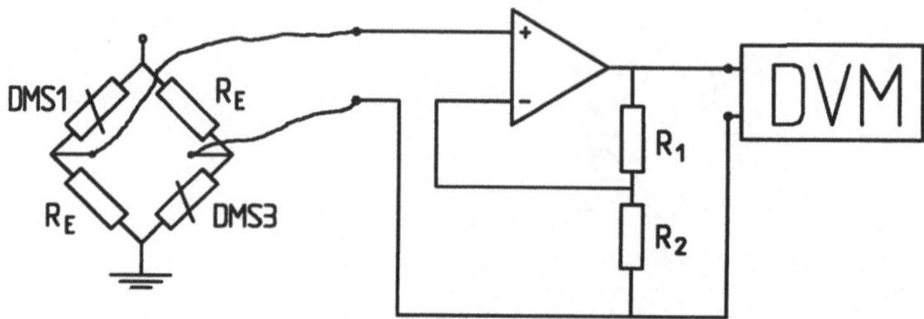


**Bild 5.5** Vollständiges elektrisches Schaltbild zur Druckmessung

Falls an die Meßgenauigkeit bestimmte Anforderungen gestellt werden, muß die Meßeinrichtung mit einem genauen Druckmanometer kalibriert werden. Weiterhin wäre eine gründliche Fehleranalyse mit eventuellen Korrekturmaßnahmen erforderlich.

Hauptfehlerquellen wären im vorliegenden Fall eine nicht durch den Innendruck hervorgerufene Änderung der Axialkraft im Rohr, die beispielsweise durch Temperaturspannungen verursacht werden kann, und der Temperatureinfluß auf die DMS-Brücke, der bei der Zweiviertelbrückenschaltung nicht kompensiert ist. Zur Abschätzung der hierdurch hervorgerufenen Fehler benötigt man eine genaue Kenntnis über die extremen Betriebszustände und die mechanischen Eigenschaften des Systems.

Falls der Temperatureinfluß auf die Brückenschaltung zu groß ist, kann alternativ auf eine Vollbrückenschaltung übergegangen werden, wobei die DMS 2 und 4 in Richtung der zweiten Hauptachse orientiert werden. Durch diese Maßnahme sinkt dann allerdings als typisches Beispiel für die Zwänge bei Direktapplikationslösungen das Ausgangssignal von 13,6 mV auf 10,4 mV.


**Weitere Anwendungsfälle:**

Die exakte Kenntnis der Richtung der Hauptachsen wie im oben gewählten Beispiel des Druckrohres ist in der Praxis der DMS-Spannungsanalyse wohl eher die Ausnahme, so daß auf die Bestimmung des Orientierungswinkels $\alpha$ im allgemeinen nicht verzichtet werden kann.

Im Gegensatz zur DMS-Direktapplikation können im DMS-Meßaufnehmerbau Meßkörperform und Belastungsrichtung bevorzugt so gewählt werden, daß die Dehnungsverhältnisse möglichst einfach sind. Wir wollen deshalb für die in Kap. 3.2 vorgestellten Belastungsarten die wichtigsten Eigenschaften und die damit verbundenen Konsequenzen zusammenstellen.

### a) Reine Normalspannung

Am übersichtlichsten sind die Verhältnisse für die reine Normalspannungen hervorrufenden Belastungsfälle Zug/Druck und Biegung. Dabei ist darauf zu achten, daß sich beim Übergang von Zug- zu Druckspannungen die Orientierung der Hauptachsen vertauscht. Dieser Wechsel ist eine Konsequenz der Hauptrichtungsdefinition $\varepsilon_1 > \varepsilon_2$.

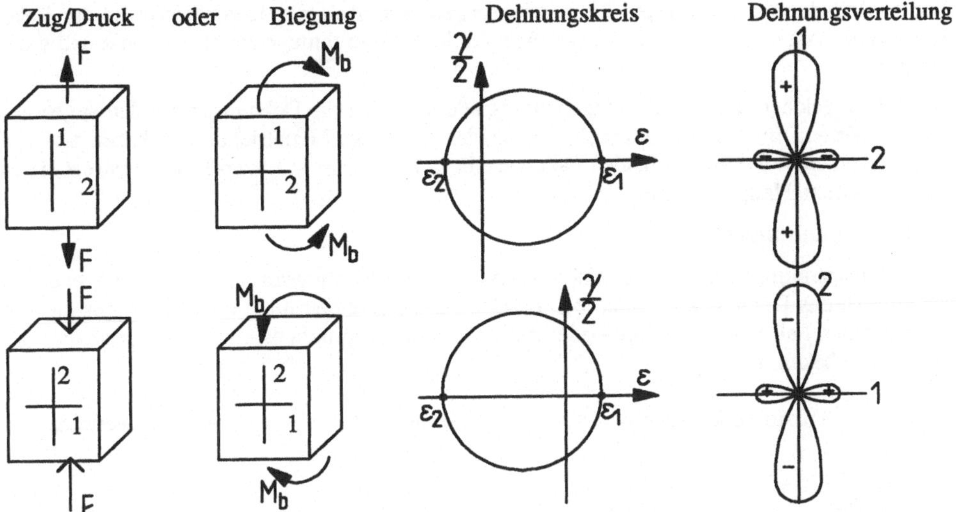



**Bild 5.6** Hauptachsen und Dehnungsverhalten für reine Zug/Druck- oder Biegungsbelastung.

Liegen die durch Zug/Druck und Biegung verursachten Spannungen in der gleichen Richtung oder senkrecht zueinander, dann sind die Hauptachsen für kombinierte Belastungen bekannt:

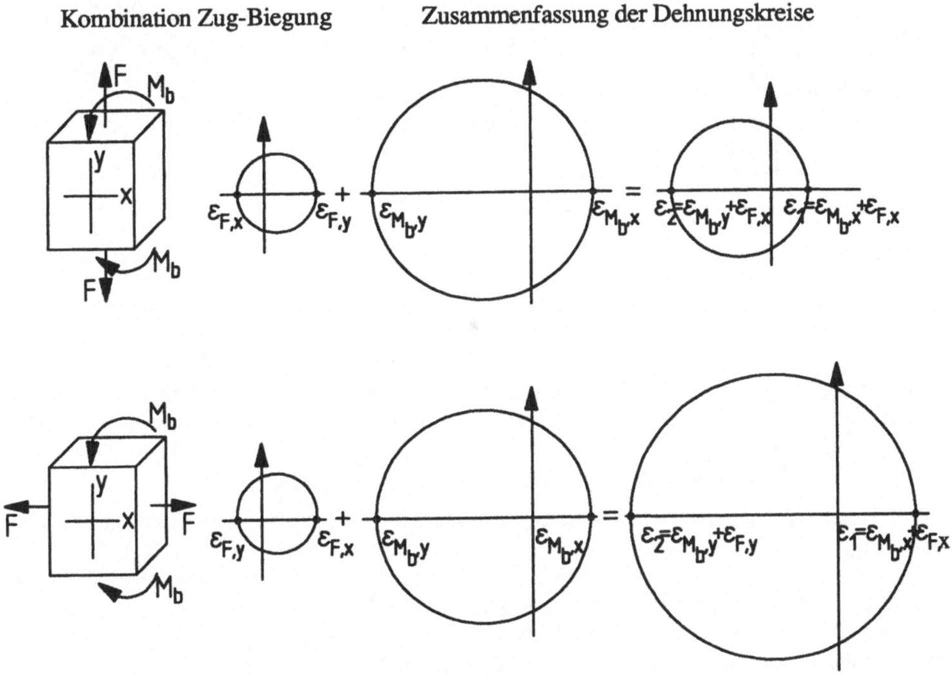



**Bild 5.7** Schubspannungsfreie Kombination von Normalspannungen
a) $\sigma_F$ parallel zu $\sigma_{Mb}$          b) $\sigma_F$ senkrecht zu $\sigma_{Mb}$

Da die Indizierung der Hauptdehnungsrichtungen erst nach der Kombination beider Belastungsfälle vorgenommen werden kann, werden die Hauptrichtungen zunächst mit x und y bezeichnet.

Im Fall a) gleicher Normalspannungsrichtung addieren sich die Dehnungen bei den angenommenen Werten, im Fall b) senkrecht zueinander stehender Hauptrichtungen heben sich die Dehnungen teilweise auf. In beiden Fällen ergibt sich mit dem größeren Dehnungswert die x-Achse als erste Hauptrichtung.

## b) Schubspannungen

Da Schubspannungen immer mit einem zweiachsigen Spannungszustand verbunden sind, gestaltet sich das Dehnungsverhalten bei Torsion- und Schubbelastung etwas komplizierter. In dem seltenen Fall reiner Torsions- oder reiner Schubbeanspruchung sind die Hauptdehnungsrichtungen bekannt:

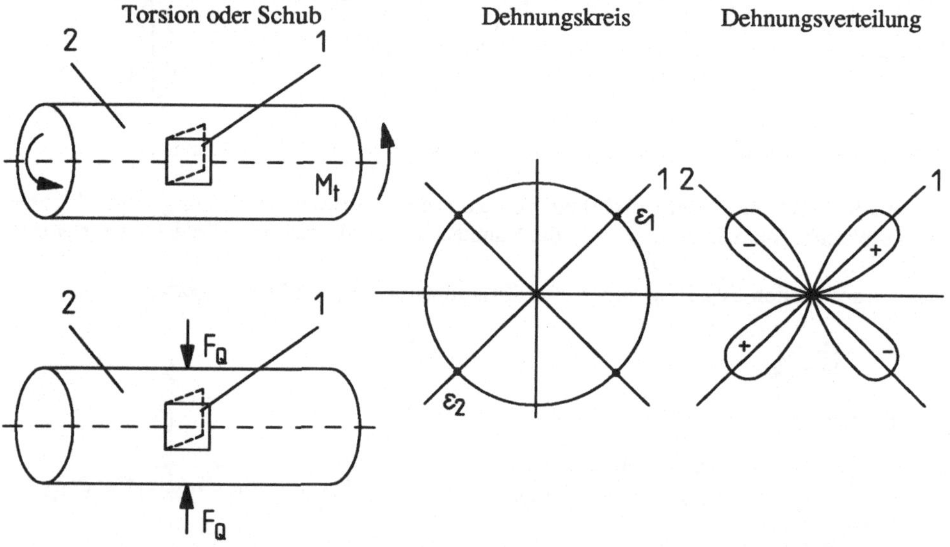


**Bild 5.8** Dehnungsverteilung und Hauptachsenrichtung für reine Torsion- oder Schubbeanspruchung

Wir halten als Ergebnis fest, daß die maximalen Dehnungen unter 45° zur Schubspannung orientiert sind. Da Schubspannungen mit DMS nicht direkt gemessen werden können, ist diese Tatsache vor allem für die auf Schubspannungswirkung beruhenden DMS-Meßaufnehmer (Scherkraft- und Torsionsaufnehmer, Kap. 6.4 und 6.5) bedeutsam.

Die ebenfalls zu bekannten Hauptrichtungen führende Kombination reiner Torsion mit reiner Schubkraft spielt in der Praxis des DMS-Aufnehmerbaus nur eine untergeordnete Rolle. Wir betrachten als praktisch einziges Beispiel die Kombination eines Torsionsmoments $M_t$ mit einer durch ein Kräftepaar hervorgerufenen Schubkraft F mit übereinstimmender Hauptachsenrichtung. Dann bleiben bei der Überlagerung beider Belastungsfälle die Hauptachsenrichtungen bestehen, die Indizierung der ersten Hauptachse erfolgt entsprechend der sich bei der Superposition ergebenden größeren Spannung.

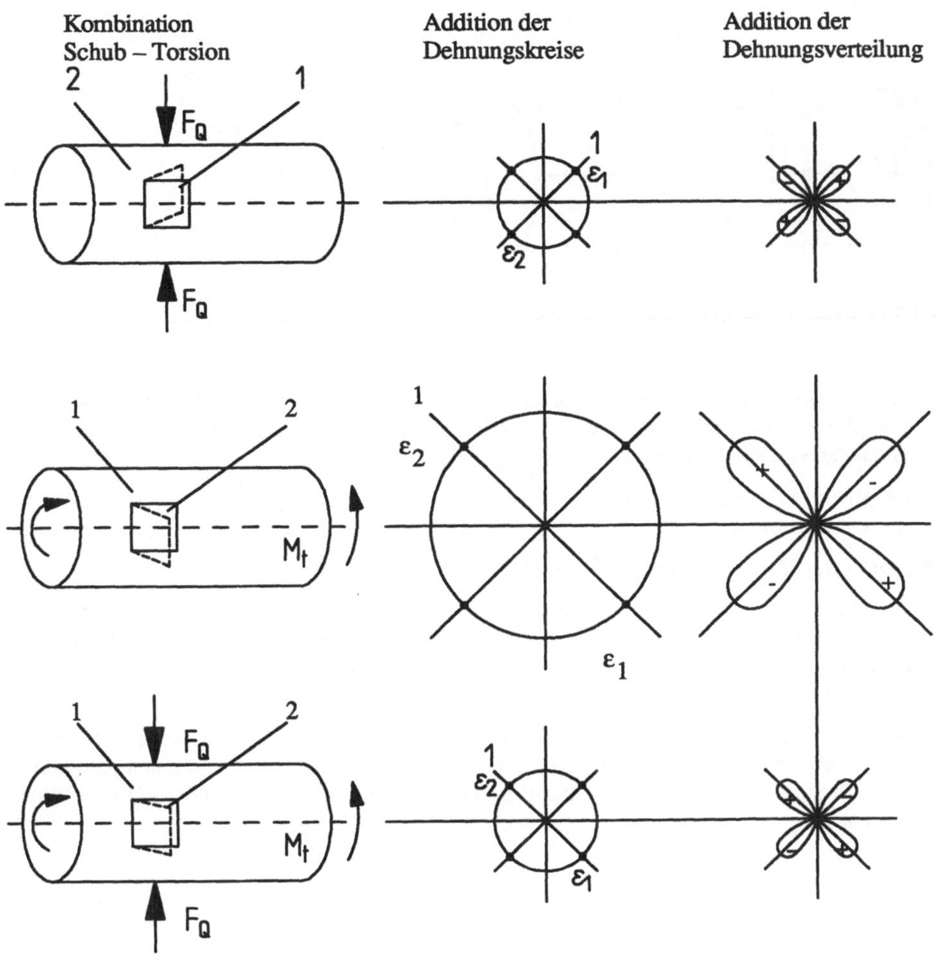



**Bild 5.9** Kombinierte Scherkraft-Torsionsbelastung

## 5.3 DMS-Analyse bei unbekannten Hauptspannungsrichtungen

Praktisch immer, wenn Normal- und Schubspannungen kombiniert werden, ist die Richtung der Hauptachsen als nicht bekannt vorauszusetzen. Der Spezialfall zusammenfallender Hauptachsen ergibt sich nur in dem praktisch nicht bedeutsamen Fall, daß die Normalspannung unter 45° zur Schubspannung auftritt.

Betrachten wir als einführendes Beispiel die in Bild 5.10 dargestellte Kombination einer Biegenormalspannug mit einer Torsionsschubspannung (die durch die Querkraftwirkung der Kraft F hervorgerufene Schubspannung ist an der betrachteten Stelle Null).

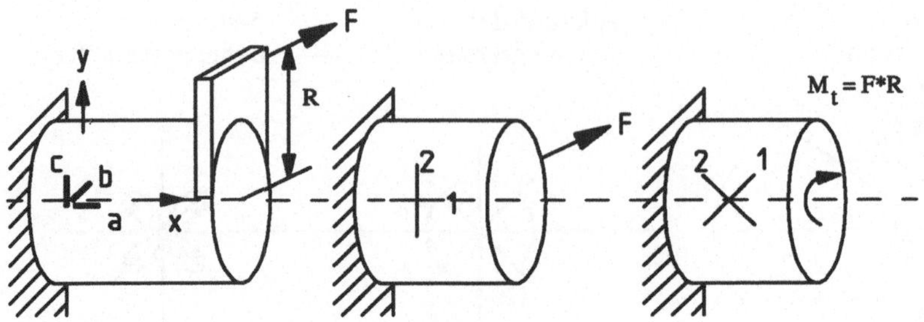



**Bild 5.10** Kombinierte Biege-Torsionsbeanspruchung

Durch Aufspalten der kombinierten Belastung in die beiden Einzelkomponenten erhalten wir die zugehörigen Hauptrichtungen; die Hauptrichtung der resultierenden Beanspruchung dagegen ist zunächst noch unbekannt und liegt irgendwo dazwischen.

Bei der Analyse dieses Spannungszustandes haben wir es also mit der Ermittlung dreier unbekannter Größen zu tun: die Größe der beiden Hauptdehnungen und die erste Hauptrichtung.

### Ableitung der Bestimmungsgleichungen

Die zur Berechnung der gesuchten Größen erforderlichen Formeln lassen sich aus den geometrischen Beziehungen am Verformungskreis ableiten. Wir gehen aus von einer 0°/45°/90°-Rosette, die in beliebiger Lage auf der Oberfläche eines einem zweiachsigen Spannungszustandes unterworfenem Bauteils appliziert ist [16].

Dann wird im allgemeinen die erste Hauptrichtung mit keiner der Richtungen der auf der Rosette angebrachten DMS übereinstimmen, und wir definieren zur Festlegung des Zusammenhanges zwischen a-Rosetten-DMS-Orientierung und Hauptrichtungsorientierung den Winkel $\alpha$ als von a ausgehend linksdrehend bis zur ersten Hauptrichtung.

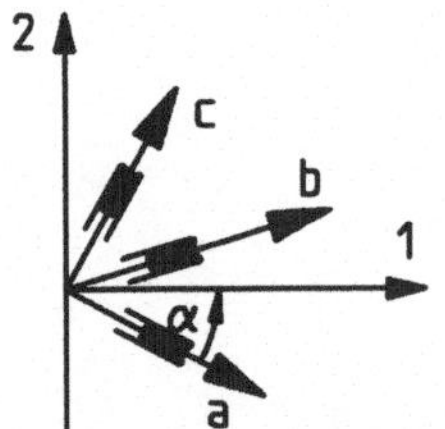



**Bild 5.11**
Definition des die erste Hauptdehnungsrichtung anzeigenden
Orientierungswinkel $\alpha$

Bei dem der angenommenen Richtung entsprechenden Mohrschen Dehnungskreis setzen wir o.B. d.A. voraus, daß beide Hauptdehnungen positiv sind, wie das beispielsweise bei dem einleitenden Beispiel der Fall sein wird.

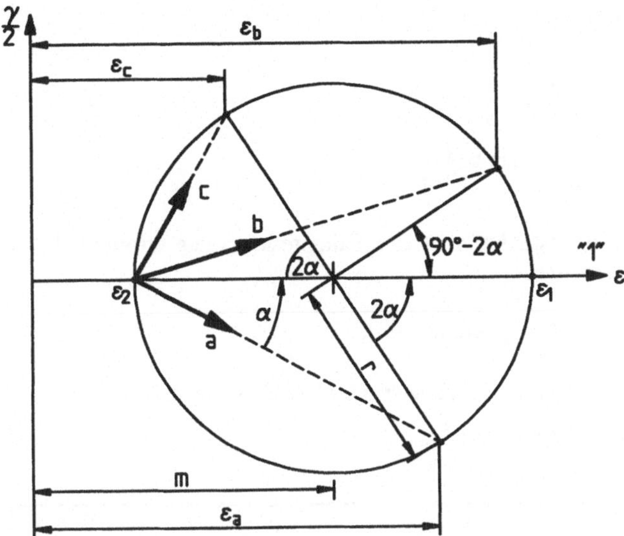


**Bild 5.12** Mohrscher Dehnungskreis zur 45°-Rosette

Wir zeichnen nun in den Dehnungskreis, in dem die Beträge der Hauptdehnungen und der Orientierungswinkel noch als unbekannt anzusehen sind, die angenommene Richtung für den a-DMS entsprechend obiger Definition ein, und weiterhin von a ausgehend die Richtungen für b und c. Anschließend lesen wir die durch die DMS-Messung zu ermittelnden Dehnungswerte $\varepsilon_a$, $\varepsilon_b$ und $\varepsilon_c$ ab und setzen sie in die in Kapitel 3.5 abgeleitete Gleichung 3.12 ein:

Mit $\quad m = \dfrac{\varepsilon_1 + \varepsilon_2}{2} \quad$ und $\quad r = \dfrac{\varepsilon_1 - \varepsilon_2}{2} \quad$ erhalten wir drei Gleichungen mit drei Unbekannten $\varepsilon_1$, $\varepsilon_2$ und $\alpha$:

$$(1) \qquad \varepsilon_a = m + r \cdot \cos(-2 \cdot \alpha) \qquad = m + r \cdot \cos(2 \cdot \alpha)$$

$$(2) \qquad \varepsilon_b = m + r \cdot \sin(90° - 2 \cdot \alpha) \qquad = m + r \cdot \sin(2 \cdot \alpha)$$

$$(3) \qquad \varepsilon_c = m + r \cdot \cos(180° - 2 \cdot \alpha) = m + r \cdot \cos(2 \cdot \alpha).$$

Wir lösen das Gleichungssystem zunächst nach der unbekannten Hauptrichtung $\alpha$ auf:

aus $(2)$: $\qquad r \cdot \sin(2 \cdot \alpha) = \varepsilon_b - m$

aus $(1)$: $\qquad r \cdot \cos(2 \cdot \alpha) = \varepsilon_a - m$ $\qquad$ mit $m = \dfrac{\varepsilon_a + \varepsilon_c}{2}$

folgt:
$$\tan(2\cdot\alpha) = \frac{\varepsilon_b - m}{\varepsilon_b - m} = \frac{\varepsilon_b - \dfrac{\varepsilon_a + \varepsilon_c}{2}}{\varepsilon_a - \dfrac{\varepsilon_a + \varepsilon_c}{2}} \qquad (5.1a)$$

$$\alpha = \frac{1}{2}\cdot\text{arc tan}\left(\frac{2\cdot\varepsilon_b - \varepsilon_a - \varepsilon_c}{\varepsilon_a - \varepsilon_c}\right) = \frac{1}{2}\cdot\text{arc tan}\left(\frac{z}{n}\right).$$

Wegen der Mehrdeutigkeit der Tangensfunktion ist eine Fallunterscheidung erforderlich, die wir nach folgender Vorschrift durchführen:

a) Berechnung des Hilfswinkels $A = \dfrac{1}{2}\cdot\text{arc tan}\left(\dfrac{z}{n}\right)$, $\qquad\qquad\qquad\qquad$ (5.1b)

b) Ermittlung der zutreffenden Spalte in untenstehender Entscheidungstabelle,

c) Berechnung des zugehörigen Winkels $\alpha$.

| Zähler | $\geq 0$ | $> 0$ | $\leq 0$ | $< 0$ |
|---|---|---|---|---|
| Nenner | $> 0$ | $\leq 0$ | $< 0$ | $\geq 0$ |
| $\alpha$ | A | $90° - A$ | $90° + A$ | $180 - A$ |
| | $0 \leq \alpha < 45°$ | $45° \leq \alpha < 90°$ | $90° \leq \alpha < 135°$ | $135° \leq \alpha < 180°$ |

**Tab.: 5.1** Bestimmung des Orientierungssinnes von $\alpha$

Zur Berechnung der Hauptdehnungen gehen wir von der am Dehnungskreis abzulesenden Beziehung $\varepsilon_{1/2} = m \pm r$ aus.

Da m direkt aus $\varepsilon_a$ und $\varepsilon_c$ zu berechnen ist (s.o.), beschränkt sich die Lösung des Gleichungsystems auf die Ermittlung des Radius r:

$$\text{aus (2):} \quad \sin(2\cdot\alpha) = \frac{\varepsilon_b - m}{r} \quad \text{folgt:} \quad \cos(2\cdot\alpha) = \sqrt{1 - \left(\frac{\varepsilon_b - m}{r}\right)^2},$$

in (1) eingesetzt:

$$\varepsilon_a = m + r\cdot\sqrt{1 - \frac{(\varepsilon_b - m)^2}{r}} = \frac{\varepsilon_a + \varepsilon_c}{2} + \sqrt{r^2 - \varepsilon_b - \frac{(\varepsilon_b - m)^2}{r}}.$$

Die letzte Gleichung enthält nun nur noch die gesuchte Unbekannte r, und wir erhalten durch Ausmultiplizieren und Zusammenfassen die gesuchten Hauptdehnungen $\varepsilon_1$ und $\varepsilon_2$:

$$\varepsilon_{1/2} = \frac{\varepsilon_a + \varepsilon_c}{2} \pm \frac{1}{\sqrt{2}}\cdot\sqrt{(\varepsilon_a - \varepsilon_b)^2 + (\varepsilon_c - \varepsilon_b)^2}. \qquad (5.2)$$

Damit ist der Dehnungskreis über die gemessenen Rosettendehnungswerte eindeutig bestimmbar.

Für die 0°/60°/120°-Rosette gelten die analogen Bestimmungsgleichungen:

$$\varepsilon_{\frac{1}{2}} = \frac{\varepsilon_a + \varepsilon_b + \varepsilon_c}{3} \pm \sqrt{\frac{(2\cdot\varepsilon_a - \varepsilon_b - \varepsilon_c)^2}{9} + \frac{1}{3}\cdot(\varepsilon_b - \varepsilon_c)^2}$$

$$\text{mit } A = \frac{1}{2}\cdot\text{arc tan}\left(\frac{\sqrt{3\cdot(\varepsilon_b - \varepsilon_c)}}{2\cdot\varepsilon_a - \varepsilon_b - \varepsilon_c}\right) \quad \text{und } \alpha \text{ nach obiger Tabelle}$$

Aus den so ermittelten Hauptdehnungen lassen sich dann über das Hooksche Gesetz für den zweidimensionalen Spannungszustand (Gleichung 3.10) auch die Hauptspannungswerte berechnen und der Mohrsche Spannungskreis zeichnen, dessen Hauptrichtungen mit denen des Dehnungskreises identisch sind.

Mit den aus dem Spannungskreis abzulesenden Schubspannungen läßt sich damit auch beispielsweise für jeden Winkel $\varphi$ die Vergleichsspannung berechnen.

Wir wollen jetzt die abgeleiteten Beziehungen auf das eingangs definierte Beispiel einer kombinierten Torsion-Biegebeanspruchung anwenden.

Dazu gehen wir von der gleichen Meßsignalempfindlichkeit aus wie bei der Dehnungsmessung am Druckrohr in Kap. 5.2: e = 1,025 mV/‰. Gemessen wurden für die in Bild 5.10 gezeichnete Rosettenorientierung die Ausgangsspannungen $U_a$ = 1,23 mV, $U_b$ = 1,025 mV und $U_c$ = –0,41 mV.

Mit der angegebenen Empfindlichkeit erhalten wir dann die Rosettendehnungen $\varepsilon_a$ = 1,2 ‰, $\varepsilon_b$ = 1,0 ‰ und $\varepsilon_c$ = –0,4 ‰. Die Hauptdehnungen ergeben sich durch Einsetzen der Rosettendehnungen in die oben abgeleitete Gleichung 5.2 :

$$\varepsilon_{\frac{1}{2}} = \frac{1,2 - 0,4}{2}‰ \pm \frac{1}{\sqrt{2}}\cdot\sqrt{(1,2 - 1)^2 + (-0,4 - 1)^2}‰$$

$$= (0,4 \pm 1)‰$$

bzw. $\varepsilon_1 = 1,4‰$ und $\varepsilon_2 = -0,6‰$

Zur Bestimmung der ersten Hauptrichtung berechnen wir zunächst den Hilfswinkel A nach Gleichung 5.1b:

$$A = \frac{1}{2}\cdot\text{arc tan}\left(\frac{2 - 1,2 + 0,4}{1,2 + 0,4}\right) = \frac{1}{2}\cdot\text{arc tan}\left(\frac{1,2}{1,6}\right) = 18,4°$$

Da Zähler und Nenner beide positiv sind, trifft in Tabelle 5.1 die erste Spalte zu, und wir erhalten für den Winkel $\alpha$= A= 18,4°. Damit ist der eigentliche meßtechnische Teil der experimentellen Spannungsanalyse gelöst.

Wir wollen das so gewonnene Ergebnis dazu benutzen, verschiedene Fragestellungen zu behandeln, die u.a. auch für die Dimensionierung von DMS-Aufnehmern wichtig sein können. Um einen Überblick über das Verformungsverhalten zu bekommen, konstruieren wir zunächst den Mohrschen Dehnungskreis und kennzeichnen auf dem untersuchten Bauteil die Lage der Hauptdehnungsrichtungen relativ zum a-Rosetten DMS:

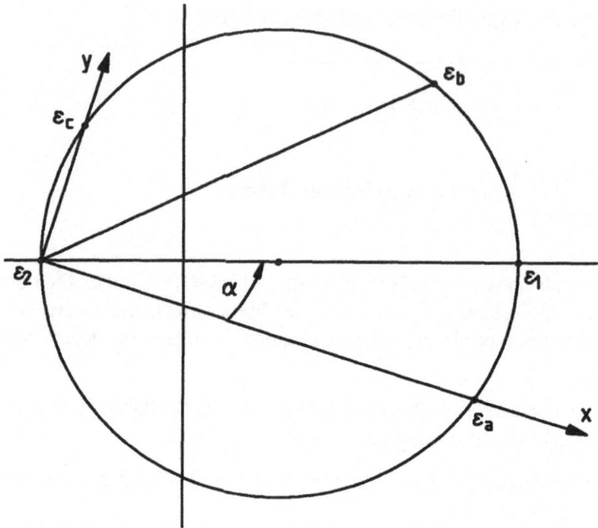

**Bild 5.13** Mohrscher Dehnungskreis und Lage der Hauptrichtungen

Zur Kontrolle tragen wir in den Dehnungskreis die Winkel der Rosetten-DMS ein und finden auf der $\varepsilon$-Achse die zugehörigen, gemessenen Rosettendehnungen wieder. Um die Verformung des untersuchten Bauteils übersichtlicher darzustellen, konstruieren wir nun nach Vorgabe bestimmter Winkelabstände (z.B. 15°) und Ablesen der zugehörigen Dehnungen die Dehnungsverteilung in Polarkoordinaten:

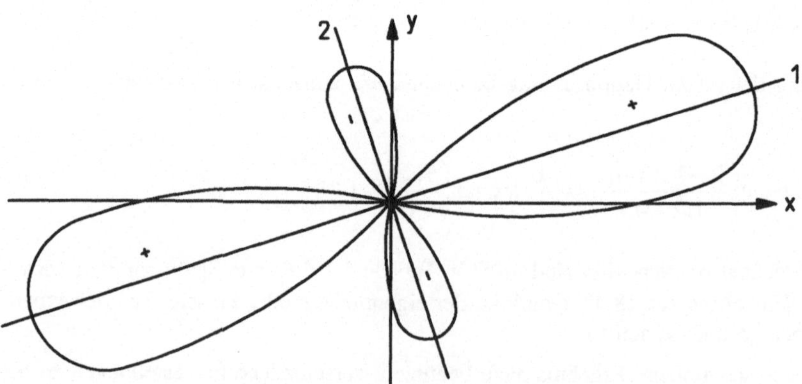

**Bild 5.14** Dehnungsverteilung für die Kombination "Biegung-Torsion"

Da reine Torsion in axialer und tangentialer Richtung keine Dehnung hervorruft, können wir die Dehnungsanteile der in diese Richtungen durch Biegung verursachten Verformungen aus dem Verformungskreis ablesen und erhalten $\varepsilon_{b,x} = \varepsilon_{1,b} = 1,2\ ‰$ und $\varepsilon_{b,y} = \varepsilon_{2,b} = -0,4\ ‰$. Da diese Richtungen auch die Hauptrichtungen für die reine Biegebeanspruchung sind, können wir den Mohrschen Dehnungskreis für Biegung konstruieren, und daraus abgeleitet die zugehörige Verformungsverteilung in Polarkoordinaten zeichnen:

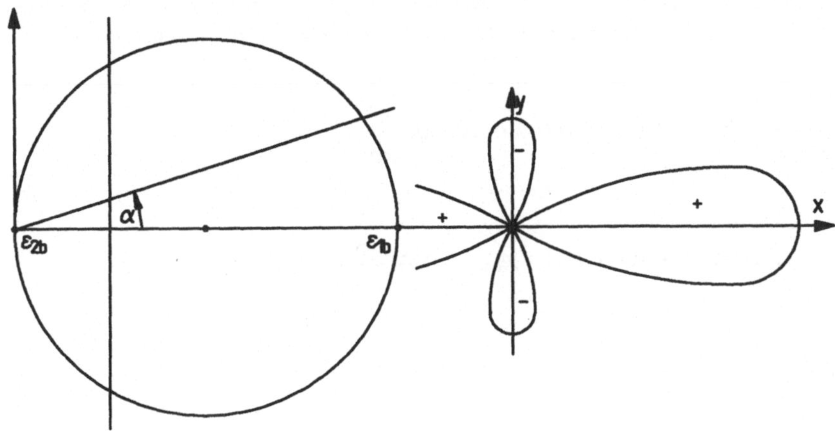


**Bild 5.15** Dehnungskreis und Verformung für reine Biegung

Zur Darstellung des Torsionsanteils ermitteln wir die zugehörigen Hauptdehnungen aus der Differenz der im kombinierten Verformungskreis unter $\varphi = 45° - \alpha$ abzulesenden Gesamtdehnung und der im Biegedehnungskreis unter $\varphi = 45°$ abzulesenden Biegedehnung: $\varepsilon_{t1} = 1‰ - 0,4‰ = 0,6‰$.

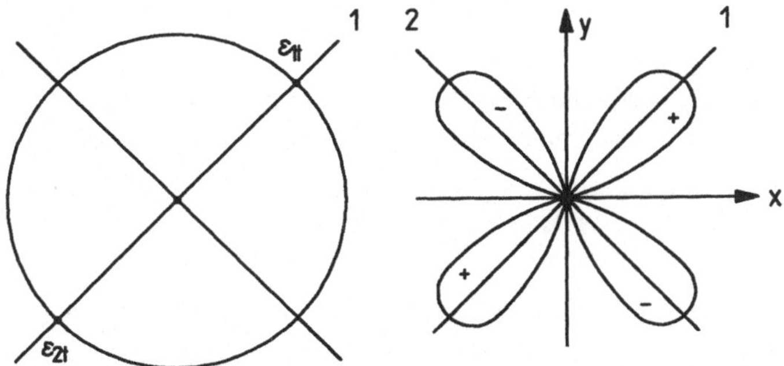


**Bild 5.16** Dehnungskreis und Verformung für reine Torsion.

Wenn die Richtungen der Hauptdehnungen für die Einzelkomponenten und die kombinierte Belastung bekannt sind, lassen sich also die Dehnungskreise der Einzelkomponenten aus dem Dehnungskreis der kombinierten Belastung gewinnen. Entsprechendes gilt für die Dehnungsverteilung des kombinierten Belastungszustandes in Polarkoordinaten, die sich einfach durch Superposition der Einzeldehnungen ergibt.

Das gleiche Verhalten ist bei der Superposition der Einzelspannungen zu erwarten, die wir nun näher untersuchen wollen. Mit den angenommenen Materialkonstanten $E = 2 \cdot 10^7$ N/cm$^2$ und $\mu = 0,33$ berechnen wir über das Hooksche Gesetz für den zweidimensionalen Spannungszustand die beiden Hauptspannungen und zeichnen den Mohrschen Spannungskreis:

$$\sigma_1 = \frac{2 \cdot 10^7 \,\text{N}\!\big/\!\text{cm}^2}{1-0,33^2} \cdot (1,4-0,33 \cdot 0,6)\%o = 27000 \frac{\text{N}}{\text{cm}^2}$$

$$\sigma_2 = \frac{2 \cdot 10^7 \,\text{N}\!\big/\!\text{cm}^2}{1-0,33^2} \cdot (-0,6+0,33 \cdot 1,4)\%o = -3100 \frac{\text{N}}{\text{cm}^2}.$$

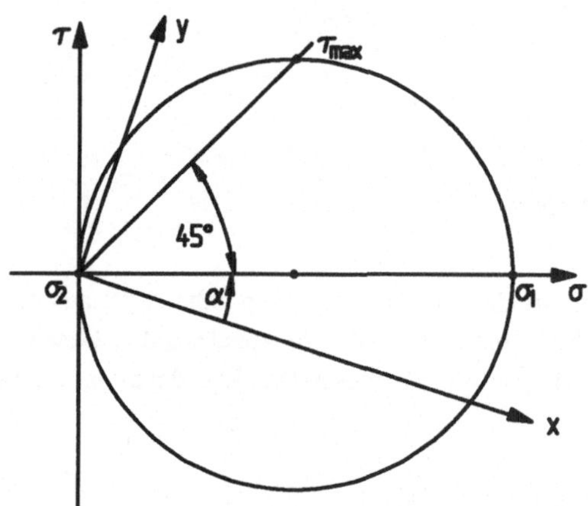


**Bild 5.17**
Mohrscher Spannungskreis für kombinierte
Biegung-Torsion

Die maximale Vergleichsspannung tritt auf unter dem Winkel $\varphi_{max}=45°$ zur ersten Hauptrichtung bzw. unter $\varphi_{max} + \alpha = 63,4$ zur Axialrichtung und errechnet sich nach Kap. 3.6 zu:

$$\sigma_v = \sqrt{\sigma_b^2 + 3 \cdot \tau^2} = \sqrt{24000^2 + 3 \cdot 9000^2}\; \frac{\text{N}}{\text{cm}^2} = 28620\, \frac{\text{N}}{\text{cm}^2}$$

Auch hier können wir die Spannungsverteilung der kombinierten Belastung wieder in ihre Einzelkomponenten zerlegen.

Der unter $\varphi = -\alpha$ abzulesende Spannungsanteil ist die reine Biegespannungskomponente in Axialrichtung: $\sigma_{b1} = 24000$ N/cm$^2$, während unter $\varphi = 90° - \alpha = 71,6°$ die von der Torsion in tangentialer Richtung verursachte Schubspannung $\tau$ abzulesen ist:

$\tau_1 = 9000$ N/cm$^2$. Mit $\sigma_{b2} = 0$ (eindimensionaler Spannungszustand) und $\tau_2 = -\tau_1$ können wir nun die beiden den Einzelbelastungen zugeordneten Spannungskreise zeichnen:

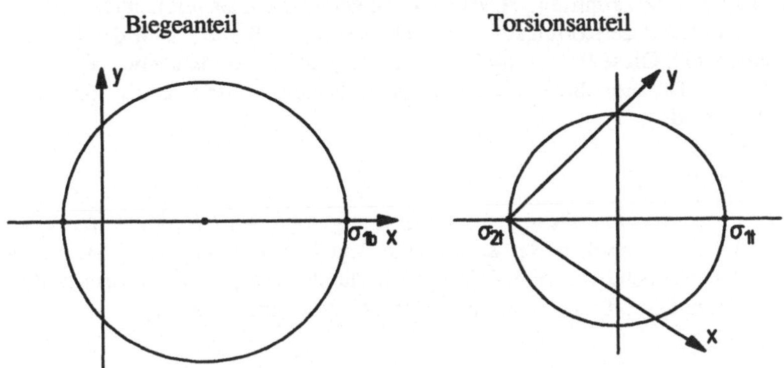


**Bild 5.18** Mohrscher Spannungskreis für Biegung und Torsion

Wir wollen die erhaltenen Ergebnisse noch auf ihre Schlüssigkeit untersuchen. Dazu berechnen wir die Kraft F, die sowohl für die Biegung als auch für die Torsion den gleichen Wert annehmen muß. Die vom Verformungskörper abgenommenen Maße betragen:

Exzentrizität R = 78,8 mm, Hebelarm L = 105 mm, Durchmesser d=50mm.

Mit den Widerstandsmomenten $W_b=0,1 \cdot d^3= 12,5$ cm$^3$ gegen Biegung und $W_t=0,2 \cdot d^3=$ 25 cm$^3$ gegen Torsion erhalten wir:

$$\text{Biegemoment} \quad M_b = \sigma_b \cdot W_b = 24000\,\frac{N}{cm^2} \cdot 12,5\,cm^3 = 300000\,Ncm$$

$$\text{Torsionsmoment} \quad M_t = \tau_t \cdot W_t = 9000\,\frac{N}{cm^2} \cdot 25\,cm^3 = 225140\,Ncm\,.$$

Für die die beiden Belastungsfälle verursachende Kraft erhalten wir in beiden Fällen:
F = $M_b$/L = $M_t$/R = 28 571 N, womit die Auswertung als widerspruchsfrei anzusehen ist.

## 5.4 DMS-Analyse von Eigenspannungen

### 5.4.1 Einleitung

Als Eigenspannungen bezeichnen wir alle mechanischen Spannungen in einem Bauteil, die nach der Fertigung des Bauteils ohne äußere Belastung weiterbestehen. Sie können verursacht werden durch mehrachsige Beanspruchung bei Ziehvorgängen, durch plastische Verformungen bei Wärmebehandlungen, bei Gefügeumwandlungen und beim Hinzufügen (Plattieren) oder Abarbeiten von Oberflächenschichten (Fräsen).

Eigenspannungen beeinflussen die Festigkeitseigenschaften und die Maßhaltigkeit und können damit die Funktionsfähigkeit eines Bauteils entscheidend beeinträchtigen.

Da die rechnerische Ermittlung der Eigenspannung sehr aufwendig und mit vielen Unbekannten verbunden ist, erfolgt ihre Ermittlung meist experimentell. Diese experimentelle Ermittlung sollte natürlich möglichst zerstörungsfrei erfolgen, wenn das Bauteil nach der Prüfung noch verwendet werden soll. Diese Forderung ist bei beiden jetzt zu besprechenden Verfahren umso besser erfüllt, je größer die Abmessungen des untersuchten Bauteils relativ zur Größe der gestörten Meßstelle sind.

### 5.4.2 Bohrlochverfahren

Bei diesem Verfahren wird die Oberfläche mit einer Bohrung von etwa 1,5 mm Durchmesser und etwa gleich großer Tiefe versehen, der zerstörende Anteil ist also sehr klein. Damit der Spannungszustand der Oberfläche vor dem Bohren nicht durch Ankörnen unzulässig gestört wird, sind die verwendeten DMS-Rosetten mit einer Bohrbuchse versehen [17].

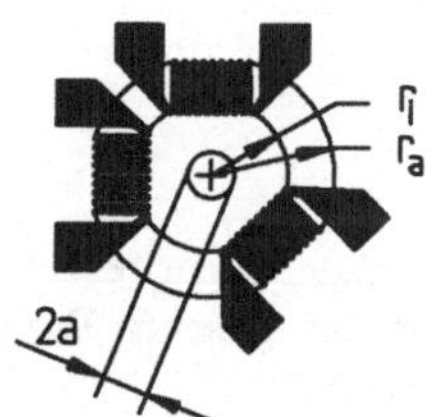


**Bild 5.19**
Bohrlochrosette

Durch die Bohrung wird der Kraftfluß im Oberflächenumfeld gestört, wodurch der die Bohrung umgebende Werkstoff zur Rückfederung veranlaßt wird. Diese Relaxationsdehnung wird von den drei Rosetten-DMS erfaßt und dient zur Berechnung des vor der Störung herrschenden Spannungszustandes.

Da die Spannungsgradienten in unmittelbarer Nähe der Bohrung sehr groß sind, ist auf eine exakte Lokalisierung der Rosetten-DMS zu achten. Die Berechnung der Hauptspannungen erfolgt nach der Gleichung:

$$\sigma_{1/2} = -\frac{E}{4 \cdot A} \cdot (\varepsilon_a + \varepsilon_c) \pm \frac{E}{4 \cdot B} \cdot \sqrt{(\varepsilon_c - \varepsilon_a)^2 + (\varepsilon_a + \varepsilon_c - 2 \cdot \varepsilon_b)^2}$$

mit den Konstanten $A = \dfrac{a^2 \cdot (1 + \mu)}{2 \cdot r_a \cdot r_i}$                                                     (5.3)

und    $B = \dfrac{2 \cdot a^2}{r_a \cdot r_i} \cdot \left(1 - \dfrac{a^2 \cdot (1 + \mu) \cdot \left(r_a^2 + r_a \cdot r_i + r_i^2\right)}{4 \cdot r_a^2 \cdot r_i^2}\right).$

Für die RY 61 Rosette mit den Werten $r_a$ = 3,3 mm, $r_i$ = 1,8 mm und a = 0,75 mm erhalten wir beispielsweise:

$$A = 0{,}04735\,(1 + \mu) \quad \text{und} \quad B = 0{,}1894 - 0{,}01515\,(1 + \mu).$$

Die zugehörige erste Hauptspannungsrichtung ergibt sich wieder nach Gleichung 5.1 in Kapitel 5.3.

Beim Bohrlochverfahren ist von Nachteil, daß sich die Rosette nach dem Bohren weiter auf der belasteten Oberfläche befindet, weil sich durch die nachträgliche Einstellung eines neuen Gleichgewichtszustandes Störeinflüsse ergeben, die nicht von dem eigentlichen Meßwert zu unterscheiden sind.

### 5.4.3 Ringkern-Verfahren

Das Ringkern-Verfahren erfordert gegenüber dem Bohrlochverfahren einen wesentlich höheren Experimentier- und Auswerteaufwand, liefert aber dafür realistischere Ergebnisse, weil sich die Rosette während der Messung nicht mehr auf der unter Spannung stehenden Oberfläche befindet.

Anstelle des Bohrlochs wird mit einer Ringnut gearbeitet, und die DMS befinden sich auf der verbleibenden Kernoberfläche außerhalb des Kraftflusses.

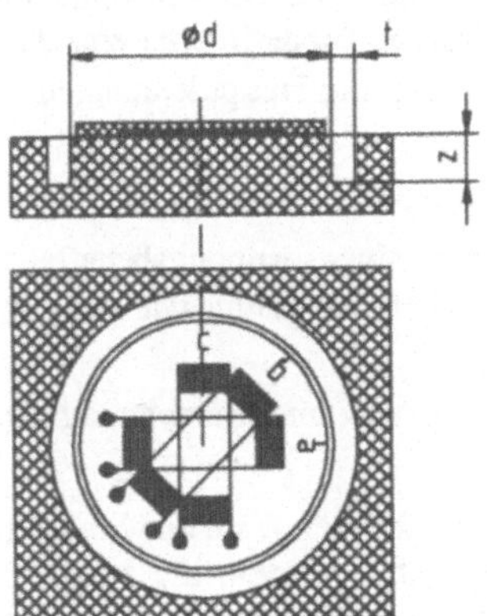


**Bild 5.20**
Ring-Kern-Meßstelle

Zur Auswertung einer Messung ist zunächst die Ermittlung der sogenannten Abklingfunktionen

$$K_1 = \frac{E}{\sigma_1}\frac{\partial \varepsilon_1}{\partial z} \quad \text{und} \quad K_2 = \frac{E}{\mu \cdot \sigma_1}\frac{\partial \varepsilon_2}{\partial z}. \tag{5.4}$$

Nach Messung der Rosettendehnungen erhalten wir dann die Eigenspannungen in den Rosettenrichtungen über die Gleichungen:

$$\sigma_a = \frac{E}{K_1^2 - \mu^2 \cdot K_2^2} \cdot \left( K_1 \frac{\partial \varepsilon_a}{\partial z} + \mu \cdot K_2 \frac{\partial \varepsilon_c}{\partial z} \right)$$

$$\sigma_b = \frac{E}{K_1^2 - \mu^2 \cdot K_2^2} \cdot \left( K_1 \frac{\partial \varepsilon_b}{\partial z} + \mu \cdot K_2 \cdot \left( \frac{\partial \varepsilon_a}{\partial z} - \frac{\partial \varepsilon_b}{\partial z} + \frac{\partial \varepsilon_c}{\partial z} \right) \right) \qquad (5.5)$$

$$\sigma_c = \frac{E}{K_1^2 - \mu^2 \cdot K_2^2} \cdot \left( K_1 \frac{\partial \varepsilon_c}{\partial z} + \mu \cdot K_2 \frac{\partial \varepsilon_a}{\partial z} \right).$$

Aus den so ermittelten Rosettenspannungen lassen sich dann in bekannter Weise die Hauptspannungen

$$\sigma_{1/2} = \frac{\sigma_a + \sigma_c}{2} \pm \frac{1}{\sqrt{2}} \cdot \sqrt{(\sigma_b - \sigma_a)^2 - (\sigma_b - \sigma_c)^2} \qquad (5.6)$$

und der Winkel $\alpha$ zwischen der a-Meßrichtung und der ersten Hauptspannung nach Gleichung 5.1 berechnen.

Damit ist folgender Meßablauf erforderlich:

- Experimentelle Bestimmung der Abklingfunktionen in einem Vorversuch ohne Eigenspannungen. Dazu wird zunächst durch äußere Belastung ein definierter einachsiger Spannungszustand hergestellt und anschließend werden die Hauptdehnungen $\varepsilon_1$ und $\varepsilon_2$ als Funktion der Ringnuttiefe gemessen.

- Berechnung der Abklingfunktionen nach den Gleichungen 5.4,

- Messung der Oberflächendehnungen $\varepsilon_a$, $\varepsilon_b$ und $\varepsilon_c$ auf dem eigenspannungsbehafteten Bauteil in Abhängigkeit von der Frästiefe mit dem gleichen Werkzeug wie im Vorversuch,

- Berechnung der Dehnungsgradienten $d\varepsilon_a/dz$, $d\varepsilon_b/dz$ und $d\varepsilon_c$ und Berechnung der Hauptspannungen und der Hauptspannungsrichtung.

Das Verfahren ist als vollkommen zerstörungsfrei anzusehen, wenn bei der Wahl der Meßstellenposition darauf geachtet wird, daß möglichst Stellen ausgewählt werden, die bei einer eventuellen späteren mechanischen Bearbeitung sowieso abgearbeitet werden, oder wenn der Bearbeitungszuschlag größer als die Eindringtiefe gewählt wird. Die experimentelle Durchführung und vor allem die Auswertung läßt sich vereinfachen durch Anwendung des Differenzverfahrens mit konstanten Tiefenschritt $\Delta z$. Das Verfahren ist in [18] ausführlich beschrieben, es setzt allerdings die Kenntnis bzw. vorherige Bestimmung der Hauptrichtungen voraus.

### 5.4.4 Überlagerung von Eigenspannungen und Betriebsspannungen

Zur Ermittlung der im Betriebszustand auftretenden maximalen Vergleichsspannung ist in bestimmten Fällen der Spannungszustand vor der betriebsmäßigen Belastung mit zu berücksichtigen. Die Vorspannung kann verursacht sein durch die bereits beschriebenen Eigenspannungen, aber auch durch statische Vorbelastung der Tragkonstruktion, beispielsweise bei Silobehältern durch das Eigengewicht des Silos.

Bei der Superposition beider Spannungszustände sind die Fälle identischer und nicht identischer Hauptspannungsrichtung zu unterscheiden.

Der erste Fall trifft meistens auf die gerade erwähnten Silos zu, bei denen das Eigengewicht und das Füllgewicht die Tragkonstruktion gleichsinnig belasten. In diesem Fall können die Einzelspannungen nach ihrer getrennten Ermittlung direkt addiert werden. Diese Aufgabe stellt sich beispielsweise bei der nachträglichen Aufrüstung einer Siloanlage mit direkt applizierten DMS mit dem Ziel, den Siloinhalt wägetechnisch zu erfassen.

Wie wir später sehen werden, sind die hierfür am besten geeigneten Stellen in der neutralen Zone der meist verwendeten Doppel-T-Träger, in denen über die Messung der Scherspannung die im Träger wirkende Querkraft gemessen werden kann. Wir wollen dies am folgenden Beispiel demonstrieren.

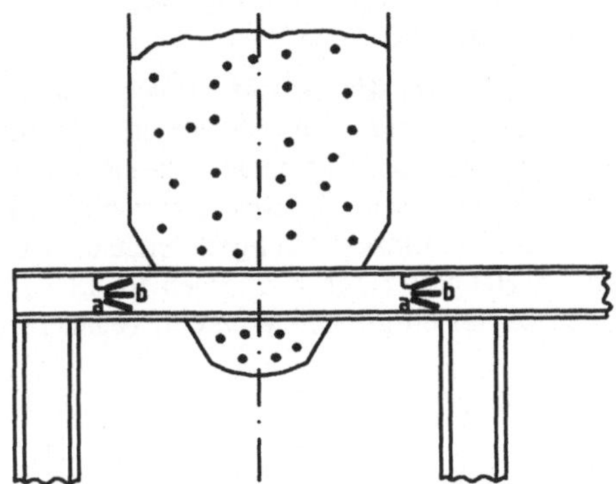

**Bild 5.21**
Trägerkonstruktion mit Bunkersilos

Zur Ermittlung der Vorlastspannung wenden wir an der gekennzeichneten Stelle zunächst das Bohrlochverfahren an. Dazu applizieren wir die Rosette bei leerem Behälter beispielsweise mit waagerechter b-Richtung und erhalten als Ergebnis:

$$\varepsilon_a = 0{,}066\,\%_0 \qquad \varepsilon_b = 0\,\%_0 \qquad \varepsilon_c = -0{,}066\,\%_0 \,.$$

Dies entspricht dem erwarteten Dehnungsverhalten, wenn der Träger normalkraft- und torsionsfrei eingebaut ist. Die gemessene negative Dehnung in c-Richtung ist das Resultat der durch die Entlastung verursachten Rückfederung aus dem ursprünglich positiven Dehnungszustand, entsprechendes gilt für die positiv gemessene Dehnung in a-Richtung.

Mit den Werten $E = 2{,}06 \cdot 10^7$ N/cm$^2$ und $\mu = 0{,}28$ erhalten wir durch Einsetzen in die Gleichungen 5.1 und 5.2 die Hauptspannungen und die Hauptrichtung:

$$\sigma_{\frac{1}{2}} = 0 \pm 3{,}0293 \cdot 10^7 \, \frac{N}{cm^2} \cdot \sqrt{\left(2 \cdot 0{,}066\%_0\right)^2 + 0}$$

$$= \pm 4000 \, \frac{N}{cm^2} \qquad \text{mit} \quad \alpha = 90°$$

Anschließend applizieren wir eine normale Rosette mit der gleichen Orientierung und füllen den Behälter bis zur maximalen Füllmenge. Als Ergebnis erhalten wir jetzt beispielsweise die Dehnungen $\varepsilon_a = -0{,}497\%_0$, $\varepsilon_b = 0\%_0$ und $\varepsilon_c = 0{,}497\%_0$.

Die Hauptrichtung ergibt sich wieder zu $\alpha = 90°$, damit sind die a-Orientierung mit der zweiten Hauptachse und die c-Orientierung mit der ersten Hauptachse identisch, und die Hauptspannungen lassen sich sofort nach Gleichung 3.10 bestimmen:

$$\sigma_1 = \frac{2,06 \cdot 10^7 \, \text{N}/\text{cm}^2}{1 - 0,28^2} \cdot (0,497 - 0,28 \cdot 0,497)\hat{a}$$

$$= 8000 \, \frac{\text{N}}{\text{cm}^2} \quad \text{und entsprechend} \quad \sigma_2 = -8000 \, \frac{\text{N}}{\text{cm}^2}.$$

Durch Addieren der beiden Spannungszustände mit gleicher Hauptspannungsrichtung erhalten wir dann die gesuchte Maximalspannung bei gefüllten Behälter zu 12000 N/cm$^2$.

Etwas aufwendiger ist die Superposition zweier **Spannungszustände mit verschiedenen Hauptachsenrichtungen.** Zur Ableitung der erforderlichen Bestimmungsgleichungen gehen wir o.B.d.A. von einer Biegebelastung mit überlagerter Torsion aus. Für beide Belastungsfälle seien die Spannungs- und Dehnungsverhältnisse und insbesondere die Hauptachsenrichtungen durch DMS-Messungen bestimmt. Zur Addition der beiden Einzeldehnungen zeichnen wir beide Dehnungskreise so zueinander, daß die zweiten Hauptdehnungen in einen Punkt zusammenfallen und die Hauptachsenrichtungen um den vorher ermittelten Winkel ß gegeneinander verdreht sind.

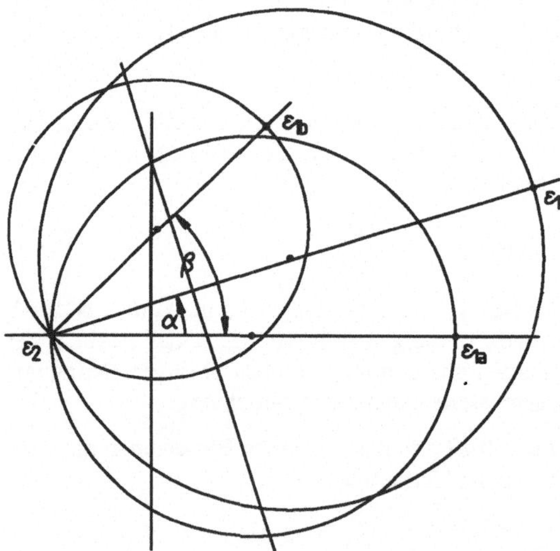


**Bild 5.22** Zusammenfassung zweier Dehnungszustände mit verschiedenen Hauptrichtungen

Der noch zu ermittelnde Winkel , der die erste Hauptrichtung des zusammengesetzten Verformungszustandes definiert, bestimmt dann die Anteile der Dehnungseinzelkomponenten, deren Summe die zusammengesetzte erste Hauptdehnung ergibt.

Durch Anwendung von Gleichung 3.12 auf die beiden einzelnen Verformungszustände erhalten wir die Hauptdehnungen:

$$\varepsilon_{1\!\!/_2} = \varepsilon_{a(\alpha)} + \varepsilon_{b(\beta-\alpha)}$$

$$= \frac{1}{2} \cdot \left( \varepsilon_{1a} + \varepsilon_{2a} \pm \left( \varepsilon_{1a} + \varepsilon_{2a} \right) \cdot \cos\left( 2 \cdot \alpha \right) \right)$$

$$+ \frac{1}{2} \cdot \left( \varepsilon_{1b} + \varepsilon_{2b} \pm \left( \varepsilon_{1b} - \varepsilon_{2b} \right) \cdot \cos\left( 2(\beta-\alpha) \right) \right)$$

und aus der Maximalforderung für $\varepsilon(\alpha)$ den Winkel $\alpha$ der ersten Hauptrichtung des zusammengesetzten Verformungszustandes:

$$\tan\left( 2 \cdot \alpha \right) = \frac{\left( \varepsilon_{1b} - \varepsilon_{2b} \right) \cdot \sin\left( 2 \cdot \alpha \right)}{\left( \varepsilon_{1a} - \varepsilon_{2a} \right) + \left( \varepsilon_{1b} - \varepsilon_{2b} \right) \cdot \cos\left( 2 \cdot \beta \right)} \, .$$

Aus den so ermittelten Hauptdehnungen lassen sich dann in bekannter Weise die Hauptspannungen und die maximale Vergleichsspannung für den zusammengesetzten Belastungszustand berechnen.

Als Beispiel betrachten wir eine geschmiedete Generatorwelle, für die folgende Dehnungsmeßwerte erhalten wurden:

Ergebnis der Ringkernmessung zur Ermittlung des Eigenspannungszustandes:

$$\varepsilon_{\text{tangential}} = -0{,}04\,\text{‰} \quad \varepsilon_{\text{axial}} = -0{,}17\,\text{‰},$$

Ergebnis der Belastungsmessung unter Torsion:

$$\varepsilon_{45°} = 0{,}30\,\text{‰} \qquad\qquad \varepsilon_{-45°} = -0{,}30\,\text{‰} \, .$$

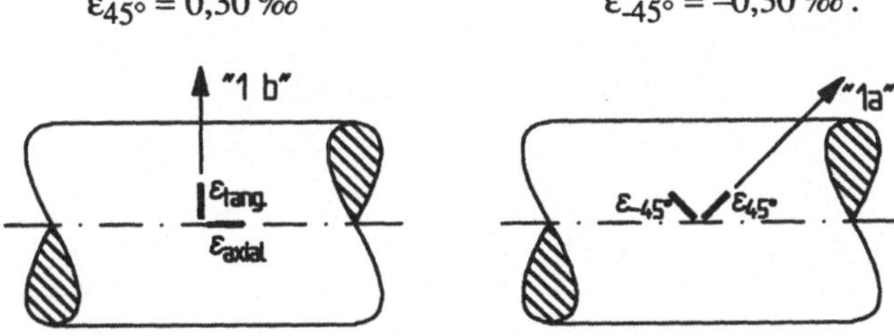


**Bild 5.23** Eigenspannungs- und Betriebsspannungsmessung

Wir bezeichnen zunächst entsprechend den erhaltenen Ergebnissen der Einzeldehnungsmessung die Hauptachsen "1a" und "1b".

Der Winkel $\alpha$ der ersten Hauptachse des zusammengesetzten Verformungszustandes berechnet sich zu:

$$\tan\left( 2 \cdot \alpha \right) = \frac{\left( -0{,}04 + 0{,}17 \right) \cdot \sin\left( 90° \right)}{0{,}3 + 0{,}3 + \left( -0{,}04 + 0{,}17 \right) \cdot \cos\left( 90° \right)} \quad \text{bzw.} \quad \alpha = 6{,}1° \, .$$

Damit lassen sich nun die gesuchten Hauptdehnungen und Hauptspannungen berechnen:

$$\varepsilon_{1/2} = \left[\frac{1}{2}\cdot\begin{pmatrix} 0,3-0,3\pm(0,3+0,3)\cdot\cos(12,2°) \\ -0,04-0,17\pm(-0,04+0,17)\cdot\cos 2\cdot(45°-6,1°) \end{pmatrix}\right]\cdot 10^{-3}$$

$$\varepsilon_1 = 0,20\cdot 10^{-3} \qquad \varepsilon_2 = -0,41\cdot 10^{-3}$$

$$\text{und}\quad \sigma_1 = \frac{2\cdot 10^{-7}\,\text{N}/\text{cm}^2}{1-0,3^2}\cdot(0,2-0,3\cdot 0,41)\cdot 10^{-3} = 1692\,\frac{\text{N}}{\text{cm}^2}$$

$$\sigma_2 = \frac{2\cdot 10^{-7}\,\text{N}/\text{cm}^2}{1-0,3^2}\cdot(0,41-0,3\cdot 0,2)\cdot 10^{-3} = -7692\,\frac{\text{N}}{\text{cm}^2}.$$

Zur Kontrolle zeichnen wir noch die Addition der Einzeldehnungs- und Spannungskreise:

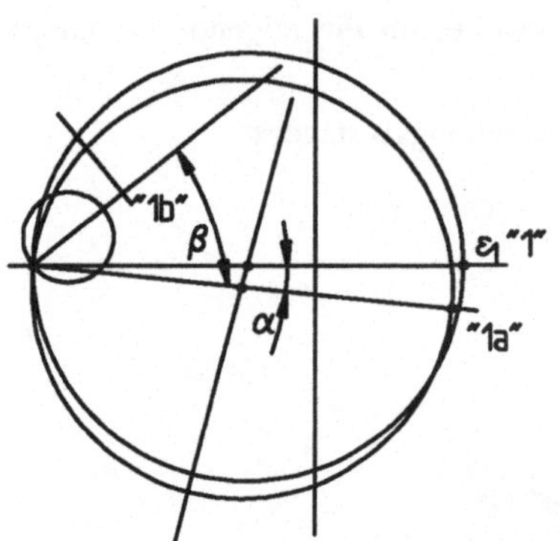


**Bild 5.24**
Addition der Einzeldehnungskreise

$$\sigma_{1e} = \frac{2\cdot 10^{7}\,\text{N}/\text{cm}^2}{1-0,3^2}\cdot(-0,04-0,3\cdot 0,17)\hat{a} = -2000\,\frac{\text{N}}{\text{cm}^2}$$

$$\sigma_{2e} = \frac{2\cdot 10^{7}\,\text{N}/\text{cm}^2}{1-0,3^2}\cdot(-0,17-0,3\cdot 0,04)\hat{a} = -4000\,\frac{\text{N}}{\text{cm}^2}$$

$$\sigma_{1t} = \frac{2\cdot 10^{7}\,\text{N}/\text{cm}^2}{1-0,3^2}\cdot(0,3-0,3\cdot 0,3)\hat{a} \quad = 4615\,\frac{\text{N}}{\text{cm}^2}$$

$$\sigma_{2t} = \frac{2\cdot 10^{7}\,\text{N}/\text{cm}^2}{1-0,3^2}\cdot(-0,3-0,3\cdot 0,3)\hat{a} \quad = -4615\,\frac{\text{N}}{\text{cm}^2}$$

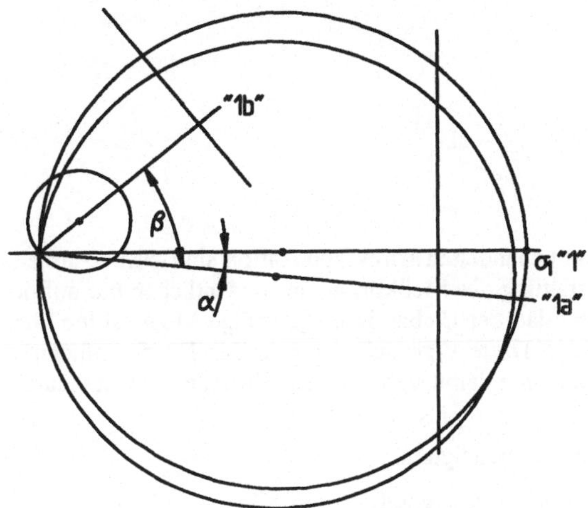


**Bild 5.25** Addition der Einzelspannungskreise

Die maximale Vergleichsspannung verläuft unter dem Winkel $\varphi_{v,max} = 45° + 6,1° = 51,1°$ zur Wellenachse und beträgt:

$$\sigma_v = \sqrt{2950^2 + 3 \cdot 4692^2} = 8645 \frac{N}{cm^2} \; .$$

# 6 DMS-Aufnehmer

## 6.1 Übersicht

In Abgrenzung zu der im nächsten Kapitel behandelten Direktapplikation sind DMS-Aufnehmer dadurch gekennzeichnet, daß die Gestaltung des Meßkörpers im wesentlichen nur auf die eigentliche Meßaufgabe abgestimmt ist und daß der Einbau in die jeweilige Meßposition über definierte mechanische Schnittstellen erfolgt. Diese Eigenschaft macht den DMS-Aufnehmer zu einem universell einsetzbaren Sensor mit allen damit verbundenen Vorteilen der Standardisierung:

- kostengünstige Produktion durch Serienfertigung,

- konstante Qualität vor allem bezüglich Genauigkeit,

- Möglichkeit einer generellen Eichzulassung,

- Lagerhaltung mit kurzfristigen Abruf vom Kunden (Just in time),

- Verkauf über Datenblätter mit geringem Beratungsaufwand,

- übersichtliche Ersatzteilhaltung,

- leichter Austausch im Schadensfall,

- eventuell erforderliche spätere Änderung des Meßbereichs einfach durch Austausch des Aufnehmers möglich.

Die mit obiger Charakterisierung einhergehende Forderung, daß die mechanische Struktur des Meßobjekts an der Meßstelle in den meisten Fällen aufgetrennt werden muß (Ausnahme Beschleunigungs- und Schwingungsaufnehmer), ist im allgemeinen problemlos zu erfüllen und dann nicht nachteilig. Die gleiche Argumentation gilt übrigens auch für die bei dynamischen Messungen zum DMS-Aufnehmer in einer gewissen Konkurenzsituation stehenden Piezoaufnehmer, die allerdings temperaturempfindlicher sind.

DMS-Aufnehmer lassen sich nach zwei verschiedenen Gesichtspunkten einteilen:

Vom Anwenderstandpunkt aus unterscheidet man die Aufnehmer ausschließlich nach ihrer **Funktion,** d.h. nach der zu messenden physikalischen Größe. Prinzipiell lassen sich alle physikalischen Größen messen, die direkt oder indirekt Kraftänderungen verursachen, die mit der zu messenden Größe in bevorzugt linearen, aber zumindest reproduzierbaren Zusammenhang stehen. Das sind damit natürlich die Kraft selbst, das Gewicht eines Körpers, Biege- und Drehmomente, die Beschleunigung (und damit auch Geschwindigkeits- und Positionsänderungen) und der hydrostatische und pneumatische Druck. Entsprechend seiner Meßaufgabe bezeichnen wir den Aufnehmer dann beispielsweise als **Kraftaufnehmer, Wägezelle, Biegemomentaufnehmer, Torsionsaufnehmer, Beschleunigungsaufnehmer, Schwingungsaufnehmer oder Druckaufnehmer.**

Für den Hersteller kommt neben der eigentlichen Meßaufgabe noch ein weiteres Unterscheidungskriterium hinzu.

Wie wir in Kap. 3.2 gesehen haben, gibt es genau vier verschiedene **Beanspruchungsarten**, die einen Spannungszustand und damit über das Hooksche Gesetz eine Dehnung im Meßkörper verursachen: die **Normalspannungen** verursachenden Belastungen Zug/Druck und Biegung und die **Schubspannungen** verursachenden Belastungen Torsion und Schub. Die gewählte Belastungsart bestimmt ganz entscheidend die Form des Meßkörpers und die Plazierung der DMS, und so unterscheidet der Hersteller zwischen **Normalkraftaufnehmern, Biegestabaufnehmern, Torsionsstabaufnehmern und Schubaufnehmern**.

Theoretisch läßt sich jede der oben genannten Meßaufgaben mit jeder Beanspruchungsart lösen, in der Praxis sind aber Kriterien zu berücksichtigen, die die Kombinationsmöglichkeiten stark einschränken. Betrachten wir beispielsweise die Gewichtsmessung, so ist für große Gewichtskräfte aus Kostengründen die Verwendung von Normalkraftaufnehmern naheliegend. Mit kleiner werdendem Wägebereich wird ab etwa unterhalb 1000 kg der für ein brauchbares Meßsignal erforderliche Meßquerschnitt zu klein. Eine mögliche Lösung dieses Problems besteht im Einsatz des als Kragarm geformten Biegebalkens, dessen Querschnitt über Vergrößerung seiner Länge auch für kleine Kräfte nun wieder praktisch beliebig groß gewählt werden kann. Die Messung der Gewichtskraft über das Biegemoment hat allerdings zur Folge, daß das Ausgangssignal neben dem Gewicht auch noch von der Position der Krafteinleitung auf dem Balken abhängt. Wenn diese nicht durch konstruktive Maßnahmen konstant gehalten werden kann, dann wird auf die Messung der Scherkraft übergegangen, die ja beim Kragarm zwischen Einspannstelle und Krafteinleitung konstant ist. Die ebenfalls mögliche Gewichtsmessung über einen Torsionsstab dagegen bringt keinen Vorteil und wird für diese Anwendung ausgeschlossen.

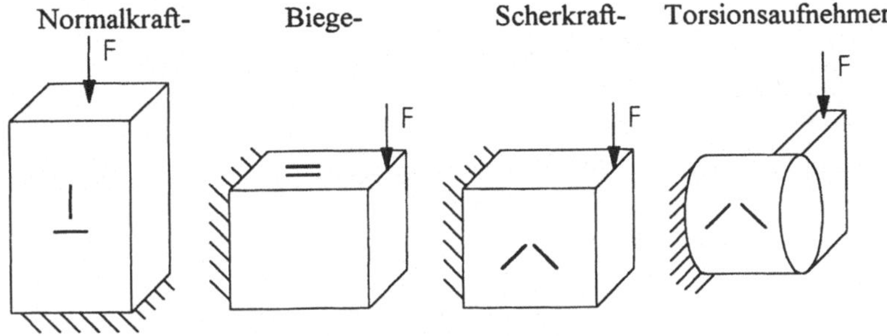


**Bild 6.1** Mögliche Belastungsarten zur Gewichtsbestimmung

Entsprechende Gesichtspunkte müssen auch bei den anderen DMS-Aufnehmern berücksichtigt werden; deshalb wollen wir vor einer detaillierten Besprechung der einzelnen Aufnehmertypen zunächst die wichtigsten Kriterien zur Auswahl der für eine bestimmte Meßaufgabe am besten geeigneten Belastungsart zusammenfassen und diskutieren.

## 6.2 Kriterien zur Meßaufnehmergestaltung

Als wichtigste Kriterien zur optimalen Gestaltung der Meßaufnehmer sind neben der eigentlichen Meßaufgabe folgende Punkte zu berücksichtigen:

a) erforderliche Genauigkeit,

b) hohe Nutzsignalempfindlichkeit,

c) geringe Störsignalempfindlichkeit,

d) genügend Überlastungssicherheit,

e) dynamisches Verhalten,

f) Drift und Langzeitstabilität,

g) Herstellkosten.

a) Die **erforderliche Genauigkeit** hat von allen genannten Kriterien den größten Einfluß auf den Preis. Die Genauigkeit eines DMS-Aufnehmers wird im allgemeinen durch seinen kombinierten Fehler beschrieben, der sich aus dem Linearitäts- und dem Hystereseanteil zusammensetzt. Bild 6.2 zeigt als Beispiel die typische Fehlercharakteristik einer DMS-Wägezelle für den eichpflichtigen Verkehr.

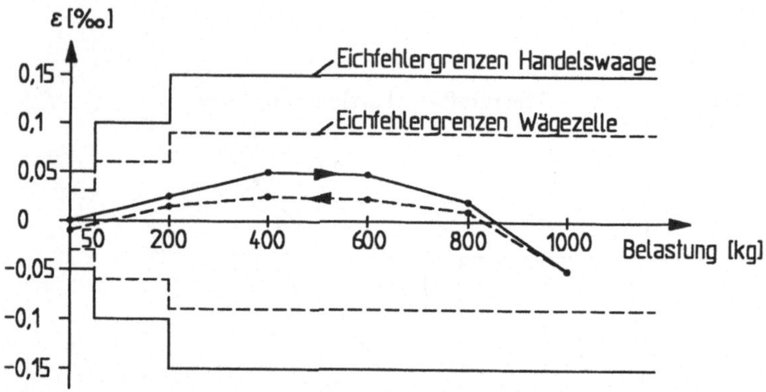


**Bild 6.2** Wägezellenfehlercharakteristik mit Eichfehlergrenzen

Für die Festlegung des maximal zulässigen Fehlers gilt der allgemeingültige Grundsatz:
*"so genau wie nötig"*.
Zur Orientierung dienen als Richtwerte für den relativen Fehler ε:

| | |
|---|---|
| Kalibriernormale: | kleiner als 0,02 % |
| Präzisionsmeßtechnik: | 0,02 − 0,2 % |
| Industrielle Meßtechnik: | 0,2 − 2 % |
| Konsumgütertechnik, Erkennungssensorik: | größer als 2 % |

Der Linearitätsfehler wird vor allem durch die Meßkörperform bestimmt, während der Hystereseanteil primär vom gewählten Federmaterial abhängt.

b) Die **Nutzsignalempfindlichkeit** ist definiert als das Verhältnis zwischen elektrischem Ausgangssignal und mechanischem Eingangssignal, also beispielsweise als $e = U_{max}/G_{max}$ bei einer Wägezelle. Sie bestimmt die erreichbare Auflösung des Meßsignals und ist damit vor allem für Aufnehmer, die auch noch im unteren Meßbereich möglichst genau messen sollen, eine wichtige Größe. Wir wollen dies an einem wichtigen Beispiel aus der industriellen Wägetechnik in der Grundstoffproduktion verdeutlichen:

Bei der Gemengebildung aus verschiedenen Rohstoffen werden in vielen Fällen Komponenten mit sehr unterschiedlichen Gewichtsanteilen zusammengemischt. Nehmen wir an, daß das Gesamtgemengegewicht $G_{max}$ = 600 kg und das Gewicht der kleinsten hinzuzufügenden Komponente $G_{min}$ = 2,5 kg beträgt und diese mit 1 % Genauigkeit dosiert werden soll. Zusammen mit der Forderung, daß die Meßsignalauflösung mindestens ein Fünftel der geforderten Genauigkeit betragen sollte, erhalten wir dann einen Teilungsschritt von 5 gr und damit bezogen auf die maximale Wiegefähigkeit eine erforderliche Teilezahl von TZ = 600000 gr/(5 gr/dig) = 120000 dig. Dies erfordert, wenn man zur Beibehaltung eines genügenden Rauschabstandes die elektrische Meßsignalauflösung auf 1 dig/$\mu$V begrenzt, ein maximales Wägezellensignal von $U_N$ = 120 mV. Dieses ist für die meisten Aufnehmertypen nicht zu erreichen; eine Ausnahme machen Wägezellen nach dem sogenannten Ringtorsionsprinzip mit einem Kennwert C von 2,85 mV/V und zulässigen Speisespannungen bis über 40 V. Im vorliegenden Fall würde die Aufgabenstellung mit einer Speisespannung von $U_S = U_N/C$ = 42 V erfüllt.

c) Die **Störsignalempfindlichkeit** $e_s$ beschreibt den verfälschenden Einfluß einer Störgröße $x_s$ auf das Meßsignal $x_a$:

$$e_s = \frac{x_{a,s}}{x_s} \; . \tag{6.1}$$

Als Störgrößen wirken vor allem die Temperatur und parasitäre Kräfte und Momente, die oft wiederum durch Temperaturspannungen verursacht werden. Als häufigste und unangenehmste Störgrößen gelten in der Wägetechnik Querkräfte, die entweder von der die Wägezelle umgebenden mechanischen Struktur oder von der zu messenden Kraft selbst in die Wägezelle eingeleitet werden.

Zur Verdeutlichung dieses Sachverhaltes berechnen wir den relativen Fehler $\varepsilon$ des Meßsignals F, der durch eine Störkraft $F_{St}$ bestimmter Größe hervorgerufen wird:

$$\varepsilon = \frac{U_{st}}{U} = \frac{e_{st}}{e} \cdot \frac{F_{st}}{F} \; . \tag{6.2}$$

Als Beispiel wählen wir einen Normalkraftaufnehmer nach Kap. 6.3.1, der in Halbbrückenschaltung appliziert ist, und berechnen den Einfluß der Querkräfte in y- und in z-Richtung. Für einen prismatischen Körper mit den Abmessungen a · a und dem Abstand l zwischen DMS und Krafteinleitung ergeben sich dann folgende Empfindlichkeiten:

Die Meßgröße F besitzt die Empfindlichkeit:

$$e = \frac{U_S \cdot k \cdot \varepsilon \cdot (1+\mu)}{4 \cdot F} = \frac{U_S \cdot k \cdot (1+\mu)}{4 \cdot A \cdot E} \; .$$

Die Querkraft $F_y$ wirkt als Störgröße erster Ordnung:

$$e_{st}(F_y) = \frac{U_s \cdot k \cdot \varepsilon_{st} \cdot (1+\mu)}{4 \cdot F_y} = \frac{U_s \cdot k \cdot l \cdot (1+\mu)}{4 \cdot W \cdot E} .$$

Die Querkraft $F_z$ wirkt bei einer um $\Delta z$ zur neutralen Faser verschobenen DMS-Applikation als Störgröße zweiter Ordnung:

$$e_{st}(F_z) = \frac{U_s \cdot k \cdot \varepsilon_{st} \cdot (1+\mu)}{4 \cdot F_z} = \frac{U_s \cdot k \cdot l \cdot \Delta z \cdot (1+\mu)}{4 \cdot I \cdot E} .$$

Durch Einsetzen obiger Funktionen in Gleichung 6.2 erhalten wir dann folgende relative Fehler:

$$\varepsilon(F_y) = \frac{6 \cdot l \cdot F_y}{a \cdot F} \quad \text{und} \quad \varepsilon(F_z) = \frac{12 \cdot l \cdot \Delta z \cdot F_z}{a^2 \cdot F} .$$

Für eine überschlägige Größenabschätzung nehmen wir jeweils eine Querkraft von 5% der Meßkraft an und erhalten beispielweise für $a = l = 30\text{mm}$ und $\Delta z = 1\text{mm}$ für die Störgröße erster Ordnung $\varepsilon(F_y) = 30\%$ und für die Störgröße zweiter Ordnung $\varepsilon(F_z) = 2\%$.

Vor allem der erste Fehler ist natürlich für eine vernünftige Messung viel zu groß, deshalb wird man im vorliegenden Fall immer in Vollbrückenschaltung applizieren. Der Einfluß der verbleibenden Störgrößenanteile kann entweder nach der konventionellen Methode durch konstruktive Maßnahmen in Form spezieller Lasteinleitungslager unter das zulässige Maß gedrückt oder mit "intelligenten" Aufnehmern (smart sensors) durch getrennte Erfassung der Störgrößen rechnerisch korrigiert werden.

d) Die Forderung nach einer hohen **Überlastungssicherheit** richtet sich vor allem nach der Meßgröße. Sie ist im allgemeinen um so wichtiger, je kleiner die Meßgröße ist, z.B. ist eine Bandwaage mit 5 kg Wägefähigkeit durch unbeabsichtigte Überlastung viel leichter zu beschädigen als eine Straßenfahrzeugwaage mit 60 to Tragfähigkeit. Wir unterteilen den Bereich oberhalb des Nennwertes zweckmäßigerweise in den Überlastungs- und den Zerstörungsbereich. Im Überlastbereich kann z.B. durch Ansprechen einer mechanischen Überlastsicherung eine merkliche Änderung der Nutzsignalempfindlichkeit auftreten, die jedoch nach Rücknahme der Überlast wieder auf ihren alten Wert zurückgeht, d.h. der Aufnehmer behält seine meßtechnischen Eigenschaften und muß nicht neu kalibriert werden. Bei weiterer Erhöhung der Meßgröße bis in den Zerstörungsbereich wird der Aufnehmer zunächst plastisch verformt; er ändert dadurch bleibend seine Empfindlichkeit, kann aber eventuell nach einer anschließenden Neukalibrierung weiterverwendet werden. Eine weitere Vergrößerung der Belastung führt dann zu einer irreversiblen Zerstörung des Aufnehmers durch Bruch. Bild 6.3 zeigt die Verformung eines überlastgeschützten Meßkörpers als Funktion der verschiedenen Belastungsstufen. Im Idealfall würde die weitere Verformung nach Ansprechen der Überlastsicherung zu Null werden, dies wäre allerdings nur mit einer unendlich großen Steifigkeit des Anschlagkörpers zu erreichen. In der Praxis wird damit die Größe des zulässigen Überlastbereichs durch das Verhältnis der Federsteifigkeiten von Anschlag und Verformungskörper bestimmt.

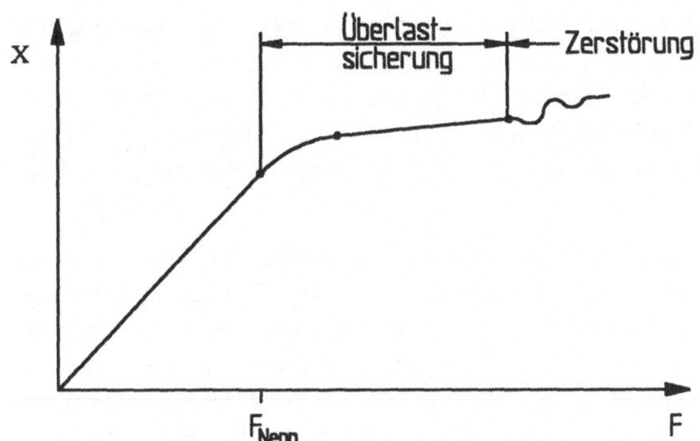


**Bild 6.3** Verformungsverhalten einer Wägezelle mit Überlastsicherung

e) Bei der Beurteilung des **"Dynamischen Verhaltens"** eines Meßaufnehmers ist zu unterscheiden zwischen dem dynamischen Meßverhalten, gekennzeichnet durch die in Kap.10.2 definierte dynamische Verstärkung, und der Dauerfestigkeit des Aufnehmers. Letztere ist besonders im Prüfmaschinenbereich wichtig, während sie z.B. in der normalen Wägetechnik keine Rolle spielt. Für einen dauerfesten Aufnehmer ist vor allem auf die Vermeidung von Kerben zu achten, was im Einzelfall zu notwendigen Kompromissen bezüglich der Entkopplung von Störgrößen führen kann. Bei der Auslegung von Aufnehmern bezüglich des dynamischen Meßverhaltens ist zwischen kraftmessenden (Wägezelle, Drehmomentaufnehmer) und wegmessenden Aufnehmern (Absolutschwingwegaufnehmer) zu unterscheiden. Kraftmessende Aufnehmer sind zur Erzielung einer hohen Eigenfrequenz möglichst steif und leicht auszuführen, während wegmessende Aufnehmer ihrer Verformung möglichst wenig Widerstand entgegensetzen sollten, um die Rückwirkung gering zu halten und bei den grundsätzlich überkritisch arbeitenden Absolutschwingwegmessern die Eigenfrequenz möglichst tief zu legen.

f) Das zeitliche Verhalten des Aufnehmers wird durch die Begriffe **Drift und Langzeitstabilität** beschrieben.

Die Drift des Aufnehmers kennzeichnet die Änderung des Ausgangssignals nach einem Belastungssprung. Für diese zeitliche Meßsignaländerung gibt es zwei in ihrer physikalischen Entstehung total verschiedene Ursachen. Der erstere als adiabatischer Effekt bezeichnete Einfluß beruht auf dem mit einer Spannungsänderung im Meßkörpermaterial verbundenen Temperatureffekt; er läßt sich durch eine gute Wärmeleitung verringern und spielt eigentlich nur bei ausgesprochenen Präzisionsaufnehmern eine Rolle. Die zweite Ursache ist das Relaxationskriechen im Meßkörpermaterial und im DMS-Kleber. Wie in Kap. 4.5 gezeigt wird, läßt sich das Kriechen zumindest teilweise durch gezielte Maßnahmen reduzieren. Kriechen und adiabatischen Effekt gemeinsam ist das relativ schnelle Abklingen in Form einer e-Funktion.

Die Langzeitstabilität ist immer dann wichtig, wenn das Nullsignal zwischen den einzelnen Messungen über einen längeren Zeitraum nicht kontrolliert werden kann, wie dies beispielsweise bei den meisten kontinuierlichen Meßverfahren, aber auch bei der in Kap. 1.3.2 beschriebenen Tankwägeaufgabe der Fall ist.

Häufigste Ursache für eine Langzeitdrift sind Temperaturschwankungen und bei ungenügend geschützten DMS-Meßstellen auch der Feuchteeinfluß auf den Isolationswiderstand. Bei DMS-Aufnehmern, die für Kalibrierzwecke eingesetzt werden (z.B. sogenannte Meisterwägezellen), ist die Stabilität der Meßempfindlichkeit über einen Zeitraum von mehreren Jahren gefordert, hier ist auf eine besonders sorgfältige Alterungsbehandlung der Klebestelle zu achten.

g) Die **Herstellkosten** für einen DMS-Aufnehmer werden zum überwiegenden Teil durch die Meßkörperform bestimmt. Zu achten ist auf eine einfache mechanische Fertigung mit möglichst wenig verschiedenen Bearbeitungsverfahren (bevorzugt Drehen) und auf eine montagefreundliche Bauweise, besonders in Hinblick auf die DMS-Applikation, die anschließenden Abgleicharbeiten und die Versiegelung. Wir wollen nun zunächst entsprechend der eingangs des Kapitels genannten herstellerspezifischen Unterscheidung die Aufnehmer bezüglich ihrer vier Beanspruchungsarten behandeln. Ausgangspunkt für die Berechnung des Ausgangssignals ist in allen Fällen die in Kap. 4.2 abgeleitete DMS-Brückengleichung (4.3), in der wir die Summe der Einzeldehnungen zu einer Gesamtausgangsdehnung zusammenfassen:

$$U = U_s \cdot k \cdot \frac{\varepsilon_a}{4} \quad \text{mit} \quad \varepsilon_a = \varepsilon_1 - \varepsilon_2 + \varepsilon_3 - \varepsilon_4 \tag{6.3}$$

Generell gilt, daß Halb- und Vollbrückenschaltungen weitgehend temperaturkompensiert sind. Welche Brückenschaltungen auch die eventuell vorhandenen parasitären Kräfte und Momente kompensieren, muß für jeden Belastungsfall einzeln untersucht werden. Dazu gehen wir entsprechend Bild 6.4 von einem einseitig eingespannten prismatischen Körper aus, an dessen freiem Ende drei Kräfte und Momente angreifen können, von denen jeweils eine Komponente als Meßgröße angesehen wird und die anderen als mögliche Störgrößen betrachtet werden.

Zur besseren Übersicht unterscheiden wir zwischen parasitären Komponenten bzw. Störgrößen erster und zweiter Ordnung. Während Störgrößen erster Ordnung auch bei idealer Plazierung auf dem Meßkörper einen Beitrag zur Brückenausgangsspannung leisten, haben Störgrößen zweiter Ordnung, wenn der DMS exakt in der neutralen Faser (Biegeeinfluß) und z.B. beim Normalkraftaufnehmer parallel zur Normalspannung liegt (Torsionseinfluß), keinen Einfluß auf das Meßergebnis.

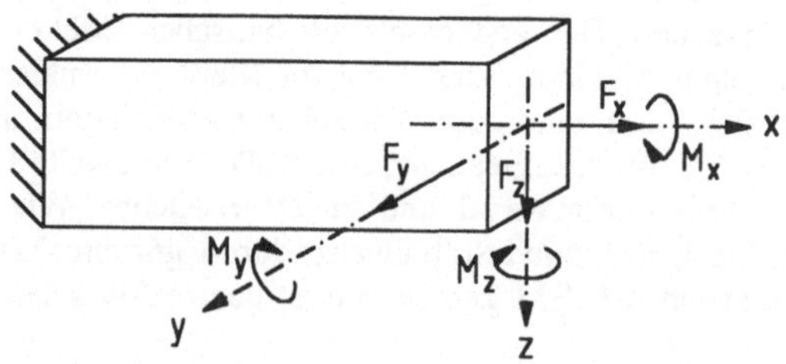


**Bild 6.4** Definition des Kraft- und Momentenkoordinatensystems

## 6.3 DMS-Aufnehmer Prinzipien

### 6.3.1 Normalkraft-Aufnehmer

Dieser Aufnehmertyp wird vor allem bei der Messung großer Kräfte gewählt.

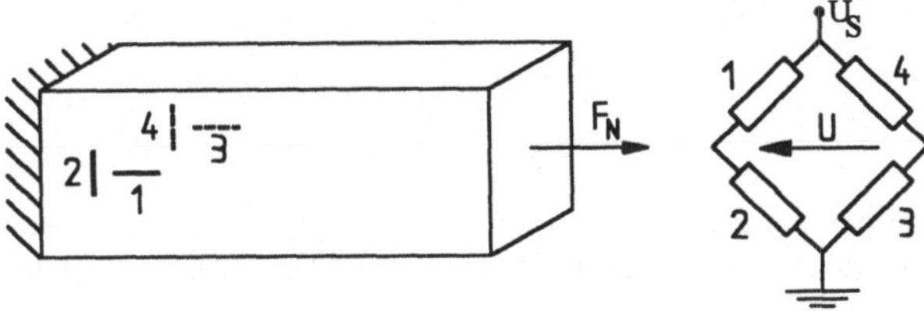

**Bild 6.5** Normalkraftaufnehmer

In der **Viertelbrückenschaltung** wird der DMS 1 zur Erzielung der größten Empfindlichkeit in Längsrichtung appliziert, und die restlichen drei Brückenwiderstände sind passiv. Die in Gleichung 6.3 einzusetzende Ausgangsdehnung beträgt:

$$\varepsilon_a(F_n) = \varepsilon_1 = \frac{\sigma_n}{E} = \frac{F_N}{A \cdot E} \ . \tag{6.4a}$$

Darüber hinaus verursachen die Komponenten $F_y$ und $M_z$ in der applizierten Position eine Längsdehnung und gehen damit als Störgrößen erster Ordnung in das Ergebnis ein:

$$\varepsilon_a(F_y) = \frac{F_y \cdot l}{W_{b,z} \cdot E}$$

$$\varepsilon_a(M_z) = \frac{M_z}{W_{b,z} \cdot E} \ .$$

Die restlichen Komponenten $F_z$, $M_x$ und $M_y$ tragen als Störgrößen zweiter Ordnung bei idealer DMS-Plazierung keinen eigenen Beitrag zur Dehnung bei.

In der **Halbbrückenschaltung** bleibt der DMS 1 in der vorherigen Position, und der DMS 2 muß zur Erzielung eines Gegentaktsignals quer zur Längsdehnung appliziert werden: $\varepsilon_q = -\mu \cdot \varepsilon$. Damit erhalten wir als Ausgangsdehnung einen gegenüber der Viertelbrücke um den Faktor $(1+\mu)$ vergrößerten Wert:

$$\varepsilon_a(F_n) = \varepsilon_1 - \varepsilon_2 = \frac{(1+\mu) \cdot F_n}{A \cdot E} \ . \tag{6.4b}$$

Wie eine einfache Überlegung zeigt, vergrößert sich allerdings auch der Störsignaleinfluß der Komponenten $F_y$ und $M_z$ um den gleichen Faktor, während die restlichen Komponenten weiterhin keinen Einfluß auf das Meßsignal haben.

In der **Zweiviertelbrückenschaltung** werden zwei parallel zueinander orientierte DMS in Längsrichtung appliziert: DMS 1 und DMS 3. Die gegenüberliegende Positionierung ergibt sich aus der Forderung, nun auch die parasitären Komponenten erster Ordnung $F_y$ und $M_z$ als Gleichtaktsignale kompensieren zu können. So wird beispielsweise eine Änderung der Kraft $F_y$ im DMS 1 eine betragsmäßig gleichgroße, aber entgegengesetzt gerichtete Dehnung wie im DMS 3 bewirken, mit der Konsequenz, daß sich beide Effekte über die Summenbildung der Dehnungen herausheben. Die Ausgangsdehnung verdoppelt sich gegenüber der Viertelbrückenschaltung:

$$\varepsilon_a\left(F_n\right) = \varepsilon_1 + \varepsilon_3 = \frac{2 \cdot F_n}{A \cdot E} \; . \tag{6.4c}$$

Die Zweiviertelbrücke hat also gegenüber der Halbbrücke den Vorteil, daß alle mechanischen Störgrößen in erster Näherung kompensiert sind, allerdings ist sie im Gegensatz zur Halbbrücke nicht temperaturkompensiert.

In der **Vollbrückenschaltung** sind alle vier Brückenwiderstände aktiv: DMS 1, DMS 2, DMS 3, und DMS 4. Da sowohl alle mechanischen Störgrößen als auch die Temperatur kompensiert werden, ist diese Schaltungsart für Präzisionskraftaufnehmer zu bevorzugen. Als weiteren Vorteil erhalten wir ein gegenüber der Halbbrücke um den Faktor zwei vergrößertes Ausgangssignal:

$$\varepsilon_a\left(F_n\right) = \varepsilon_1 - \varepsilon_2 + \varepsilon_3 + \varepsilon_4 = \frac{2 \cdot \left(1 + \mu\right) \cdot F_n}{A \cdot E} \; . \tag{6.4d}$$

Zusammenfassend läßt sich sagen, daß die Einviertel- und die Halbbrücke bevorzugt zur Messung der örtlichen Spannung eingesetzt wird, und die Zweiviertel- und Vollbrücke auf die reine Kraftmessung beschränkt ist. Während bei Kurzzeitmessungen die Temperaturdrift der Einviertel- und Zweiviertelbrücke eventuell vernachlässigt werden kann, sollten bei Messungen über einen längeren Zeitraum die beiden Ersatzwiderstände zur Temperaturkompensation durch nichtaktive DMS ersetzt werden.

Weiterhin ist darauf zu achten, däß die DMS in der neutralen Faser und möglichst exakt parallel zur Normalspannungsrichtung plaziert werden. Bei Kraftaufnehmern wird damit sichergestellt, daß die parasitären Komponenten auch als Störgröße zweiter Ordnung möglichst wenig Einfluß haben. Für die Bestimmung des Nutzsignals allein wäre diese Maßnahme nicht erforderlich, da Kraftaufnehmer nach der Applizierung sowieso kalibriert werden. Bei der örtlichen Spannungsmessung allerdings geht eine Abweichung der DMS-Richtung von der ersten Hauptspannungsrichtung in das Ergebnis als Fehler ein, wie wir nun am Beispiel der Halbbrückenschaltung mit Hilfe des Mohrschen Dehnungskreises für den eindimensionalen Spannungszustand ableiten wollen:

Aus dem in Bild 6.6 dargestellten geometrischen Zusammenhang erhalten wir für einen um den Winkel $\varphi$ schief zur ersten Hauptrichtung applizierten DMS als Abweichung gegenüber der ersten Hauptdehnung:

$$\Delta\varepsilon_1 = \left(\varepsilon_1 - \varepsilon_2\right) \cdot \left(\cos^2 \varphi - 1\right) \quad \text{bzw. mit } \varepsilon_2 = -\mu \cdot \varepsilon_1$$

$$\frac{\Delta\varepsilon_1}{\varepsilon_1} = \left(1 + \mu\right) \cdot \left(\cos^2 \varphi - 1\right) \; .$$

Dies ergibt beispielsweise bei einem um den Winkel $\varphi = 5°$ schief zur ersten Hautrichtung applizierten DMS für die Dehnung und damit auch für die sich daraus errechnende Spannung einen relativen Fehler von ca. 1% (mit $\mu = 0,3$).

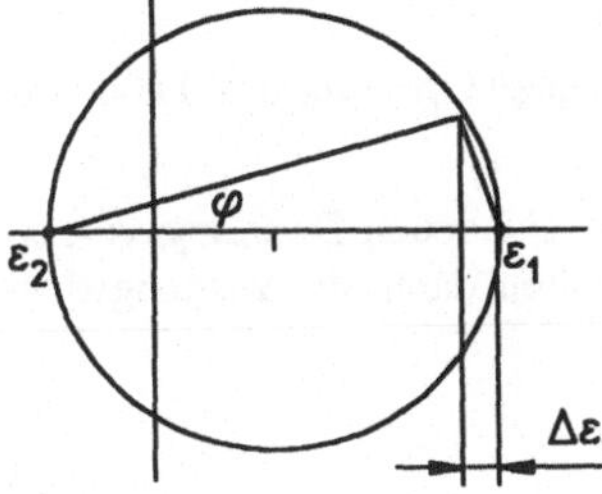


**Bild 6.6**
Fehler eines schief applizierten DMS

### 6.3.2 Biegemoment-Aufnehmer

Zur Diskussion der verschiedenen Brückenschaltungen definieren wir in Bild 6.4 das Moment $M_y$ zur Meßgröße $M_b$, während alle anderen Komponenten wieder als parasitäre Störgrößen betrachtet werden.

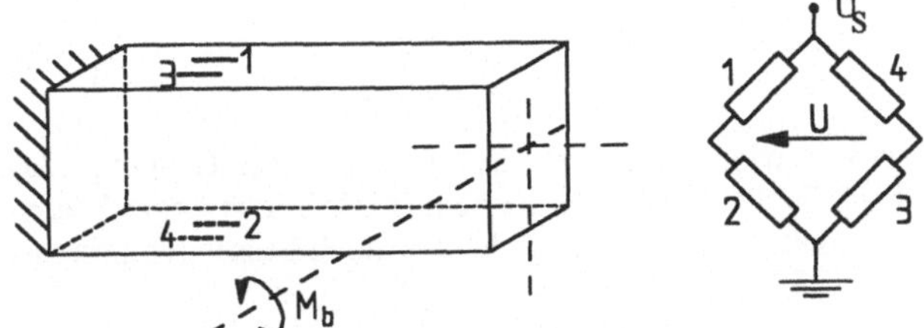


**Bild 6.7** Biegemomentaufnehmer

Die maximalen Biegespannungen und damit auch Dehnungen treten auf der Ober- und der Unterseite auf; sie haben unterschiedliche Vorzeichen und sind bei Verwendung eines symmetrischen Querschnitts betragsgleich:

$$\varepsilon_{b,o} = -\varepsilon_{b,u} = \varepsilon_b = \frac{\sigma_b}{E} \quad \text{mit} \quad \sigma_b = \frac{M_b}{W_{b,y}} \, .$$

Für die **Viertelbrückenschaltung** applizieren wir DMS 1 in Richtung der ersten Hauptachse auf die Oberseite. Die Ausgangsdehnung beträgt:

$$\varepsilon_a(M_b) = \varepsilon_b = \frac{M_b}{W_{b,y} \cdot E} \, . \tag{6.5a}$$

Die Komponenten $F_z$ und $F_x$ bewirken am DMS 1 ebenfalls eine Dehnungsänderung und gelten damit als Störgrößen erster Ordnung:

$$\varepsilon_a(F_z) = \frac{F_z \cdot 1}{W_{b,y} \cdot E} \quad \text{und} \quad \varepsilon_a(F_x) = \frac{F_x}{A} \; .$$

Die restlichen Komponenten $F_y$, $M_x$ und $M_z$ sind Störgrößen zweiter Ordnung und haben bei korrekter DMS-Applizierung theoretisch keinen Einfluß.

Für die **Halbbrückenschaltung** nutzen wir die Tatsache der verschiedenen Dehnungsvorzeichen auf Ober- und Unterseite (DMS 1 und DMS 2a) und erhalten dann als Ausgangsdehnung:

$$\varepsilon_a(M_b) = \varepsilon_1 - \varepsilon_2 = 2 \cdot \varepsilon_a = 2 \cdot \frac{M_b}{W_{b,y} \cdot E} \; . \tag{6.5b}$$

Im Gegensatz zur Viertelbrücke ist die $F_x$-Komponente kompensiert, und als Störgröße erster Ordnung bleibt nur noch $F_z$.

In dem Fall, daß die Unterseite des Biegestabes nicht zugänglich ist (z.B. bei der Direktapplikation in vorhandene Tragestrukturen oder aus Kostengründen bei der Dünnfilmtechnik), wird der zweite DMS wie beim Normalkraftaufnehmer ebenfalls auf die Oberseite, aber senkrecht zur ersten Hauptdehnungsrichtung appliziert (DMS 1 und DMS 2b). Dann ist die Ausgangsdehnung allerdings etwas reduziert:

$$\varepsilon_a(M_b) = (1+\mu) \cdot \varepsilon_b \tag{6.5c}$$

und die Komponenten $F_x$ und $F_z$ wirken wieder beide als Störgrößen erster Ordnung. Als teilweise kompensierender Vorteil dient die Tatsache, daß die beiden DMS jetzt enger beieinander liegen und damit bezüglich eventueller Temperaturgradienten noch besser temperaturkompensiert sind.

Bei der **Zweiviertelbrücke** (DMS 1 und DMS 3) erhalten wir die gleiche Ausgangsdehnung wie bei der Halbbrücke; als Störgrößen erster Ordnung wirken wie bei der Viertelbrücke die Komponenten $F_x$ und $F_z$ und weiterhin natürlich die Temperatur.

In der Vollbrückenschaltung (DMS 1 bis DMS 4) sind in erster Näherung alle Störgrößen optimal kompensiert, und wir erhalten im Vergleich zur Viertelbrücke das vierfache Ausgangssignal:

$$\varepsilon_a(M_b) = 4 \cdot \varepsilon_b = 4 \cdot \frac{M_b}{W_{b,y} \cdot E} \; . \tag{6.5d}$$

Wie im Fall der Halbbrückenschaltung auch lassen sich mit den genannten Nachteilen erforderlichenfalls wieder alle vier DMS auf der Oberseite zu einer Vollbrücke plazieren.
Bei der Applizierung ist darauf zu achten, daß die DMS 1 und 3 im gleichen Abstand zur neutralen Faser anzuordnen sind, da sich nur dann die Einflüsse der eventuell vorhandenen parasitären Komponenten $F_y$ und $M_z$ kompensieren.

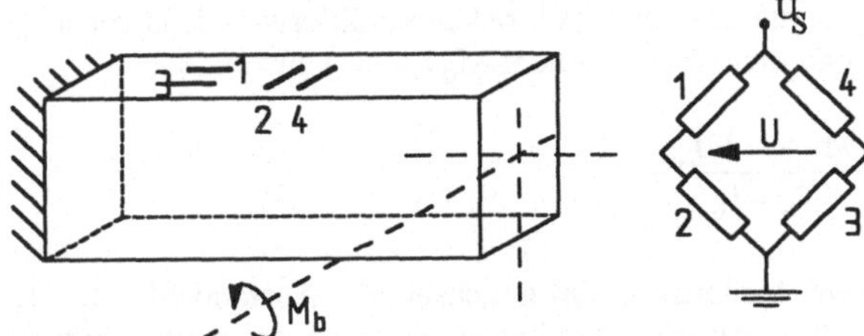

**Bild 6.8** Biegeaufnehmer mit einseitiger Vollbrückenapplizierung

Als weiterer Sonderfall können in der Praxis auch unsymmetrische Profile vorkommen (Schienenprofil), für die die Biegedehnungen in Zug- und Druckzone verschiedene Beträge annehmen. In diesem Fall bleiben alle Kompensationsmechanismen wie besprochen erhalten, aber für die Berechnung der Ausgangsdehnung müssen zunächst die beiden Biegedehnungen aus dem Abstand der Applikationsstelle zur neutralen Faser bestimmt werden:

$$\varepsilon_{b,o} = \frac{\sigma_{b,o}}{E} = \frac{M_b \cdot e_o}{I_b}$$

$$\varepsilon_{b,u} = \frac{\sigma_{b,u}}{E} = \frac{M_b \cdot e_u}{I_b}$$

(6.6)

mit $I_b$ als dem Trägheitsmoment gegen Biegung und $e_o$ und $e_u$ als Abstand des oberen bzw. unteren DMS zur neutralen Faser.

Wird der Biegebalken als Kragarm ausgebildet, kann er auch zur Kraftmessung bzw. als Wägezelle eingesetzt werden: Bild 6.9.
Dies ist insbesondere bei relativ kleinen Kräften unterhalb 10 kN vorteilhaft, weil in diesem Bereich beim Normalkraftaufnehmer der zur Erzielung eines genügend großen Meßsignals erforderliche Meßquerschnitt zu klein wird.
Mit einem Biegestab können über Vergrößerung der Länge praktisch beliebig kleine Meßkräfte realisiert werden, allerdings darf sich der Krafteinleitungspunkt zwischen Kalibrier- und Meßsituation nicht verändern; beispielsweise bewirkt eine Verschiebung der Krafteinleitung um 1 mm bei 50 mm Abstand zwischen Kraft und DMS einen relativen Meßfehler von 2%.

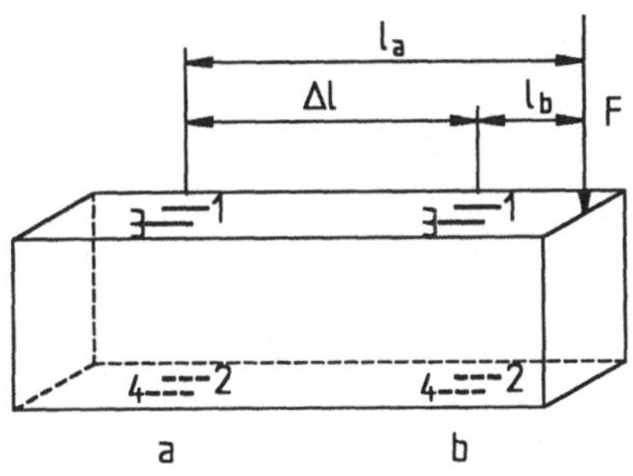

**Bild 6.9**
Biege-Kraftaufnehmer

Der Fehler läßt sich vermeiden, wenn wir die aus der Statik bekannte differentielle Beziehung zwischen der Querkraft $F_Q$ (konstant) und dem Biegemoment $M_b$ (linear) anwenden:

$$\text{Aus}\quad F_Q = \frac{dM_b}{dx}\quad \text{folgt:}\quad F = \frac{M_{b,a} - M_{b,b}}{l_a - l_b}\ .$$

Applizieren wir somit beispielsweise zwei Vollbrücken im gegenseitigen Abstand $\Delta l = l_a - l_b$ auf dem Kragarm und bilden die Differenz zwischen beiden elektrischen Ausgangssignalen, dann ist das Differenzsignal unabhängig vom Abstand der Krafteinleitung:

$$\Delta U = U_a - U_b = \frac{U_s \cdot k \cdot \left(\varepsilon_{a,a} - \varepsilon_{a,b}\right)}{4} = U_s \cdot k \cdot \left(\varepsilon_{b,a} - \varepsilon_{b,b}\right)$$

$$\text{bzw. mit:}\quad \varepsilon_b = \frac{\sigma}{W_b} = \frac{M_b}{E \cdot W_b}\quad \text{und}\quad \Delta M_b = F \cdot \Delta l:$$

$$\Delta U = \frac{U_s \cdot k \cdot \Delta l}{E \cdot W_b} \cdot F\ . \tag{6.7}$$

Die Differenzbildung kann z.B über einen Differenzverstärker oder direkt durch Antiparallel-schalten der beiden Vollbrücken (Kap. 4.6) erfolgen. Im Regelfall sind jedoch für präzise Kraftmessungen Schubkraftaufnehmer vorzuziehen (Kap. 6.3.4).


### 6.3.3 Torsionsmoment-Aufnehmer

Als Meßkörper dient bei der Torsionsmomentmessung im allgemeinen ein rotationssymmetrischer Querschnitt; eine typische Meßaufgabe besteht zum Beispiel in der Ermittlung des über eine Welle übertragenen Antriebsmomentes, aus dem dann weiterhin bei zusätzlicher Messung der Drehzahl auch die abgegebene Leistung berechnet werden kann.

Das Torsionsmoment $M_t$ bewirkt im senkrechten Wellenquerschnitt primär eine Schubspannung, die außen ihren größten Wert annimmt (Kap. 3.2). Da die durch Schubspannungen hervorgerufenen Gleitungen mit DMS nicht gemessen werden können, werden zur DMS-Applikation die beiden Hauptdehnungen des durch die Torsion hervorgerufenen zweiachsigen Spannungszustandes benutzt.

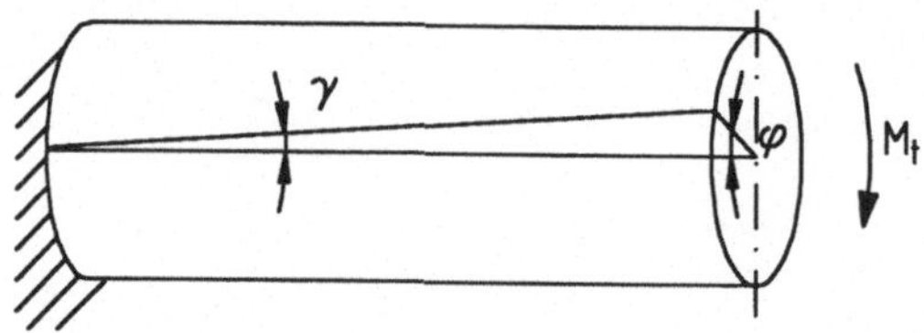


**Bild 6.10:** Verformung des Torsionsstabes


Zur besseren Übersicht sind in Bild 6.11 der zugehörige Mohrsche Spannungs- und Dehnungskreis dargestellt.

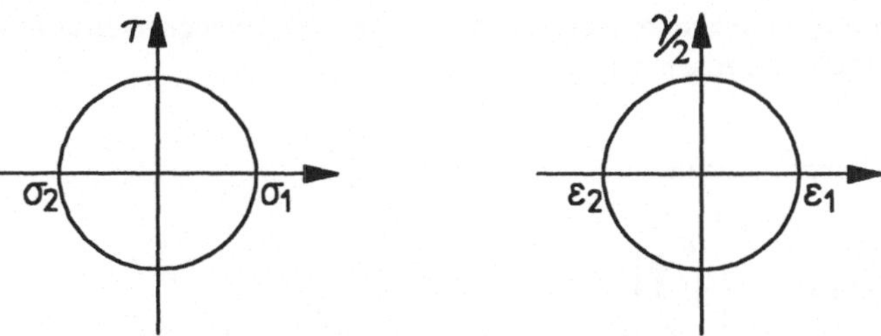

**Bild 6.11** Mohrscher Spannungs- und Dehnungskreis für den zweidimensionalen Belastungszustand eines Torsionsstabes

Die Hauptdehnungen und -spannungen liegen unter 45° zum senkrechten Querschnitt und sind bei verschiedenen Vorzeichen betragsgleich:

$$\varepsilon_2 = -\varepsilon_1 \qquad \text{und} \qquad \sigma_2 = -\sigma_1 .$$

Weiterhin lesen wir ab, daß die maximale Schubspannung ebenfalls betragsgleich zur ersten und zweiten Hauptdehnung ist:

$$\tau = \sigma_1 = -\sigma_2 .$$

Damit ist der gesuchte Zusammenhang zwischen der Meßgröße $M_t$ und den gemessenen Dehnungen $\varepsilon_1 = \varepsilon_{45°}$ und $\varepsilon_2 = -\varepsilon_{45°}$ ableitbar, mit (3.14b) folgt:

$$\tau = \sigma_1 = \frac{E}{1-\mu^2} \cdot (\varepsilon_1 + \mu \cdot \varepsilon_2) = \frac{E}{1-\mu^2} \cdot \varepsilon_{45°} \cdot (1-\mu) \tag{6.8}$$

und wir erhalten:

$$M_t = \tau \cdot W_t \quad \text{mit} \quad \tau = \frac{E}{1+\mu} \cdot \varepsilon_{45°} . \tag{6.9}$$

Weiterhin läßt sich aus Bild 6.10 die Umrechnung zwischen Elastizitäts- und Gleitmodul ableiten:

Aus $\quad \tau = G \cdot \gamma = G \cdot 2 \cdot \varepsilon_{45°} = \dfrac{G \cdot 2 \cdot (1+\mu) \cdot \tau}{E} \quad$ folgt

$$G = \frac{E}{2 \cdot (1+\mu)} . \tag{6.10}$$

Aus dem Gleitwinkel $\gamma = 2 \cdot \varepsilon_{45°}$ erhalten wir auch den Verdrehwinkel der tordierten Welle:

$$\varphi = \frac{\gamma \cdot l}{r} = \frac{2 \cdot \varepsilon_{45°} \cdot l}{r} . \tag{6.11}$$

Nach diesen theoretischen Vorüberlegungen können wir nun zu den verschiedenen Brückenschaltungen übergehen, die in Bild 6.12 zusammengefaßt sind.

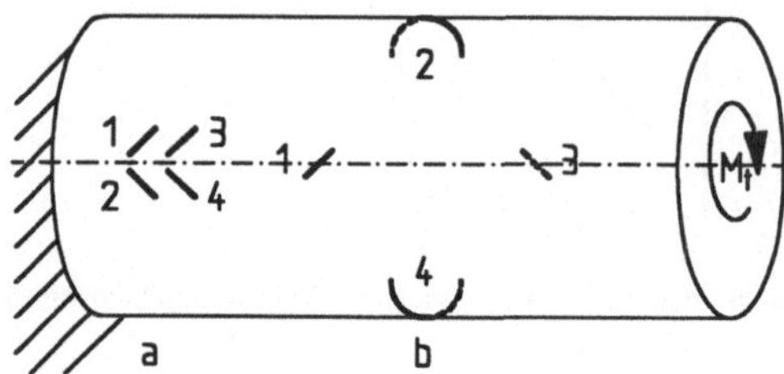

**Bild 6.12** Torsionsmomentaufnehmer

Wir beginnen mit der **Viertelbrückenschaltung**, indem wir DMS 1 in Richtung der ersten
Hauptachse applizieren, und erhalten als Ausgangsdehnung:

$$\varepsilon_a(M_t) = \varepsilon_1 = \varepsilon_{45°} \; . \tag{6.12a}$$

Als Störgrößen erster Ordnung wirken jetzt gleich vier Komponenten ($F_x$, $F_y$, $F_z$ und $M_z$); die
Viertelbrückenschaltung eignet sich also nur zur Messung der örtlichen Spannung und ist für
Aufnehmerzwecke unbrauchbar.

Die **Halbbrückenschaltung** läßt sich am einfachsten mit einer X-Rosette herstellen: DMS 1
und DMS 2a; eine andere Möglichkeit besteht in einer um 90° zueinander versetzten Applizierung: DSM 1 und DSM 2b, wobei der zweite DMS immer eine andere Hauptrichtung als der
erste DMS einnimmt. Als Ausgangsdehnung erhalten wir in beiden Fällen:

$$\varepsilon_a(M_t) = \varepsilon_1 - \varepsilon_2 = 2 \cdot \varepsilon_{45°} \; . \tag{6.12b}$$

Im Fall der X-Rosette wirkt nur die Komponente $F_z$ als Störgröße erster Ordnung, dagegen
sind es im Fall des um 90° versetzten DMS gleich vier Komponenten: $F_y$, $F_z$, $M_y$ und $M_z$.

Bei der **Zweiviertelbrückenschaltung** werden beide DMS in der gleichen Hauptrichtung
appliziert; wir wählen wieder entweder die Möglichkeit der gemeinsamen Applizierung: DMS
1 und DMS 3a oder eine um 180° versetzte Anordnung: DMS 1 und DMS 3b.

Die Ausgangsdehnung ist gleich groß wie bei der Halbbrücke, und als Störgrößen erster Ordnung wirken im Fall a die Komponenten $F_x$, $F_y$, $F_z$ und $M_z$, und im Fall b nur $F_x$.

Bei der Vollbrückenschaltung erhalten wir das Ausgangssignal

$$\varepsilon_a(M_t) = \varepsilon_1 - \varepsilon_2 + \varepsilon_3 - \varepsilon_4 = 4 \cdot \varepsilon_{45°} \tag{6.12c}$$

und im Fall b vollständige Störsignalentkopplung, während im Fall a noch die Querkraft $F_z$ einen Beitrag zur Ausgangsdehnung liefert.

Wenn sich der Torsionsmomentaufnehmer im Betriebszustand dreht, müssen Spannungsversorgung und Meßsignalabgriff entweder über mitlaufende Schleppkabel (bei niedriger Dreh-
geschwindigkeit und Umdrehungszahl), über Schleifringe oder über berührungslos arbeitende
induktive oder kapazitive Übertrager geführt werden.

Im Fall der Schleifringübertragung muß auf Grund der wechselnden Übertragungswiderstände unter Umständen mit beträchtlichen Rauschanteilen im Meßsignal gerechnet werden; zur Verminderung des Rauschens ist die Vollbrückenschaltung vorzuziehen.

### 6.3.4 Schubkraft-Aufnehmer

Bei Schubkraftaufnehmern wird indirekt die im Profilquerschnitt auftretende Schubspannung gemessen. Dies geschieht analog wie beim Torsionsaufnehmer durch Messung der unter 45° zum Querschnitt verlaufenden Hauptdehnungen mit anschließender Umrechnung in den gesuchten Meßwert.

In seiner üblichen Form ist der Schubkraftaufnehmer als Kragarm ausgebildet mit der zu messenden Kraft F am Balkenende. Die gewählte Meßkörperform hat den Vorteil, daß die Schubspannung unabhängig vom Kraftangriffspunkt ist, sie ist damit auch für Präzisionskraftmessungen besonders geeignet..

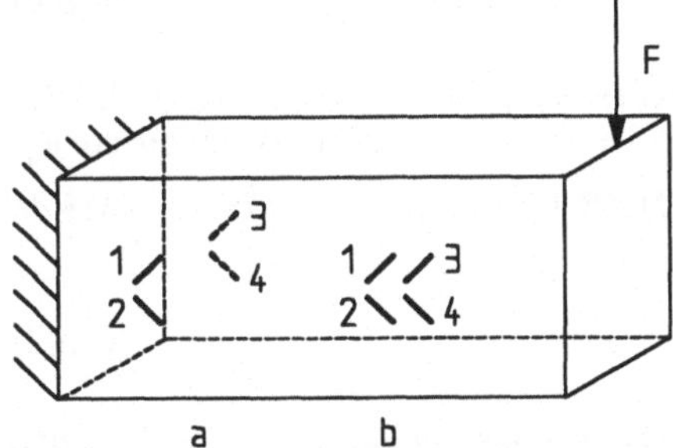


**Bild 6.13**
Schubkraftaufnehmer

Wie in Kapitel 3.3 gezeigt wurde, erreicht die Schubspannung in der neutralen Faser ihren größten Wert. Auf den beiden Randzonen geht der zweidimensionale Spannungszustand in den eindimensional wirkenden reinen Biegespannungszustand mit waagerechter erster Hauptrichtung über, und die Schubspannung wird Null. Zwischen der neutralen Faser und den Randzonen findet also eine Drehung des Hauptrichtungen statt mit gleichzeitiger Abnahme der Schubspannung. Daraus folgt, daß die DMS möglichst nahe zur neutralen Faser und unter 45° zu applizieren sind. Die beiden Hauptdehnungen sind wie beim Torsionsaufnehmer betragsgleich und entgegengerichtet:

$$\varepsilon_2 = -\varepsilon_1 = \varepsilon_{45°} .$$

Den Zusammenhang mit der gesuchten Meßgröße F erhalten wir wieder über die Schubspannung $\tau$ (Kap. 3.3, Gleichung 3.8), die sich aus den gleichen Mohrschen Spannungskreis wie bei der Torsion ergibt:

$$F = F_Q = \frac{A}{C_A} \cdot \tau \quad \text{mit} \quad \tau = \frac{E}{1+\mu} \cdot \varepsilon_{45°} . \tag{6.13}$$

Die Bestimmung der zur Kraftermittlung erforderlichen Hauptdehnungen erfolgt genau wie bei den Torsionsaufnehmern.

Die Ausgangsdehnung bei der **Viertelbrücke** (DMS 1) beträgt:

$$\varepsilon_a(F) = \varepsilon_1 = \varepsilon_{45°} \; . \tag{6.14a}$$

Als Störgrößen erster Ordnung wirken $F_x$, $F_y$, $M_x$ und $M_z$.

Bei der **Halbbrücke** beschränken wir uns auf die einseitige Applizierung (DMS 1 und 2) mit:

$$\varepsilon_a(F) = \varepsilon_1 - \varepsilon_2 = 2 \cdot \varepsilon_{45°} \; . \tag{6.14b}$$

Als Störgröße wirkt nur noch die Komponente $M_x$.

Für die **Zweiviertelbrücke** betrachten wir zwei mögliche DMS-Anordnungen (DMS 1 und 3a oder DMS 1 und 3b) mit gleichgroßer Ausgangsdehnung:

$$\varepsilon_a(F) = \varepsilon_1 + \varepsilon_3 = 2 \cdot \varepsilon_{45°} \; . \tag{6.14c}$$

Obwohl die einseitige Applizierung b leichter herzustellen wäre, ist Fall a vorzuziehen: im Fall b wirken $F_x$, $F_y$, $M_x$ und $M_z$ als Störgrößen und im Fall a nur die Normalkraftkomponente $F_x$.

Die gleiche Argumentation gilt für die **Vollbrücke** (DMS 1, DMS 2, und DMS 3a, DMS 4a oder DMS 3b und DMS 4b):

$$\varepsilon_a(F) = \varepsilon_1 - \varepsilon_2 + \varepsilon_3 - \varepsilon_4 = 4 \cdot \varepsilon_{45°} \; . \tag{6.14d}$$

Im Fall b bleibt als Störgröße das Torsionsmoment $M_x$, während im Fall a in erster Ordnung alle Komponenten kompensiert sind. Der Umstand, daß die DMS im Fall a auf gegenüberliegenden Seiten liegen, ist bezüglich der Temperaturkompensation gegenüber Fall b nicht nachteilig, da die Stegdicke zur Erzielung eines großen Ausgangssignals möglichst klein auszulegen ist (siehe unten).


**Wahl des optimalen Profilquerschnitts:**

Das in Bild 6.13 gewählte Rechteckprofil ist ohne Modifizierung für Schubkraftmeßaufnehmer wenig geeignet, da die Schubspannung für normale Trägerproportionen viel kleiner als die Biegespannung ist und damit zu einer starken Verringerung der Nutzsignalempfindlichkeit führt. Wir wollen deshalb zunächst in einem ersten Ansatz den Balken soweit verkürzen, daß die Biegespannung betragsgleich zur Schubspannung wird.

$$\text{Aus} \quad \sigma_b = \tau \quad \text{folgt} \quad \frac{F \cdot l}{b \cdot h^2 / 6} = \frac{1,5 \cdot F}{b \cdot h} \quad \text{und damit} \quad l = 0,25 \cdot h \; .$$

Ein Kragarm dieser Proportion läßt zwischen Einspannstelle und Kraft nur wenig Platz für den DMS und verletzt damit das Prinzip von Saint Venant, welches bei der Theorie der ebenen Balkenbiegung den Einfluß von örtlichen Spannungsverteilungen, die an den Krafteinleitungen auftreten, ausschließt.

An dieser Stelle kommt uns der Umstand entgegen, daß die DMS in der neutralen Faser appliziert werden, also dort, wo eine Schwächung der Profilbreite keinen wesentlichen Einfluß auf die Abnahme des Biegewiderstandmoments hat. Damit ergibt sich im Bereich der DMS-Applikation als optimaler Querschnitt ein doppel-T-förmiges Profil nach Bild 6.14.

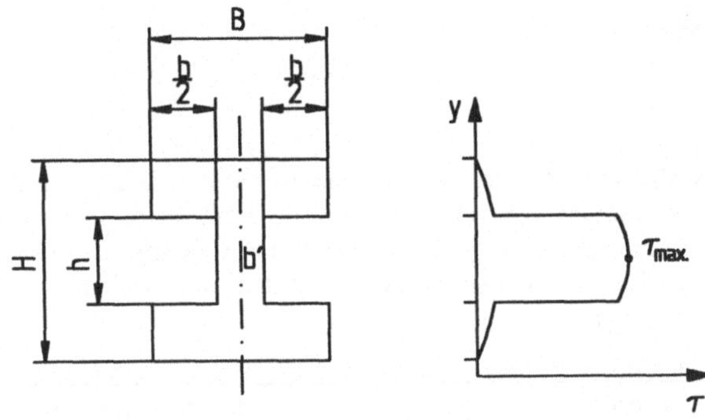



**Bild 6.14** Für Schubkraftmeßaufnehmer optimaler Meßquerschnitt mit Schubspannungsverlauf $\tau(y)$

Für den gewählten Querschnitt gelten folgende Momentenformeln:

Trägheitsmoment          Widerstandsmoment          Statisches Moment

$$I_x = \frac{B \cdot H^3 - b \cdot h^3}{12} \qquad W = \frac{B \cdot H^3 - b \cdot h^3}{6 \cdot h} \qquad S = \frac{B \cdot H^2 - b \cdot h^2}{8}$$

Damit erhalten wir die maximale Biegespannung $\sigma_{b,max}$ am Kragarmeinspannpunkt und die maximale Schubspannung $\tau_{max}$ in Trägermitte:

$$\sigma_{b,max.} = \frac{F \cdot l}{W} = \frac{F \cdot l \cdot 6 \cdot H}{B \cdot H^3 - b \cdot h^3} \qquad\qquad (6.15a)$$

$$\tau_{b,max.} = \frac{F \cdot S}{b \cdot I} = \frac{1,5 \cdot F \cdot \left(B \cdot H^2 - b \cdot h^2\right)}{\left(B - b\right) \cdot \left(B \cdot H^3 - b \cdot h^3\right)} \qquad\qquad (6.15b)$$

Die Stegbreite $s = (B-b)$ und die Steghöhe $h$ sind so zu wählen, daß die Biegespannung möglichst klein und die Schubspannung zur Erzielung eines hohen Ausgangssignals möglichst groß wird. Beide Forderungen führen über eine Grenzwertbetrachtung zu dem Ergebnis, beide Abmessungen so klein wie technisch möglich auszulegen. Als untere Grenze für die Stegbreite $s$ ist das Stabilitätsverhalten der Applikationsstelle zu berücksichtigen; für die Steghöhe $h$ sind die DMS-Abmessungen und die Zugänglichkeit zu den Lötanschlußpunkten zu beachten. Die Länge des Steges ist für das Spannungsverhalten nicht wichtig und richtet sich ebenfalls nach der geforderten Zugänglichkeit. Im Fall der Direktapplikation ist das Profil meistens durch die vorhandene Konstruktion vorgegeben. Die häufigsten Profile sind Doppel-T, U- und verschiedene Schienenprofile, am besten geeignet ist natürlich auf Grund seiner Symmetrieeigenschaft das Doppel-T. In allen Fällen empfiehlt sich eine Querschnittsabnahme im Meßquerschnitt bis zur optimalen Stegdicke; als Grenze ist hier zusätzlich die maximal zulässige Schubspannung zu beachten.

Die mechanische Bearbeitung erfolgt im allgemeinen mit einem Zapfenfräser; die entstehende Vertiefung dient nach der Applikation weiterhin als Schutz gegen mechanische Zerstörung.

## 6.4 Kraftaufnehmer und Wägezellen

### 6.4.1 Unterscheidung

Bezogen auf die reine Meßgrößenumwandlung besteht zwischen einem Kraftaufnehmer und einer Wägezelle kein Unterschied, beide wandeln die vektorielle Größe Kraft in ein elektrisches Meßsignal um, dessen Betrag der Kraftgröße möglichst proportional sein soll. Die Unterschiede zwischen den beiden Meßaufnehmern ergeben sich erst aus den unterschiedlichen Aufgabenstellungen und Einsatzbedingungen [19].

Der Einsatz von **Wägezellen** ist dadurch gekennzeichnet, daß sie vorwiegend statisch messen und hohen bis sehr hohen Genauigkeitsansprüchen genügen, die bei der Anwendung in Handelswaagen durch das Eichgesetz vorgeschrieben und kontrolliert werden. Das Eichgesetz schreibt für solche Wägezellen die Prüfung durch eine staatliche Zulassungsbehörde vor, bei der neben dem eigentlichen Genauigkeitsnachweis auch der Einfluß von Störgrößen untersucht wird. Für die in eichpflichtigen Waagen vorgesehenen Wägezellen werden als Fehlergrenze nur 60% des zulässigen Waagenfehlers zugelassen, wobei der Temperaturbereich zwischen −10°C und 40°C liegt.

Für **Kraftaufnehmer** sind die Genauigkeitsanforderungen in den meisten Fällen nicht so streng; typische Anwendungsfälle sind der Einsatz in statischen und dynamischen Materialprüfmaschinen. Im zweiten Fall ist vor allem eine hohe Dauerfestigkeit des Kraftaufnehmers gefordert. Dies verlangt allerdings eine weitgehende Reduzierung von Kerbwirkungen im Verformungskörper, wodurch die Formgebung bezüglich optimaler Meßgenauigkeit stark eingeschränkt ist. Anwendungen für Kraftaufnehmer mit hohen Genauigkeitsforderungen sind vergleichsweise selten, wir finden sie zum Beispiel in der Windkanalmeßtechnik und bei der Kalibrierung und Prüfung von Belastungsmaschinen.

Meßtechnisch gesehen ist bei dem Entwurf des Federkörpers zwischen Wägezellen und Kraftaufnehmern nur wenig zu differenzieren; Unterschiede treten lediglich bei der konstruktiven Gestaltung der Krafteinleitungen auf: Während Wägezellen meistens nur auf Druck belastet werden und deshalb mit einem Lastknopf auskommen, sind Kraftaufnehmer zur Übertragung von Zug- und Druckkräften im allgemeinen beidseitig mit Anschlußgewinden versehen. Wichtig ist in beiden Fällen, daß zur Erzielung eines möglichst homogenen Dehnungsfeldes der DMS-Bereich räumlich genügend weit von den Krafteinleitungs- und Kraftausleitungsstellen getrennt ist. Die mechanische Spannung in dem Krafteinleitungs- und Kraftausleitungsbereich sollte möglichst gering sein, insbesondere sind zur Vermeidung hystereseverursachender plastischer Verformungsvorgänge Spannungsspitzen an Kerben durch sanfte Übergänge zu reduzieren. Weiterhin sollte der Verformungskörper möglichst aus einem Stück gefertigt werden, um die Umkehrspanne klein zu halten und Unstetigkeiten in der Kennlinie zu vermeiden. Die zu wählende Meßkörperform wird vor allem von der Nennkraft und den Genauigkeitsanforderungen bestimmt; übliche Ausführungsformen beruhen auf der Messung der Normalkraftdehnung, der Biegedehnung und der durch Schubspannungen hervorgerufenen Dehnung. Eine weitere, bisher noch nicht erwähnte Möglichkeit besteht in der Anwendung des Ringtorsionsprinzips nach Kap. 6.4.5, das einige besondere meßtechnische Vorteile bietet.

### 6.4.2 Normalkraftaufnehmer

Das Normalkraftprinzip nach Kap. 6.3.1 wird für vergleichsweise große Kräfte ab etwa 10 bis 100 kN angewendet. Bei dem prismatischen Aufnehmer nach Bild 6.15a ist der mittlere Querschnitt auf das zum Erreichen der Nenndehnung erforderliche Maß verjüngt. Der Querschnitt ober- und unterhalb der Applikationsstelle ist größer dimensioniert, um den Verformungsweg zu reduzieren und Platz für die Anschlußgewinde zu haben. Die stetigen Übergänge und relativ hohen Anschlußbereiche zur Erzielung eines homogenen Spannungsfeldes im Bereich der Meßstelle widersprechen allerdings dem Wunsch nach einer möglichst flachen Bauform zur Reduzierung von Seitenkrafteinflüssen.

Um den prismatischen Federkörper vor Seitenkräften und Biegemomenten zu schützen, werden diese über zwei Membrane in ein biegesteifes Außenrohr geleitet, das gleichzeitig zum Schutz der DMS-Stellen dient.

Der Einfluß der Seitenkräfte auf die Meßstelle läßt sich mit einem doppel-T-förmigen Meßkörper nach Bild b) wesentlich verringen, weil hier die Meßstellen im Bereich der neutralen Faser liegen; nachteilig ist dagegen der unsymmetrische Aufbau, der den Einsatz auf Anwendungen mit reduzierten Anforderungen begrenzt.

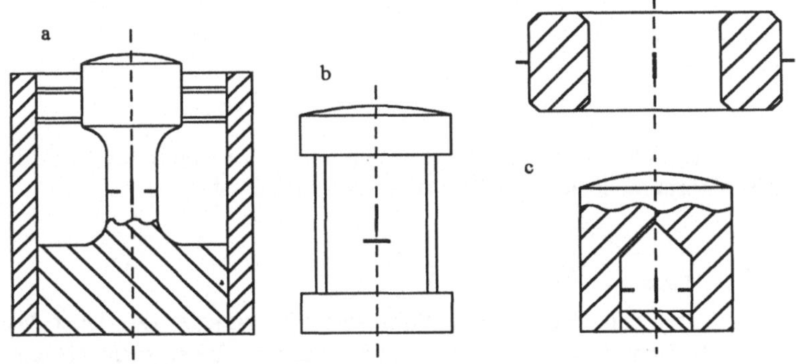

**Bild 6.15** Normalkraftaufnehmer
    a) mit prismatischen Meßkörper
    b) mit Doppel-T Profil
    c) mit rohrförmigen Meßkörper

Gleiche Meßeigenschaften wie unter a) erhalten wir dagegen durch die wesentlich kostengünstigere Ausführung c), die sowohl mit einer Außen- als auch mit der schwieriger herzustellenden, aber die DMS optimal schützenden Innenapplizierung ausgeführt werden kann. Die Kostenersparnis ergibt sich vor allem aus dem Wegfall der Membranführung, auf die bei entsprechender Dimensionierung wegen des wesentlich höheren Biegesteifigkeit/Querschnitt-Verhältnisses verzichtet werden kann. Bei dieser Ausführungsform bewirken die Seitenkräfte und Momente zwar Biegedehnungen in den DMS-Applikationsstellen, sie werden aber, wie in Kapitel 6.3.1 gezeigt wurde, bei Anwendung der Vollbrücke in erster Näherung vollständig kompensiert.

Nachteilig ist allerdings das etwas verringerte Ausgangssignal, da bei der Dimensionierung des Meßquerschnittes die Biegespannungen mit berücksichtigt werden müssen. Wir wollen dies an Hand einer kleinen Dimensionierungsübung verdeutlichen:

Ausgehend von einer vorgegebenen maximal zulässigen Dehnung $\varepsilon_{max}$, einer Meßkörperhöhe h mit Applizierung in der Mitte, einem mittleren Meßkörperdurchmesser d und einer im Vergleich dazu kleinen Wanddicke s erhalten wir für ein Seitenkraft/Meßkraft-Verhältnis $v = F_s/F$ bei der Vollbrückenschaltung mit Gleichung 4.3 folgendes Ausgangssignal:

$$U = \frac{U_s \cdot k \cdot (\varepsilon_n + \varepsilon_b + \mu \cdot \varepsilon_n + \mu \cdot \varepsilon_b + \varepsilon_n + \varepsilon_b + \mu \cdot \varepsilon_n - \mu \cdot \varepsilon_b)}{4}$$

$$= \frac{U_s \cdot k \cdot \varepsilon \cdot (1+\mu)}{2} \quad \text{mit} \quad \varepsilon_n = \varepsilon_{max.} - \varepsilon_b \quad \text{und} \quad \varepsilon_b = \frac{\varepsilon_n \cdot \sigma_b}{\sigma_n}.$$

Über die Meßkörpergeometrie erhalten wir weiterhin:

$$\sigma_b = \frac{F_s \cdot h/2}{W_b} = \frac{v \cdot F \cdot h/2}{\pi \cdot s \cdot r^2} \quad \text{und} \quad \sigma_n = \frac{F}{2 \cdot r \cdot \pi \cdot s}.$$

Durch Einsetzen und Umformen erhalten wir dann die das Meßsignal bestimmende Normaldehnung zu:

$$\varepsilon_n = \frac{\varepsilon_{max.}}{1 + v \cdot h/r}. \tag{6.16}$$

Der Signalanteil wird also umso kleiner, je größer die Seitenkraft im Verhältnis zur Normalkraft und je größer die Meßkörperhöhe im Verhältnis zum Durchmesser ist.

*Zahlenbeispiel:*

$$F_{max} = 500 \text{ kN} \quad v = 0,25 \quad \varepsilon_{max} = 1,5‰ \qquad E = 2 \cdot 10^7 \text{ N/cm}^2$$

Wir wählen h/r = 2 und erhalten dann die zulässige Normaldehnung zu $\varepsilon_n = 1‰$. Über das Hooksche Gesetz ergibt sich dann die zulässige Normalspannung $\varepsilon_n = E \cdot \varepsilon_n = 20 \text{ kN/cm}^2$ und damit ein erforderlicher Meßkörperquerschnitt A = F/$\varepsilon_n$ = 25 cm$^2$.

Bei einer gewählten Wandstärke von 5 mm führen die angenommenen Werte zu einem Kraftaufnehmer mit 160 mm Durchmesser und 160 mm Höhe; das Ausgangssignal beträgt bei Nennlast U = 1,3 mV pro Volt Eingangsspannung: C = 1,3 mV/V.

Das Ausgangssignal ließe sich durch Vergrößern des Meßaufnehmerdurchmessers noch etwas verbessern; als letzte Grenze ist die Stabilität der Wandstärke zu beachten. Diese bestimmt auch die untere Grenze der Nennlast, so daß man für kleinere Nennlasten auf das Biegebalkenprinzip übergeht.

### 6.4.3 Biegebalkenaufnehmer

In seiner einfachsten Form als Kragarm nach Bild 6.16 ist das Biegebalkenprinzip noch mit zwei schwerwiegenden Nachteilen behaftet:

a) Das Ausgangssignal verändert sich mit dem Abstand zwischen DMS und Krafteinleitung.

b) An der Einspannstelle entsteht ein hohes Biegemoment, das am Anschlußkörper durch geeignete Dimensionierung aufgenommen werden muß; außerdem ist die Kraftumleitung aus der senkrechten Kraftflußlinie störend.

Weiterhin störend sind der große Meßweg und die nichtparallele Absenkung an der Krafteinleitung unter Last.

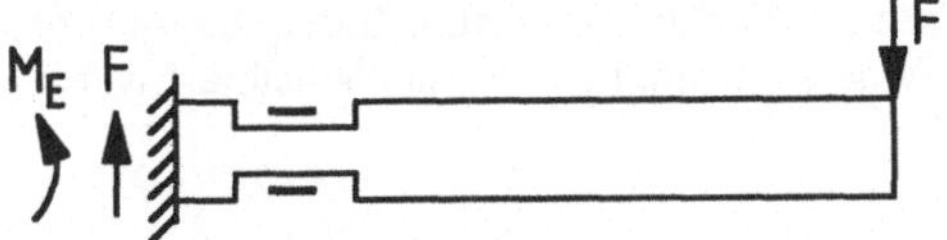

**Bild 6.16**
Einfacher Biegeaufnehmer

Der Versuch der Vermeidung obiger Nachteile führte zu einer ganzen Reihe von Modifikationen des Biegebalkenprinzips [20]; wir wollen hier nur die wichtigsten Gedankengänge nachvollziehen.

Als naheliegender Lösungsansatz zur Vermeidung des ersten Nachteils bietet sich die am Ende des Kapitels 6.3.2 abgeleitete Möglichkeit der Differenzbildung aus dem in unterschiedlichen DMS-Positionen erhaltenen Dehnungssignalen an. Wir wollen das Verfahren vereinfachen, indem wir vier DMS in der in Bild 6.17 gezeigten Weise direkt zu einer Vollbrücke zusammenschalten.

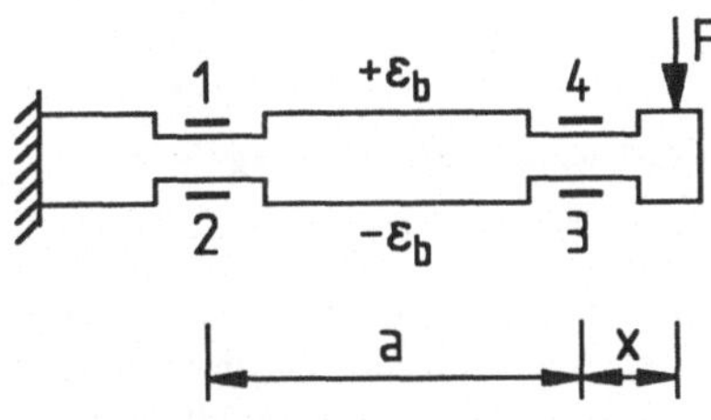

**Bild 6.17**
Einfacher Biegeaufnehmer mit Kompensation der
Krafteinleitungsposition

Die gewählte DMS-Anordnung innerhalb der Brücke bildet im Gegensatz zu der normalerweise bei Biegemomentaufnehmern angewandten Vollbrückenschaltung eine Dehnungsdifferenz als Ausgangsdehnung:

$$\varepsilon_a = 2 \cdot \left( \varepsilon_{b,A} - \varepsilon_{b,B} \right) \quad \text{mit} \quad \varepsilon_{b,A} = \frac{F \cdot (a+x)}{W \cdot E} \quad \text{und} \quad \varepsilon_{b,B} = \frac{F \cdot x}{W \cdot E} \ .$$

Damit ist das Ausgangssignal bei einer Wanderung der Kraft F im Bereich rechts von B unabhängig von der Kraftposition:

$$\varepsilon_a = \frac{2 \cdot F \cdot a}{W \cdot E} \ ; \tag{6.17}$$

allerdings ist es im Vergleich zur addierenden Vollbrückenschaltung um mehr als den Faktor Zwei reduziert.

Eine Möglichkeit, diesen Nachteil zu vermeiden und gleichzeitig das Einspannmoment erheblich zu verringern, besteht in der Kraftumleitung über einen zusätzlichen Biegebalken.
Das Ausgangssignal ist wieder unabhängig von der Krafteinleitungsposition x, wobei jetzt der gesamte Bereich ±x innerhalb und außerhalb der DMS-Applikationen A und B zulässig ist:

$$\varepsilon_a = 2 \cdot \left( \varepsilon_{b,A} + \varepsilon_{b,B} \right) \quad \text{mit} \quad \varepsilon_{b,A} = \frac{F \cdot \left( \frac{a}{2} + x \right)}{W \cdot E} \ , \quad \varepsilon_{b,B} = \frac{F \cdot \left( \frac{a}{2} - x \right)}{W \cdot E} \tag{6.18}$$

$$= 2 \cdot \frac{F \cdot}{W \cdot E} \cdot \left( \frac{a}{2} + x + \frac{a}{2} - x \right) = 2 \cdot \frac{F \cdot a}{W \cdot E} = f(x) \ .$$

Das Ausgangssignal ist doppelt so groß wie beim einfachen Biegeaufnehmer, da sich das wirksame Biegemoment halbiert und damit das Widerstandsmoment ebenfalls halbiert werden kann.

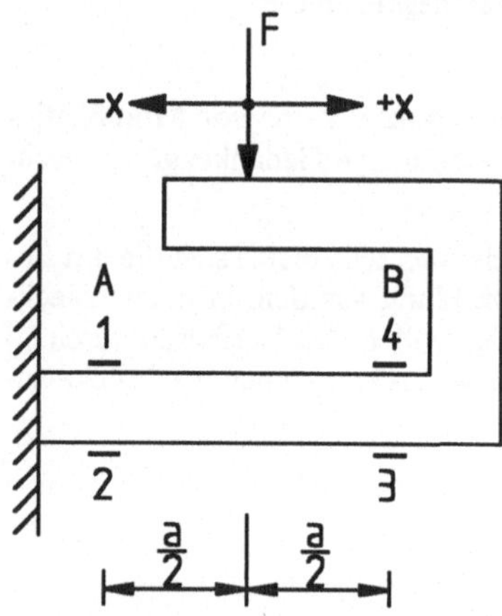

**Bild 6.18**
Einfacher Biegeaufnehmer mit Kraftumleitung

Mit dem beschriebenen Konzept wäre im Prinzip bereits die Realisierung einer oberschaligen Waage, bei der die Gewichtsanzeige unabhängig von der Lage des Gewichts ist, mit nur einer Wägezelle möglich. Allerdings ist der gezeigte Einfachbiegebalken noch zu empfindlich gegen seitliche Horizontalkräfte und Torsion, so daß wir das System im folgenden auf einen Doppelbiegebalken erweitern:

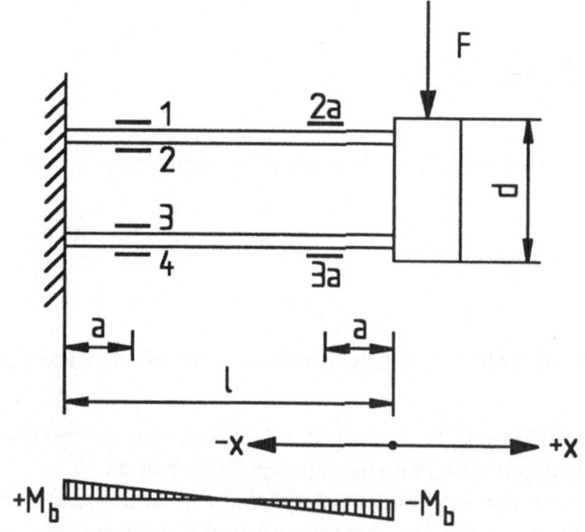

**Bild 6.19**
Doppelbiegebalken

Die Kraft F verteilt sich statisch unbestimmt etwa gleichmäßig auf die beiden Biegebalken und verursacht an den Applikationsstellen ein Biegemoment von $M_b = F(l/2-a)/2$ und in den beiden Balken weiterhin Normalkräfte $F_n = \pm F \cdot x/d$.

Damit ist das Ausgangssignal ebenfalls unempfindlich gegen Verlagerungen des Krafteinleitungpunktes:

$$\varepsilon_a = \varepsilon_1 - \varepsilon_2 + \varepsilon_3 - \varepsilon_4 = \varepsilon_b + \varepsilon_n + \varepsilon_b - \varepsilon_n + \varepsilon_b - \varepsilon_n + \varepsilon_b + \varepsilon_n$$

$$= 4 \cdot \varepsilon_b \quad \text{bzw. mit} \quad \varepsilon_b = \frac{F \cdot \left( \frac{1}{2} - a \right) / 2}{W \cdot E} \tag{6.19}$$

$$\varepsilon_a = \frac{2 \cdot F \cdot \left( \frac{1}{2} - a \right)}{W \cdot E} .$$

Weiterhin ist das Doppelbalkensystem mechanisch stabil gegen Torsion und Seitenkräfte. Da sich die Dehnungsmessung am Biegebalken durch eine sehr gute Linearität auszeichnet und in der Doppelanordnung gegen alle Störkomponenten in erster Näherung unempfindlich ist, wird diese Anordnung bevorzugt für Messungen hoher Genauigkeit eingesetzt.

*Beispiel: Wägezelle mit variabler Krafteinleitung*
        *Doppelbiegebalkensystem nach Bild 6.19*

    maximale Wägefähigkeit 5 kg, x-Variation: ± 5 cm
    $l = 5$ cm, $a = 1$ cm, $d = 2,5$ cm, $\sigma_{zul} = 30$ kN/cm$^2$
    $E = 2 \cdot 10^7$ N/cm$^2$, Balkenquerschnitt: $b \cdot h$ mit $h = 1$mm

Gesucht sind die erforderliche Balkenbreite b, das Wägezellensignal und der Meßweg.

Lösung:

$$M_{b,max.} = \frac{F \cdot l}{4} = 62,5 \, \text{Ncm je Biegebalken} \quad \left( g = 10 \, \frac{m}{s^2} \right)$$

$$W_{erf.} = \frac{M_{b,max.}}{\sigma_{zul.}} = 2,08 \, \text{mm}^3 \qquad b_{erf.} = \frac{6 \cdot W_{erf.}}{h^2} = 12,5 \, \text{mm}$$

gewählt: $b = 15$ mm mit $A = 15$ mm$^2$   $W = 2,5$ mm    $I = 0,125$ mm$^4$

Spannungsnachweis: $\sigma_{max.} = \sigma_{max.,b} + \sigma_{max.,n} = 256,7 \, \dfrac{N}{mm^2}$   mit $F_n = \dfrac{F \cdot x}{d}$

Ausgangsspannung: $\dfrac{U}{U_s} = \dfrac{k \cdot \varepsilon_a}{4} = 2 \cdot \dfrac{2 \cdot F \cdot \left( \frac{1}{2} - a \right)}{W \cdot E \cdot 4} = 1,5 \, \dfrac{mV}{V}$

Meßweg (einseitig eingespannter Balken mit Parallelführung am freien Ende ):

$$f = \frac{\frac{F}{2} \cdot l^3}{3 \cdot E \cdot I} = 1,25 \, \text{mm}$$

Der vergleichsweise große Meßweg ist für wägetechnische Aufgaben ambivalent: er bietet den Vorteil, daß die Überlastsicherung durch Begrenzung des Meßweges sehr funktionssicher ausgeführt werden kann, nachteilig ist allerdings der mit größerer Verformung ansteigende Kraftnebenschluß eventueller Abdichtelemente der Waage.

Aus dem Prinzip des Biegebalkenaufnehmers wurden eine Vielzahl weiterer Meßkörperformen abgeleitet, von denen die wichtigsten in Bild 6.20 zusammengestellt sind.

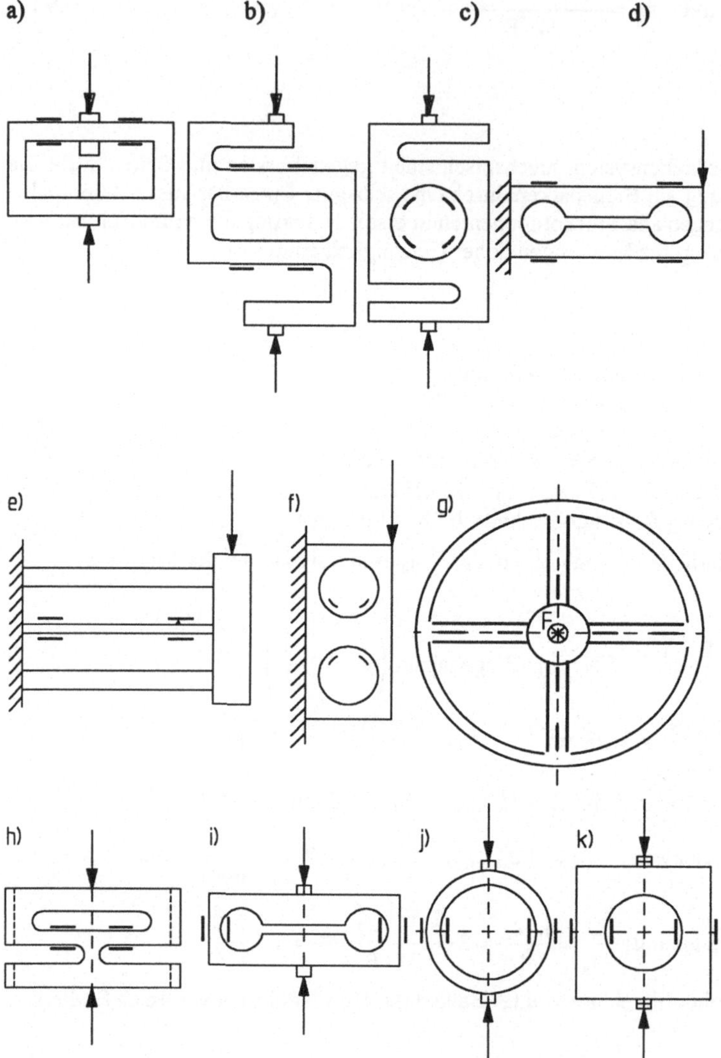

**Bild 6.20:** Ausführungsvarianten des Biegebalkenprinzips

Bei Variante a) liegen Kraftein- und -ausleitung in einer Linie; sie vermeidet damit den Nachteil des Einspannmomentes in der Anschlußkonstruktion.
Den gleichen Vorteil finden wir bei den Ausführungen b) und c), die beide auf dem in Bild 6.19 gezeigten Prinzip beruhen, wobei der kompaktere Aufbau von c) fertigungstechnisch günstiger ist und darüber hinaus eine optimale DMS-Schutzmöglichkeit bietet.

Eine noch einfachere Realisierung des gleichen Prinzips finden wir in Variante d), allerdings wieder mit dem ursprünglichen Nachteil der Kraftumleitung. Für eine weitere Verbesserung der Meßeigenschaften wird das obige System auf drei Biegebalken erweitert, wobei f) eine kostengünstigere Variante zur Ausführung e) ist. Bei dieser Ausführungsform wirken jetzt keine Normalkräfte mehr auf die Meßstelle; nachteilig ist allerdings der statisch unbestimmte Aufbau, der bei Temperaturgradienten zu inneren mechanischen Spannungen führen kann. Zur Erzielung einer flacheren Bauweise und besserer Seitenkraftstabilität kann das Biegebalkenprinzip entsprechend den Abbildungen g) und h) auch in rotationssymmetrische Körper integriert werden. Sowohl der speichenförmige als auch der rohrförmige Verformungskörper sind bei entsprechender Wahl der Applikationsstellen auch für Mehrkomponentenmessungen nach Kap. 6.6 geeignet. Als letzte Variante der Biegedehnungsmessung zeigen die Abbildungen i) bis k) mit steigender Federsteifigkeit sogenannte Ringaufnehmer, die am Anfang der Kraftaufnehmerentwicklung üblich waren. Zusammenfassend läßt sich zu den Biegebalkenaufnehmern sagen, daß sie sich bei entsprechend sorgfältiger Konstruktion und Auslegung durch eine hohe Genauigkeit auszeichnen und da, wo es erwünscht ist, prinzipiell beliebig große Meßwege ermöglichen. Nachteilig bezüglich der Herstellkosten ist die relativ komplizierte Meßkörperform und bezüglich der Anwendung ihre Baugröße.

### 6.4.4 Schubkraftaufnehmer

Das in Kapitel 6.3.4 beschriebene Prinzip der Schubkraftaufnehmer bietet wie der Doppelbiegebalken den Vorteil der Unabhängigkeit des Meßsignals von der Krafteinleitung, ist aber wesentlich einfacher aufgebaut. Bedingung für eine gute Linearität des Aufnehmers ist in diesem Fall die exakte Positionierung der DMS in der neutralen Faser. Da dies auf Grund der DMS-Abmessungen nicht vollständig erreichbar ist, sind Schubkraftaufnehmer im allgemeinen etwas ungenauer als Doppelbiegebalkenaufnehmer. In seiner einfachsten Form besteht der Meßkörper des Schubkraftaufnehmers aus einem einfachen Kragarm nach Bild 6.21.

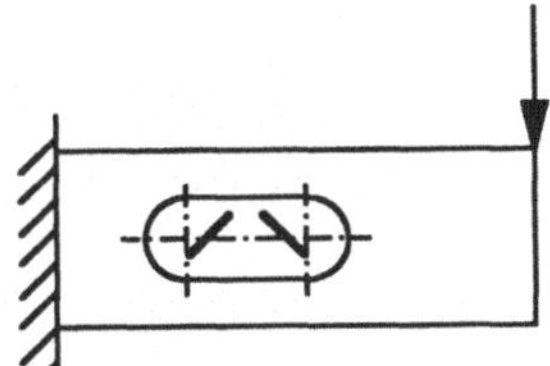

**Bild 6.21**
Einfacher Schubkraftaufnehmer

Bild 6.22 zeigt eine verbesserte Version, bei der das Einspannmoment verkleinert ist und zur Reduzierung der oben erwähnten Biegeeinflüsse die Meßstellen im biegemomentfreien Bereich liegen.

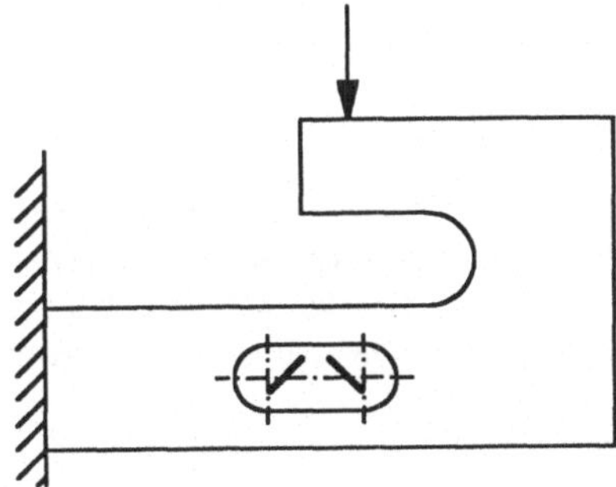

**Bild 6.22**
Schubkraftaufnehmer mit biegemomentfreier Zone

*Beispiel:*

Wir wollen zur Übung einen Schubkraftaufnehmer nach Bild 6.22a für F = 50 kN Nennkraft dimensionieren. Als Biegebalkenlänge wählen wir l = 12 cm und dimensionieren den Rechteckquerschnitt mit der Zusatzbedingung B/H = 0,5:

Das maximale Biegemoment tritt an der Einspannstelle auf und beträgt $M_{b,max}$ = F · l/2 = 300000 Nm. Die zulässige Biegespannung wird mit $\sigma_{b,zul}$ = 30000 N/cm$^2$ festgelegt; damit ist ein Widerstandsmoment von $W_{erf}$ = $M_{b,max}/\sigma_{zul}$ = 10 cm$^2$ erforderlich.

Aus der Formel für das Widerstandsmoment eines Rechteckquerschnitts und obiger Zusatzbedingung erhalten wir:

$$H = \sqrt{\frac{6 \cdot W}{0,5}} = 5\,cm \quad und \quad B = 0,5 \cdot H = 2,5\,cm.$$

Der Meßquerschnitt wird in der biegemomentfreien Balkenmitte so dimensioniert, daß die maximalen Hauptdehnungen $\varepsilon_{max}$ = 1,5 ‰ betragen (E = 2 · 10$^7$ N/cm$^2$, $\mu$ = 0,3).

Wir berechnen mit Gleichung 6.13 zunächst die maximale Schubspannung:

$$\tau_{max.} = \sigma_{max.} = \frac{E \cdot \varepsilon_{45°}}{1+\mu} = 23000\,\frac{N}{cm^2}.$$

Wir wählen die Ausschnittshöhe h = 2 cm und verkleinern in Gleichung 6.15b die Ausschnittstiefe b so lange, bis wir die maximale Schubspannung erhalten, mit b = 1,9 mm wird:

$$\tau_{max.} = \frac{1,5 \cdot F \cdot \left(B \cdot H^2 - b \cdot h^2\right)}{(B-b) \cdot \left(B \cdot H^3 - b \cdot h^3\right)} = 23080\,\frac{N}{cm^2}.$$

Damit beträgt mit den Gleichungen 4.3 und 6.14d das Brückenausgangssignal bei Nennlast:

$$\frac{U}{U_s} = \frac{k \cdot 4 \cdot \varepsilon_{max.}}{4} = 3\,\frac{mV}{V}.$$

Wir wollen zusätzlich den Meßweg abschätzen und teilen den Verformungskörper in die Abschnitte "1" = "Meßbalken", "2" = "senkrechter Balken" und "3" = "Krafteinleitungsbalken" ein. Für den senkrechten Balken nehmen wir eine wirksame Verformungslänge von $l_2$ = 6 cm an und erhalten den Gesamtweg:

$$f = \frac{F \cdot l^3}{12 \cdot E \cdot I} + \frac{M \cdot l_2}{E \cdot I} \cdot \frac{l}{2} + \frac{F \cdot \left(l/2\right)^3}{3 \cdot E \cdot I} = 0,4\,mm.$$

Die Größe des Meßweges ist wichtig für die Beurteilung von Rückwirkungen auf die Messung und zur Abschätzung des Frequenzverhaltens. Als charakteristische Größe berechnen wir die Federkonstante des Aufnehmers: c = F/f = 1,25 · 10$^8$ N/m, mit der sich dann bei bekannter Masse m an der Krafteinleitung die Resonanzfrequenz bestimmen läßt, beispielsweise erhalten wir für m = 50 kg eine Resonanzfrequenz von:

$$f_0 = \frac{1}{2 \cdot \pi} \cdot \sqrt{\frac{c}{m}} = 250 \, \text{Hz} \ .$$

Damit würde nach Kap. 10.2 die Grenzfrequenz beispielsweise im schwach gedämpften Fall $f_g = 140 \, \text{Hz}$ betragen.

(Bei $\dfrac{e}{e_{\text{dyn.}}} = \sqrt{2}$ und $D = 0,1$ beträgt $\dfrac{\omega}{\omega_0} \approx 0,55$.)

### 6.4.5 Ringtorsions-Aufnehmer

Das in Bild 6.23 dargestellte Prinzip stellt in der Reihe der Kraftaufnehmer eine Ausnahme dar, weil zu seiner Realisierung spezielle, nicht im Handel erhältliche DMS erforderlich sind.

a)
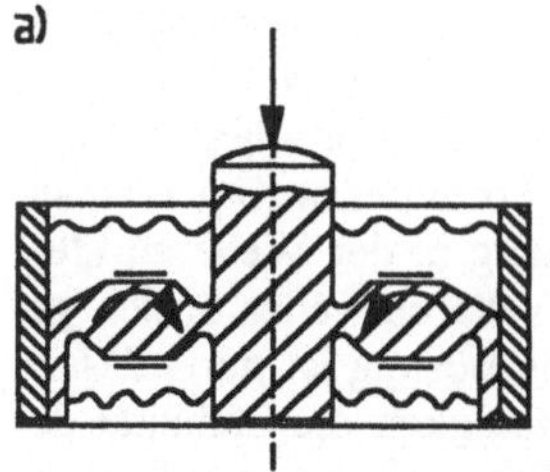
b)
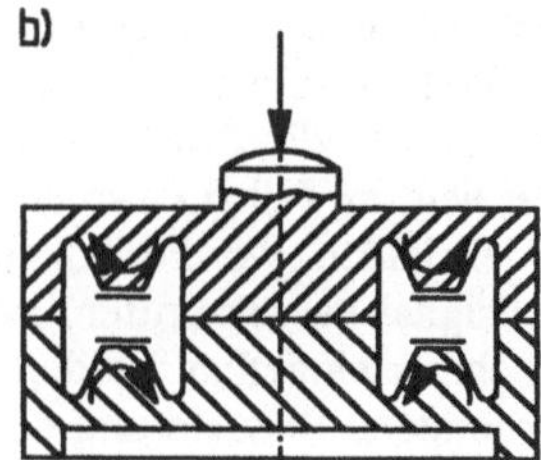

**Bild 6.23** Ringtorsions-Aufnehmer
  a) mit Membranabdichtungen
  b) membranlose Kompaktbauweise

Der Meßkörper ist rotationssymmetrisch; die Krafteinleitung erfolgt von oben über einen Rundstab und unten über ein Rohr. Bei Belastung des ringplattenförmigen Verformungskörpers stülpt sich dieser in Pfeilrichtung nach innen, dabei entstehen als Reaktion auf der Oberseite negative und auf der Unterseite positive Tangentialspannungen.
Zur Messung der die Tangentialspannungen begleitenden Dehnungen werden oben und unten jeweils zwei ringförmige DMS appliziert, die dann zu einer Vollbrücke zusammengeschaltet werden. Die wichtigsten Vorteile der nach diesem Prinzip hergestellten Wägezellen sind der hohe Brückenwiderstand von 4000 $\Omega$ und die hohe zulässige Speisespannung bis über 50 V. Weiterhin zeichnen sich diese Wägezellen bei entsprechend sorgfältiger Fertigung durch extrem kleines Kriechen und hohe Linearität aus. Die Verringerung des Kriechens wird gegenüber den üblichen DMS erreicht durch den rechteckförmigen Schubspannungsverlauf in der Klebeschicht. Die gute Linearität wird durch die Möglichkeit erreicht, durch gezielte Veränderungen in der Krafteinleitung eine Änderung der Krümmungsrichtung und damit auch als beste Annäherung an eine Gerade einen S-förmigen Verlauf der Kennlinie zu erzielen. Da bei dieser Methode auf zusätzliche Linearisierungs-DMS verzichtet werden kann, besitzen Ringtorsionsaufnehmer einen überdurchschnittlich großen Kennwert von $C = 2,85$ mV/V. Die membranlose Ausführung [21] ist vor allem bei rauhen Umweltbedingungen vorzuziehen; bei kleinen Nennlasten gehen allerdings Druckschwankungen mit in das Ergebnis ein [22].

Wir wollen die genannten Werte benutzen, um eine Abschätzung der oberen Grenze der Meßsignalauflösung vorzunehmen. Als maximales Ausgangssignal bei Nennlast erhalten wir ca. 150 mV. Die mit guten Digitalvoltmetern erreichbare Auflösung liegt bei 100 nV, damit wäre theoretisch eine Teilezahl von 1,5 Mio. Teilen zu erzielen!

In der Praxis ist die realisierbare Auflösung auf Grund äußerer Störungen wie mechanische Schwingungen und Temperatur allerdings auf etwa 500000 Teile begrenzt.

Wir wollen diese immer noch beachtlich hohe Auflösung an einem Beispiel verdeutlichen:

*Wenn wir zu dem Gewicht von mit jeweils vier Personen besetzten fünf PKW's, die auf einer 5-to-Waage plaziert sind, das Gewicht von zwei Stückchen Schokolade hinzufügen, wird die Anzeige um ein Digit ansteigen.*

Voraussetzung für die Realisierung derartiger Auflösungen wären allerdings Laborbedingungen während der Wägung und eine extrem gute Kriechkompensation der Wägezellen.

## 6.5 Torsionsmomentaufnehmer

Torsionsmomentaufnehmer dienen zur Messung des von einer Welle übertragenen Drehmomentes und in Verbindung mit einem Drehzahlmesser zur Bestimmung der übertragenen Leistung. Bei Berücksichtigung der Wellengeometrie kann weiterhin auch der Verdrehwinkel berechnet werden. Am einfachsten werden die DMS in der in Kap. 6.3.3 besprochenen Weise direkt auf die Welle appliziert; hier liegt im Prinzip also bereits eine Form der in Kap. 7 behandelten Direktapplikation vor. In den Fällen, wo die Torsionsspannung in der Welle zu klein ist, um ein genügend großes Meßsignal hervorzurufen, muß die Welle entweder örtlich geschwächt oder ein seperater Aufnehmer eingefügt werden. Die erste Lösung ist nur zulässig, wenn die mit der Eindrehung verbundene Reduzierung der Biegesteifigkeit die Stabilität des Systems nicht unzulässig schwächt. Wenn dagegen ein seperater Torsionsmomentaufnehmer eingefügt wird, ist es bei entsprechender Dimensionierung immer möglich, eine optimale Empfindlichkeit ohne Steifigkeitsverlust zu erhalten. Als ideale Meßkörperform bietet sich eine Abwandlung des Biegebalkenprinzips nach Bild 6.24 an.

Am gebräuchlichsten ist die gezeigte Ausführung mit vier Balken, es lassen sich aber je nach Stabilitäts- und Funktionsanforderungen auch Aufnehmer mit zwei, drei oder mehr Balken realisieren. Für die Anpassung an die gestellte Meßaufgabe stehen weiterhin die Parameter Balkenquerschnitt und -länge und der Aufnehmerdurchmesser zur Verfügung. Außerdem eignet sich diese Meßkörperform bei Bedarf durch Hinzufügen weiterer DMS auch noch zur Erweiterung auf zusätzliche Meßkomponenten, also zum Bau von Mehrkomponentenaufnehmern.

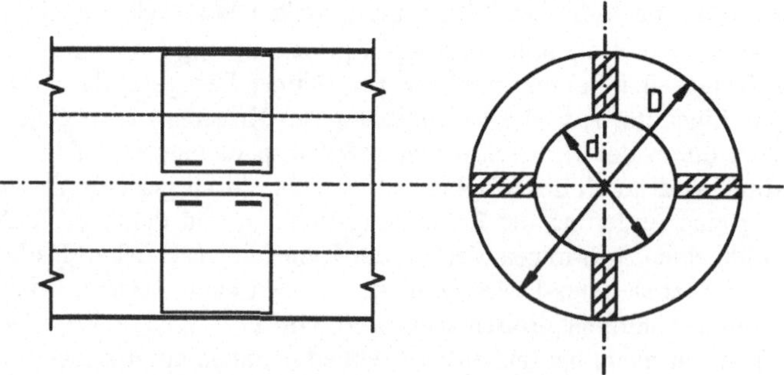

**Bild 6.24** Torsionsmomentaufnehmer mit Biegebalken

*Beispiel: Es ist ein Torsionsmomentaufnehmer für $M_t$ = 40 Nm Nennmoment zu dimensionieren.*

Wir wählen entsprechend Bild 6.24 die Abmessungen l = 10 cm, d = 4 cm und D = 6 cm und berechnen für $\sigma_{b,zul}$ = 30000 N/cm$^2$ die erforderliche Stegbreite s:

Die pro Steg zu übertragende Tangentialkraft F erhalten wir aus $M_t = 4 \cdot F \cdot r_m$ zu F = 400 N. Damit ist mit $M_b = F \cdot l/2$ pro Steg ein Widerstandsmoment von $W_{b,erf} = M_b/\sigma_{b,zul}$ = 0,067 cm$^3$ erforderlich und wir berechnen die Stegdicke zu

$$s = \sqrt{\frac{6 \cdot W_{b,erf.}}{R - r}} = 0,63 \text{ cm} .$$

Wir applizieren die DMS in a = 2 cm Abstand zur Einspannung und erhalten als Ausgangsdehnung der Vollbrückenschaltung nach Gleichung 4.3 $\varepsilon_a$ = 4,8‰; damit wird die Brückenausgangsspannung $U/U_s = k \cdot \varepsilon_a/4$ = 2,4 mV/V.

Zur Bestimmung der Federsteifigkeit gegen Torsion berechnen wir noch den maximalen Verdrehwinkel: Die Federdurchbiegung beträgt

$$f = \frac{F \cdot l^3}{12 \cdot E \cdot I} = 0,08 \text{ cm}$$

und damit $\varphi = f/r_m \approx 0,03$. Der Aufnehmer hat also eine Torsionsfederkonstante von

$$c = \frac{M_t}{\varphi} = 1333 \text{ Nm} .$$

Damit ließe sich jetzt bei bekanntem Massenträgheitsmoment der zu beschleunigenden Drehmassen das dynamische Verhalten quantitativ berechnen.

## 6.6 Mehrkomponenten-Aufnehmer

### 6.6.1 Aufgabenstellung

Es gibt in der Entwicklung und in der mechanischen Fertigung eine Vielzahl von Meßaufgaben, bei denen die Kenntnis einer Einzelkomponente zur Beschreibung des betrachteten Systems nicht ausreicht, d.h. die bisher als Störgrößen betrachteten Komponenten werden jetzt zu Meßgrößen. Beispiele für solche Aufgaben finden wir u.a. bei aerodynamische Messungen im Windkanal [23–27], bei Schnittkraftmessungen an Werkzeugmaschinen, bei Industrierobotern und bei der Kontrolle von Steuerungsfunktionen an Raketenantrieben [28].

Im allgemeinsten Fall wird die Wirkung einer Kraft F bezüglich eines definierten Bezugspunktes 0 durch sechs Komponenten beschrieben: $F_x$, $F_y$, $F_z$, $M_x$, $M_y$ und $M_z$.

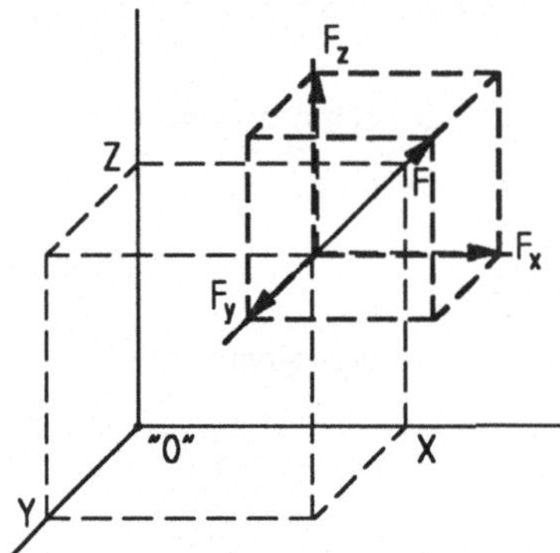


**Bild 6.25**
Wirkungskomponenten einer Kraft

Je nachdem, wieviel Komponenten ermittelt werden, spricht man von **Zwei- bis Sechskomponentenaufnehmern**.

Der sowohl von den Genauigkeitsforderungen als auch von der Einbausituation anspruchsvollste Mehrkomponentenaufnehmer ist die sogenannte interne Windkanalwaage, die zur Messung der am luftumströmten Modell im Windkanal auftretenden aerodynamischen Komponenten eingesetzt wird. Zu diesem Zweck wird die eine Seite des Aufnehmers an einen Stiel geflanscht und die andere Seite im Innern des Modells befestigt.
Gemessen werden im maximalen Fall die Komponenten Widerstand, Auftrieb, Seitenkraft, Nickmoment, Rollmoment und Giermoment. Die Genauigkeitsforderungen an einen solchen Aufnehmer liegen im Bereich bis zu 0,01%. Der Grund für diese außerordentlich hohen Genauigkeitsforderungen sind die strengen Garantieforderungen im Flugzeugbau, die mit den Messungen am Modell verbunden sind. So muß zum Beispiel der Energieverbrauch bereits in der Entwicklungsphase sehr exakt vorausgesagt werden, um Optionen zu verkaufen. Wird der tatsächliche Energieverbrauch dann allerdigs überschritten, treten empfindliche Konventionalstrafen in Kraft.

Der Bau von Mehrkomponentenaufnehmern, die solchen Genauigkeitsanforderungen genügen und gleichzeitig auch noch sehr kompakt aufgebaut sind, erfordert ein hohes Niveau an Spezialwissen und Erfahrung, das im Rahmen dieses Kapitels nur andeutungsweise wiedergegeben kann.

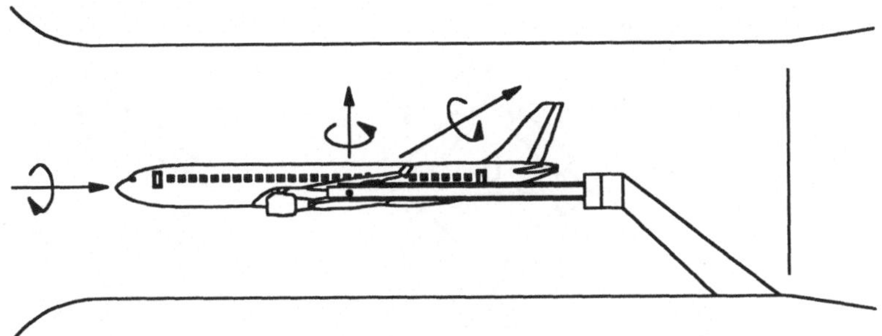

**Bild 6.26** Messung mit interner Windkanalwaage

## 6.6.2 Entwicklungsstufen bis zum Sechskomponentenaufnehmer

Die einfachste Möglichkeit, einen Zweikomponentenaufnehmer zur Messung einer Kraft und eines Biegemomentes zu bauen, besteht in der Anwendung eines Biegebalkens nach Bild 6.27:

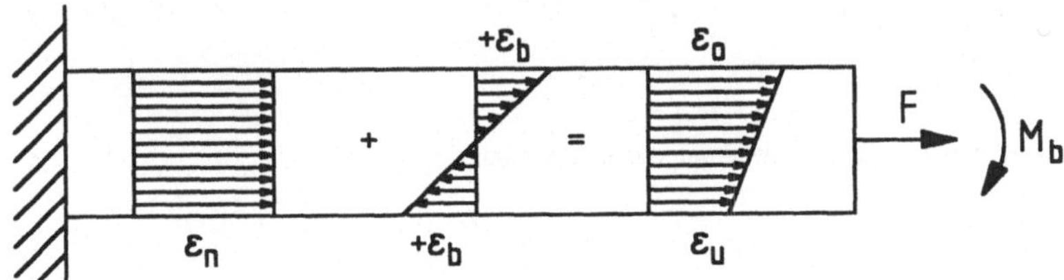

**Bild 6.27** Dehnungsverteilung in einem mit einer Normalkraft und einem Biegemoment beanspruchten Kragarm

Aus den auf Ober- und Unterseite gemessenen Dehnungen $\varepsilon_o$ und $\varepsilon_u$ lassen sich die Anteile für Normalkraftdehnung und Biegedehnung trennen:

$$\varepsilon_n = \frac{\varepsilon_o + \varepsilon_u}{2} \qquad \varepsilon_b = \frac{\varepsilon_o - \varepsilon_u}{2} \, , \tag{6.20}$$

woraus dann über das Hooksche Gesetz die gesuchten Komponenten ermittelbar sind:

$$F = \varepsilon_n \cdot E \cdot A \qquad M_b = \varepsilon_b \cdot E \cdot W \, .$$

Die Dehnungsmessungen oben und unten erfolgen beispielsweise in zwei getrennten Vollbrückenschaltungen unter Einbeziehung der Querkontraktion nach Bild 6.28:

$$U_{o/u} = \frac{U_s \cdot 2 \cdot k \cdot \varepsilon_{o/u} \cdot (1 + \mu)}{4} \, .$$

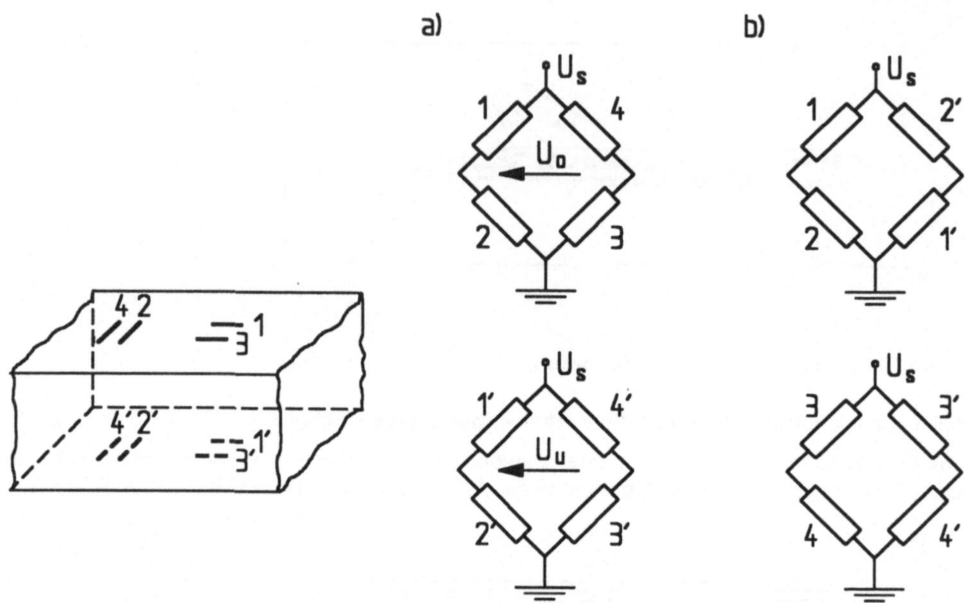



**Bild 6.28** Mögliche DMS-Anordnungen zur Zweikomponentenmessung
 a) getrennte Vollbrücken
 b) direkteAuswertung

Die Meßsignalverarbeitung kann wahlweise analog und/oder rechnerisch erfolgen. Bei der analogen Verarbeitung werden die beiden Brückenausgangssignale zur Kraftmessung addiert und zur Momentenmessung subtrahiert:

$$F = \frac{E \cdot A}{U_s \cdot k \cdot (1+\mu)} \cdot (U_0 + U_u) \qquad M = \frac{E \cdot W}{U_s \cdot k \cdot (1+\mu)} \cdot (U_0 - U_u) \ . \qquad (6.21)$$

Die Anpassung der Brückenausgangssignale an das Anzeigeinstrument erfolgt durch entsprechende Dimensionierung der Operationsverstärkerwiderstände.

Durch Änderung der DMS-Konfiguration in jeweils eine Parallel- und eine Antiparallelschaltung lassen sich die beiden Meßsignale auch direkt gewinnen:

$$\text{Aus } U_F = \frac{U_s \cdot k \cdot (1+\mu) \cdot (\varepsilon_0 + \varepsilon_u)}{4} \quad \text{folgt} \quad F = \frac{E \cdot A}{U_s \cdot k \cdot (1+\mu)} \cdot U_F \ .$$

$$\text{Aus } U_M = \frac{U_s \cdot k \cdot (1+\mu) \cdot (\varepsilon_0 - \varepsilon_u)}{4} \quad \text{folgt} \quad M = \frac{E \cdot W}{U_s \cdot k \cdot (1+\mu)} \cdot U_M \ . \qquad (6.22)$$

Für die Rechnerlösung werden die Brückenausgangssignale $U_0$ und $U_u$ zunächst verstärkt und im A/D-Wandler digitalisiert. Die Verarbeitung im Rechner erfolgt über eine Matrix der Form:

$$\begin{pmatrix} F \\ M \end{pmatrix} = \begin{pmatrix} a_{11} & a_{12} \\ a_{21} & a_{22} \end{pmatrix} \begin{pmatrix} U_O \\ U_U \end{pmatrix}$$

Die Matrixelemente $a_{nm}$ lassen sich überschlägig mit den obigen Formeln errechnen, beispielsweise erhalten wir für einen Balkenquerschnitt von 1 cm $\cdot$ 1 cm mit $E = 2 \cdot 10^7$ N/cm$^2$, $\mu = 0{,}3$, $k = 2$ und $U_s = 20$ V die Koeffizienten:

$$a_{11} = a_{12} = 385\,\frac{N}{mV} \quad \text{und} \quad a_{21} = -a_{22} = 64\,\frac{Nm}{mV}\,.$$

Für die Praxis wäre die Koeffizientenberechnung in den meisten Fällen allerdings zu ungenau und ist deshalb durch eine Kalibrierung mit bekannten Belastungsgewichten zu ergänzen. Nachteilig bei der gezeigten Anordnung ist vor allem die im Vergleich zum Biegemoment geringe Empfindlichkeit bezüglich der Normalkraft: Im obigen Beispiel erhalten wir damit für eine um $x = 2$ cm vom Bezugspunkt versetzte Normalkraft von $F = 2000$ N für die Kraft ein Ausgangssignal $U_F = 2{,}6$ mV und für das zugehörige Moment $M = 4000$ Nm ein Ausgangssignal von $U_M = 31{,}2$ mV. Um für die Normalkraft ein größeres Ausgangssignal zu erhalten, kann die Kraftwirkung durch eine Parallelführung entkoppelt werden; der belastete Querschnitt wird dann mit einer Vollbrückenschaltung appliziert, die direkt der Kraftkomponente zugeordnet ist:

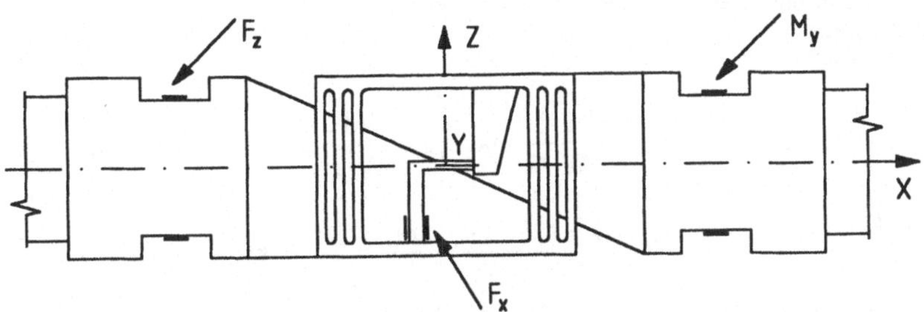


**Bild 6.29** Mechanische Entkopplung der Normalkraft

Zur Messung einer senkrecht zur Mittelachse auftretenden Kraft kann das schon in Kapitel 6.3.2 besprochene Prinzip mit zwei Biegemeßstellen herangezogen werden, wobei wir durch eine entsprechende Signalverarbeitung auch das korrespondierende Biegemoment gewinnen.

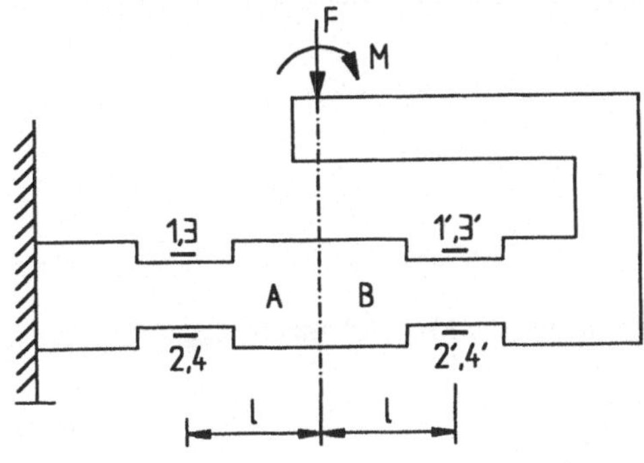


**Bild 6.30**
Doppelbiegemeßstellenanordnung

Die gesuchten Größen F und M lassen sich aus den an den Applikationsstellen A und B verursachten Biegemomenten ableiten: Aus $M_A = - F \cdot l + M$ und $M_B = F \cdot l + M$ folgt

$$F = \frac{M_A - M_B}{2} \quad \text{und} \quad M = \frac{M_A + M_B}{2 \cdot l} \, . \tag{6.23}$$

Wir erhalten wieder durch parallel- bzw. antiparallelschalten F und M in der der direkten Messung mit Schaltung a):

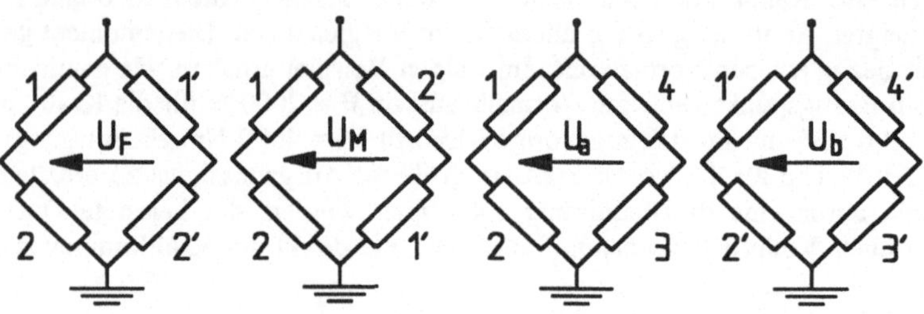

**Bild 6.31** Mögliche DMS-Anordnungen zur Zweikomponentenmessung
      a) direkte Messung
      b) Rechnerauswertung

Durch Einsetzen der Dehnungsanteile $\varepsilon_F = \dfrac{F \cdot l}{W \cdot E}$ und $\varepsilon_M = \dfrac{M}{W \cdot E}$ in die Brückengleichungen

$$U_F = \frac{U_s \cdot k \cdot (\varepsilon_F + \varepsilon_M + \varepsilon_F + \varepsilon_M + \varepsilon_F - \varepsilon_M + \varepsilon_F - \varepsilon_M)}{4} = U_s \cdot k \cdot \varepsilon_F$$

$$U_M = \frac{U_s \cdot k \cdot (\varepsilon_F + \varepsilon_M + \varepsilon_F + \varepsilon_M - \varepsilon_F + \varepsilon_M - \varepsilon_F + \varepsilon_M)}{4} = U_s \cdot k \cdot \varepsilon_M$$

erhalten wir für die direkte Messung:

$$F = \frac{W \cdot E}{l \cdot U_s \cdot k} \cdot U_F \qquad\qquad M = \frac{W \cdot E}{U_s \cdot k} \cdot U_M \, . \tag{6.24}$$

Bei der Rechnerlösung gehen wir von jeweils einer Vollbrückenschaltung pro Momentenmeßstelle aus:

$$U_a = \frac{U_s \cdot k \cdot (4 \cdot \varepsilon_F + 4 \cdot \varepsilon_M)}{4} = \frac{U_s \cdot k}{E \cdot W} \cdot (F \cdot l + M)$$

$$U_b = \frac{U_s \cdot k \cdot (-4 \cdot \varepsilon_F + 4 \cdot \varepsilon_M)}{4} = \frac{U_s \cdot k}{E \cdot W} \cdot (-F \cdot l + M) \, .$$

Durch Umstellen auf die gesuchten Größen ergeben sich die Matrixelemente $a_{mn}$ zu:

$$a_{11} = -a_{12} = \frac{E \cdot W}{2 \cdot U_s \cdot k \cdot l} \qquad\qquad a_{21} = a_{22} = \frac{E \cdot W}{2 \cdot U_s \cdot k} \, . \tag{6.25}$$

Durch Ergänzung des Verformungskörpers um eine um 90° gedrehte DMS-Anordnung läßt sich das Meßsystem schließlich auf alle sechs gesuchten Komponenten erweitern [29]:

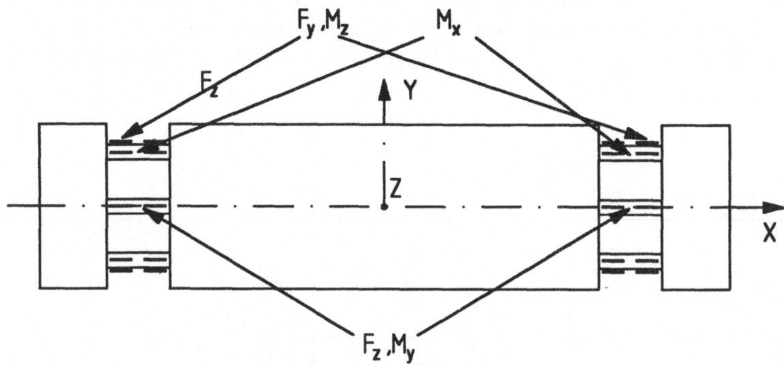


**Bild 6.32** Prinzip des Sechskomponenten-Meßaufnehmers

Die Herstellung des skizzierten Verformungskörpers ist auf Grund der gedrängten Bauform äußerst schwierig. Für geringere Genauigkeitsanforderungen wählt man eine Bauart, bei der der Verformungskörper aus einzelnen Funktionsblöcken zusammengeschraubt wird. Um die bei der zusammengesetzten Bauart in den Schraubverbindungen auftretenden Hystereseeffekte zu vermeiden, sollte der Verformungskörper möglichst aus einem Stück gefertigt werden. Dies führt notwendigerweise zu Kompromissen zwischen der Wahl der optimalen Formgebung und der fertigungstechnologischen Machbarkeit. Einen erfolgreichen Ausweg bietet die integrierte Bauweise, bei der die einzelnen Baugruppen durch Elektronenstrahlschweißung miteinander verbunden werden [30].

**Bild 6.33** Interne Windkanalwaage in geschweißter Ausführung

Eine andere zunehmend interessanter werdende Anwendung für Mehrkomponentenaufnehmer ist ihr Einsatz in Industrierobotern, sie dienen hier als taktile Sensoren zwischen Roboterarm und Greifer [31]. Bild 6.34 a zeigt die für diesen Einsatzfall übliche, von der DFVLR (heute: DGLR) entwickelte Bauform aus zwei Krafteinleitungsringen, die über vier Speichen und vier weitere Stützen miteinander verbunden sind. Die Speichen und Stützen sind mit insgesamt acht DMS-Brücken appliziert, aus denen sich die sechs gesuchten Kräfte und Momente über eine 6·8-Matrix gewinnen lassen.

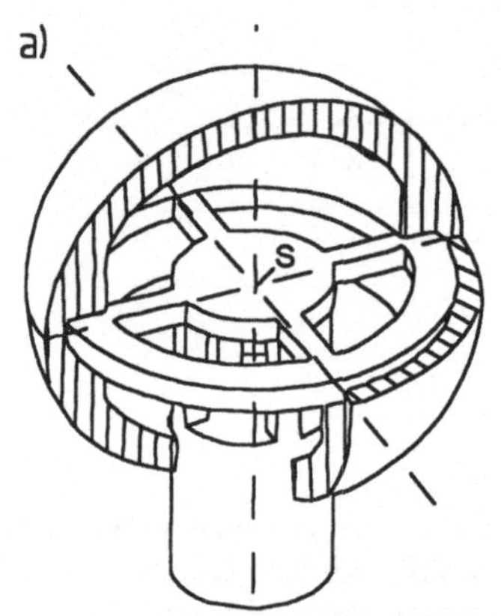
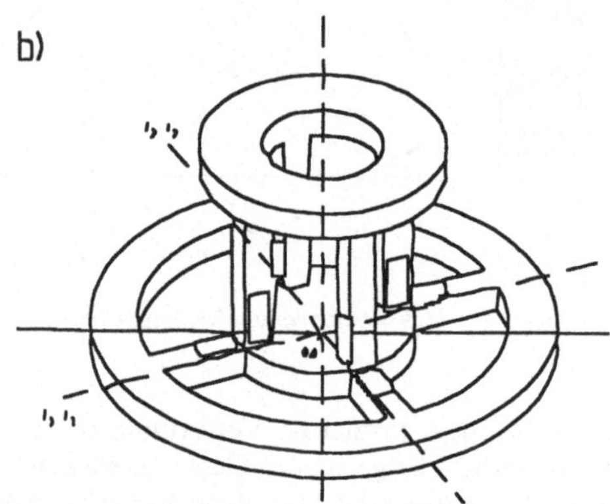

**Bild 6.34** Roboteraufnehmer
    a) Armwurzelsensor
    b) Sensorkugel als Sollwertgeber

Die in Bild 6.34b dargestellte Sensorkugel dient zur Fernmanipulierung der Robotermotorik und zur Programmierung. Die Kugel wird zu diesem Zweck vom Operator über Hand so manipuliert, wie es die konkrete Aufgabenstellung erfordert. Die dabei entstehenden Signale werden entweder on-line an die Roboterantriebselemente weitergegeben oder im Rechner für den späteren Handlungsablauf gespeichert.

Charakteristisch für taktile Robotersensoren sind die im Vergleich zu Windkanalwaagen stark reduzierten Genauigkeitsanforderungen im %-Bereich und der vergrößerte Meßweg, um Kraftstöße weich abzufedern.

### 6.6.3 Kalibrierung von Mehrkomponentenaufnehmern

Zur Kalibrierung der Mehrkomponentenaufnehmer ist eine aufwendige Prozedur notwendig, bei der nacheinander alle Belastungen mit definierter Größe aufgebracht und die Ausgangssignale registriert werden. Eine Kalibriermaschine mit automatisierten Ablauf ist in [32, 33] beschrieben. Ziel der Kalibrierung ist die Ermittlung der Elemente der Meßmatrix:

$$K_n = \sum a_{np} + \sum \sum a_{nqr} \cdot R_q \cdot R_r \tag{6.26a}$$

Zu diesem Zweck wird der Aufnehmer nacheinander definiert mit allen vorkommenden Kräften und Momenten belastet; aus den ausgegebenen Brückensignalen werden zunächst die Elemente der Kalibriermatrix errechnet:

$$R_p = \sum b_{pn} \cdot K_n + \sum \sum b_{pml} \cdot K_m \cdot K_n \ . \tag{6.26b}$$

Die gesuchte Meßmatrix ergibt sich anschließend durch Invertierung der Kalibriermatrix:

$$\left(A_{np}, A_{nqr}\right) = \left(B_{pn}, B_{pml}\right) .$$

(6.26c)

Für Fälle minderer Genauigkeit genügt die Beschränkung auf Glieder erster Ordnung; wir wollen dies in vereinfachter Form für einen Dreikomponentenaufnehmer durchrechnen. Als Beispiel wählen wir den Aufnehmer nach Bild 7.6 , für den wir zunächst die obigen Matritzen entsprechenden Gleichungen aufschreiben:

Kalibriergleichungen:

$$U_1 = b_{11} \cdot F_y + b_{12} \cdot F_z + b_{13} \cdot M_x$$
$$U_2 = b_{21} \cdot F_y + b_{22} \cdot F_z + b_{23} \cdot M_x$$
$$U_3 = b_{31} \cdot F_y + b_{32} \cdot F_z + b_{33} \cdot M_x$$

Meßgleichungen:

$$F_y = a_{11} \cdot U_1 + a_{12} \cdot U_2 + a_{13} \cdot U_3$$
$$F_z = a_{21} \cdot U_1 + a_{22} \cdot U_2 + a_{23} \cdot U_3$$
$$M_x = a_{31} \cdot U_1 + a_{32} \cdot U_2 + a_{33} \cdot U_3$$

Der Aufnehmer wird kalibriert, indem er entsprechend Bild 6.35 über bekannte Gewichtssätze nacheinander mit allen Einzelkomponenten belastet wird.

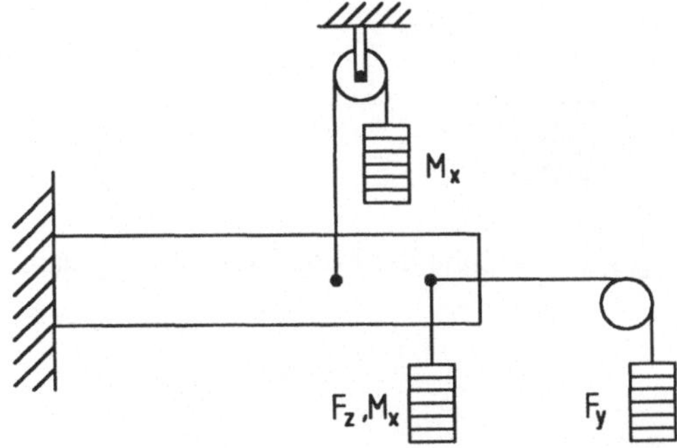


**Bild 6.35** Kalibrierung eines Dreikomponentenaufnehmers

Wir wollen für unser Beispiel davon ausgehen, daß jede Komponente nur mit ihrem maximalen Wert belastet wurde; in der Praxis werden zur Linearisierung pro Lastrichtung etwa fünf Belastungspunkte gewählt.

Idealisiertes Ergebnis:

| [mV] | $F_{y,max.}$ | $F_{z,max.}$ | $M_{x,max.}$ |
|---|---|---|---|
| | | [N] bzw. [Ncm] | |
| U1 | 7,5 | 10 | −10 |
| U2 | 2,5 | 10 | −10 |
| U3 | −2,5 | 10 | 10 |

Damit können die Elemente der Kalibriermatrix berechnet werden:

$$b_{11} = \frac{U_1}{F_y} \qquad b_{21} = \frac{U_2}{F_y} \qquad b_{31} = \frac{U_3}{F_y}$$

$$b_{12} = \frac{U_1}{F_z} \qquad b_{22} = \frac{U_2}{F_z} \qquad b_{32} = \frac{U_3}{F_z}$$

$$b_{13} = \frac{U_1}{M_x} \qquad b_{23} = \frac{U_2}{M_x} \qquad b_{33} = \frac{U_3}{M_x}$$

Wir erhalten als Ergebnis die Kalibrier- und nach der Invertierung die Meßmatrix:

$$\left(B_{pn}\right) = \begin{bmatrix} 0,0015\,\frac{mV}{N} & 0,001\,\frac{mV}{N} & -0,0005\,\frac{mV}{Ncm} \\ 0,0005\,\frac{mV}{N} & 0,001\,\frac{mV}{N} & -0,0005\,\frac{mV}{Ncm} \\ -0,0005\,\frac{mV}{N} & 0,001\,\frac{mV}{N} & 0,0005\,\frac{mV}{Ncm} \end{bmatrix}$$

$$\left(A_{np}\right) = \begin{bmatrix} 1000\,\frac{N}{mV} & -1000\,\frac{N}{mV} & 0 \\ 0 & 500\,\frac{N}{mV} & 500\,\frac{N}{mV} \\ 1000\,\frac{Ncm}{mV} & -2000\,\frac{Ncm}{mV} & 1000\,\frac{Ncm}{mV} \end{bmatrix}$$

Anschließend wird die Meßmatrix im Rechner gespeichert, und der Aufnehmer ist fertig zum Einsatz.

## 6.7 Bewegungsaufnehmer

### 6.7.1 Übersicht

Da die Verformung von DMS-Aufnehmern prinzipbedingt nicht unbegrenzt erweiterbar ist, beschränkt sich ihr Einsatz in der Bewegungsmessung auf Aufgaben mit relativ kleinen Meßwegen.

Die Hauptanwendung für die nach dem DMS-Prinzip arbeitenden Bewegungsaufnehmer liegt damit in der Schwingungsmessung. Als Schwingung bezeichnen wir die zeitliche, nicht monoton erfolgende Änderung physikalischer Größen, vor allem der Größen Weg, Geschwindigkeit und Beschleunigung. Wenn diese Größen·einer mathematischen Funktion folgen, sprechen wir von determinierten Vorgängen, die periodisch oder nichtperiodisch ablaufen können.

Schwingungen sind periodisch, wenn sich der sie charakterisierende Bewegungsablauf nach einer definierten Zeit wiederholt. Als wichtigsten Sonderfall einer periodischen Schwingung kennen wir die harmonische Schwingung nach Bild 6.36a, die zum Beispiel von Turbinen und Elektromotoren hervorgerufen wird. Wenn sich der Schwingungsablauf nicht wiederholt, sprechen wir von unperiodischen Schwingungen entsprechend Bild 6.36b, die beispielsweise bei Verkehrserschütterungen auftreten.

Zur Erfassung der Schwingung können wahlweise die Größen

   – Schwingweg (Ausschlag) s

   – Schwinggeschwindigkeit (Schnelle) v

   – Schwingbeschleunigung a

gemessen werden. Von diesen Meßgrößen sind mit Hilfe der DMS-Technik über die Meßkörperverformung der Schwingweg und über die Massenträgheitskraft die Schwingbeschleunigung direkt meßbar.

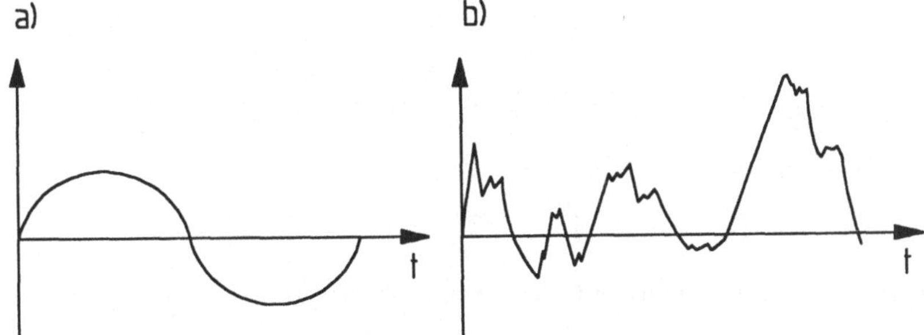


**Bild 6.36** Die wichtigsten Schwingungsformen
        a) harmonische Schwingung
        b) unperiodische Schwingung

Durch den mathematischen Zusammenhang

$$v = \frac{ds}{dt} \qquad a = \frac{dv}{dt}$$

lassen sich alle gemessenen Größen ineinander überführen, wobei sich im wichtigen Sonderfall der harmonischen Schwingung $s = s_0 \sin \omega t$ bei bekannter Kreisfrequenz $\omega = 2 \cdot \pi \cdot f$ die Beträge der Amplituden direkt bestimmen lassen:

$$v_0 = \frac{s_0}{\omega} \qquad a_0 = v_0 \cdot \omega \ . \tag{6.27}$$

Aus dem obigen Zusammenhang zwischen den einzelnen Schwingungsamplituden leitet sich die Regel ab, bei niedrigen Frequenzen zur Gewinnung eines möglichst großen Meßsignals bevorzugt wegmessende Schwingungsaufnehmer einzusetzen und entsprechend bei hochfrequenten Schwingungsvorgängen Beschleunigungsaufnehmer zu bevorzugen.

Je nach Anwendungsfall unterscheiden wir nach DIN 45661 weiterhin zwischen relativ und absolut messenden Aufnehmern:

"Ein **Absolutschwingungsmesser** mißt die Schwingungsgröße gegen ein ruhendes Bezugssystem, das durch die Wirkungsweise des Gerätes bestimmt wird."

"Ein **Relativschwingungsmesser** mißt die Schwinggröße gegen ein beliebig wählbares äußeres Bezugssystem."

Betrachten wir zur Verdeutlichung der unterschiedlichen Wirkungsweise das in Bild 6.37 gezeigte Beispiel. Der Motorblock M ist federnd auf dem Chassis C befestigt. Dann mißt der Relativaufnehmer R nur dann die gleiche Amplitude wie der Absolutaufnehmer A, wenn sich das Chassis in Ruhe befindet. Treten zusätzlich Chassisbewegungen auf, dann mißt der Relativaufnehmer nach wie vor nur die Relativbewegung, während der Absolutaufnehmer jetzt beide Schwingungen in ihrer Überlagerung mißt.

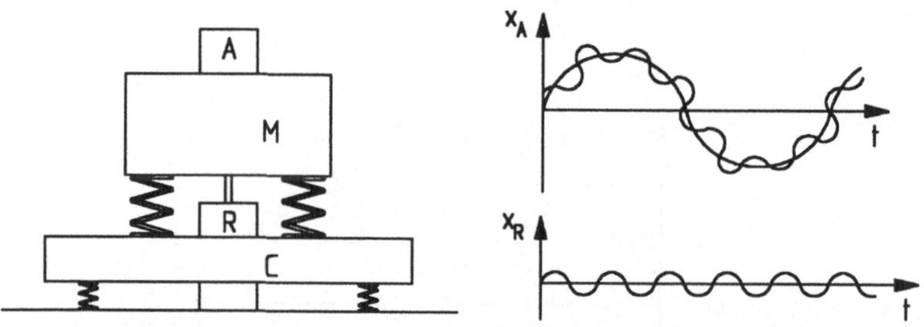

**Bild 6.37** Beispiel einer absolut und relativ messenden Schwingungsmeßanordnung

Für beide Meßarten ist bei der Anbringung der Aufnehmer auf eine möglichst geringe Störung der dynamischen Eigenschaften des zu messenden Objektes zu achten. Als Faustregel gilt, daß die Masse des Aufnehmers höchstens ein Zehntel der schwingenden Masse betragen sollte. Die Tastspitze des Relativaufnehmers wird zur Erzielung einer möglichst unverfälschten Meßwerteinleitung vorzugsweise verschraubt oder verklebt. Am einfachsten zu realisieren ist die Ankopplung der Tastpitze mittels einer vorgespannten Feder, jedoch besteht bei zu großer Schwingungsamplitude $s_0$ und zu geringer Vorspannkraft F die Gefahr des Abhebens; weiterhin können Resonanzen auftreten, die die Messung ebenfalls verfälschen. Bei bekannter Tastspitzenmasse m ergibt sich die obere Grenzfrequenz zu:

$$\omega_g = \sqrt{\frac{F}{s_0 \cdot m}} \,. \tag{6.28}$$

Dabei darf die Kraft F aber nicht zu groß gewählt werden, um das Schwingungsverhalten nicht unzulässig zu verändern.

### 6.7.2 Relativwegmesser

Zur Erzielung eines Weges mit möglichst kleiner Federkonstante wird ein Biegebalken eingesetzt.

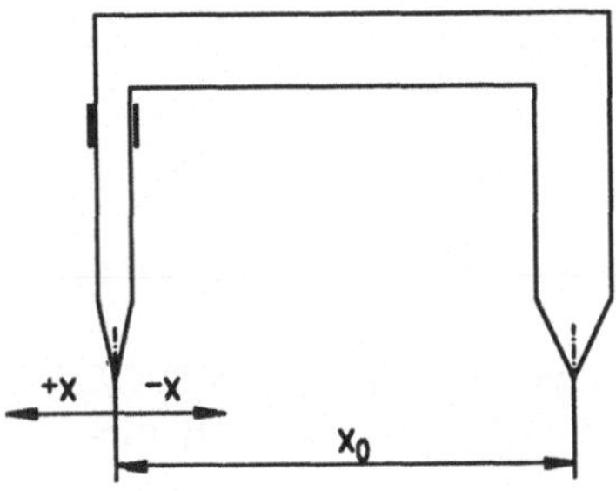


**Bild 6.38**
Prinzip des Relativwegmessers mit DMS-Biegebalken

Aus $x = F \cdot l^3 / 3 \cdot E \cdot I$ folgt für den Zusanmmenhang zwischen der Auslenkung x und der Dehnung
$\varepsilon$ an der Einspannstelle:

$$\varepsilon = \frac{3 \cdot h}{2 \cdot l^2} \; .$$

Damit erhalten wir beispielsweise für eine Feder von 1 mm Dicke und 100 mm Länge bei
1,5‰ maximaler Dehnung einen zulässigen Meßweg von $x_{max} = \pm 10$ mm.
Das Ausgangssignal eines als Vollbrücke geschalteten Relativwegaufnehmers beträgt damit:

$$U = \frac{3 \cdot U_s \cdot k \cdot h}{2 \cdot l^2} \; . \tag{6.29}$$

Im Gegensatz zum Absolutschwingwegaufnehmer ist der Relativaufnehmer bis zu tiefsten
Frequenzen einsetzbar; die obere Grenze wird durch die Art der Ankopplung und das innere
Resonanzverhalten des Aufnehmers bestimmt.

### 6.7.3 Absolutschwingwegmesser

Als Verformungskörper dient wieder ein Biegebalken, aber im Unterschied zum Relativaufnehmer wird die Meßgröße über die eingespannte Seite eingeleitet, während das Bezugssystem durch eine träge Masse am freien Ende des Balkens gebildet wird.
Bei genügend hoher Frequenz der Wegamplitude x bleibt die Masse in Ruhe, und die Balkendurchbiegung $x_a$ wird gleich der zu messenden Wegamplitude. Wird der Aufnehmer wieder in
Vollbrückenschaltung aufgebaut, erhalten wir durch Vertauschen von x mit $x_r$ den gleichen
Zusammenhang zwischen der im Aufnehmer entstehenden Wegamplitude $x_r$ und dem Ausgangssignal U wie für den Relativaufnehmer:

$$U = \frac{3 \cdot U_s \cdot k \cdot h}{2 \cdot l^2} \cdot x_r \; .$$

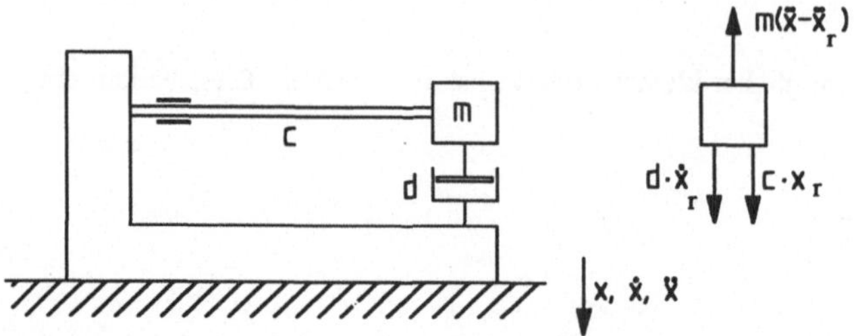


**Bild 6.39** Prinzip des Absolutschwingwegaufnehmers

Bei genügend hoher Anregungsfrequenz $\omega \to \infty$ bleibt die Masse m auf Grund ihrer Trägheit in Ruhe ($x_r = x$), und wir erhalten die Aufnehmerempfindlichkeit e im überkritischen Betrieb:

$$e = \frac{U_s}{x} = \frac{3 \cdot U_s \cdot k \cdot h}{2 \cdot l^2} \,. \tag{6.30}$$

Zur Untersuchung des Übertragungsverhaltens bei kleinen Frequenzen stellen wir zunächst gemäß Kapitel 10.2.2 die Differentialgleichung der Bewegung auf. Aus dem Gleichgewicht der an der Masse m angreifenden Kräfte erhalten wir die DGL zweiter Ordnung:

$$m \cdot \ddot{x} = c \cdot x_r + d \cdot \dot{x}_r + m \cdot \ddot{x}_r \,,$$

die mit der Resonanzfrequenz $\omega_0^2 = \dfrac{c}{m}$ und der Dämpfungskonstanten $D = \dfrac{d \cdot \omega_0}{2 \cdot c}$ übergeht in die ein $PT_2$-System beschreibende Normalform:

$$\frac{1}{\omega_0^2} \cdot \ddot{x} = x_r + \frac{2 \cdot D}{\omega_0} \cdot \dot{x}_r + \frac{1}{\omega_0^2} \cdot \ddot{x}_r \,.$$

Nach dem in Kap. 10.2.4 dargestellten Verfahren zur Bestimmung der Übertragungsfunktion erhalten wir als Verhältnis zwischen der Eingangsamplitude x und der zum Ausgangssignal U proportionalen Relativamplitude $x_r$ die Beziehung:

$$\frac{x_r}{x} = \frac{\left(\dfrac{\omega}{\omega_0}\right)^4}{\sqrt{\left(1 - \left(\dfrac{\omega}{\omega_0}\right)^2\right)^2 + 4 \cdot D^2 \cdot \left(\dfrac{\omega}{\omega_0}\right)^2}} \tag{6.31a}$$

und für die Phasenverschiebung zwischen Ein- und Ausgangssignal:

$$\varphi = \arctan\left(-\frac{2 \cdot D \cdot \left(\dfrac{\omega}{\omega_0}\right)^3}{\left(\dfrac{\omega}{\omega_0}\right)^4 - \left(\dfrac{\omega}{\omega_0}\right)^2}\right) \,. \tag{6.31b}$$

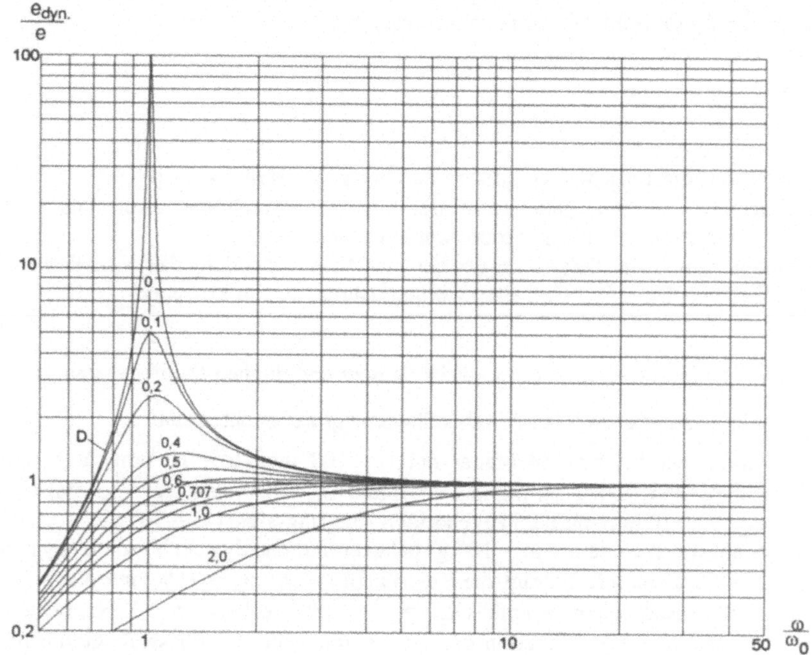


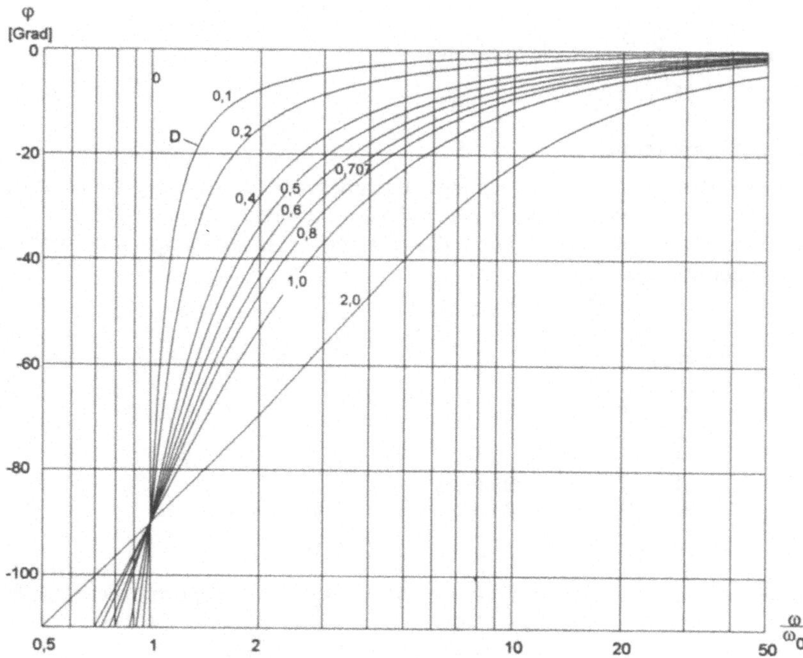


**Bild 6.40** Übertragungsverhalten des Absolutschwingwegaufnehmers

Mit der Definition der dynamischen Empfindlichkeit $e_{dyn} = U/x$ erhalten wir:

$$\frac{e_{dyn.}}{e} = \frac{U}{U_\infty} = \frac{x_r}{x}$$

und gewinnen damit das dynamische Verhalten in normierter Darstellung: Bild 6.40.

Die Phasenverschiebung $\varphi$ ist unter anderem bei der Auswertung mehrerer Meßstellen zu beachten, wenn diese einander zeitlich zugeordnet werden sollen.

Damit der Aufnehmer auch bei tiefen Frequenzen einsetzbar ist, sollte das Verhältnis aus Masse und Steifigkeit möglichst klein gehalten werden. Daraus resultiert wegen

$$c = \frac{E \cdot b \cdot \left(h/l\right)^3}{4}$$

die Forderung nach einer möglichst langen und dünnen Meßfeder und großer Masse, wobei allerdings Abmessungs- und Stabilitätsgrenzen zu beachten sind.

Beispielsweise erhalten wir für eine Meßfeder mit $l = 100$ mm, $b = 10$ mm, $h = 1$mm, $E = 2 \cdot 10^7$ N/cm$^2$ in Vollbrückenschaltung mit $k = 2$ und $U_s = 10$ V bei $\varepsilon_{max} = 1,5‰$ einen Meßbereich von $x_{max} = \pm 10$ mm mit dem zugehörigen Ausgangssignal $U = 30$ mV.

Wird die Meßfeder am freien Ende mit $m = 100$ gr belastet und das System beispielsweise mit Silikonöl bis zu $D = 0,7$ gedämpft, beträgt die Resonanzfrequenz $\omega_0 = 71/s$, und damit wird mit Bild 40 die untere Grenzfrequenz ebenfalls $\omega_{gu} = 71/s$ entsprechend ca. 10 Hz, bei einer Phasenverschiebung von $\varphi = 90°$. Weiterhin können wir mit Hilfe des Phasendiagramms die Zeitverschiebung zwischen der Wegamplitude und dem elektrischen Ausgangssignals zu

$$\Delta t = \frac{\varphi}{\omega_{gu}} = \frac{90° \cdot 2 \cdot \pi / 360°}{71/s} = 22 \text{ ms bestimmen}.$$

### 6.7.4 Beschleunigungsaufnehmer

Die auf DMS-Basis arbeitenden Beschleunigungsaufnehmer sind prinzipiell genauso aufgebaut wie die gerade besprochenen Absolutwegaufnehmer; die direkte Eingangsgröße ist hier allerdings an Stelle der Wegamplitude die durch die zu messende Beschleunigung hervorgerufene Trägheitskraft der Masse m.

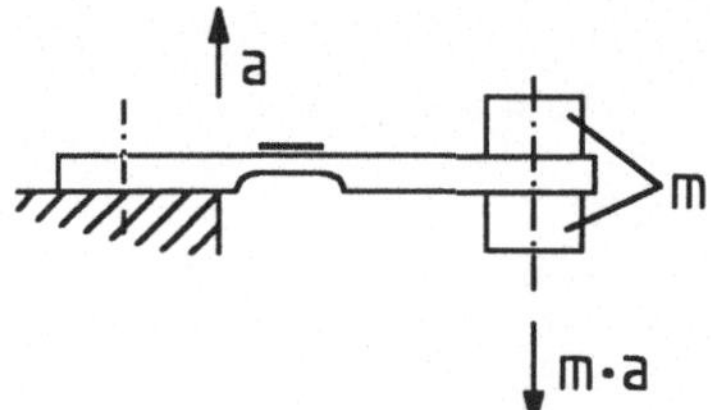


**Bild 6.41**
Prinzip des Beschleunigungsaufnehmers

Damit erhalten wir eine zu $F = m \cdot a$ und damit zur Eingangsgröße a proportionale Biegedehnung:

$$\varepsilon_b = \pm \frac{6 \cdot l \cdot m}{b \cdot h^2 \cdot E} \cdot a , \qquad\qquad (6.32)$$

aus der sich dann das Ausgangssignal U durch Anwendung der entsprechenden DMS-Brückengleichung bestimmen läßt.

Da Beschleunigungsaufnehmer sehr kompakt aufzubauen sind, wird zu ihrer Herstellung bevorzugt die sogenannte Dünnfilmtechnik angewandt, bei der die einzelnen Schichten des DMS direkt durch Aufsputtern oder Aufdampfen auf den Verformungskörper aufgebracht werden. Die beiden Hauptvorteile dieser Technik liegen im Wegfall der Klebeschicht, der einen größeren nutzbaren Temperaturbereich ermöglicht und die Feuchtebeständigkeit erhöht, und in der Möglichkeit zur Massenproduktion von bis zu hundert Aufnehmern pro Los. Weiterhin lassen sich in Dünnfilmtechnik problemlos hohe DMS-Widerstände erzielen, womit die in Wärme umgesetzte elektrische Leistung und damit auch die Anfangsdrift nach dem Einschalten reduziert wird. Damit der Kostenvorteil der Massenproduktion nicht wieder abgebaut wird, sollte der Aufnehmer allerdings nur einseitig appliziert werden. Wir wählen deshalb eine Vollbrückenschaltung mit zwei auf der Oberseite in Biegespannungsrichtung parallel angeordneten DMS 1 und DMS 3 und zwei weiteren parallelen DMS 3 und DMS 4 in Querrichtung. Das Ausgangssignal der so aufgebauten DMS-Brücke wird dann:

$$U = \frac{1}{4} \cdot U_s \cdot k \cdot 2 \cdot (1+\mu) \cdot \varepsilon_b \ . \tag{6.33}$$

Bei der Dimensionierung zur Erzielung der zur optimalen Aufnehmerempfindlichkeit erforderlichen Biegedehnung von $\varepsilon_{max} = 1,5\ \text{‰}$ ist das dynamische Übertragungsverhalten zu beachten. Zur Gewinnung der das System beschreibenden DGL bilden wir wieder das Gleichgewicht der an der Masse m angreifenden Kräfte:

$$m \cdot a = c \cdot x_a + d \cdot \dot{x}_a + m \cdot \ddot{x}_a \ .$$

Durch Einsetzen der Resonanzfrequenz $\omega_0$ und der generalisierten Dämpfungskonstanten D erhalten wir die zum Koeffizientenvergleich erforderliche Normalform:

$$\frac{1}{\omega_0^2} \cdot a = x_a + \frac{2 \cdot D}{\omega_0} \cdot \dot{x}_a + \frac{1}{\omega_0^2} \cdot \ddot{x}_a \ ,$$

aus der sich dann wieder nach der in Kap. 10.2 beschriebenen Prozedur das Empfindlichkeitsverhältnis $e_{dyn}/e$ und die Phasenverschiebung $\varphi$ gewinnen lassen:

$$\frac{e_{dyn.}}{e} = \frac{1}{\sqrt{\left(1 - \omega^2 \Big/ \omega_0^2\right)^2 + 4 \cdot D^2 \cdot \left(\omega^2 \Big/ \omega_0\right)^2}} \tag{6.34a}$$

$$\varphi = \arctan\left(\frac{-2 \cdot D \cdot \omega \Big/ \omega_0}{1 - \left(\omega \Big/ \omega_0\right)^2}\right) \ . \tag{6.34b}$$

Erwartungsgemäß geht die dynamische Empfindlichkeit für $\omega$ gegen Null in die statische Empfindlichkeit über. Das dynamische Verhalten wird damit durch ein $PT_2$-System entsprechend Bild 10.11 beschrieben.

Zur Erzielung einer möglichst hohen Grenzfrequenz muß das Steifigkeits-Massenverhältnis möglichst hoch gewählt werden. Die hieraus resultierende Forderung nach einer kleinen Masse und einer kurzen Biegefeder mit hohen Widerstandsmoment steht allerdings im direkten Widerspruch zu dem Wunsch nach einer hohen Aufnehmerempfindlichkeit. Zur optimalen Dimensionierung setzen wir die das dynamische Verhalten und das Ausgangssignal bestimmenden Größen "Resonanzfrequenz" und "Biegedehnung" zueinander in Beziehung:

$$\omega_0 = \sqrt{\frac{c}{m}} = \sqrt{\frac{3 \cdot E \cdot I}{l^3 \cdot m}} = \sqrt{\frac{1,5 \cdot a \cdot h}{\varepsilon_b \cdot l^2}} \ . \tag{6.35}$$

Die Empfindlichkeit nimmt also mit dem Quadrat der Resonanzfrequenz ab. Bei vorgegebener Biegedehnung $\varepsilon_b$ muß l so klein wie möglich und h möglichst groß gewählt werden, wobei für beide Abmessungen die erforderlich DMS-Fläche zu beachten ist.

*Beispiel: Es ist ein Beschleunigungsaufnehmer für eine Nennbeschleunigung $a_n = 500\ m/s^2$ zu dimensionieren.*

Wir sehen für die vier DMS eine Fläche von $5 \cdot 5\ mm^2$ vor. Entsprechend wählen wir die Biegelänge $l = 10$ mm und die Masse $m = 5$ gr. Damit läßt sich die Meßfederdicke h berechnen, mit $\varepsilon_{b,max.} = 1,5$ ‰ und $E = 2 \cdot 10^5\ N/mm^2$ erhalten wir:

$$\sigma_{b,max.} = E \cdot \varepsilon_{b,max.} = 300\ \frac{N}{mm^2}$$

$$M_{max.} = m \cdot a_n \cdot l = 25\ Nmm$$

$$W_{erf.} = \frac{M_{max.}}{\sigma_{b,max.}} = 0,083\ mm^3$$

und daraus mit $b = 5$ mm die erforderliche Federdicke $h = 0,32$ mm. Damit lassen sich die den Aufnehmer charakterisierenden Größen Resonanzfrequenz und Empfindlichkeit berechnen:

$$f_0 = \frac{1}{2 \cdot \pi} \cdot \sqrt{\frac{c}{m}} = 200\ Hz \qquad \text{mit } c = \frac{3 \cdot E \cdot I}{l^3} = 8160\ \frac{N}{m}$$

$$\frac{c}{a} = \frac{U/U_s}{a} = \frac{k \cdot 2 \cdot 1,3 \cdot \varepsilon_{b,max.} \hat{a}}{4 \cdot a} = 3,9\ \frac{\mu V/V}{m/s^2} \ .$$

Der nutzbare Frequenzbereich wird neben der Resonanzfrequenz vom Dämpfungsgrad bestimmt. Der Dämpfungsfaktor D läßt sich beispielweise durch silikongefüllte Kapselung des Aufnehmers einstellen, wobei der meßtechnisch optimale Wert von $D = 0,7$ anzustreben ist. Mit der Definition der Grenzfrequenz erhalten wir dann im vorliegenden Fall die obere Grenze von $\omega_{g,o} = 180$ Hz. Die zugehörige Zeitverzögerung zwischen Eingangssignal a und Ausgangssignal U gewinnen wir über die in Bild 10.11 abgelesene Phasenverschiebung $\varphi = 85°$ zu $\Delta t = \omega/\omega_{g,o} = 1,3$ ms.

Desweiteren können wir die Resonanzfrequenz des Aufnehmers durch Änderung der Masse m verschieben, wobei sich Meßbereich und Empfindlichkeit entsprechend den obigen Formeln verändern.

Die Masse ist zu diesem Zweck durch eine Schraubverbindung am Aufnehmerende befestigt und kann so leicht ausgetauscht werden.

Bild 6.42 zeigt die genannten Abhängigkeiten für den oben dimensionierten Sensor. Bei kleinen Massen unterhalb etwa 0,5 gr wird die Berechnung auf Grund der nicht mehr vernachlässigbaren Biegefedermasse ungenau.

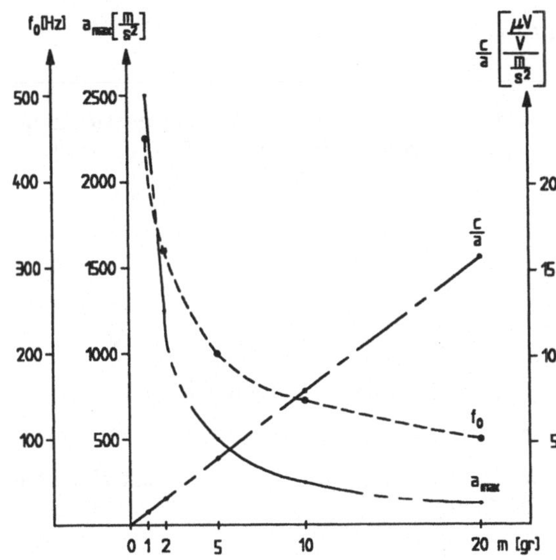


**Bild 6.42**
Aufnehmercharakteristik für
veränderliche Masse

Der beschriebene DMS-Biegestab-Beschleunigungsaufnehmer zeichnet sich also durch seine kleine Baugröße und seine Anpaßbarkeit an verschiedene Aufgabenstellungen aus. Er wird deshalb bevorzugt bei der Untersuchung von Maschinenschwingungen und in der Fahrzeugtechnik eingesetzt.

### 6.7.5 Drehbewegungsaufnehmer

Ausgehend von dem in Kapitel 6.5 beschriebenen Torsionsmomentaufnehmer mit Biegebalken lassen sich alle vorher beschriebenen translatorisch arbeitenden Bewegungsaufnehmer auch für die Drehbewegung realisieren.

Alle vorangegangenen Erkenntnisse der Translationsaufnehmer lassen sich analog übertragen, insbesondere auch das dynamische Verhalten.

a) Relativschwingwinkelaufnehmer

Der Aufnehmer wird zwischen den zu messenden Teilen positioniert; die Federsteifigkeit sollte zur Reduzierung der Rückwirkung möglichst klein gehalten werden, und die obere Grenzfrequenz wird im wesentlichen durch das innere Resonanzverhalten des Aufnehmers und die Art der Ankopplung bestimmt.

b) Absolutschwingwinkelaufnehmer

Das freie Ende wird durch eine Drehträgheitsmasse belastet; der Aufnehmer wird durch weiche Federn tief abgestimmt und im überkritischen Bereich betrieben.
Zur Beschreibung des Übertragungsverhaltens dient Bild 6.40 mit der Resonanzfrequenz:

$$\omega_0 = \frac{c^*}{I} \tag{6.36}$$

mit $c^*$ = Drehfederkonstante und $I$ = Massenträgheitsmoment.

c) Drehbeschleunigungsaufnehmer

Der mechanische Aufbau ist im Prinzip baugleich mit b); der Aufnehmer wird möglichst hoch abgestimmt, das Übertragungsverhalten wird durch Bild 10.11 beschrieben.

## 6.8 Druckaufnehmer

### 6.8.1 Übersicht

Entsprechend ihrer Verwendung werden Druckaufnehmer nach DIN 1314 eingeteilt in:

- **Absolutdruckaufnehmer**, sie messen den Druck $p_{abs}$ gegen Vakuum,

- **Überdruckaufnehmer**, sie messen den Differenzdruck zwischen einem absoluten Druck und dem jeweiligen Atmosphärendruck:

  $p_e = p_{abs} - p_{atm}$,

- **Differenzdruckaufnehmer**, sie messen die Differenz zweier Drücke:

  $\Delta p = p_1 - p_2$ .

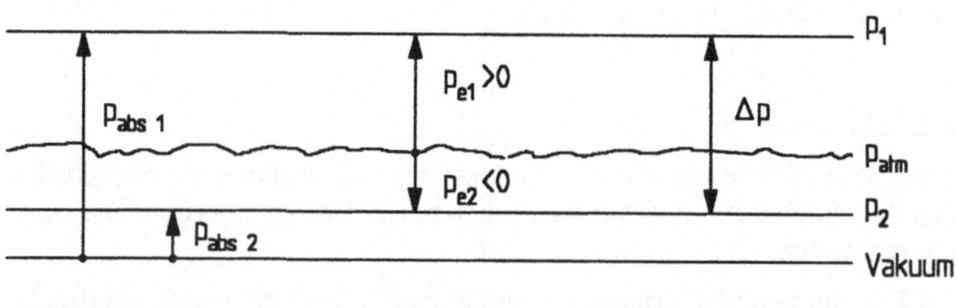


**Bild 6.43** Definitionen zur Druckmessung

Entsprechend der Art der Signalumformung unterscheiden wir zwischen mechanischen und elektrischen Druckaufnehmern. Für die ihrer Natur nach elektrisch arbeitenden DMS-Druckaufnehmer werden bevorzugt drei Umwandlungsprinzipien angewandt:

### a) Membrandruckaufnehmer

Als Federkörper dient eine kreisförmige Plattenmembran, die auf der dem Druck abgewandten Seite mit DMS versehen ist. Wird der Rand der Plattenmembrane biegesteif ausgeführt, entstehen auf der DMS-Seite eine positive Tangentialdehnung und eine negative Radialdehnung, womit die Voraussetzungen für eine Vollbrückenschaltung gegeben sind (Kap. 6.8.2). Das Prinzip ist anwendbar sowohl bei Absolut- als auch bei Überdruckaufnehmern. Während beim Absolutdruckaufnehmer die DMS-Seite der Membran durch eine evakuierte Referenzkammer gebildet werden muß, genügt beim Überdruckaufnehmer eine Öffnung zum Anschluß des Umgebungsluftdrucks. Im ersten Fall ist die DMS-Applikation durch das Vakuum optimal geschützt, im zweiten Fall muß sie gegen Feuchteeinfluß abgeschirmt werden, um durch Isolationsänderungen verursachte Nullpunktsdriften zu verhindern.

Bei Drücken von größer als ca. 100 bar werden Absolutdruckaufnehmer nach Einstellung des Nullpunktes auf ein bar auch zur Überdruckmessung eingesetzt. Je nach Randbedingung können Membranaufnehmer mit Folien-DMS oder in Dünnfilmtechnik ausgeführt werden.

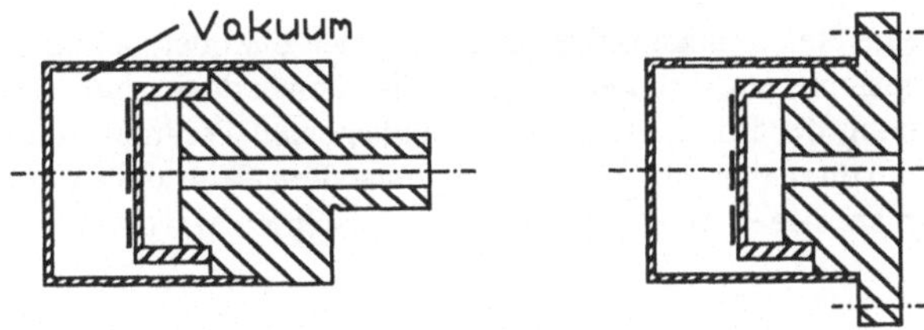


**Bild 6.44** Typische Membranaufnehmer
   a) Absolutdruckaufnehmer in Dünnfilmtechnik
   b) Überdruckaufnehmer mit Folien-DMS

Der Haupteinsatzbereich der Membranaufnehmer liegt bei der Messung von Drücken zwischen 5 bis 2000 bar.

### b) Hohlkörperdruckaufnehmer

Wie bereits in Kap. 5.2 gezeigt, können zur Druckmessung auch rohrförmige Federkörper eingesetzt werden. Der im gewählten Beispiel noch vorhandene Nachteil, daß in Ermangelung einer Druckzone keine Vollbrückenschaltung möglich ist, wird durch die in Bild 6.45 gezeigte Flachrohrausführung vermieden. Dadurch entsteht unter Innendruck an der flachen Seite eine positive Dehnung und entsprechend an der stärker gekrümmten Fläche eine Stauchung.

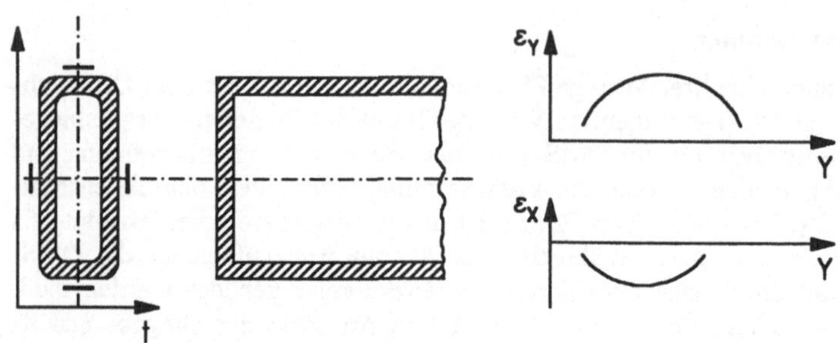

**Bild 6.45** Hohlkörperaufnehmer

Ebenso wie der Membranaufnehmer ist auch der Hohlkörperaufnehmer zur Messung von Absolut- und Überdruck geeignet, aus technologischen Gründen wird er jedoch nur mit Folien-DMS hergestellt. Der Nenndruckbereich liegt etwa zwischen 10 und 3000 bar.

### c) Biegebalkendruckaufnehmer

Sie werden vor allem für kleine Nenndrücke eingesetzt, bei denen die oben beschriebenen Prinzipien aus Dimensionierungsgründen nicht mehr anwendbar sind. Als Membran werden zur Erhöhung der Empfindlichkeit im allgemeinen Wellmembrane eingesetzt. Die Wellmembran stützt sich auf der druckabgewandten Seite über einen Stößel auf einen Biegebalken ab, wie er bereits in Kap. 6.4.3 beschrieben wurde.

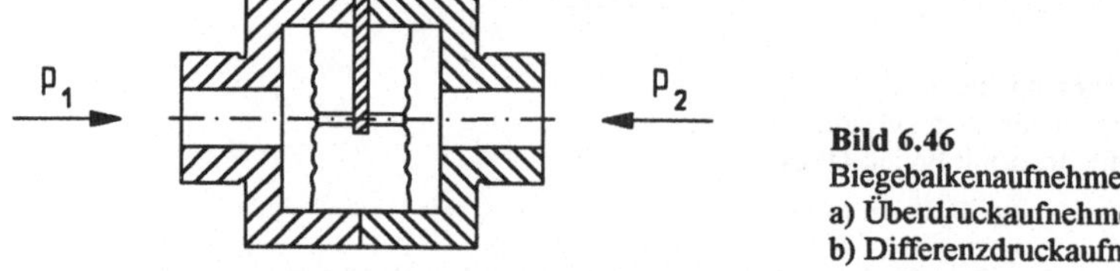

**Bild 6.46**
Biegebalkenaufnehmer
a) Überdruckaufnehmer
b) Differenzdruckaufnehmer

Die den Biegebalken belastende Kraft ergibt sich aus dem zu messenden Druck p und der effektiven Membranfläche, die von der verwendeten Geometrie abhängt. Bei der DMS-Applikation derartiger Aufnehmer wird vorwiegend in Dünnfilmtechnik gearbeitet, um die Abmessungen möglichst klein zu halten.

Das Konstruktionsprinzip erlaubt neben Absolut- und Überdruckaufnehmern auch die Realisierung von Differenzdruckaufnehmern. Zu diesem Zweck wird das System durch eine zweite Membran ergänzt, die mit der ersten über den Stößel verbunden ist. Die resultierende Wirkung der beiden Kräfte auf die Membrane ist dann ein Maß für den zu messenden Differenzdruck $\Delta p$.

Schwierig wird der Einsatz derartiger Differenzdruckaufnehmer, wenn der Differenzdruck $\Delta p$ im Vergleich zum Betriebsdruck $p_1 \approx p_2$ extrem klein ist. Dann widersprechen sich die Forderungen nach möglichst dünnen Membranen zur Erreichung der erforderlichen Empfindlichkeit und nach stabilen Membranen zur Aufnahme der hohen Betriebsdrücke. Dieses Problem wird üblicherweise durch Füllung des Zwischenraumes mit einem inkompressiblen Medium gelöst.

Treten darüber hinaus noch einseitige Druckstöße auf, muß das System durch aufwendige Überlastsicherungen geschützt werden. Beim Abgleich des Differenzdruckaufnehmers ist zusätzlich zu beachten, daß Betriebsdruckänderungen für die Differenzdruckanzeige nicht zu Nullpunkts- und Empfindlichkeitsänderungen führen.

In Sonderfällen können zur Differenzdruckmessung auch zwei Absolutdruckaufnehmer verwendet werden, die elektrisch in Differenz geschaltet sind. Diese Schaltungsart hat den Vorteil, daß neben dem Differenz- auch der Betriebsdruck erfaßt wird. Voraussetzung ist allerdings die Verwendung von Aufnehmern mit sehr stabiler Charakteristik, um die bei der Differenzbildung auftretende starke Vergrößerung des relativen Fehlers zu minimieren.

## 6.8.2 Dimensionierung des Membrandruckaufnehmers

Wir wollen jetzt die wichtigsten Kriterien zur Dimensionierung der Membran zusammenstellen. Grundlage dazu sind die Ergebnisse der Theorie der ebenen biegesteifen Platten, die z.B. in der Hütte dargestellt sind. Das für uns wichtigste Ergebnis ist der Verlauf der Tangential- und der Radialdehnung auf der Oberfläche der am Rand steif eingespannten Kreismembran.

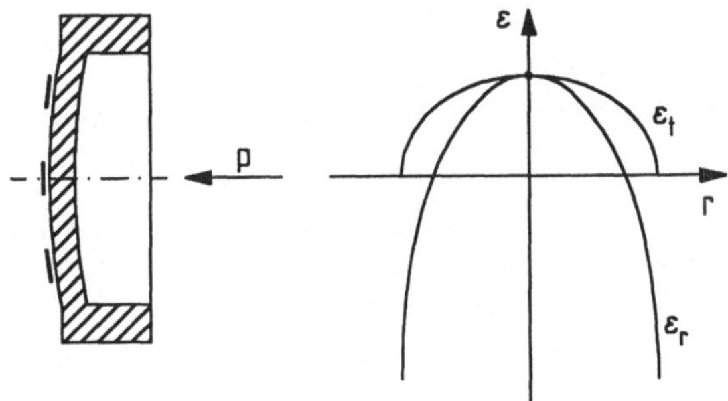


**Bild 6.47** Tangential- und Radialdehnung einer mit gleichförmiger Flächenlast belasteten eingespannten Kreismembran

Im Zentrum haben wir also eine gleichgroße Radial- und Tangentialdehnung und am Rand eine betragsmäßig doppelt so große Radialdehnung mit entgegengesetzten Vorzeichen. Zum Aufbau einer symmetrischen Vollbrücke werden die DMS-Applikationsstellen so gewählt, daß die mittlere Tangential- und Radialdehnungen betragsmäßig gleich groß sind. Für die Folienapplikation benutzt man hierzu entsprechend ausgebildete Druckrosetten, während in Dünnfilmtechnik kurze, entsprechend plazierte Streifen aufgedampft oder aufgesputtert werden.

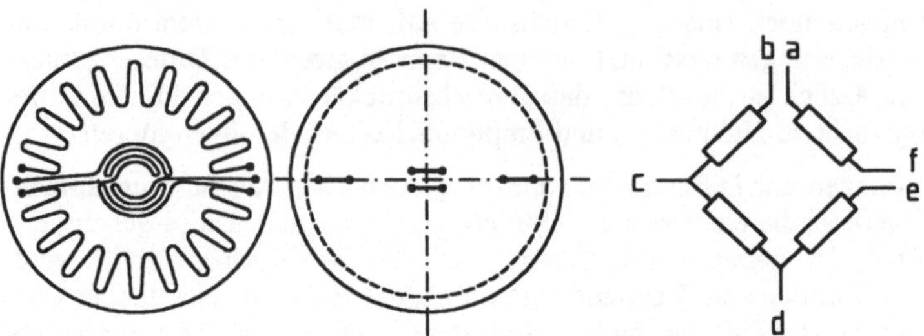

Folienapplikation        Dünnfilmtechnik        Vollbrückenverdrahtung

**Bild 6.48** DMS-Applikationen zur Kreismembran

Die beiden offenen Ecken bei a–b und e–f dienen zum Einfügen von Kompensationswiderständen. Die Membranabmessungen werden so festgelegt, daß die Dehnung im Zentrum etwa 1‰ beträgt. Damit wird die Dehnung am Rand ‰ und läßt bei den in Frage kommenden Stählen mit einer Fließgrenze bei etwa 6‰ noch genügend Sicherheit gegen Überlastung und Dauerbruch. Die Dehnung im Zentrum errechnet sich zu:

$$\varepsilon_z = \frac{3 \cdot p \cdot R^2 \cdot \left(1 - \mu^2\right)}{8 \cdot s^2 \cdot E}. \qquad \begin{array}{l} R = \text{Membrandurchmesser} \\ s = \text{Membrandicke} \\ p = \text{Druck} \end{array} \qquad (6.37)$$

Da der membranförmige Federkörper mit zunehmender Verformung zunehmend unlineares Verhalten zeigt, sollte für genaue Meßaufgaben die Membrandurchsenkung in der Mitte nicht größer als ein Viertel der Dicke werden. Die Membranabsenkung beträgt:

$$y = \frac{3 \cdot p \cdot r^4 \cdot \left(1 - \mu^2\right)}{16 \cdot s^3 \cdot E} = \frac{R^2}{2 \cdot s} \cdot \varepsilon_z. \qquad (6.38)$$

Damit lassen sich für die Membranauslegung zwei weitere Kriterien ableiten:

$$s \gg \sqrt{2 \cdot \varepsilon_z \cdot R} \quad \text{und} \quad p \gg \frac{16 \cdot E}{3 \cdot \left(1 - \mu^2\right)} \cdot \varepsilon_z^2. \qquad (6.39)$$

Wir erhalten durch Einsetzen der Materialwerte für Federstahl für eine maximale Dehnung von 1‰ eine Membranmindestdicke von etwa 5% des Membrandurchmessers und eine untere Druckgrenze von etwa 10 bar. Für kleinere Drücke muß der Membrandurchmesser unrealistisch groß gewählt werden, um noch eine handhabbare Membrandicke zu erhalten.

Die Empfindlichkeit des als Vollbrücke geschalteten Aufnehmers beträgt:

$$\frac{U\!\!\diagup\!U_s}{p} = \frac{3 \cdot k \cdot R^2 \cdot \left(1 - \mu^2\right)}{8 \cdot s^2 \cdot E} 1000 \, \frac{mV}{V}.$$

Zur Beschreibung des dynamischen Übertragungsverhaltens gilt wegen F~p die gleiche Differentialgleichung wie für Kraftaufnehmer und damit auch das gleiche Bodediagramm entsprechend Bild 10.11.

Die zur Auswertung des Diagramms erforderliche Eigenfrequenz beträgt:

$$\omega_0 = \frac{3 \cdot s}{R^2} \cdot \sqrt{\frac{E}{\rho \cdot \left(1 - \mu^2\right)}} \cdot \tag{6.40}$$

Die Dämpfungskonstante D ist abhängig von der Dichte und Zähigkeit des Meßmediums. Im Zweifelsfall ist zur Abschätzung der oberen Grenzfrequenz von $D = 0{,}1$ auszugehen.

Wir wollen obige Formeln auf die Dimensionierung eines Druckaufnehmers für den Nenndruck von $p_{Nenn} = 1000$ N/m$^2$ anwenden.

Mit $\varepsilon_z = 1$ ‰, $E = 2 \cdot 10^7$ N/cm$^2$, $\mu = 0{,}3$ und einem gewählten Membranradius von $R = 10$ mm erhalten wir die erforderliche Membrandicke:

$$s = \sqrt{\frac{3 \cdot p_{Nenn} \cdot R^2 \cdot \left(1 - \mu^2\right)}{8 \cdot \varepsilon_z \cdot E}} = 1{,}3 \text{ mm}.$$

Die maximale Auslenkung beträgt

$$y = \varepsilon_z \cdot \frac{R^2}{2 \cdot s} = 0{,}038 \text{ mm} \ll \frac{1{,}3 \text{ mm}}{4} ,$$

d.h. der Aufnehmer arbeitet mit guter Näherung im linearen Bereich. Das auf die Speisespannung bezogene Ausgangssignal bei Nenndruck beträgt:

$$\frac{U}{U_s} = k \cdot \varepsilon_z = 2 \, \frac{mV}{V}.$$

Zur Untersuchung des dynamischen Übertragungsverhaltens berechnen wir die Resonanzfrequenz nach Gleichung 6.39 zu $\omega_0 = 203000$ /s bzw. $f_0 = 32$ kHz.

Für $D = 0{,}1$ erhalten wir damit nach Bild 10.11 über $\omega_g/\omega_0 = 0{,}5$ die Grenzfrequenz $f_g = 16$ kHz und eine zugehörige Zeitdifferenz zwischen Druck- und Signalamplitude von $\Delta t = 1{,}4$ µs.

Beim Vollastbetrieb im Resonanzfall würde für $D = 0{,}1$ eine Amplitudenvergrößerung um den Faktor fünf auftreten, womit die Radialdehnung am Membranrand mit ca. 10‰ oberhalb der Fließgrenze liegt und damit die Gefahr der Zerstörung besteht.

### 6.8.3 Piezoresistive Druckaufnehmer

Beim Piezowiderstandsaufnehmer ist die Empfindlichkeit um ein Vielfaches größer als beim Metall-DMS; nachteilig ist die damit verbundene starke Temperaturabhängigkeit. Als Bauarten sind sowohl konventionelle Aufnehmer mit metallischen Federmaterial und Dünnfilm-DMS als auch integrierte Sensoren mit Silizium als Federmaterial gebräuchlich [34, 35].

Bei den Siliziumaufnehmern werden die DMS direkt durch Eindampfen in die Membran hergestellt; diese Methode gestattet weiterhin die Integration von Verstärker- und Kompensationsschaltungen direkt auf dem Chip.

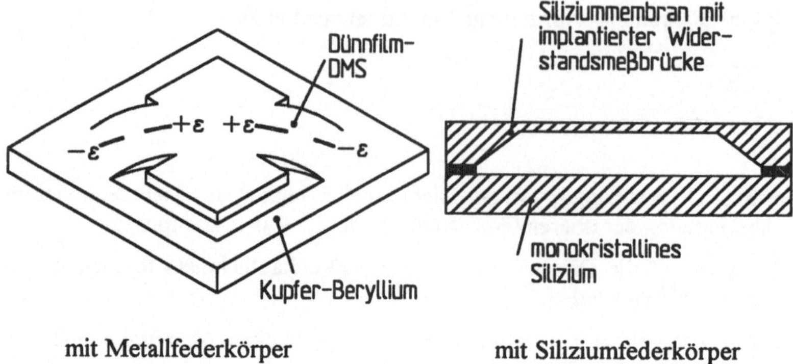


mit Metallfederkörper                              mit Siliziumfederkörper

**Bild 6.49** Piezoresistive Druckaufnehmer

## 6.9 Aufnehmer mit integrierter Störgrößenkompensation

### 6.9.1 Problemdefinition

Bei praktisch jeder Messung stellt sich das generelle Problem, daß äußere Störgrößen auf die Messung einwirken und damit das Meßergebnis verfälschen. Wenn der dadurch entstehende Fehler über die zulässigen Grenzen hinausgeht, gibt es prinzipiell zwei Möglichkeiten, das Problem zu lösen. Die konventionelle Methode besteht darin, die Störgrößen durch konstruktive Maßnahmen soweit abzuschwächen, daß ihr Einfluß unterhalb des zulässigen Fehlers liegt. Bei der zweiten Möglichkeit werden die Störgrößen zugelassen, aber seperat gemessen und die so gewonnene Information zur Fehlerkorrektur eingesetzt. Den zur Korrektur erforderlichen Algorithmus gewinnen wir durch Analyse des physikalischen Wirkmechanismus der Störgröße. Im einfachsten Fall läßt er sich schaltungstechnisch realisieren, wenn dies nicht möglich ist, muß die Korrekturrechnung in den Rechner verlagert werden. Wir wollen die obigen Überlegungen auf zwei vor allem in der Wägetechnik vorhandene Probleme anwenden.

### 6.9.2 Wägezellenstörkräfte und -momente

Betrachten wir als Beispiel eine auf vier Wägezellen gelagerte Plattformwaage. Wären bei dieser Waage die Wägezellen starr mit der Plattform und dem Unterbau verbunden, dann würden beispielsweise Temperaturdehnungen Querkräfte in den Krafteinleitungen verursachen, die dann zu Wägefehlern und im Extremfall zur Zerstörung der Wägezellen führen können. Die gleiche Wirkung haben äußere Kräfte auf die Plattform, die beispielsweise beim Be- und Entladen entstehen. Die konventionelle Methode durch Abschirmung besteht in diesem Fall in der Entkopplung durch spezielle Krafteinleitungslager zwischen Wägezelle und Waagenbrücke. Diese Methode ist bewährt und wird in der Wägetechnik fast ausschließlich angewandt.

In den Fällen, in denen die für die Funktion des Lagers notwendige Bewegung stört oder beispielsweise Platz- oder andere Gründe gegen die konventionelle Lösung sprechen, kann eine dem Mehrkomponentenaufnehmer nachempfundene Lösung angewandt werden.

Zu diesem Zweck wird die Wägezelle entsprechend der in Kap. 6.6 beschriebenen Weise mit weiteren Meßstellen zur Ermittlung der Störkräfte versehen, wobei bei der Auswertung nur das eigentliche Meßsignal gebildet wird.

Wir betrachten als einfachstes Beispiel eine rotationssymmetrische Wägezelle, die auf Seitenkräfte S mit einem das Hauptsignal überlagernden Störsignal reagiert. Unter der Voraussetzung, daß die Größe des Störsignals $U_S$ unabhängig vom Seitenkraftwinkel ist, läßt sich dann die Überlagerung des Meßsignals $U_N$ durch folgende Beziehung beschreiben:

$U = U_F + U_S = e \cdot F + e_S \cdot S$ mit F als zu messender Kraft, S als Seitenkraft und $e_S$ als Seitenkraftempfindlichkeit. Die Bestimmung von $e_S$ erfolgt bei konstanten F über Belastung mit einer definierten Seitenkraft und Messung der entstehenden Signaländerung. Zur Bildung eines zur Größe der Seitenkraft proportionalen Signales applizieren wir eine separate Korrekturmeßstelle mit der Empfindlichkeit $e_K$ und dem Ausgangssignal $U_K$. Die Korrektur erfolgt dann durch gewichtetes Zusammenfügen der beiden Signalausgänge zu dem bereinigten Meßsignal $U_F$.

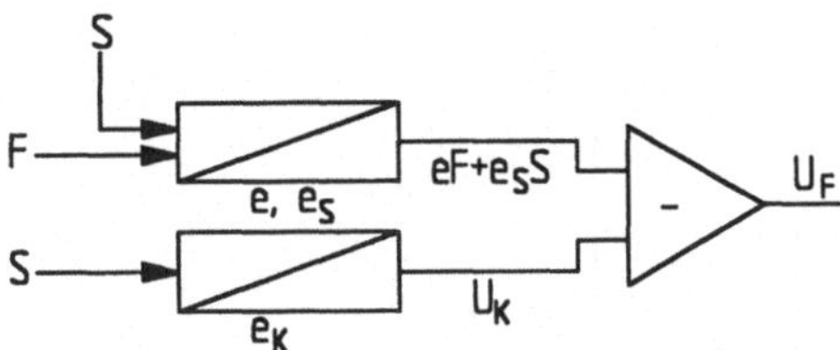


**Bild 6.50**
Blockschaltbild zur Seitenkraftkorrektur

Zur schaltungstechnischen Realisierung der Korrektur können verschiedene Möglichkeiten angewandt werden:

a) Abgleich der Korrekturmeßstelle auf $e_K = e_S$ und gleichgewichtete Addition oder Anpassung durch verschiedene Eingangswiderstände, jeweils über eine Operationsverstärkerschaltung,

b) Zusammenschaltung der Meßstellen zur gewichteten Addition bzw Subtraktion nach dem in Kap. 4.6 beschriebenen Verfahren,

c) bei Vorhandensein eines Prozeßrechners rechnerische Korrektur.

Beim Vorliegen weiterer Störgrößen läßt sich das beschriebene Verfahren analog erweitern.

### 6.9.3 Beschleunigungskräfte

Beschleunigungskräfte können in der Wäge- und Kraftmeßtechnik Meßfehler verursachen, wenn an Orten mit verschiedenen Gravitationskonstanten gemessen wird, wenn in der Bewegung gewogen wird oder wenn der Meßvorgang von mechanischen Schwingungen überlagert ist. Da sich die Art der Korrekturmaßnahmen für die Kraftmessung und die Wägung unterscheidet, wollen wir beide Fälle getrennt behandeln. Als Beispiel für eine von Schwingungsvorgängen überlagerte Kraftmessung betrachten wir einen Schubprüfstand für Strahltriebwerke.

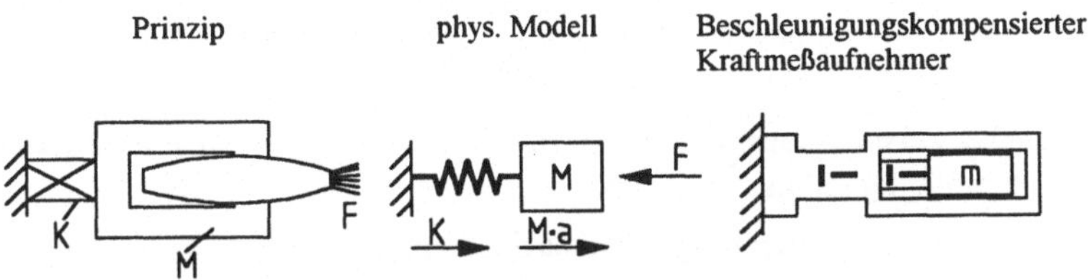


**Bild 6.51** Schubprüfstand mit Beschleunigungskompensation

Die Schubkraft F wird über den Kraftmeßaufnehmer K gemessen, wobei die Schubkraft auch von Pulsationen $\Delta$F überlagert sein kann. Die an der Masse M auftretenden Beschleunigungskräfte werden dann das Kraftsignal verfälschen, wenn die Messung ohne genügend große Integrationszeit erfolgt. Bevor wir eine geeignete Kompensationsmaßnahme entwickeln, betrachten wir das den Meßvorgang beschreibende physikalische Modell. Für die angegebene Beschleunigungsrichtung erhalten wir dann die zu messende Schubkraft zu F = K + Ma. Damit ist der Lösungsweg vorgezeichnet: Wir erfassen zusätzlich zur Kraftmessung mit einem seperaten Aufnehmer die momentane Beschleunigung der Masse M und addieren die beiden elektrischen Signale mit der durch die physikalischen Parameter vorgegebenen Wichtung.

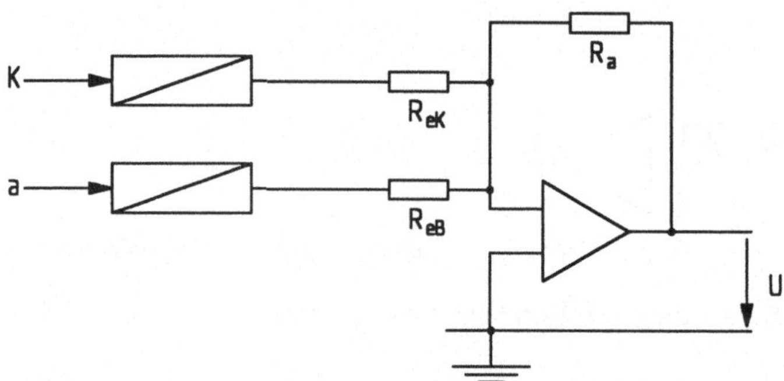

**Bild 6.52** Korrekturschaltung zum Schubprüfstand

Zur einfacheren Beschreibung des Kompensationsprinzips gehen wir von einer vollständig starren Masse aus und messen a mit einem in den Kraftaufnehmer integrierten Beschleunigungsaufnehmer.

Gegeben bzw. gefordert seien beispielsweise folgende Werte:

$$F_{max} = 300 \text{ kN} \qquad a_{max} = 20 \text{ m/s}^2 \qquad M = 500 \text{ kg}$$

$$e_K = 0,1 \text{ mV/kN} \qquad e_B = 1 \text{ mV//m/s}^2 \qquad e_{ges} = 1 \text{mV/kN}$$

Zur Berechnung der Eingangswiderstände wählen wir als Ausgangswiderstand $R_a = 10 \text{ k}\Omega$ und wenden zwei möglichst einfache Betriebszustände auf Gleichung 9.3a an:

$$\text{Fall 1:} \quad F = F_{max.} \quad \text{und } a = 0: \qquad 300 \text{ mV} = \frac{10 \text{ k}\Omega}{R_{eK}} \cdot 30 \text{ mV} \qquad R_{eK} = 1 \text{ k}\Omega$$

$$\text{Fall 2:} \quad F = M \cdot a_{max.} \text{ und } a = a_{max.}: \quad 10 \text{ mV} = \frac{10 \text{ k}\Omega}{R_{eB}} \cdot 20 \text{ mV} \qquad R_{eB} = 20 \text{ k}\Omega$$

Das im Fall 2 erforderliche Verstärkerausgangssignal von 10 mV erhielten wir über die Beschleunigungskraft von F = 500 kg $\cdot$ 20m/s$^2$ = 10 kN.

Zur Kontrolle wählen wir jetzt beide Eingangsgrößen maximal und erhalten

$$U = 10 \cdot 29 \text{ mV} + 0,5 \cdot 20 \text{ mV} = 300 \text{ mV}.$$

Damit erhalten wir auch für jede andere F-a Kombination ein von der Beschleunigung unabhängiges Ausgangssignal.

Wenn die Masse M konstant ist, kann zur Signaladdition auch die in Kap. 4.6 beschriebene gewichtete Parallelschaltung eingesetzt werden.

Bei der Gewichtsbestimmung ist die Masse naturgemäß nicht als bekannt vorauszusetzen. Durch äußere Störungen hervorgerufene senkrechte Beschleunigungen überlagern sich der Erdbeschleunigung und bewirken einen zur Masse proportionalen Meßfehler. Die Korrekturvorschrift ergibt sich wieder aus dem physikalischen Modell: $m = K/(g - a)$.

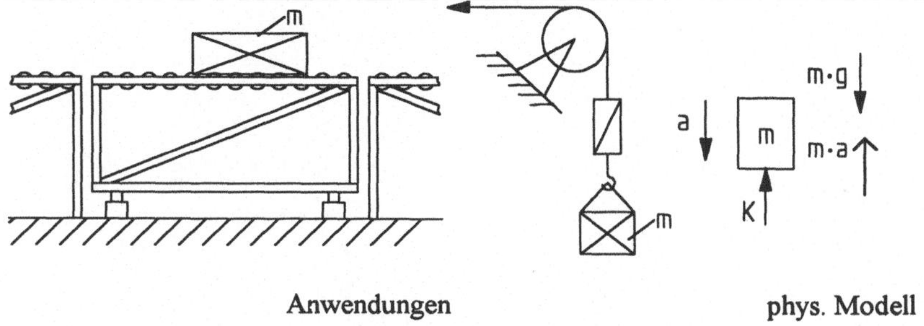


**Bild 6.53** Gewichtsbestimmung mit Beschleunigungskompensation

Gemessen werden die auf den Kraftaufnehmer wirkende Kraft K und die Beschleunigungsdifferenz $(g - a)$; das wirkliche Gewicht ergibt sich aus dem Verhältnis der beiden Ausgangssignale. Prinzipiell läßt sich die Korrektur wieder in einer Analogschaltung realisieren.

Im folgenden Beispiel nehmen wir die Korrektur im Rechner vor:

$$m_{max} = 3000 \text{ kg} \qquad a_{max} = 2 \text{ m/s}^2$$

$$e_K = 0,01 \text{ mV/kg} \qquad e_B = 1 \text{ mV//m/s}^2$$

Wir gehen vereinfachend davon aus, daß die mV-Werte dem Rechner unverstärkt über einen A/D-Wandler zugeführt werden.

Dann ergibt sich aus dem Sonderfall $m_{max}$ und $a = 0$ folgende im Rechner zu speichernde Formel ($g = 10 \text{m/s}^2$):

$$m = 1000 \text{ kg} \cdot \frac{U_K}{U_{(g-a)}} \; .$$

Wir kontrollieren die Formel wieder für den Fall $m = m_{max}$ und $a = 1 \text{ m/s}^2$, d.h. Senken, und erhalten als Ergebnis $m = 1000 \text{ kg } 27 \text{ mV/9mV} = 3000 \text{ kg}$.

Das oben beschriebene Kompensationsverfahren ist nur dann erforderlich, wenn die Integrationszeit verfahrensbedingt nicht groß genug gewählt werden kann. Beim Vorliegen mechanischer Schwingungen sollte sie ein möglichst großes Vielfaches der Schwingungsdauer sein. Dies ist allerdings im Fall einer Rollgangwaage, wenn die Wägung in der Bewegung erfolgen soll, im allgemeinen nicht zu verwirklichen:

Für ein Rollgangwägesegment von $a = 1$ m Länge, $b = 0,5$ m lange Transportbehälter und eine Transportgeschwindigkeit von $v = 0,2$ m/s beträgt die effektive Verweilzeit auf dem Wägeabschnitt $t = (a-b)/v = 2,5$ s. Nach Abzug einer erforderlichen Beruhigungszeit bleibt damit netto eine mögliche Integrationszeit von maximal $t_I = 2$ s; dies ist aber erfahrungsgemäß bei dem in einer Fabrikhalle vorherrschenden Schwingungsspektrum um etwa den Faktor zehn zuwenig und macht damit bei entsprechender Genauigkeitsforderung die oben beschriebene Kompensation unumgänglich.

# 7 DMS-Direktapplikation

## 7.1 Unterscheidung der DMS-Direktapplikation zur Wägezellenlösung

Wir wollen zunächst den Unterschied zwischen dem konventionellen Einsatz von Wägezellen und der Direktapplikation herausarbeiten.

**Während Wägezellen immer als zusätzliche Bauteile in die mechanische Wägestruktur eingefügt werden müssen, bleibt die Struktur bei der Direktapplikation im wesentlichen unverändert.**

So könnten Sie beispielsweise den Stuhl, auf dem Sie gerade sitzen, durch "direkte" Applizierung von Dehnungsmeßstreifen an den Stuhlbeinen zu einer Waage umfunktionieren, und zwar, ohne die ursprüngliche Funktion des Stuhles zu beeinträchtigen.

Damit ist die Möglichkeit der Direktapplikation überall dort in Erwägung zu ziehen, wo in bereits vorhandene Anlagen Wäge- oder Kraftmeßsysteme eingefügt werden müssen. Als Beispiel können wir uns die Bunkeranlage eines veralteten Stahlwerks vorstellen.

Nehmen wir an, im Rahmen von Modernisierungsmaßnahmen soll dem Bilanzierungsrechner das jeweilige Füllgewicht mitgeteilt werden; dann sind für die Entscheidung zwischen der Wägezellen- und der Direktapplikationslösung vor allem die geforderte Genauigkeit und der Preisvergleich maßgebend. Generell gilt, daß die Lösung mit Wägezellen genauer ist, wenn sie sachgerecht eingesetzt werden. Dazu ist allerdings eine kraftnebenschlußfreie Trennung zwischen den Bunkern und der Bunkerbühne erforderlich. Diese Maßnahme ist im Einzelfall allerdings schwer durchführbar, besonders dann, wenn die Silos zur Versteifung noch miteinander verschweißt sind. Anschließend werden die Wägezellen an vorbereitete Stellen unter die Silos gesetzt. Die beschriebene Prozedur ist umso aufwendiger, je größer die Silos sind, und in den meisten Fällen wird eine längerdauernde Stillegung erforderlich sein.

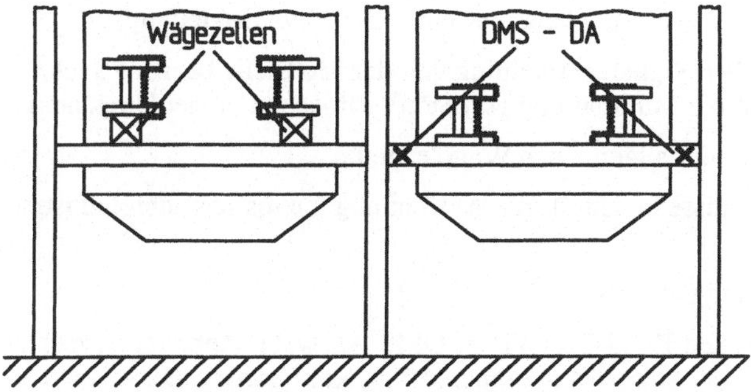


**Bild 7.1** Schema Wägezellen- und DMS-DA Lösung

Demgegenüber bietet die DMS-DA Lösung eine Möglichkeit, die Umrüstung ganz ohne Umbauarbeiten und Stillegung vorzunehmen, indem an ausgesuchten Stellen der Stahlbühnenstruktur DMS appliziert und die Signale einem Rechner zugeführt werden.

Zu beachten ist allerdings die eventuell verminderte Genauigkeit, wobei die Ermittlung der erreichbaren Genauigkeit noch mit einer großen Unsicherheit behaftet ist. Falls sie ausreicht, ist der Genauigkeitsvorteil der Wägezellenlösung hinfällig, und entscheidend wird nun der die Direktapplikationslösung favorisierende Preisvergleich [36, 37].

## 7.2 Chancen der DMS-Direktapplikation

Wir formulieren die charakteristischen Merkmale der Direktapplikation in zwei Thesen:

a) Sie bietet in einer wirtschaftlich interessierenden Größenordnung preislich und technisch günstige Alternativen zur Wägezellenlösung.

b) Sie erfordert in der Projektierungs- und Montagephase ein weit überdurchschnittliches theoretisches und praktisches Ingenieurwissen.

Die Konsequenzen aus These a) kommen sowohl dem Lieferanten als auch dem Kunden zugute: Für den Lieferanten ergibt sich auf Grund der reduzierten Herstellkosten ein größerer Kalkulationsspielraum, und dem Kunden ersparen sie durch Reduzierung bzw. Vermeidung von Stillstandszeiten der Anlage und durch ein verbessertes Preis/Leistungsverhältnis Investitionskosten.

Die These b) ist für den Lieferanten ambivalent: Sie erschwert den Einstieg in die neue Technik, baut aber gerade hierdurch Barrieren gegenüber dem Wettbewerb auf.

Um zu zeigen, wie hoch die Barrieren sind, wollen wir die wichtigsten Kriterien aufzählen, die zur erfolgreichen Anwendung der Direktapplikation erforderlich sind:

a) Beherrschung der kompletten "Technischen Mechanik" in Bezug auf Statik, Festigkeits- und Elastizitätslehre und der Dynamik einschließlich Schwingungslehre,

b) Kenntnisse der Werkstoffkunde im elastischen und plastischen Bereich in Bezug auf Hysterese- und Kriechverhalten,

c) Routine in der Anwendung der Finite Elemente Methode,

d) Informatikkenntnisse in Bezug auf Rechnerauswahl und Softwareerstellung,

e) Erfahrung in der elektrischen Signalverarbeitung von der Meßstelle bis zum Rechner, insbesondere in Bezug auf die Minimierung von Störeinflüssen in rauher Umgebung,

f) umfassendes Know-how in der allgemeinen Wägetechnik,

g) spezifische Branchenkenntnisse in den für die Anwendung interessierenden Industrieen,

h) gutes räumliches Vorstellungsvermögen,

i) Beherrschung der allgemeinen DMS-Techniken: DMS-Auswahl, Applikationstechniken, Verschaltungstechniken, Störgrößenkompensation, Kalibrierung etc.

Etwas vereinfacht läßt sich die obige Aufzählung so charakterisieren, daß die Punkte a) bis d) zum größten Teil erlernbares Schulwissen enthalten, während die Punkte e) bis h) nur durch langjährige Berufserfahrung zu erfüllen sind. Die Zahl der möglichen Anbieter wird besonders durch die letzten drei Punkte eingeschränkt:

Die Kenntnisse des allgemeinen Waagenbauers sind in den meisten Fällen auf die Lösung der eigentlichen Wägeaufgabe begrenzt. Darüber hinausgehende Prozeßkenntnisse sind nur beim Anlagenbauer vorhanden, der aber ebenfalls noch die wägetechnischen Komponenten zukauft. Demgegenüber steht der Wägezellenhersteller, der jahrzehntelange Erfahrungen in der DMS-Technologie angesammelt hat, die naturgemäß nur schwer und unvollständig transferierbar ist.

Aus dem Gesagten lassen sich somit zwei mögliche Wege in die DMS-Direktapplikation ableiten:

— Dem Hersteller, der bereits auf allen der drei letztgenannten Gebiete tätig ist, bieten sich optimale Möglichkeiten durch konsequente Nutzung des innerbetrieblichen Synergieeffektes zwischen den beteiligten Wägezellenentwicklungs- und den Wägetechnikabteilungen. Er bietet auf Grund seiner Erfahrungen einen hohen Genauigkeits- und Zuverlässigkeitsstandard und ist in der Lage, schon vor der Ausführung solide Angaben über die erreichbare Genauigkeit zu machen. Damit ist er für den Anwender vor allem für die Installation qualitativ hochwertiger Wägeanlagen interessant.

— Für die Installation von Anlagen mit minder hohen Genauigkeitsanforderungen, die unter anderem in Schwellenländern bei der Modernisierung bestehender Produktionsanlagen gefragt sind, bietet sich auch für kleinere Ingenieurunternehmen die Möglichkeit eines Quereinstieges durch die Realisierung möglichst überschaubarer und risikoarmer Wäge- und Kraftmeßanlagen. Hier bietet sich beispielsweise für Hochschulabsolventen der angesprochenen Schwellenländer eine interessante Möglichkeit, in ihrer Heimat ohne viel Eigenkapital eine selbständige Existenz aufzubauen.

Konsequenterweise sollte die zweite Möglichkeit auch von den etablierten Herstellern in Form von Kooperationsabkommen mit genutzt werden, um alte Exportwege zu erhalten und neue Exportwege zu erschließen.

## 7.3 Theoretische Grundlagen zur Direktapplikation

### 7.3.1 Problemdefinition

Obwohl die mechanische Struktur, in die die DMS-Applikation eingefügt werden soll, ihrer Aufgabe gemäß stark variiert, lassen sich die zur Applikation geeigneten Bereiche auf die zwei Basiselemente "einseitig eingespannter Balken" und "zweifach statisch unbestimmt gelagerter Balken mit oder ohne Anschlußenden" reduzieren. In beiden Fällen wird die Einleitung der zu messenden Kraft F von Störgrößen überlagert sein, so daß im allgemeinen Fall die in Bild 7.2 dargestellten Belastungsfälle vorliegen.

Im allgemeinen Fall ist davon auszugehen, daß die Krafteinleitung ebenfalls von Störgrößen überlagert ist. Als Anwendungsbeispiele dienen für das Basiselement Kragarm Gabelstapler und Säulen- bzw. Wanddrehkrane, für die Stütze die senkrechten Träger unter Silobühnen, für den Balken ohne Anschlußenden die Achse von Umlenkrollen und für den Balken mit Anschlußenden die Schienen von Transportsystemen. Bei den Elementen Kragarm und Balken kann erschwerend hinzukommen, daß der Ort der Krafteinleitung nicht konstant ist, bzw. beispielsweise im Fall von Schienenfahrzeugen und Säulendrehkränen sogar den Bereich des Basiselementes vollständig überstreicht.

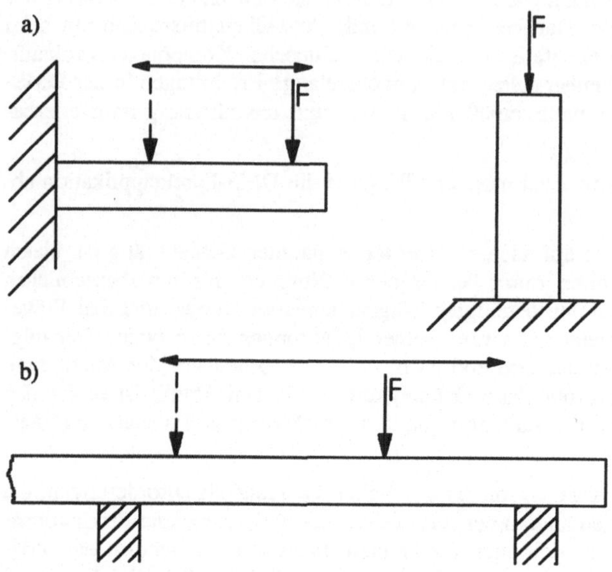

**Bild 7.2** Basiselemente der DMS-Direktapplikation
    a) Kragarm bzw. Stütze
    b) Balken, links mit Anschluß, rechts ohne Anschluß

Bei der Wahl der Applikationsstellen ist zu beachten, daß die zu messende Kraft ein möglichst großes Dehnungssignal hervorruft und daß der Fehlereinfluß der äußeren Störungen minimiert wird.

Das folgende Schema gibt einen Überblick über Fehlereinflüsse, die bei der Umformung des Kraftsignals F zu berücksichtigen sind:

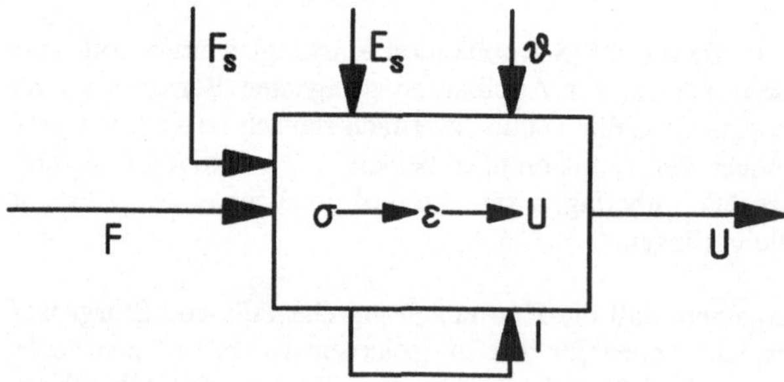


**Bild 7.3** Fehlerquellen bei der DMS-Direktapplikation

Als äußere Störgrößen sind zu beachten:

$F_s$: Vertikalkomponenten und Momente der Krafteinleitung, wirken bevorzugt multiplikativ,

$E_s$: Kräfte und Momente in den Einspannstellen, wirken bevorzugt additiv und in zweiter Näherung über die Balkenverformung auch multiplikativ,

$\vartheta$: Temperaturänderungen, wirken über Wärmedehnungen additiv und über E-Moduländerungen multiplikativ.

Als innere Störgrößen können wirken:

- nichtproportionaler Zusammenhang zwischen F und $\varepsilon$, hervorgerufen durch verformungsbedingte Geometrieänderungen und/oder nichtlineares Materialverhalten,

- Hysterese, hervorgerufen durch äußere Reibung an mechanischen Verbindungsstellen und durch innere Materialreibung,

- Kriechen, hervorgerufen durch positives Kriechen in der Trägerstruktur und negatives Kriechen im DMS-Kleber.

Im Gegensatz zur konventionellen Wägezellenlösung sind bei der Direktapplikation die äußeren Störgrößen dominierend, da konstruktive Entkopplungsmaßnahmen im allgemeinen ausscheiden. Das als innere Störung eingestufte unlineare Verhalten ist problemlos einkalibrierbar, solange im Signalverlauf keine zum Beispiel durch mechanische Setzeffekte hervorgerufene Sprünge oder Knicke auftreten. Die rechnerische Korrektur von Hysterese- und Kriechvorgängen ist dagegen unverhältnismäßig schwieriger, da sie von der Vorgeschichte abhängig ist. Wir wollen uns bei der Diraktapplikationslösung auf die Berücksichtigung äußerer Störgrößen und eventueller Unlinearitäten beschränken. Die beschriebene Vorgehensweise, zur Eliminierung der äußeren Störungen weitere Meßstellen vorzusehen, ist von dem Verfahren der rechnerischen Entkopplung bei Windkanalwaagen abgeleitet [38]. Zu diesem Zeck sind so viele zusätzliche Meßstellen erforderlich, wie zu korrigierende Störgrößen wirken, wobei sich der Spannungsverlauf der Störgrößen qualitativ vom Spannungsverlauf der zu messenden Kraft unterscheiden muß. Die Kalibrierung der Meßanordnung erfolgt dabei ähnlich wie bei Mehrkomponentenaufnehmern durch Einzelbelastung der mechanischen Struktur mit allen im späteren Betrieb zu erwartenden Kräften und Momenten. Um den mit der Applikation und Kalibrierung verbundenen Aufwand zu reduzieren, sind folgende Arbeitsgänge erforderlich:

- Plazierung der Hauptmeßstelle(n) so, daß die Störgrößen möglichst wenig durchgreifen, dabei ist auch die Möglichkeit einer zusätzlichen Schwächung der Trägerstruktur zu überprüfen,

- Abschätzung der Restfehler und Reduzierung der Zahl der Meßstellen auf das zur Einhaltung des zulässigen Fehlers erforderliche Maß.

Dazu ist zunächst eine gründliche Analyse des durch die Kräfte und Momente im vorgesehenen Bereich der Meßstellen hervorgerufenen Spannungszustandes erforderlich:

- Sie entscheidet die generelle Durchführbarkeit, den Aufwand und damit die Kosten, und sie ist Grundlage der Fehlerrechnung und damit Voraussetzung für Genauigkeitszusagen.

- Sie erfordert räumliches Vorstellungs- und Abstraktionsvermögen, sichere theoretische Kenntnisse der Elastomechanik und eine gründliche Analyse der zu erwartenden Störgrößen, wobei vor allem der letzte Punkt einige Erfahrung voraussetzt.

Hierbei kann der Einsatz eines entsprechend zugeschnittenen FE-Programms hilfreich sein, da es einen großen Teil der Rechenschritte formalisiert; aber auch in diesem Fall bleibt natürlich die Ermittlung der erforderlichen Randbedingungen dem Ingenieur überlassen. Zur besseren Übersichtlichkeit wählen wir im folgenden am Beispiel des einseitig eingespannten Trägers die analytische Form der Berechnung des Spannungszustandes.

### 7.3.2 Ermittlung der Schnittreaktionen am Kragarm

Gemäß den elementaren Regeln der Statik schneiden wir den Kragarm an einer beliebigen Stelle z zwischen Einspannung und Krafteinleitung auf.

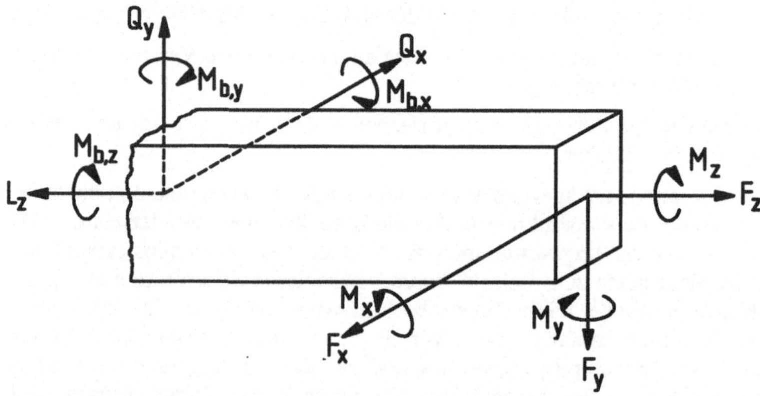


**Bild 7.4** Schnittreaktionen am Kragarm

Insgesamt wirken damit maximal zwölf unbekannte Kraft/Momentenreaktionen, die sich durch Anwendung von sechs Gleichgewichtsbedingungen auf sechs zu messende Kräfte und Momente reduzieren lassen.

Zur exakten Beschreibung des durch die äußeren Belastungen hervorgerufenen dreidimensionalen Spannungszustandes sind drei Differentialgleichungen zweiter Ordnung erforderlich. Die folgenden Annahmen dienen deshalb zur Vereinfachung des Berechnungsverfahrens:

- Gültigkeit des Superpositionsprinzips, d.h. der Spannungsverlauf im Balken läßt sich durch lineare Addition der Einzelspannungen darstellen.

- Der Verformungskörper wird als starr vorausgesetzt.

- Die Schnittflächen senkrecht zur Balkenachse bleiben eben (Bernoulli-Hypothese).

- Die Krafteinleitung hat im betrachteten Bereich keinen Einfluß auf die Spannungsverteilung (Prinzip von Saint Venant).

Mit den in Bild 7.4 dargestellten Schnittreaktionen lassen sich dann die Spannungen im Schnittquerschnitt als Funktion der Ortskoordinaten darstellen:

$$\sigma_z = \frac{M_{b,x}(z)}{I_x} \cdot y + \frac{M_{b,y}(z)}{I_y} \cdot x + \frac{L_z}{A} + \left(\text{querschnittsabhängiger Torsionsanteil}\right) \quad (7.1a)$$

$$\tau_{xy} = \frac{Q_y(z)}{b_x I_x} \cdot S_x(y) + \frac{Q_x(z)}{b_y I_y} \cdot S_y(x) + \frac{b_y \cdot M_{t,z}}{I_t} \tag{7.1b}$$

mit den Größen:
- $I$ = Flächenträgheitsmoment
- $A$ = Trägerquerschnitt
- $b$ = Trägerbreite
- $S$ = Statisches Moment

Je nach Lage des Kragarms als Balken oder Stütze ist entweder die Kraft $F_z$ oder die Kraft $F_y$ gesucht. Für beide Fälle läßt sich das Problem zunächst auf den zweidimensionalen Belastungsfall reduzieren:

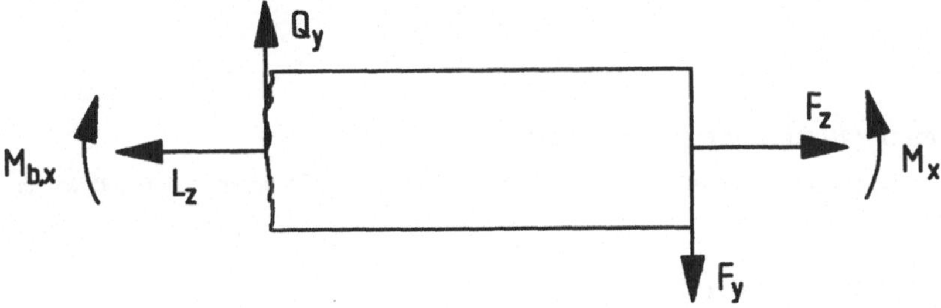


**Bild 7.5** Schnittkräfte und Schnittmomente in der yz-Ebene

Aus den Gleichgewichtsbedingungen erhalten wir:

| | | |
|---|---|---|
| Längskraft | $L_z = F_z$ | (7.2a) |
| Querkraft | $Q_y = F_y$ | (7.2b) |
| Biegemoment | $M_{bx}(z) = M_x - z \cdot F_y$ | (7.2c) |

### 7.3.3 Berechnung der Dehnung an der Meßstelle

Durch Einsetzen der aus den Schnittreaktionen entstehenden Spannungswerte in die aus dem Mohrschen Spannungskreis abgeleitete Beziehung

$$\varepsilon_\varphi = \left(\cos^2\varphi - \mu \cdot \sin^2\varphi\right) \cdot \frac{\sigma_z}{E} + 2 \cdot (1+\mu) \cdot \sin\varphi \cdot \cos\varphi \cdot \frac{\tau_{xy}}{E} \tag{7.3}$$

erhalten wir folgende Dehnungsverteilung im Schnittquerschnitt:

$$\varepsilon_\varphi = \frac{1}{E} \cdot \left[ \left(\cos^2\varphi - \mu \cdot \sin^2\varphi\right) \cdot \left( \frac{y}{I_x} \cdot \left(M_x - z \cdot F_y\right) + \frac{F_z}{A} \right) + 2 \cdot (1+\mu) \cdot \sin\varphi \cdot \cos\varphi \cdot \frac{F_y}{b_x \cdot I_x} \cdot S_x \right] \tag{7.4}$$

Die örtliche Dehnung $\varepsilon_\varphi$ ist zu den drei Schnittreaktionen proportional; damit sind drei Meßstellen erforderlich, die so zu plazieren sind, daß sich drei linear unabhängige Gleichungen ergeben:

$$\varepsilon_1 = a_{11} \cdot F_y + a_{12} \cdot F_z + a_{13} \cdot M_x$$
$$\varepsilon_2 = a_{21} \cdot F_y + a_{22} \cdot F_z + a_{23} \cdot M_x \qquad (7.5)$$
$$\varepsilon_3 = a_{31} \cdot F_y + a_{32} \cdot F_z + a_{33} \cdot M_x$$

bzw. in Matrixschreibweise:

$$\left( \varepsilon_i \right) = A_{ij} \cdot \left( K_j \right).$$

### 7.3.4 Ermittlung der Bestimmungsgleichungen

Bei Erfüllung der Bedingung Det(A) = 0 ist die Matrix A zu B = A$^{-1}$ invertierbar und wir erhalten:

$$F_y = b_{11} \cdot \varepsilon_1 + b_{12} \cdot \varepsilon_2 + b_{13} \cdot \varepsilon_3$$
$$F_z = b_{21} \cdot \varepsilon_1 + b_{22} \cdot \varepsilon_2 + b_{23} \cdot \varepsilon_3 \qquad (7.6)$$
$$M_x = b_{31} \cdot \varepsilon_1 + b_{32} \cdot \varepsilon_2 + b_{33} \cdot \varepsilon_3$$

bzw. $\left( K_j \right) = B_{ji} \cdot \left( \varepsilon_i \right)$,

wobei zur Auswertung im Gegensatz zum bei der Kalibrierung von Mehrkomponentenaufnehmern angewandten Verfahren nur die der gesuchten Meßkraft zugeordnete Zeile erforderlich ist. Die gesuchten Koeffizienten $b_{ji}$ können durch Berechnung der Kalibriermatrixele-
mente $a_{ij}$ und anschließende Matrixinversion theoretisch abgeschätzt werden:

$$a_{11} = \frac{\varepsilon_1\left(F_y\right)}{F_y}$$

$$= \frac{-\left(\cos^2 \varphi_1 - \mu \cdot \sin^2 \varphi_1\right) \cdot z_1 \cdot y_1}{E \cdot I_x} + 2 \cdot (1+\mu) \cdot \sin \varphi_1 \cdot \cos \varphi_1 \cdot \frac{S_x}{b_x \cdot I_x \cdot E}$$

$$a_{21} = \frac{\varepsilon_1 \cdot \left(F_z\right)}{F_z}. \qquad (7.7)$$

In der Praxis dürfte die rechnerische Ermittlung der Meßmatrixelemente allerdings für die
meisten Fälle auf Grund fehlender Parameterkenntnisse zu ungenau sein, so daß auf eine spätere Kalibrierung nicht verzichtet werden kann. Diese folgt in Anlehnung an die Kalibrierung
von Mehrkomponentenaufnehmern durch Belastung mit einer bekannten Meßkraft bei zu Null
gesetzten Störgrößen und durch anschließende Belastung mit jeweils einer Störgröße, deren
Betrag in Abweichung zur Mehrkomponentenkalibrierung nicht bekannt sein muß.

Im vorliegenden Beispiel führt dieser Mechanismus zu folgendem Gleichungssystem (7.8) zur Berechnung der $F_y$-Koeffizienten:

a) $F_y$ bekannt, $\quad F_z$ und $M_x = 0$: $\qquad F_y = b_{11} \cdot \varepsilon_{1a} + b_{12} \cdot \varepsilon_{2a} + b_{13} \cdot \varepsilon_{3a}$

b) $F_z \quad \neq \quad 0, \quad F_y$ und $M_x = 0$: $\qquad 0 = b_{11} \cdot \varepsilon_{1b} + b_{12} \cdot \varepsilon_{2b} + b_{13} \cdot \varepsilon_{3b}$

c) $M_x \quad \neq \quad 0, \quad F_y$ und $F_z = 0$: $\qquad 0 = b_{11} \cdot \varepsilon_{1c} + b_{12} \cdot \varepsilon_{2c} + b_{13} \cdot \varepsilon_{3c}$

Bedingung für die Lösbarkeit dieses Gleichungssystems ist wieder die lineare Unabhängigkeit, die mittels der Bestimmungsdeterminante leicht überprüft werden kann.

### 7.3.5 Auswahl der optimalen Meßstellenpositionen

Für jede der drei Meßstellen $i = 1, 2, 3$ müssen drei Koordinaten $y_i$, $z_i$ und $j_i$ festgelegt werden, so daß insgesamt neun Ortsparameter variiert werden können. Als Kriterien dienen die Maximierung des Hauptmeßstellensignals und die Minimalisierung des Hauptmeßstellenfehlers. Die angestrebte Optimierung führt damit im vorliegenden Fall zu den in Bild 7.6 gezeigten Konfigurationen.

Da das Störmoment keinen Einfluß auf die neutrale Faser hat, werden im Fall b) nur zwei Meßstellen benötigt. Die mathematische Beschreibung der Meßstellensignale erfolgt an dieser Stelle noch unabhängig von der gewählten Brückenschaltung.

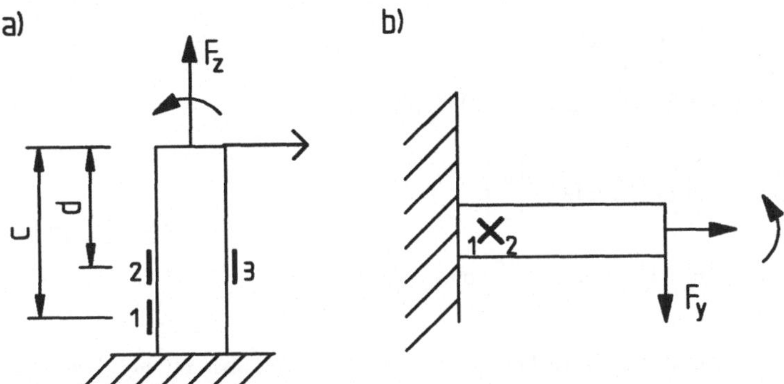



**Bild 7.6** Optimale DMS-Positionen für das Kragarm-Basiselement
a) einseitig eingespannte Stütze
b) einseitig eingespannter Biegebalken

Um die Gültigkeit der Matrixbeschreibung nachzuweisen, wollen im folgenden für beide DMS-DA-Basiselemente sowohl die Kalibriermatrix als auch die Meßmatrix berechnen.

**a) Einseitig eingespannte Stütze**

Für einen unter dem Winkel $\varphi = 0$ und $y = y_{max}$ plazierten DMS erwarten wir gemäß Gleichung 7.4 folgende Dehnung:

$$\varepsilon_{\varphi=0} = \frac{1}{E \cdot W}\left(M_x - z \cdot F_y\right) + \frac{1}{E \cdot A} F_z \ . \tag{7.9}$$

Für die angegebenen DMS-Positionen ergibt sich folgende Kalibriermatrix:

$$\varepsilon_1 = \frac{c}{W \cdot E} \cdot F_y + \frac{1}{A \cdot E} \cdot F_z - \frac{1}{W \cdot E} \cdot M_x$$

$$\varepsilon_2 = \frac{d}{W \cdot E} \cdot F_y + \frac{1}{A \cdot E} \cdot F_z - \frac{1}{W \cdot E} \cdot M_x \tag{7.10}$$

$$\varepsilon_3 = -\frac{d}{W \cdot E} \cdot F_y + \frac{1}{A \cdot E} \cdot F_z + \frac{1}{W \cdot E} \cdot M_x$$

mit der Determinante $D = 2 \cdot \dfrac{c-d}{W^2 \cdot A \cdot E^3}$ .

Damit ist die zugehörige Kalibriermatrix invertierbar und wir erhalten als Auswertegleichungen:

$$F_y = \frac{W \cdot E}{c-d} \cdot \varepsilon_1 - \frac{W \cdot E}{c-d} \cdot \varepsilon_2 \tag{7.11a}$$

$$F_z = \frac{A \cdot E}{2} \cdot \varepsilon_2 + \frac{A \cdot E}{2} \cdot \varepsilon_3 \tag{7.11b}$$

$$M_x = \frac{W \cdot E \cdot d}{c-d} \varepsilon_1 - \frac{W \cdot E(c+d)}{2(c-d)} \varepsilon_2 + \frac{W \cdot E}{2} \varepsilon_3 \tag{7.11c}$$

**b) Einseitig eingespannter Biegebalken**

Analog zum obigen Vorgehen erhalten wir für $y = 0$ und $\varphi = \pm 45°$:

$$\varepsilon_{\pm 45°} = \frac{1}{E}\left[\left(0,5(1-\mu)\frac{F_z}{A}\right) + (1+\mu)\frac{S_x \cdot F_y}{b_x \cdot I_x}\right]$$

$$= \frac{1}{E \cdot A}\left[0,5 \cdot (1-\mu)F_z + (1+\mu)C_A F_y\right] \quad \text{mit} \quad \frac{C_A}{A} = \frac{S_x}{b_x \cdot I_x} . \tag{7.12}$$

$C_A$ ist der sogenannte Formfaktor zur Berechnung der maximalen Schubspannung, beispielsweise gilt für den Rechteckquerschnitt $C_A = 1,5$. Damit erhalten wir eine 2·2 Kalibriermatrix mit der Det $\neq 0$:

$$\varepsilon_1 = \frac{(1+\mu) \cdot C_A}{E \cdot A} \cdot F_y + \frac{0,5 \cdot (1-\mu)}{E \cdot A} \cdot F_z \tag{7.13a}$$

$$\varepsilon_2 = -\frac{(1+\mu) \cdot C_A}{E \cdot A} \cdot F_y + \frac{0,5 \cdot (1-\mu)}{E \cdot A} \cdot F_z \tag{7.13b}$$

und nach der Invertierung die zugehörige Meßmatrix:

$$F_y = \frac{E \cdot A}{2 \cdot C_A(1+\mu)} \cdot (\varepsilon_1 - \varepsilon_2) \qquad F_z = \frac{E \cdot A}{1-\mu} \cdot (\varepsilon_1 + \varepsilon_2) . \tag{7.14}$$

Wir erhalten also sowohl im Fall a) für die Messung von $F_z$ als auch im Fall b) für die Messung von $F_y$ die bereits von den entsprechenden Wägezellen bekannten DMS-Anordnungen, mit dem Ergebnis, daß zur Bestimmung der gesuchten Kraft in beiden Fällen zwei Dehnungsmeßstellen ausreichen. Voraussetzungen dafür sind allerdings die Einschränkung auf das ebene Modell und die ideale Plazierung der DMS. Beide Voraussetzungen sind im Falle der Direktapplikation nicht erfüllbar; wir wollen deshalb im folgenden die entstehenden Restfehler abschätzen und Maßnahmen zur Fehlerreduzierung entwickeln.

### 7.3.6 Fehlerabschätzung für das ebene Modell

Im Gegensatz zur DMS-Applikation auf Wägezellen sind bei der Direktapplikation mehr oder weniger große Abweichungen von der "idealen" Position zu erwarten. Dies liegt zum einen an der mangelnden Positioniergenauigkeit beim Applizieren, aber gravierender ist oft der Umstand, daß die ideale Position auf Grund von Unsymmetrien nur ungenügend bestimmbar ist. Wir wollen dies am Beispiel der Querkraftmessung entsprechend Fall b) näher untersuchen.

Die ideale Position der beiden DMS liegt im Fall b) im Winkel von $\varphi_1 = +45°$ bzw $\varphi_2 = -45°$ auf der neutralen Faser ($y_1 = y_2 = 0$) und im gleichen Abstand zur Kraft $F_y$ ($z_0$). Damit sind folgende Koordinaten zu erwarten:

$$\varphi_{1/2} = \pm 45° + \Delta\varphi_{1/2}, \quad y_{1/2} = \Delta y_{1/2}, \quad z_{1/2} = z_0 + \Delta z_{1/2} \ .$$

Den Einfluß der Winkelabweichung gewinnen wir in erster Näherung aus Gleichung 7.3:

$$\varepsilon_{(\varphi_1 = +45° + \Delta\varphi)} = \frac{1}{E} \cdot \left[ \left( \frac{1}{2} \cdot (1-\mu) - \Delta\varphi_1 \cdot (1+\mu) \right) \cdot \sigma_z + (1+\mu) \cdot \tau_{xy} \right] \qquad (7.15a)$$

$$\varepsilon_{(\varphi_2 = +45° + \Delta\varphi)} = \frac{1}{E} \cdot \left[ \left( \frac{1}{2} \cdot (1-\mu) - \Delta\varphi_2 \cdot (1+\mu) \right) \cdot \sigma_z + (1+\mu) \cdot \tau_{xy} \right] . \qquad (7.15b)$$

Nach Einsetzen der Normal- und Schubspannung an den fehlerhaften Positionen ergibt sich als Ausgangsdehnung:

$$\varepsilon_1 - \varepsilon_2 \approx \frac{1}{E} \left[ \begin{array}{l} \dfrac{1}{2 \cdot I_x}(1-\mu)\left(M_x - z_0 F_y\right)(\Delta y_1 - \Delta y_2) - \\[2ex] (1+\mu)\dfrac{F_z}{A}(\Delta\varphi_1 + \Delta\varphi_2) + 2(1+\mu)\dfrac{F_y}{b_x \cdot I_x} S_0 \end{array} \right] \qquad (7.16)$$

Damit wird das Meßergebnis für die Messung von $F_y$ im realen Fall wieder von den Störgrößen $F_z$ und $M_x$ beeinflußt. Zur Abschätzung des Fehleranteils vergleichen wir die Meßsignalempfindlichkeit $d\varepsilon/dF_y$ mit den Störgrößenempfindlichkeiten $d\varepsilon/dF_z$ und $d\varepsilon/dM_x$:

$$\frac{d\varepsilon}{dF_y} = \frac{1}{E \cdot I_x} \cdot \left[ -\frac{1}{2} \cdot (1-\mu) \cdot z_0 \cdot (\Delta y_1 - \Delta y_2) + 2 \cdot (1+\mu) \cdot \frac{S_0}{b_x} \right] \qquad (7.17a)$$

$$\frac{d\varepsilon}{dF_z} = -\frac{1}{E \cdot A} \cdot (1+\mu) \cdot (\Delta\varphi_1 + \Delta\varphi_2) \qquad (7.17b)$$

$$\frac{d\varepsilon}{dM_x} = \frac{1}{2 \cdot E \cdot I_x} \cdot (1-\mu) \cdot (\Delta y_1 - \Delta y_2) \qquad (7.17c)$$

Die Entscheidung darüber, ob die Fehlereinflüsse der Störgrößen $F_z$ und/oder $M_x$ korrigiert werden müssen, richtet sich nach der konkreten Situation. Wir wollen dies am Beispiel eines auf Kragarmen gelagerten Silos durchspielen.

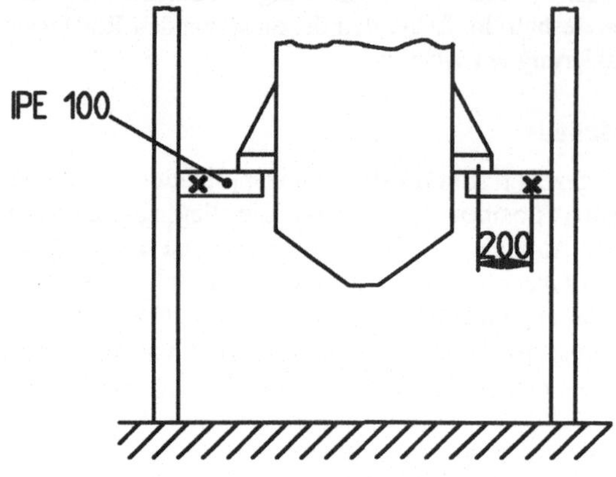


**Bild 7.7**
Silolagerung auf Kragarmen

Für den IPE-100 Kragarm gelten folgende Daten:

$$I_x = 171 \text{ cm}^4, \quad S_x = 18,8 \text{ cm}^3, \qquad A = 10,3 \text{ cm}^2, \quad b_x = 0,41 \text{ cm.}$$

Als Koordinatenabweichungen von den idealen Werten nehmen wir 3° an.

Mit $E = 2,1 \cdot 10^7$ N/cm$^2$ und $\mu = 0,3$ erhalten wir durch Einsetzen obiger Werte in die Gleichungen 7.17a–c die Werte:

$$\frac{d\varepsilon}{dF_y} = 3,3 \cdot 10^{-8} \Big/ N; \qquad \frac{d\varepsilon}{dF_z} = 6,3 \cdot 10^{-10} \Big/ N; \qquad \frac{d\varepsilon}{dM_x} = 2 \cdot 10^{-11} \Big/ Ncm$$

Da die Störgrößen $F_z$ und $M_x$ additiv wirken, wächst der prozentuale Fehler mit kleinerem Nutzsignal. Um den Fehlereinfluß abzuschätzen, müssen über die Störgrößen quantitative Annahmen getroffen werden, die die Anschlußsteifigkeit und die von der Umgebung eingeleiteten Verformungen berücksichtigen, wobei diese Abschätzung einige Erfahrung voraussetzt.

Für einen realistischen Vergleich gehen wir im folgenden davon aus, daß die betrachteten Störkraft- und Momentenkomponenten jeweils mit etwa 20% der zulässigen Spannung wirken. Da die Störgrößen in den meisten Fällen additiv wirken, beziehen wir die von ihnen verursachten Fehler auf eine Nutzkraft, die 10% der zulässigen Spannung entspricht.

Damit ergibt sich bei dem angenommenen Balkenprofil für einen Meßwert $F_y = 3$ kN, der von den Störgrößen $F_z = 10$ kN und $M_x = 1,5$ kNm überlagert ist, ein relativer Fehler von

$$\frac{\Delta F_y}{F_y} = 6,3\% + 3\% = 9,3\% \ .$$

Wir wollen im folgenden davon ausgehen, daß der Fehler für eine vorgegebene Meßaufgabe den Wert von einem Prozent nicht überschreiten soll. Damit müssen beide Störgrößen durch zusätzliche Meßstellen korrigiert werden, die dafür erforderliche Prozedur wird in Kapitel 6.7 beschrieben.

### 7.3.7 Erweiterung auf das dreidimensionale Modell

Unter der Voraussetzung der linearen Elastizitätstheorie erhalten wir den resultierenden Spannungszustand durch Superposition der elementaren Lastfälle:

- Längskraft in die z-Richtung

- Balkenbiegung in der yz-Ebene

- Balkenbiegung in der xz-Ebene

- Torsion um die z-Achse

Die ersten beiden Lastfälle wurden in den vorangegangenen Kapiteln bereits abgehandelt, wir wollen das Modell nun um die noch fehlenden Störgrößen $F_x$, $M_{b,y}$ und $M_{t,z}$ erweitern.


**a) Balkenbiegung in der xz-Ebene**

Da sich die DMS-Meßstellen bezogen auf diesen Lastfall auf den schubkraftfreien Zonen befinden, brauchen wir nur die Normalspannungen zu berücksichtigen. Durch entsprechende Vertauschung der Indizes erhalten wir aus den Gleichungen 7.1a und 7.2c:

$$\sigma_z(x) = \frac{1}{I_y} \cdot \left( M_y - z \cdot F_x \right) \cdot x + \frac{F_z}{A} \; . \tag{7.18}$$

Da die DMS-Meßstellen 1 und 2 jeweils auf der Vorder- und auf der Rückseite des Trägersteges angeordnet sind, werden die zusammengehörigen Dehnungsanteile gemittelt:

$$\varepsilon_{1/2} = \frac{1}{2} \cdot \left[ \varepsilon_{1+/2+} \left( x_0 + \Delta x_{1+/2+} \right) + \varepsilon_{1-/2-} \left( -x_0 + \Delta x_{1-/2-} \right) \right] \; . \tag{7.19}$$

Die Koordinate $\pm x_0$ kennzeichnet den DMS-Abstand von der senkrechten Symmetrieebene des Trägers und entspricht damit der halben Stegbreite.

Durch Verwendung obiger Mittelwerte und den Gleichungen 7.15a und b erhalten wir den Dehnungsanteil der betrachteten Störgrößen auf die Hauptmeßstellendehnung $\varepsilon = \varepsilon_1 - \varepsilon_2$:

$$\varepsilon = \frac{1}{2 \cdot E \cdot I_y} \cdot \left( M_y - z_0 \cdot F_x \right)$$

$$\left[ \begin{array}{l} \left( \Delta x_{1+} + \Delta x_{1-} - \Delta x_{2+} - \Delta x_{2-} \right) \cdot \dfrac{1-\mu}{2} \\[2mm] -x_0 \cdot \left( \Delta \varphi_{1+} - \Delta \varphi_{1-} - \Delta \varphi_{2+} + \Delta \varphi_{2-} \right) \cdot \left( 1+\mu \right) \end{array} \right] \tag{7.20}$$

$$- \frac{F_z}{2 \cdot E \cdot A} \cdot \left( \Delta \varphi_{1+} + \Delta \varphi_{1-} + \Delta \varphi_{2+} + \Delta \varphi_{2-} \right) \cdot \left( 1+\mu \right) \; .$$

Da die DMS 1+ und 2+ bzw 1− und 2− jeweils auf einer gemeinsamen Trägerfolie appliziert werden, sind die Winkelabweichungen sehr klein:

$$\Delta \varphi_{1+} \approx \Delta \varphi_{2+} = \Delta \varphi_+ \qquad\qquad \Delta \varphi_{1-} \approx \Delta \varphi_{2-} = \Delta \varphi_- \; .$$

Damit bleiben folgende Störgrößenempfindlichkeiten:

$$\frac{d\varepsilon}{dF_x} = -\frac{z_0 \cdot (1-\mu)}{4 \cdot E \cdot I_y} \cdot \left(\Delta x_{1+} + \Delta x_{1-} - \Delta x_{2+} - \Delta x_{2-}\right) \qquad (7.21a)$$

$$\frac{d\varepsilon}{F_z} = -\frac{1+\mu}{E \cdot A}\left(\Delta\varphi_+ + \Delta\varphi_-\right) \qquad (7.21b)$$

$$\frac{d\varepsilon}{dM_y} = -\frac{1-\mu}{4 \cdot E \cdot I_y} \cdot \left(\Delta x_{1+} + \Delta x_{1-} - \Delta x_{2+} - \Delta x_{2-}\right) . \qquad (7.21c)$$

Die Koordinatenabweichungen $\Delta x$ ergeben sich aus der Oberflächenunebenheit am Steg, mit einer angenommenen Abweichung von 0,01 mm erhalten wir für das angenommene IPE-100 Profil:

$$\frac{d\varepsilon}{dF_x} = 0,42 \cdot 10^{-10} \Big/ N \qquad \frac{d\varepsilon}{dM_y} = 2,1 \cdot 10^{-12} \Big/ Nm .$$

Der Störeinfluß von $F_x$ kann sowohl additiv als auch multiplikativ wirken. Für eine durch die Einspannung verursachten Kraftanteil von 1,2 kN erhalten wir bezogen auf die Nutzkraft von 3 kN einen additiven Fehler von 0,05%.

Dieser Fehler wird von einem multiplikativen Fehler überlagert, wenn die Nutzkrafteinleitung nicht senkrecht zur y-Achse erfolgt; er beträgt für einen angenommene Schiefstellung von 5° ca. 0,01%. Da der Fehleranteil des Störmomentes $M_y$ bei 0,25 kNm ebenfalls nur 0,05% beträgt, erübrigt sich bei der angenommenen Fehlergrenze von einem Prozent für beide Störgrößen eine Korrektur.

**b) Torsion um die z-Achse**

Die für Kreis- und Kreisringquerschnitte zutreffende Annahme, daß die Querschnitte bei der Torsionsverformung eben bleiben, ist für andere Querschnittsformen nicht mehr zutreffend. Verantwortlich für diese Erschwernis ist das Gesetz der zugeordneten Schubspannungen, die damit auch in den Längsschnitten des Profils vorhanden sind. Falls sich die Querschnittsverwölbung ungehindert ausbilden kann, ist die Theorie der Saint-Venantschen Torsion anwendbar, die für beliebige Querschnitte auf eine ähnliche Berechnungsprozedur wie für kreissymmetrische Querschnitte führt. Im Fall der starren Einspannung ist diese Bedingung verletzt, dennoch bietet die Saint-Venantsche Theorie dann in vielen Fällen noch eine brauchbare Näherung. Wenn die durch die Behinderung der Verwölbung verursachten Spannungen nicht vernachlässigbar sind, ist die mathematisch wesentlich anspruchsvollere Theorie der Wölbkrafttorsion anzuwenden. Im vorliegenden Fall führt die Wölbbehinderung zu einer nicht-linearen Abhängigkeit des Fehlers vom Ort der Momenteneinleitung und damit zur Verletzung des Saint-Venantschen Prinzips, da die Einspannung auch noch in größeren Abständen die Spannungsverteilung beeinflußt. Zur Verdeutlichung der Spannungsverhältnisse im Kragarm zeigt Bild 7.9 den Normalspannungsverlauf für das einseitig eingespannte I-Profil.

Das Torsionsmoment $M_{t,z}$ bewirkt am eingespannten Ende Normalspannungen, deren Vorzeichen für jeden Quadranten wechselt. Da die Größe der Normalspannungen am Steg gegen Null geht und weiterhin die DMS jeweils über einer Zug- und Druckzone den Mittelwert bilden, wollen wir den Einfluß der Wölbbehinderung im folgenden vernachlässigen.

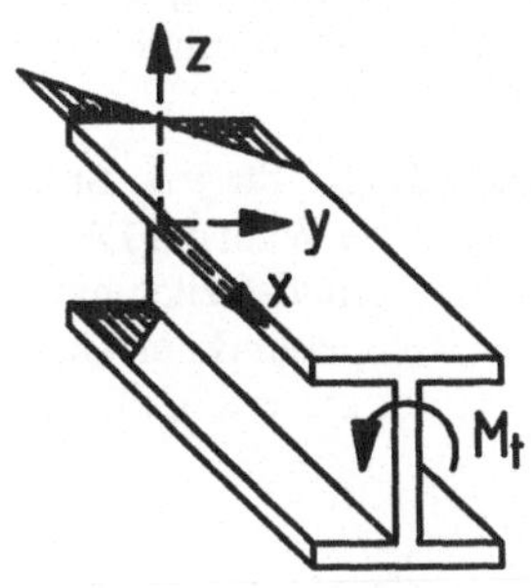


**Bild 7.8**
Kragarm mit einseitig behinderter Torsions-
verwölbung

Bei der Berechnung der Saint-Venantschen Torsionsnäherung ist zwischen geschlossenen und offenen dünnwandigen Querschnitten zu unterscheiden; der wesentlichste Unterschied besteht in der Tatsache, daß bei geschlossenen Querschnitten die größte Schubspannung an der dünnsten Wanddicke auftritt, während sie dort beim offenen Querschnitt am kleinsten ist.

Für das I-Profil erhalten wir die Schubspannung an den Stegaußenflächen über das Torsionswiderstandsmoment:

$$W_t = \frac{I_t}{s} \qquad \text{zu} \qquad \tau_t = \frac{M_t}{W_t} . \tag{7.22}$$

Analog zum bisherigem Vorgehen erhalten wir nach Mittelung der Dehnungen

$$\varepsilon_{\pm45°} = \frac{(1+\mu)\cdot M_t}{E\cdot I_t}\cdot 2x \quad (x = \text{halbe Stegbreite}) \tag{7.23}$$

für die Gesamtdehnung $\varepsilon = \varepsilon_1 - \varepsilon_2$, wie bereits bei der Balkenbiegung in x-z-Richtung, wieder eine lineare Abhängigkeit zur unsymmetrischen DMS-Anordnung bezüglich der senkrechten Symmetrieebene des Trägers:

$$\frac{d\varepsilon}{dM_z} = \frac{4\cdot(1+\mu)}{E\cdot I_t}\Delta x = 2{,}2\cdot10^{-10}\,\Big/\!_{\text{Ncm}} .$$

Für ein zu $M_z = 100$ Nm angenommenes Torsionsmoment erhalten wir daraus einen additiven Fehler von 2,2% bezogen auf $F_y = 3$ kN. Dem additivem Fehler überlagert sich bei um beispielsweise x = 5mm nichtmittiger Krafteinleitung noch ein multiplikativer Fehler von 0,7%, so daß wir den Torsionseinfluß als nicht-vernachlässigbaren Fehler einstufen und durch eine weitere Meßstelle korrigieren.

### 7.3.8 Zusammenfassung der Kraft- und Momentenreaktionen

Wir erhalten als Resultat, daß folgende Störgrößen Meßfehler im Prozentbereich verursachen können:

- die in Trägerrichtung wirkende Normalkraft $F_z$ ,

- das um die x-Achse wirkende Biegemoment $M_{b,x}$ ,

- das auf den Träger wirkende Torsionsmoment $M_{t,z}$ .

Falls die Abschätzung wie im vorliegenden Fall zeigt, daß die Fehler den zulässigen Wert überschreiten, können die verursachenden Störgrößen nach dem im folgendem beschriebenen Verfahren meßtechnisch erfaßt und rechnerisch korrigiert werden.

Zunächst ist zusätzlich zu der in Kapitel 7.3.4 ausgewählten Hauptmeßstelle für jede Störgröße eine weitere linear unabhängige Korrekturmeßstelle zu applizieren. Die Wahl der DMS-Positionen richtet sich nach den örtlichen Gegebenheiten; sie sollten aber grundsätzlich möglichst eng beieinander liegen, um die im nächsten Kapitel beschriebene Temperaturkompensation nicht unnötig zu komplizieren. Bild 7.9 zeigt eine Anordnung, bei der die erforderlichen DMS auf einer gemeinsamen Rosette angebracht sind.

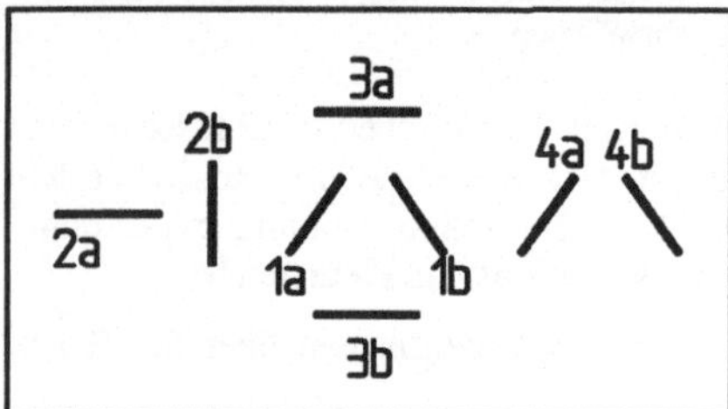

**Bild 7.9** Korrekturrosette mit Hauptmeßstelle

Bei der Verdrahtung werden jeweils zwei DMS von Vor- und Rückseite des Steges zu einer Vollbrücke zusammengeschaltet:

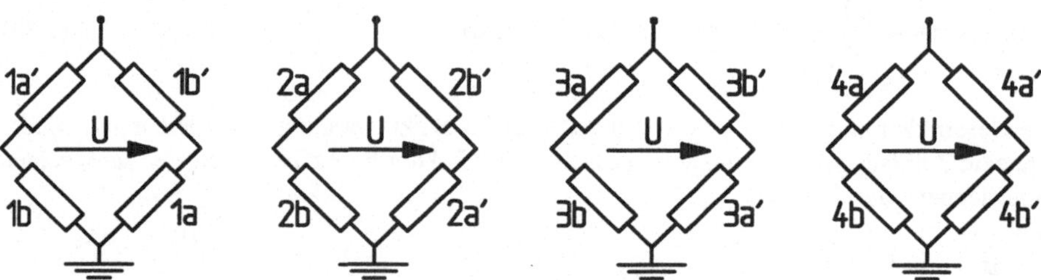

**Bild 7.10** Brückenschaltungen für Haupt- und Korrekturmeßstellen

Damit ergeben sich für die einzelnen Brücken in erster Näherung folgende Ausgangssignale:

$$U_1 = \frac{U_s \cdot k \cdot C_A \cdot (1+\mu)}{A \cdot E} \cdot F_y \qquad U_2 = \frac{U_s \cdot k \cdot (1+\mu)}{2 \cdot A \cdot E} \cdot F_{n,z}$$

$$U_3 = \frac{U_s \cdot k \cdot y_0}{I_x \cdot E} \cdot M_{b,x} \qquad U_4 = \frac{U_s \cdot k \cdot s \cdot (1+\mu)}{I_t \cdot E} \cdot M_{t,z} \cdot \qquad (7.24)$$

Als Bestimmungsgleichung für die gesuchte Meßgröße definieren wir analog zu dem in Kapitel 7.3.4 beschriebenen Vorgehen:

$$F_y = b_1 \cdot U_1 + b_2 \cdot U_2 + b_3 \cdot U_3 + b_4 \cdot U_4 = \sum_{i=1}^{4} b_i \cdot U_i \cdot \qquad (7.25)$$

Die Bestimmung der unbekannten Koeffizienten $b_i$ erfolgt dann nach folgendem Schema:

- Belastung des Kragarmes mit einem bekannten Gewicht $F_y$ und Messung der Ausgangsspannungen an den vier Meßbrücken,

- Änderung jeweils einer Störgröße um einen signifikanten, aber nicht notwendigerweise bekannten Betrag bei konstanten Belastungsgewicht,

- Lösung des linearen Gleichungssystems für die Belastungszustände $j = 1$ bis 4,

$$F_{y,j} = \sum_{i=1}^{4} b_i \cdot U_{i,j}. \tag{7.26}$$

In der Praxis ist diese der Kalibrierung interner Windkanalwaagen nachempfundene idealisierte Form der Kalibrierung allerdings nicht immer durchführbar, da die Störgrößen im allgemeinen nicht zu separieren sind. In diesem Fall wird zur Ermittlung der Koeffizienten ein Lernalgorithmus eingesetzt, der auf der Basis beliebiger Belastungskombinationen die Koeffizienten immer wieder neu berechnet, bis sie genügend konvergieren. Einzige Bedingung bei dieser Vorgehensweise ist die Kenntnis der Nutzkraft oder deren Änderung zwischen zwei Belastungszuständen, die sich beispielsweise bei Silo- oder Bunkeranlagen leicht durch definierte Füll- und Entladevorgänge ermitteln läßt.

Die Anwendung des Lernalgorithmus bietet neben der erleichterten Kalibrierdurchführung den Vorteil einer ständigen Kontrolle der Meß- bzw. Wägeeinrichtung, die damit zum Beispiel nachträgliche Änderungen in der mechanischen Struktur wie Versteifungen u.ä. anzeigt und automatisch korrigiert.


### 7.3.9 Temperaturkompensation

Für alle Anwendungsfällen, bei denen mit Temperaturschwankungen $\Delta\vartheta$ zu rechnen ist, die den Meßfehler unzulässig vergrößern, müssen über die bei der DMS-Anwendung normalerweise vorgesehenen Kompensationsvorkehrungen hinaus weitere Maßnahmen getroffen werden, die das gesamte Meßsystem zusammenfassen.

Zu diesem Zweck berücksichtigen wir den Einfluß der Temperaturdehnung auf jede einzelne Meßstelle:

$$U_i = \text{const.} \cdot (\varepsilon_\sigma + \varepsilon_\vartheta) = \text{const.} \cdot \left[ \left( \frac{\alpha_R}{k} + \alpha_B - \alpha_M \right) \cdot \Delta\vartheta + \frac{\sigma_i}{E} \right]. \tag{7.27}$$

Dabei bezeichnen $\alpha_R$ den Temperaturkoeffizienten des elektrischen DMS-Widerstandes und $\alpha_B$ und $\alpha_M$ die Ausdehnungskoeffizienten des Bauteils bzw. des Meßgitters. Die Konstante beinhaltet den k-Faktor der DMS und die Brückenspeisespannung und -schaltungsart.

Um den temperaturabhängigen Anteil der Dehnung aus der Bestimmungsgleichung für die gesuchte Kraft $F_y$ zu entfernen, definieren wir eine neue, nun auf die mechanischen Spannungen bezogene Gleichung:

$$F_y = \sum_{i=1}^{4} g_i \cdot \sigma_i \tag{7.28}$$

Zusätzlich vereinbaren wir die folgenden für eine Fehlerkorrektur zulässigen Näherungen:

$$(1) \quad \left(\frac{\alpha_R}{k}+\alpha_B-\alpha_M\right)\overset{\text{def}}{=}\alpha\neq f(\vartheta) \qquad (2)\quad E=E_0+E'\cdot\Delta\vartheta\ .$$

Zur Erfassung der Temperatur ist eine weitere Meßstelle erforderlich, die bevorzugt mit einem Pt-100 Widerstand oder mit einem Cu-Konstantan Thermoelement arbeitet: $U\vartheta = e_\vartheta\cdot\vartheta$.

Damit erhalten wir durch Einfügen der mechanischen Spannungen $\sigma_i$:

$$F_y = \sum_{i=1}^{4} h_i\cdot U_i + C_1\cdot U_\vartheta\sum_{i=1}^{4}h_i\cdot U_i + C_2\cdot U_\vartheta \tag{7.29}$$

mit den Koeffizienten $h_i = \dfrac{g_i\cdot E_0}{\text{const.}}$ und den Konstanten

$$C_1 = \frac{E'}{e_\vartheta\cdot E_0}\quad\text{und}\quad C_2 = -\frac{\text{const.}\alpha}{e_\vartheta}\sum_{i=1}^{4}h_i$$

Damit hat sich die Zahl der Unbekannten von Vier auf Sechs erhöht. Für die beiden weiteren Bestimmungsgleichungen sind zusätzlich zu den in Kapitel 7.3.8 beschriebenen Belastungszuständen jetzt noch zwei Messungen bei geänderter Temperatur $\Delta\vartheta$ erforderlich, beispielsweise bei $F_y = 0$ und $F_{y,max}$. Erschwerend bei der folgenden Auswertung ist jetzt allerdings der Umstand, daß die Bestimmungsgleichungen nichtlinear und damit nicht mehr geschlossen lösbar sind. Da die Werte bei der numerischen Auswertung aber schnell konvergieren, bedeutet dies in der praktischen Anwendung keinen Nachteil [39].

### 7.3.10 Erweiterung des Modells auf den zweifach statisch unbestimmt gelagerten Balken

Dieses DA-Basiselement finden wir z.B. bei Schienen, tragenden Bühnen und bei Achsen zur Lagerung von Umlenkrollen. Die Vorgehensweise erfolgt analog zum Kragarmelement; etwas erschwerend kommt vor allem bei der Schienenapplikation der Umstand hinzu, daß der Ort der Krafteinleitung nicht konstant ist, bzw. im Fall der Fahrtwägung während der Messung wechselt.

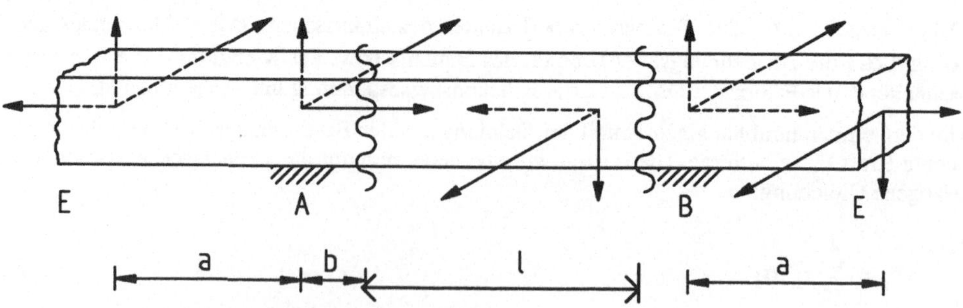


**Bild 7.11** Kraft- und Momentenwirkungen auf den Balken

Im allgemeinsten Fall ist das betrachtete Balkenelement statisch unbestimmt auf zwei Lagern befestigt und über zwei Anschlußenden an die benachbarten Balkenelemente angeschlossen. Damit wirken bei Belastung des Balkens maximal 30 unbekannte Kraft- und Momentenreaktionen plus einer unbekannten Krafteinleitungskoordinate.
Wir schneiden nun den Balken zwischen den Lagern rechts und links der Krafteinleitung auf und berechnen die im linken Schnitt wirkenden Schnittreaktionen:

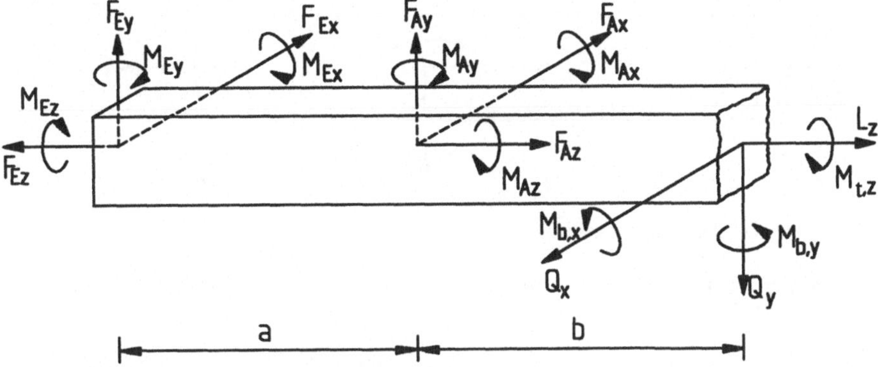

**Bild 7.12** Schnittreaktionen am linken Balkenende

Aus den an dem freigeschnittenen Teil geltenden Gleichgewichtsbedingungen erhalten wir:

$$Q_x = F_{E,x} + F_{A,x} \qquad Q_y = F_{E,y} + F_{A,y} \qquad L_z = F_{E,z} - F_{A,z}$$

$$M_{b,x} = M_{E,x} + M_{A,x} + F_{E,y}\,(a+b) + F_{A,y}\,b$$

$$M_{b,y} = M_{E,y} + M_{A,y} - F_{E,x}\,(a+b) - F_{A,x}\,b$$

$$M_{t,z} = M_{E,z} - M_{A,z}\,. \tag{7.30}$$

Nach Anwendung der gleichen Prozedur auf das rechte Balkenende erhalten wir als Ergebnis das freigeschnittene Mittelteil mit der Reduktion auf 18 unbekannte Kraft-Momentenreaktionen. Bezogen auf die definierten Schnittstellen bedeuten also Balken mit belasteten Anschlußenden (Schienen), abgesehen von einer quantitativen Vergrößerung der Störgrößen, keine prinzipielle Erschwernis gegenüber Balken mit offenen Enden (Achse mit Umlenkrolle).

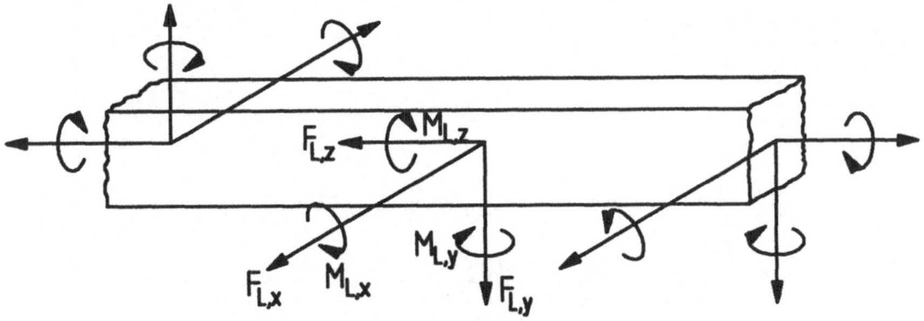

**Bild 7.13** Ausgeschnittenes Balkenmittelteil mit Krafteinleitung

Die 18 unbekannten Kraft-Momentenreaktionen lassen sich durch Anwendung der Gleichgewichtsbedingungen weiter reduzieren, so daß im allgemeinsten Fall 12 zu berücksichtigende Reaktionen übrig bleiben. Wir definieren $F_{y,L}$ als die zu messende Nutzkraft und beschränken uns zunächst wieder auf den zweidimensionalen Fall in der y-z-Ebene:

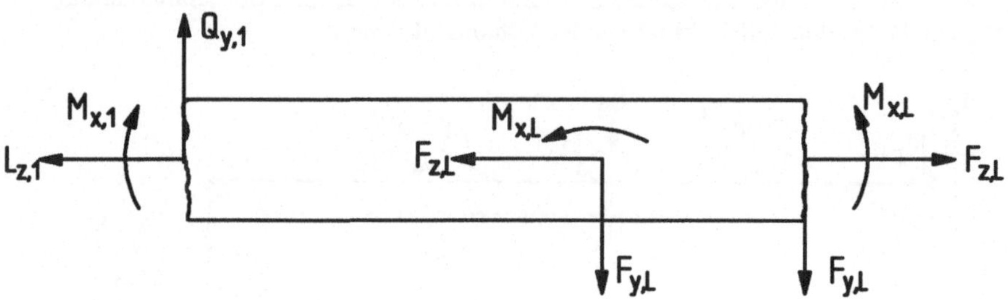


**Bild 7.14** Zweidimensionales Balkenmittelteil

Nach Anwendung der Gleichgewichtsbedingungen lassen sich drei unbekannte Schnittkräfte eliminieren:

$$L_{z,2} = L_{z,1} + F_{z,L}$$

$$Q_{y,1} = \frac{M_{x,L} + M_{x,2} - M_{x,1}}{1} + F_{y,L} \cdot \left(1 - \frac{f}{1}\right) \tag{7.31}$$

$$Q_{y,2} = \frac{M_{x,L} + M_{x,2} - M_{x,1}}{1} - F_{y,L} \cdot \frac{f}{1}.$$

Mit den verbleibenden Schnittgrößen bestimmen wir nun für den möglichen Bereich zur Plazierung der Meßstellen für die Koordinatenabschnitte $z_1$ und $z_2$ rechts und links der Krafteinleitung die Schnittreaktionen:

Längskräfte:

$$L_z(z_1) = L_{z,1} \qquad\qquad L_z(z_2) = L_{z,1} + F_{z,L} \tag{7.32a}$$

Querkräfte:

$$Q_y(z_1) = \frac{M_{x,L} + M_{x,2} - M_{x,1}}{1} + \frac{1-f}{1} \cdot F_{y,L}$$

$$Q_y(z_2) = \frac{M_{x,L} + M_{x,2} - M_{x,1}}{1} - \frac{f}{1} \cdot F_{y,L} \tag{7.32b}$$

Biegemomente:

$$M_{b,x}(z_1) = M_{x,1} + \frac{z_1}{1} \cdot \left(M_{x,L} + M_{x,2} - M_{x,1}\right) + \frac{z_1}{1} \cdot (1-f) \cdot F_{y,L} \tag{7.32c}$$

$$M_{b,x}(z_2) = M_{x,2} - \frac{1-f-z_2}{1} \cdot \left(M_{x,L} + M_{x,2} - M_{x,1}\right) + \frac{1-f-z_2}{1} f \cdot F_{y,L}$$

Zur Verdeutlichung des Belastungsverlaufs zeichnen wir für eine angenommenen Kombination von an den Lagern und Anschlußstellen wirkenden Störgrößen die Schnittgrößen:

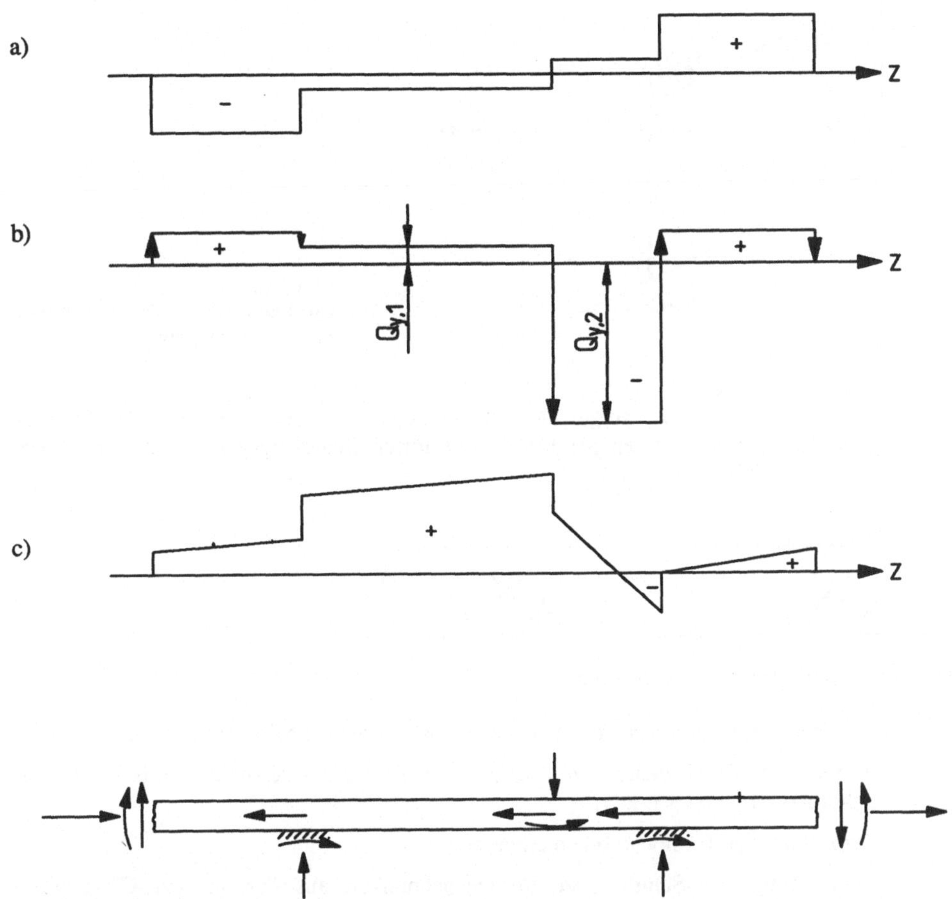



**Bild 7.15** Schnittreaktionen im zweifach gelagerten Balken mit belasteten Anschlußenden
    a) Längskraftverlauf
    b) Querkraftverlauf
    c) Biegemomentverlauf

Im Gegensatz zum Kragarmelement sind die Querkräfte $Q_y(z_1)$ und $Q_y(z_2)$ von der Kraftkoordinate f abhängig, so daß im allgemeinen Fall der wechselnden Krafteinleitungsposition eine Meßstelle allein nicht mehr ausreicht.

Aus Bild 7.16 ist abzulesen, daß sich die gesuchte Kraft $F_{y,L}$ durch die Differenz der Querkräfte bilden läßt:

$$F_{y,L} = Q_y(z_2) - Q_y(z_1) \tag{7.33}$$

Die Differenz ist unabhängig von den an den Lagern und Anschlußenden eingeleiteten Störgrößen, damit liegen die idealen Meßstellenpositionen bei $z_1$ und $z_2$.

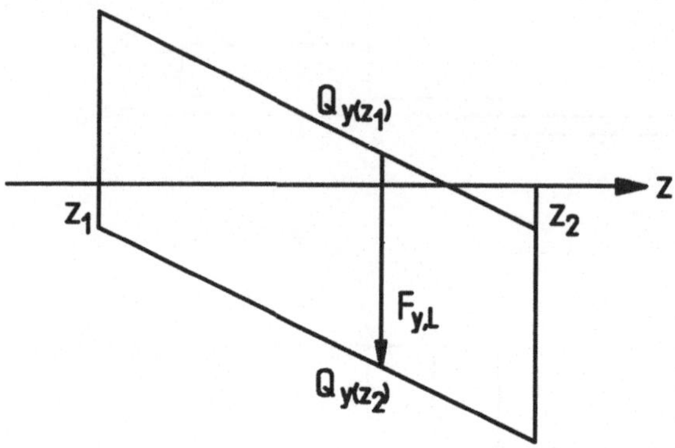


**Bild 7.16**
Querkräfteverlauf für wandernden
Krafteinleitungspunkt

Die beiden Koordinaten werden so gewählt, daß der Abstand zu den Lagern und zur Krafteinleitung groß genug ist, um einen genügend ungestörten Spannungsverlauf im Bereich der
Meßstellen zu gewährleisten.

**Bild 7.17** Hauptmeßstellen am Balkenelement

Die weiteren Berechnungsschritte erfolgen analog zum Vorgehen beim Kragarmelement:

— Erweiterung der Gleichungen 7.32a,b,c auf die x-z-Ebene durch zyklische Vertauschung der Indizes x und y,

— Ermittlung des Torsionsmomentenverlaufs,

— Berechnung der Schub- und Normalspannungen aus den in den Gleichungen
7.32a,b,c und deren Erweiterung beschriebenen Schnittreaktionen durch Einsetzen in
Gleichungen 7.1a und 7.1b,

— Einsetzen der Schnittspannungen für $\varphi = \pm 45°$ in Gleichung 7.4,

— Berechnung des Doppelbrückenausgangssignals nach Bild 7.17

$$\varepsilon = \varepsilon_{1a} - \varepsilon_{1b} - \left(\varepsilon_{2a} - \varepsilon_{2b}\right)$$

unter Einrechnung fehlerhafter DMS-Applikationen:

$$\varepsilon_{1a} - \varepsilon_{1b} - (\varepsilon_{2a} - \varepsilon_{2b}) =$$

$$
\frac{1}{E} \cdot
\begin{bmatrix}
\dfrac{2 \cdot s(1+\mu)}{I_x \cdot b} \cdot F_{y,L} + \dfrac{1-\mu}{2 \cdot I_x} \cdot \left[ M_{x1} + \dfrac{z_1}{1} \begin{pmatrix} M_{x,L} + M_{x2} - M_{x1} \\ +(1-f)F_{y,L} \end{pmatrix} \right] \\[3ex]
\cdot (\Delta y_{1a} - \Delta y_{1b}) - \dfrac{1-\mu}{2 \cdot I_x} \cdot \left[ M_{x2} + \dfrac{z_2}{1} \cdot \begin{pmatrix} M_{x,L} + M_{x2} \\ -M_{x1} - f \cdot F_{y,L} \end{pmatrix} \right] \\[3ex]
\cdot (\Delta y_{2a} - \Delta y_{2b}) - \dfrac{1+\mu}{A} \cdot \left[ \begin{array}{l} L_{z1} \cdot (\Delta \varphi_{1a} + \Delta \varphi_{1b}) + (L_{z1} + F_{Lz}) \\ \cdot (\Delta \varphi_{2a} + \Delta \varphi_{2b}) \end{array} \right] \\[3ex]
+ \dfrac{1}{2 \cdot I_y} \cdot \left[ M_{y1} + \dfrac{z_1}{1} \cdot \left( M_{yL} + M_{y2} - M_{y1} - (1-f) \cdot F_{xL} \right) \right] \\[3ex]
\cdot \left[ \begin{array}{l} (\Delta x_{1a+} + \Delta x_{1a-} - \Delta x_{1b+} - \Delta x_{1b-}) \cdot \dfrac{1-\mu}{2} - x_0 \\ \cdot (\Delta \varphi_{1a+} - \Delta \varphi_{1a-} - \Delta \varphi_{1b+} + \Delta \varphi_{1b-}) \cdot (1+\mu) \end{array} \right] \\[3ex]
- \dfrac{1}{2 \cdot I_y} \cdot \left[ M_{yL} - \dfrac{1-f-z_2}{1} \cdot \left( M_{yL} + M_{y2} - M_{y1} - f \cdot F_{xL} \right) \right] \\[3ex]
\cdot \left[ \begin{array}{l} (\Delta x_{2a+} + \Delta x_{2a-} - \Delta x_{2b+} - \Delta x_{2b-}) \cdot \dfrac{1-\mu}{2} - x_0 \\ \cdot (\Delta \varphi_{2a+} - \Delta \varphi_{2a-} - \Delta \varphi_{2b+} + \Delta \varphi_{2b-}) \cdot (1+\mu) \end{array} \right] \\[3ex]
- \dfrac{1+\mu}{2 \cdot A} \cdot \left[ \begin{array}{l} (\Delta \varphi_{1a+} + \Delta \varphi_{1a-} + \Delta \varphi_{1b+} + \Delta \varphi_{1b-}) \cdot L_{z1} \\ + (\Delta \varphi_{2a+} + \Delta \varphi_{2a-} + \Delta \varphi_{2b+} + \Delta \varphi_{2b-}) \cdot (L_{z1} + F_{zL}) \end{array} \right] \\[3ex]
+ \dfrac{4 \cdot (1+\mu)}{I_t} \cdot \Delta x \cdot (M_{z1} + M_{z2})
\end{bmatrix}
\tag{7.34}
$$

Aus der so gewonnenen Beziehung läßt sich nun wieder für jede Kraft- und Momentenkomponente die Meßstellenempfindlichkeit ableiten.

Für die Nutzsignalempfindlichkeit erhalten wir erwartungsgemäß (vergl. Gleichung 7.12):

$$\frac{d\varepsilon}{dF_{yL}} = \frac{2 \cdot (1+\mu) \cdot S_x}{E \cdot I_x \cdot b} \cdot \tag{7.35}$$

Entsprechend ergibt sich beispielsweise die Störempfindlichkeit bezüglich des Biegemoments $M_{b,x1}$ zu:

$$\frac{d\varepsilon}{dM_{b,x1}} = \frac{1-\mu}{2 \cdot E \cdot I_x} \cdot \left( 1 - \frac{z_1}{1} \right) \cdot (\Delta y_{1a} - \Delta y_{1b}) \tag{7.36}$$

u.s.w.

Wir gehen im folgenden wie beim Kragarm davon aus, daß nur die Längskräfte, die Biegemomente in der y-z-Ebene und die Torsionsmomente einen den zulässigen Einprozentbereich überschreitenden Fehleranteil beitragen. Damit benötigen wir neben den zu einer Doppelbrücke zusammengeschalteten Hauptmeßstellen noch sechs Korrekturmeßstellen und eine Temperaturmessung. Die Anordnung der Korrekturmeßstellen hängt von den örtlichen Gegebenheiten ab; als einfachste Möglichkeit bietet sich die Anwendung der bereits beim Kragarm eingesetzten Konfiguration nach Bild 7.9.

Das gesuchte Nutzsignal $F_{L,y}$ erhalten wir wiederum durch eine gewichtete Summenbildung der Meßstellenausgangssignale:

$$F_{L,y} = \sum_{i=1}^{7} h_i U_i \cdot (1 + C_1 \cdot U_\vartheta) + C_2 \cdot U_\vartheta \, . . \qquad (7.37)$$

Die sieben Koeffizienten $h_i$ und die beiden Konstanten $C_1$ und $C_2$ lassen sich wieder entsprechend der in den Kapiteln 6.7 und 6.8 beschriebenen Kalibrierprozedur ermitteln.

## 7.4 Grenzen der Direktapplikation

Theoretisch ließen sich mit dem beschriebenen Verfahren der additiven Korrekturmeßstellen Genauigkeiten bis in den Promillebereich und besser erreichen, doch wie bei anderen Meßverfahren auch steigt dann der Aufwand irgendwann in eine nicht mehr rentable Größenordnung. Eine entsprechende Erweiterung finden wir bei [40], bei der auch noch der Einfluß der verhinderten Querschnittsverwölbung und der wandernde Krafteinleitungspunkt mit berücksichtigt werden.

Eine prinzipieller Nachteil der Direktapplikationslösung im Vergleich zum Einsatz von Meßaufnehmern besteht in der Vorgabe des Federmaterials, das bei Meßaufnehmern nach meßspezifischen Gesichtspunkten ausgesucht und nachbehandelt ist. Falls die Materialeigenschaften des zu applizierenden Bauteils den geforderten Eigenschaften bezüglich Hysterese und Kriechen nicht genügen, kann als Kompromiß auf eine Hybridlösung zurückgegriffen werden, bei der das betreffende Bauteil in seiner Form beibehalten, aber aus einem hochwertigeren Material hergestellt wird. Der vorher erwähnte Vorteil der stillstandsfreien Montage geht dabei zwar verloren, gegenüber der konventionellen Meßaufnehmerlösung bleiben aber noch genügend Zeitvorteile, da das betreffende Teil ohne weitere Änderungen der mechanischen Struktur lediglich ausgetauscht zu werden braucht.

Weiterhin ist beim Einsatz der Direktapplikation besonders auf die Umweltbedingungen zu achten, und zwar sowohl in Bezug auf die Applikationsbedingungen vor Ort als auch in Bezug auf den späteren Schutz der Meßstellen vor Feuchtigkeit, agressiven Medien, Temperatur, elektromagnetischen Streufeldern, mechanischen Gewalteinwirkungen und Schwingungen.

Der äußere Einfluß durch elektrische Einstreuung ist umso störender, je kleiner das Nutzsignal ist; damit sind die Fälle, in denen das zur Applizierung vorgesehene Bauteil in Bezug auf mechanische Spannungen überdimensioniert ist, als besonders kritisch anzusehen. Falls im Kraftfluß kein anderes Bauteil mit einer höheren Dehnungsausbeute zu finden ist, kann eventuell eine gezielte Querschnittsschwächung Abhilfe schaffen, wobei natürlich weiterhin die Einhaltung der Funktionssicherheit gewährleistet sein muß. Dies ist besonders wichtig bei Bauteilen wie Kranhaken und Hängebahnwaagen, die bestimmten Sicherheitsvorschriften unterliegen.

Die aufgeführten Grenzen machen deutlich, wie vielfältig die für die Direktapplikation spezifische Problematik sein kann. Die erfolgreiche Tätigkeit auf diesem Gebiet setzt voraus, daß Erfahrungen systematisch ausgewertet und umgesetzt werden.

## 7.5 Ausblick

Die Direktapplikationstechnik befindet sich noch im Anfangsstadium. Als Beispiel für eine nach diesem Prinzip ausgeführte Anlage, allerdings noch ohne die beschriebenen Korrekturmechanismen, dient die schnelle Fahrtwägung im Güterzugverkehr [41],[42],[43]. Für eine effektivere Anwendung der Direktapplikation sind u.a. noch folgende Aktivitäten erforderlich:

a) Entwicklung von Spezialwerkzeug für die Applikation vor Ort
Die in Kapitel 4.4 beschriebenen Arbeitsgänge erfordern eine saubere und geschützte Umgebung, die an den meisten Direktapplikationsstellen nicht vorhanden ist. Besonders für den eigentlichen Klebevorgang ist die Meßstelle also durch eine besondere Vorrichtung zu schützen. In vielen Fällen kommt erschwerend hinzu, daß die Meßstelle schlecht zugänglich ist, dies erfordert eine möglichst kleine Bauweise und eine leicht zu betätigende Befestigungsmöglichkeit.

b) Entwicklung von Spezialrosetten zum Ersatz der Einzel-DMS-Lösung
Dies ist vor allem eine Kostenfrage, da die Stückzahl für derartige Rosetten vergleichsweise klein ist und die Ausschußquote auf Grund der relativ großen Anzahl von DMS auf der Rosette unrentabel hoch sein kann. Für die bisherigen Erprobungsarbeiten wurden deshalb zunächst noch Einzel-DMS benutzt [44]:

**Bild 7.18** Aufbau der Haupt- und Korrekturmeßstelle aus Einzel-DMS

c) Erstellung eines flexiblen Softwarepaketes
Die Software sollte sich menügeführt an verschiedene Aufgabenstellungen anpassen lassen.

# 8 Industrielle Wägetechnik

## 8.1 Entwicklung und Einteilung

Wohl keine andere Entwicklung hat den Waagenbau so revolutioniert wie die DMS-Technik. Sie führte innerhalb weniger Jahre zu einer fast vollständigen Ablösung des Jahrtausende alten Prinzips der Hebelwaage durch direkt auf Wägezellen gelagerte Plattformen oder Silos, mit der für die konventionellen Waagenbauer negativen Konsequenz, daß ihr in langjähriger Erfahrung gewonnenes Wissen weitgehend wertlos wurde [45]. Da die Wägetechnik innerhalb der DMS-Anwendungen den sowohl technisch als auch wirtschaftlich interessantesten Anteil einnimmt [46], wollen wir zumindest die wichtigsten Grundlagen in einem eigenen Kapitel behandeln.

In historischer Reihenfolge können Waagen zunächst nach dem Funktionsprinzip eingeteilt werden:

- die auf Hebeln gelagerte Waage mit mechanischer Auswägeeinrichtung,

- die auf Hebeln gelagerte Hybridwaage mit einer Wägezelle am Endhebel,

- die nur auf Wägezellen gelagerte voll elektromechanische Waage.

Bezüglich des Verwendungszwecks gibt es eine Vielzahl von Waagenvariationen; die wichtigsten in der industriellen Wägetechnik sind Plattformwaagen, Straßenfahrzeugwaagen, Gleiswaagen, Behälterwaagen, Kranwaagen, Hängebahnwaagen und Förderband- und Dosierbandwaagen.

Der Gesetzgeber unterscheidet zwischen eichpflichtigen und nicht eichpflichtigen Waagen. Eichpflicht besteht immer dann, wenn die Waage im geschäftlichen oder amtlichen Verkehr eingesetzt wird; in diesem Fall benötigt der Betreiber eine Zulassung, und die Waage muß durch das Eichamt geprüft werden. Die Prüfung umfaßt die Einhaltung der in der Zulassung beschriebenen Bauvorschriften und eine meßtechnische Prüfung bezüglich Einhaltung der Fehlergrenzen, Umwelteinflüsse, Standardabweichung und der Funktionssicherheit von Zusatzeinrichtungen. Die Eichung wird durch einen Eichstempel dokumentiert und im Normalfall im zweijährigen Turnus wiederholt. Nichteichpflichtige Waagen finden wir vor allem in der innerbetrieblichen Produktion; die an sie zu stellenden Genauigkeitsanforderungen werden durch den Produktionsprozeß bestimmt. Eine Sonderstellung nimmt die Produktion von Arzneimitteln ein, bei der auch die am Produktionsprozeß beteiligten Waagen der Eichpflicht unterliegen.

In Bezug auf den Wägeablauf unterscheidet man weiterhin zwischen diskontinuierlichen und kontinuierlichen Waagen. Wir wollen im folgenden als jeweils häufigste Ausführung die Plattformwaage und die Bandwaage behandeln, wobei die beschriebenen Kriterien und Gesichtspunkte in vollem Umfang auch für alle anderen Waagenvariationen gültig bleiben.

## 8.2 Plattformwaagen

Plattformwaagen variieren in der Wägefähigkeit im Bereich von Gramm bis über hundert Tonnen, wobei die Plattformgröße der Wägefähigkeit angepaßt von Quadratdezimetern bis zu hundert Quadratmetern betragen kann.

Wir wählen als Beispiel eine Straßenfahrzeugwaage, Bild 8.1 zeigt die wichtigsten Bauelemente:

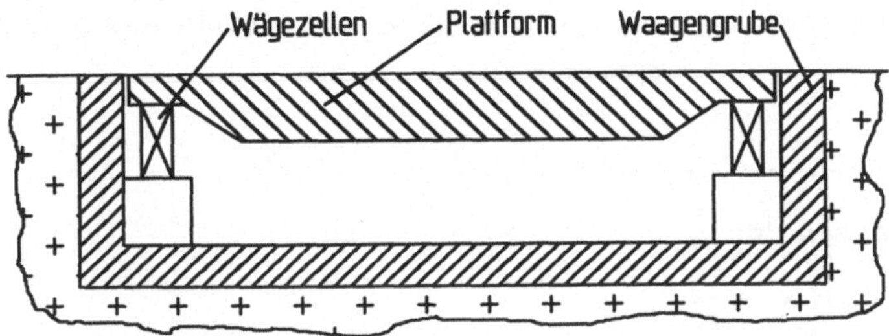


**Bild 8.1** Straßenfahrzeugwaage

Das Waagenfundament und die Waagengrube können in Ortsbeton- oder Fertigbauweise hergestellt werden. Für die Waagenbrücke gibt es drei miteinander konkurrierende Bauweisen:

- Stahlbaubrücken mit Riffelblechabdeckung oder Betonfüllung,

- Vollbetonbrücken,

- Spannbetonbrücken in Fertigbauweise.

Welche Bauweise vorzuziehen ist, hängt von den örtlichen Gegebenheiten ab:

Stahlbaubrücken haben ein vergleichsweise geringes Eigengewicht, können im Bedarfsfall zerlegbar hergestellt werden und sind deshalb leicht zu transportieren. Nachteilig ist der erforderliche Korrosionsschutzaufwand, der beispielsweise durch Feuerverzinken herzustellen ist. Für bestimmte Einsatzfälle, z.B. wenn die Waage öfter versetzt werden soll, kann die Waagenbrücke auch statisch bestimmt aus Einzelsegmenten hergestellt werden [47].

Vollbetonbrücken werden am Einsatzort hergestellt; sie haben unter den drei Bauweisen das höchste Taragewicht und werden bei schlechter Baustellenzugänglichkeit und langen Transportwegen eingesetzt.

Spannbetonbrücken in Verbindung mit Fertigfundamenten zeichnen sich durch kurze Montagezeiten aus und sind bei Neuinstallationen im westeuropäischen Raum inzwischen vorherrschend.

Bild 8.1 zeigt eine sowohl für Schwellenländer als auch für Industriestaaten interessante Variante der Betonbauweise. Bei dieser Bauart sind die Wägezellen und Krafteinleitungslager innerhalb der Waagenbrücke untergebracht und von oben zugänglich. Vorteile dieser integrierten Bauart sind die flache Bauweise, die vor allem bei nachträglichen Installationen in vorhandenem Betriebsgelände vorteilhaft ist, und die Möglichkeit zur hebezeugfreien Montage [48].

Die integrierte Brückenbauart wird sowohl in Fertigbauweise als auch in Ortsbetonbauweise hergestellt. Bei der ersten Ausführung werden die Wägezellen und Lager bereits im Herstellerwerk vormontiert und verkabelt, so daß die Waagenbrücke bei der Montage nur noch in die Waagengrube abgesetzt und elektrisch angeschlossen werden muß. Die Ortsbetonausführung ist so konzipiert, daß die Betonarbeiten auch von Unternehmern ohne spezifische Waagenbauerfahrung ausgeführt werden können. Dies wird erreicht durch vorherige Fertigung einer Waagengrube mit schrägen Wänden, die dann anschließend nach Einfügen eines Trennmittels als Schalung benutzt wird. Weiterhin werden vor dem Ausgießen der Brücke die Hülsen zur Aufnahme der Wägezellen plaziert. Nach Fertigstellung der Brücke werden Wägezellen und Lager eingesetzt und die Waagenbrücke dann mittels Schraubenschlüssel auf Arbeitsniveau angehoben.

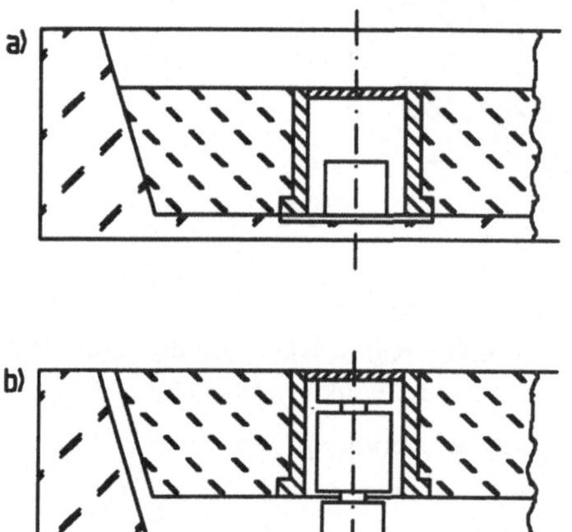

**Bild 8.2**
Plattform mit Wägezelleneinbaueinheit
a) nach dem Betonieren
b) nach dem Anheben der Waagenbrücke

Der beschriebene Fertigungs- und Montageablauf ermöglicht damit vor allem in Schwellenländern auch kleineren Waagenbauunternehmern den preiswerten Bau von Straßenfahrzeugwaagen, indem sie mit örtlichen Bauunternehmen kooperieren und die eigentliche Wägetechnik als Bausatz von etablierten Wägezubehörherstellern zukaufen.

Voraussetzung für eine erfolgreiche Tätigkeit auf diesem Gebiet ist dann allerdings die Kenntnis über Auswahl und Auslegung der waagenspezifischen Komponenten Wägezelle, Lager, Stoßdämpfer und Wägeelektrik und über die Eichung der Waage; wir wollen deshalb die wichtigsten Kriterien kurz zusammenfassen.

**a) Wägezellenauswahl**

Festzulegen sind die erforderliche Genauigkeit und Nennlast, wobei bei den im allgemeinen eichpflichtigen Straßenfahrzeugwaagen die Genauigkeitsforderungen durch das Eichgesetz vorgeschrieben sind. Zur Bestimmung der Nennlast sind die Wägefähigkeit, die Brückentara und funktionsbedingte Randbedingungen wie exzentrische Beladung und dynamische Lasten zu berücksichtigen.

Wir betrachten als Beispiel eine Straßenfahrzeugwaage mit 60 to Wägefähigkeit und einer Plattformgröße von 3m · 12 m.

Wenn die Plattform in Betonbauweise ausgeführt wird, müssen wir mit einem Taraanteil von etwa 20 to rechnen, d.h. jede Wägezelle wird mit 5 to vorbelastet. Für eine mögliche nicht-mittige Belastung und zur Übernahme dynamischer Lastanteile schlagen wir auf die anteilige Wägelast von 15 to pro Wägezelle etwa 50% dazu und erhalten damit eine Mindestnennlast von 27,5 to. Je nach gewähltem Fabrikat wählen wir aus der vorliegenden Baureihe den nächsthöheren Wert, z.B. eine Nennlast zu $G_N = 30$ to.

## b) Wägezellenlager

Die Wägezellenlager haben neben der zentrischen Krafteinleitung vor allem die Aufgabe, Seitenkräfte vom Lasteinleitungsknopf der Wägezelle fernzuhalten. Die Seitenkräfte selbst sind im normalen Betrieb unvermeidbar; sie entstehen durch Temperaturdehnungen und durch funktionsbedingte äußere Belastungen, die bei der Straßenfahrzeugwaage vor allem bei Bremsvorgängen entstehen. Wir wollen für beide Ursachen die Größenordnung abschätzen. Für eine angenommene Temperaturdifferenz von 15°C zwischen Brücke und Fundament ergibt sich eine Längenänderung von ca. $\Delta l = l_0 \cdot \alpha \cdot \Delta\vartheta \approx 2$ mm. Da eine Querverformung dieser Größenordnung von den Wägezellen nicht ohne Zerstörung aufgenommen werden kann, muß der Längenausgleich von den Lagern aufgenommen werden, d.h. die Lager müssen notwendigerweise eine bestimmte Querbeweglichkeit besitzen. Zur Ermittlung der maximalen Bremskraft gehen wir von einem in Vollbremsung (Polizeikontrolle!) haltenden 60-to-Fahrzeug und einer Reibzahl von $\mu = 0,3$ aus. Um die dann entstehende Querkraft von fast 20 to von den Wägezellen fernzuhalten, muß die Waagenbrücke zunächst ausweichen, dann aber wieder in ihre Mittelposition zurückschwingen. Die dazu erforderliche Zentrierkraft kann entweder über die Schwerkraft oder über Federwirkung [49] erfolgen, Bild 8.4 zeigt für beide Möglichkeiten ein Ausführungsbeispiel. Beim Pendellager entsteht die selbstzentrierende Wirkung dadurch, daß die Waagenbrücke bei der Auslenkung etwas angehoben wird und nach dem Wegfall der auslenkenden Kraft wieder in die Position minimaler potentieller Energie zurückfällt. Nachteilig ist die hohe Flächenpressung, die spezialgehärtete Bauteile erfordert. Beim elastischen Lager wird die Waagenbrücke durch die progressiv wirkende Federwirkung zurückgelenkt. Die in den meisten Fällen nachteilig wirkende senkrechte Verformung kann durch einlaminierte Stahlscheiben weitgehend reduziert bzw. in Kombination mit einem Kugelsupport praktisch vollständig eliminiert werden. In den Fällen, wo die Wägezellen vor senkrecht wirkenden Stoßkräften geschützt werden sollen, z.B. bei Schrottmuldenwaagen, ist die Verformung erwünscht und ermöglicht durch seitliche Anschläge einfach zu realisierende Überlastsicherungen.

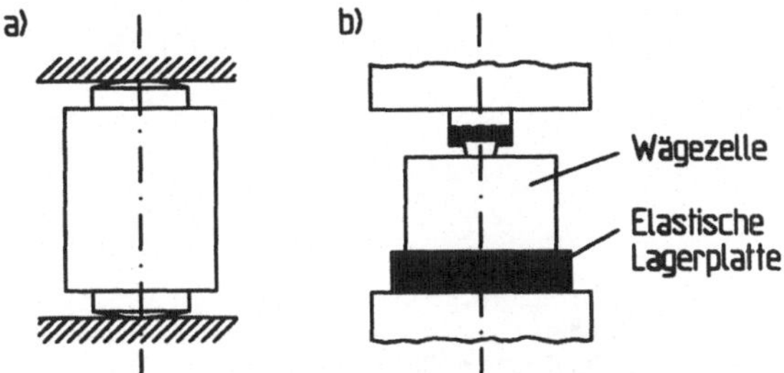


**Bild 8.3** Selbstzentrierende Wägezellenlager
a) Pendellager
b) Elastische Lager

Bei beiden Lagertypen müssen die Querbewegungen und -kräfte durch elastische, am Waagengrubenrand angebrachte Elastomerprallplatten abgefangen werden.

### c) Wägeelektrik

Die Wägeelektrik beginnt mit der Speisung der Wägezellen und endet an den peripheren Geräten und einer eventuellen Datenweitergabe an einen übergeordneten Rechner. Das Wägezellenausgangssignal liegt in der Größenordnung von 10 bis 50 mV. In unserem obigen Beispiel erhalten wir nach Parallelschaltung der vier Wägezellen für einen Wägezellenkennwert von C = 2 mV/V und 24 V Speisespannung ein maximales Ausgangssignal von 48 mV · 60 to/120 to = 24 mV. Die Ausgangsspannung wird zunächst über einen Verstärker auf etwa 10 V angehoben und dann digitalisiert. Als A/D-Wandler werden dabei in der Wägetechnik bevorzugt Dual-Slope-Wandler eingesetzt. Die Aufgabe der Fahrzeugwaagenelektrik umfaßt neben der eigentlichen Gewichtserfassung noch eine ganze Reihe von Kontroll- und Registrierfunktionen, die von einem nachfolgenden Wägedatenprozessor vorgenommen werden. Die wichtigsten peripheren Geräte sind Drucker und Bildschirm. Die Gestaltung und der Informationsgehalt des Druckbeleges richtet sich nach den speziellen Anforderungen des Kunden. Die wichtigsten Daten bei einer Ein-/Ausgangswägung sind Erstwägegewicht als Brutto oder Tara je nachdem, ob das Fahrzeug im Werk ent- oder beladen wird, das Zweitwägegewicht und das Nettogewicht als Differenz der beiden Wägungen. Weitere üblicherweise abgedruckte Informationen sind Datum und Uhrzeit und die KFZ-Nummer des gewogenen Fahrzeugs. Da die Wägeelektronik mit Datenprozessor sehr komplex aufgebaut ist und außerdem im Güterverkehr der Eichpflicht unterliegt, sollte sie von den örtlichen Waagenbauern ebenso wie die mechanischen Waagengrundelemente Wägezelle und Lager fertig als Wägebausatz gekauft werden.

### d) Kalibrierung bzw. Eichung

Nach Anschluß der Elektrik muß die Waage justiert werden. Wenn die Waage für den Güterverkehr vorgesehen ist, wird dieser Vorgang vom Eichamt kontrolliert; wir sprechen dann von der Eichung der Waage. Wenn die Waage nur für innerbetriebliche Zwecke verwendet wird, ist die Bezeichnung "Eichen" unzulässig und wird durch den Begriff "Kalibrieren" ersetzt.

Eine Straßenfahrzeugwaage wird üblicherweise geeicht, indem sie mit Totlastgewichten belastet wird, die über einen Kran vom Eichfahrzeug abgeladen werden. Für Länder, in denen kein Eichfahrzeug zur Verfügung steht, wurde eine spezielle Vorrichtung entwickelt, die die Waagenbelastung über ein Hydrauliksystem erzeugt [50]. Die von der Hydraulik aufgebrachte Last wird dabei über sogenannte Meisterwägezellen gemessen, die sich vor allem durch eine gute Langzeitstabilität und geringes Kriechen auszeichnen.

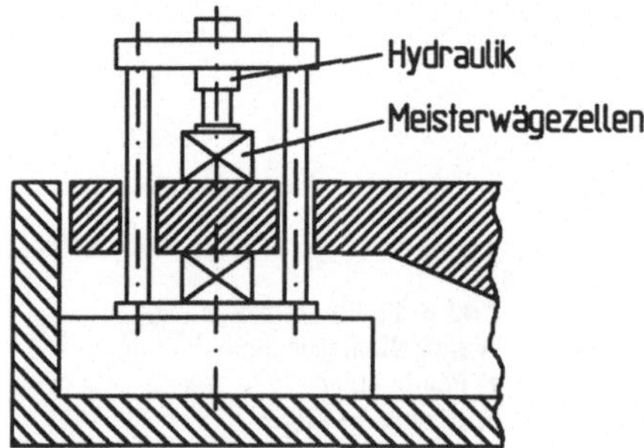


**Bild 8.4**
Hydraulische Kalibriereinrichtung

Die beschriebene Einrichtung ist so konzipiert, daß sie mit einem Kleinbus transportiert werden kann und für Aufbau und Durchführung zwei Bediener ausreichen.

## 8.3 Bandwaagen

Zur einfachen Verdeutlichung des Bandwaagenprinzips gehen wir von der vereinfachten Ausführung mit nur einer Rolle aus.

Als Wägeaufgabe nehmen wir eine Siloentladung mit nachfolgender Beladung eines Eisenbahnwagons an.

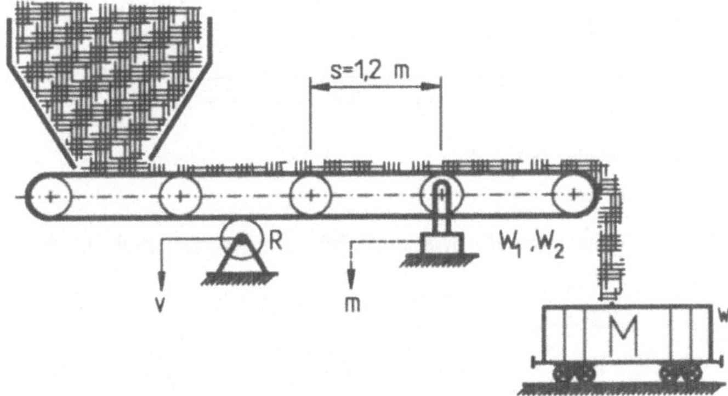


**Bild 8.5** Prinzip einer Einrollenbandwaage

Gemessen werden soll der Massenstrom m(t) = dm/dt in kg/s und die insgesamt geförderte Masse M. Zur Bestimmung des Massenstromes benötigen wir eine Gewichtsinformation über die Bandbelegung und die Bandgeschwindigkeit v.
Dazu wird eine der Tragrollen in der gezeigten Weise über Wägezellen gelagert und damit das Gewicht der momentanen Bandbelegung im Bereich von etwa plus minus des halben Rollenabstandes gemessen. Die Messung der Bandgeschwindigkeit erfolgt üblicherweise über einen Reibradabgriff mit Drehzahlmesser. Damit ergibt sich der Massenstrom zu:

$$\dot{m} = \frac{m}{t} = \frac{m \cdot v}{s} \, , \tag{8.1}$$

wobei m der momentan auf der Strecke s befindliche Masseanteil und t die Zeit zum Weitertransport dieser Masse ist.

Die Produktbildung m · v kann entweder in einer analogen Multiplikatorschaltung erfolgen, oder wir nutzen die Möglichkeit der Multiplikation über die Speisespannung $U_S$:

Mit der Wägezellenkennzahl C und einer Tachometerempfindlichkeit $e_v = U/v$ erhalten wir die zu v und m proportionale Brückenausgangsspannung:

$$U(\dot{m}) = \frac{C \cdot U_S \cdot (m_1 + m_2)}{2 \cdot m_N} = \frac{v \cdot (m_1 + m_2) \cdot C \cdot e_v}{2 \cdot m_N} \, . \tag{8.2}$$

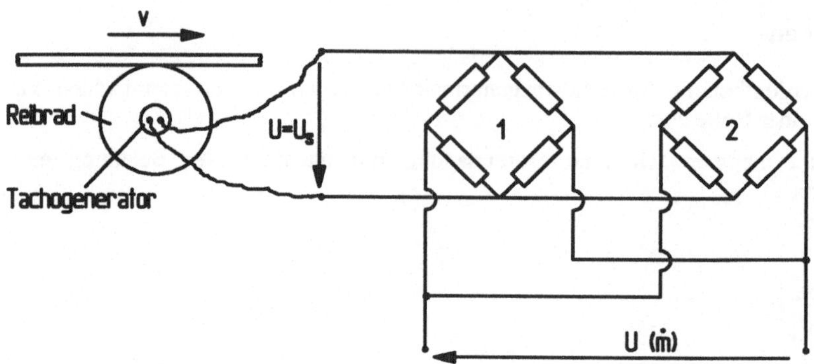


**Bild 8.6** Bildung des zu m proportionalen Spannungssignals

Wir wollen als Übung für obige Verladestation die Meßeinrichtung entwerfen und dimensionieren.

Gegeben sind folgende Daten bzw. Forderungen:

- maximale Bandgeschwindigkeit $v_{max}$ = 1 m/s

  Rollenabstand s = 1,2 m

- maximale Fördermenge $M_{max}$ = 60 to bei v = 0,6 m/s und t = 10 min

- Die Meßgrößen v, m und M sollen digital angezeigt werden. Die Digitalvoltmeter haben eine Empfindlichkeit von 1 dig/10 mV, die Meßsignalauflösungen sollen $\Delta v$ = 0,1 cm/s, $\Delta m$ = 0,1 kg/s und $\Delta M$ = 100 kg betragen.

- Beim Erreichen einer einstellbaren Sollfördermenge soll der Bandantrieb automatisch abgeschaltet werden.

Zur Übersicht entwerfen wir zunächst ein Blockschaltbild, das die obige Aufgabe erfüllt. Dazu entscheiden wir uns für eine analoge Meßwertverarbeitung mit digitaler Anzeige. Zur Einsparung von Operationsverstärkern nutzen wir die spezifischen Brückeneigenschaften zur direkten additiven und multiplikativen Verknüpfung zur Bildung des Summensignals der beiden Wägezellen und des Massenstromsignals.

Wir wählen einen Tachogenerator mit den Kenndaten $\omega_{max}$ = 20 s$^{-1}$ und $e_\omega$ = 1 mV/s$^{-1}$ und bestimmen den erforderlichen Reibradradius zu r = $v_{max}/\omega_{max}$ = 100 cms$^{-1}$/20 s$^{-1}$ = 5 cm. Damit erhalten wir die Empfindlichkeit des aus Generator und Reibrad bestehenden Geschwindigkeitssensors zu:

$$e_v = \frac{U_{max.}}{v_{max.}} = \frac{20 \text{ mV}}{100 \text{ cms}^{-1}} = 0,2 \frac{\text{mV}}{\text{cms}^{-1}} \, .$$

Als nächstes bestimmen wir die erforderliche Nennlast der beiden Wägezellen:

Die Nennförderleistung beträgt m = $\dfrac{M}{t}$ = $\dfrac{60000 \text{ kg}}{600 \text{ s}}$ = $100\dfrac{\text{kg}}{\text{s}}$ .

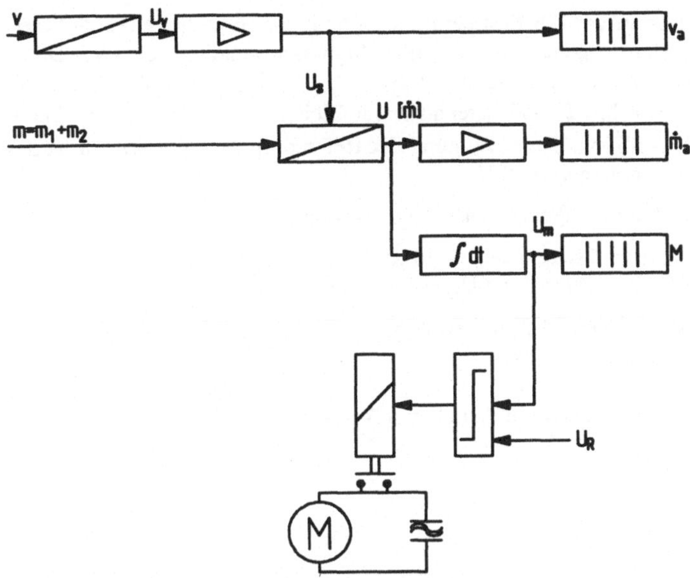

**Bild 8.7** Blockschaltbild zur Verladestation

Aus Gleichung 8.1 folgt: $m = \dfrac{s \cdot \dot{m}}{v} = \dfrac{1,2\,m \cdot 100\,kgs^{-1}}{0,6\,ms^{-1}} = 200\,kg$, d.h. pro Wägezelle 100 kg.

Wir wählen Wägezellen mit dem Nennwert $m_N = 150\,kg$ und $C = 2\,mV/V$.

Dann benötigen wir zur Anzeige der Bandgeschwindigkeit eine Verstärkung von $e_{2,v} = 10\,V/20\,mV = 500$.

Das verstärkte Bandgeschwindigkeitssignal benutzen wir gleichzeitig zur Speisespannung der beiden parallel geschalteten DMS-Brücken und berechnen die sich damit ergebende Empfindlichkeit der Massenstrombestimmung:

$$e_m = \frac{U(\dot{m})}{\dot{m}} = \frac{s \cdot C \cdot e_v \cdot e_{2,v}}{2\,m_N} = 1{,}2m \cdot 2\,\frac{mV}{V} \cdot 20\,\frac{mV}{ms^{-1}} \cdot \frac{500}{300kg} = 0{,}08\,\frac{mV}{kgs^{-1}}\;.$$

Wir erhalten für die Nennförderleistung von 100 kg/s ein Ausgangssignal von $U(m) = 8\,mV$, das anschließend zur Anzeige von 1 000 dig um den Faktor $e_{2,m} = 1\,250$ verstärkt werden muß.

Zur Dimensionierung des Integrationsgliedes für die Anzeige der Fördermenge M gehen wir von einem konstanten Massenstrom m aus und setzen in Gleichung 9.4 für die maximale Fördermenge die entsprechenden Spannungen ein:

$$6000\,mV = \frac{1}{R \cdot C} \cdot 8\,mV \cdot 600\,s \quad d.h.\,R \cdot C = 0{,}8\,s\;.$$

Damit muß für eine gewählte Kapazität von $C = 10\,\mu F$ ein Widerstand von $R = 80\,k\Omega$ eingefügt werden.

Als letzten Block dimensionieren wir die Komperatorschaltung zur Einstellung des Sollwertes. Zur Einstellung der Hysterese gehen wir von einer Signalschwankung von zwei Digits entsprechend 20 mV aus und wählen für die Hysteresespannung den zweifachen Wert von $U_H = 40$ mV. Wir wählen $R_2 = 100\ \Omega$ und berechnen mit Gleichung 9.8 den zweiten Spannungsteilerwiderstand zu $R_1 = 25$ k$\Omega$. Zur Erzeugung der Referenzspannung legen wir an das Komperatorpoti eine Speisespannung von 10 V.

Das folgende Zahlenbeispiel dient zur Kontrolle des Signalverlaufs.

Annahme:         $v = 0{,}8$ m/s,  $m = 120$ kg, $M_{Soll} = 40$ to.
                 eingestellte Referenzspannung $U_R = 4$ V

Damit wird:      $m = 0{,}8$ m/s $\cdot$ 120 kg / 1,2 m = 80 kg/s
                 $t = 40\ 000$ kg/80 kg/s = 500s .

Der sich einstellende Signalverlauf entspricht den obigen Annahmen:

$$U(v) = 16\ \text{mV},$$
$$U_S = 8\ 000\ \text{mV},$$
$$U(m) = 6{,}4\ \text{mV},$$
$$U(m_a) = 8\ 000\ \text{mV},$$
$$U(M) = 6{,}4\ \text{mV} \cdot 500\ \text{s} /0.8\ \text{s} = 4\ 000\ \text{mV}$$

Die Eingangsspannung zur Anzeige der Fördermenge erreicht also nach 500 s die am Komperator eingestellte Referenzspannung und schaltet damit den Motor ab.

Die beschriebene Anordnung ist vereinfacht dargestellt und dient nur zur Verdeutlichung der Arbeitsweise. In der Praxis werden Bandwaagen meistens mit zwei wägenden Rollen aufgebaut [51].

# 9 Elektrische Signalverarbeitung

## 9.1 Übersicht

Das vom Sensor gelieferte Meßsignal wird bei Bedarf verstärkt, angezeigt, gespeichert oder für Steuerungs- oder Regelungsaufgaben weiterverarbeitet.

Sowohl die Anzeige als auch die Weiterverarbeitung kann analog oder digital erfolgen.

Analoge Anzeigen sind schnell ablesbar und werden deshalb bevorzugt für Tendenzanzeigen eingesetzt; ihr Nachteil ist die auf etwa 1000 Teile begrenzte Auflösung. Digitalanzeigen sind bis zu vier Zehnerpotenzen höher auflösbar; das Ablesen erfordert aber mehr Konzentration und ist fehleranfällig. Wenn sowohl die Ablesegeschwindigkeit als auch die Auflösung hoch sein soll, werden beide Anzeigen parallel eingesetzt; dies erfolgt beispielsweise bei modernen Cockpitinstrumentierungen durch Einblendung der digitalen und analogen Schubanzeige in einen Bildschirm.

Die gewählte Form der Signalverarbeitung richtet sich nach dem Einsatzgebiet. Hier hat sich neben der "wissenschaftlichen Meßtechnik" in den letzten Jahrzehnten die Prozeßmeßtechnik als die wirtschaftlich mit Abstand interessanteste Anwendung entwickelt. Sie dient in der Verfahrenstechnik und in zunehmenden Maße auch in der Fertigungstechnik der Erfassung qualitativer und quantitativer Stoffgrößen und Energien mit dem Ziel, den Produktions- oder Fertigungsprozeß möglichst selbsttätig zu steuern und zu regeln. Dies geschieht im übergeordneten Rahmen der Prozeßleittechnik, die weiterhin die Aufgabe hat, die Produktionsanlage bezüglich Funktion und Sicherheit zu überwachen. Für das Bedienungspersonal an der Leitwarte bleibt dann die Aufgabe der Änderung von Eingabeparametern oder im Störfall die Übernahme durch Handsteuerung und die Fehlersuche und Fehlerbehebung.

Die Struktur der Prozeßautomatisierung kann entweder dezentral mit parallel verlaufenden, autarken Signalwegen aufgebaut sein oder zentral mit einem die Steuer- und Regelfunktionen übernehmenden Prozeßrechner [52].

Die parallelen Signalwege bei der dezentralen Signalverarbeitung können aus analogen oder digitalen Bausteinen aufgebaut sein, wobei die analoge Schaltungstechnik im allgemeinen schneller arbeitet und ihrer Natur gemäß eine bessere Abbildung der analogen Wirklichkeit darstellt. Die digitale Signalverarbeitung dagegen ermöglicht zeitlich unbegrenzte Meßsignalspeicherungen und sehr viel höhere Rechengenauigkeiten. Nachteil der aus autarken Signalwegen aufgebauten dezentralen Signalführung ist der durch die einzelnen Bausteine festgelegte, an die Funktion angepaßte starre Schaltungsaufbau, der spätere Änderungen in der Prozeßführung erschwert.

Bei der zentralen Struktur dagegen ist der elektrische Schaltungsaufbau weitgehend standardisiert, und die Anpassung an den geforderten Prozeß erfolgt durch Softwareprogramme, deren Blockschaltbild dann wieder weitgehend der Signalstruktur der dezentralen Lösung entspricht. Vorteilhaft ist jetzt vor allem die hohe Flexibilität bei Änderungen im Prozeßablauf, allerdings ist das System störanfällig, da bei einem Rechnerausfall der gesamte Prozeß zum Erliegen kommen kann. Dies ist vor allem dann der Fall, wenn der Rechner in direkter digitaler Kontrolle auch die Regelfunktionen übernimmt, während bei Beibehaltung der herkömmlichen Regler nur die Ausgabe der im Rechner ermittelten Sollwerte ausfällt und die Anlage im Notbetrieb weiterproduzieren kann.

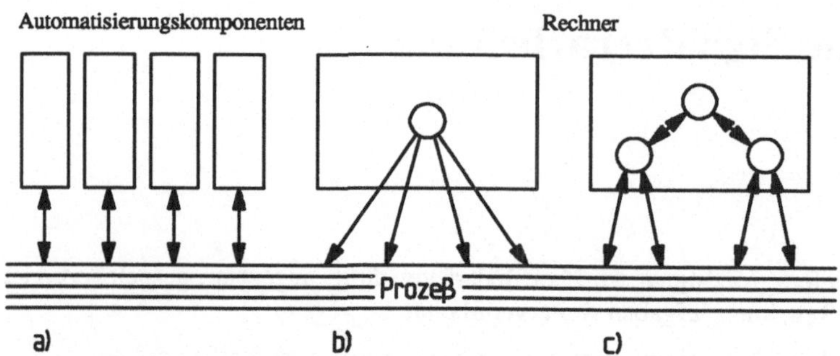

**Bild 9.1** Strukturen der Prozeßautomatisierung
    a) dezentral
    b) zentral
    c) hierarchisch

Zur Erhöhung der Übersichtlichkeit und zur Erleichterung von Softwareänderungen wird die Signalführung heute durch hierarchisch strukturierte Systeme aufgebaut und wieder teilweise dezentralisiert. Dazu wird der Prozeß in einzelne Teilprozesse aufgespalten, die dann autonom von Unterleitsystemen versorgt werden. Die Koordinierung der einzelnen Teilprozesse erfolgt in der Leitebene. Der neueste Trend in der Prozeßautomatisierung besteht im Einsatz von Sensoren mit integriertem Mikrorechner mit einer im Vergleich zum hierarchischen Aufbau noch prozeßnäheren Signalstrukturierung.

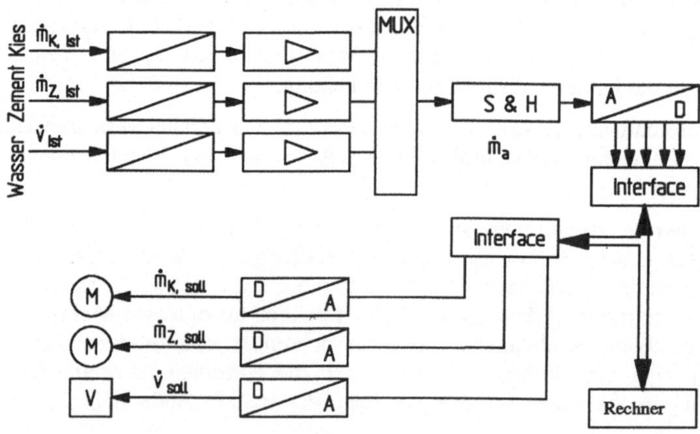

**Bild 9.2** Blockschaltbild zur Betonmischanlage

Als Grundlage für die in diesem Kapitel zu besprechenden Bausteine wählen wir eine Dosieranlage für Betonmischungen. Etwas vereinfacht dargestellt besteht der zu regelnde Produktionsprozeß aus der verhältnisrichtigen Mischung der Komponenten Zement, Kies und Wasser. Wenn der Prozeß kontinuierlich ablaufen soll, können zur Messung der Feststoffe Beton und Kies sogenannte Dosierbandwaagen und zur Messung der Wassermenge ein Durchflußmeßgerät eingesetzt werden.

Die Regelung der Massenströme erfolgt bei den Dosierbandwaagen über die Bandgeschwindigkeit und für die Wassermenge über ein Regelventil. Das Blockschaltbild 9.2 zeigt den Signalfluß von den Sensoren "Bandwaagen" und "Durchflußmeßgerät" über einen Prozeßrechner bis zu den Stellgliedern "Bandantriebsmotoren" und "Ventil". Weitere, nicht dargestellte Bausteine können sein ein Feuchtemesser für den Kies, Abschaltelemente mit Komperatoren zum Ist-/Sollwertvergleich usw.
Wir sehen, daß in der gewählten Automatisierungsstruktur sowohl analoge als auch digitale Signale erzeugt, verarbeitet und umgewandelt werden. Die folgenden beiden Kapitel beeinhalten eine kurze Zusammenfassung der Eigenschaften und Dimensionskriterien für die in der analogen und digitalen Meßdatenverarbeitung wichtigsten Bausteine.

## 9.2 Analoge Meßwertverarbeitung

### 9.2.1 Operationsverstärker

In der analogen Meßtechnik werden bevorzugt Operationsverstärker eingesetzt. Ihre häufigsten Anwendungen sind die Signalverstärkung, die Signaladdition, die zeitliche Integration und Differentiation und der Signalvergleich in Komperatorschaltungen.

### a) Grundbeschaltung

Wir betrachten den Operationsverstärker lediglich als eine "black box" mit den fünf auf ein gemeinsames Nullpotential bezogenen Anschlüssen "positive und negative Spannungsversorgung", "nichtinvertierender und invertierender Eingang" und "Ausgang". Verstärkt wird die Spannungsdifferenz an den beiden Eingängen:

$$u_a = e \, (u_p - u_n) \tag{9.1}$$

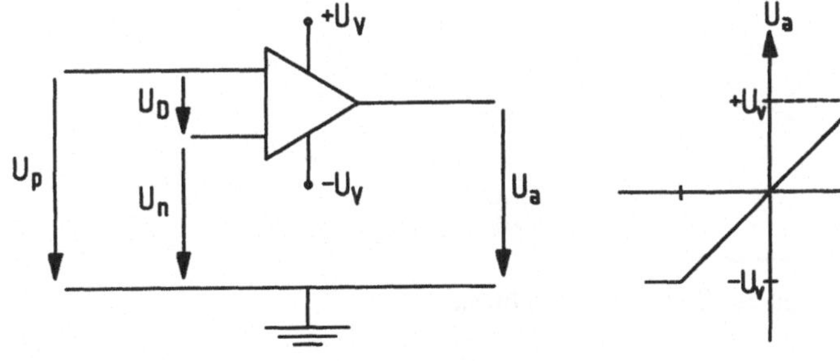


**Bild 9.3** Operationsverstärker:  a) Anschlüsse                    b) Kennlinie

Der ideale Operationsverstärker hat eine unendlich hohe Verstärkung, unendlich große Eingangswiderstände und den Ausgangswiderstand Null. Für einen realen Operationsverstärker beträgt die Empfindlichkeit e etwa $10^6$; damit erhalten wir im Verstärkermodus für beispielsweise $\pm 5$ V Versorgungsspannung ein maximales Differenzeingangssignal von $U_{D,max} = U_{a,max}/e = \pm 5\mu V$. Wird die Differenzspannung weiter erhöht, wird der Operationsverstärker übersteuert, und das Ausgangssignal bleibt konstant. Der Betriebszustand im Übersteuerungsbereich wird in der Komparatorschaltung genutzt.

## b) Verstärkerschaltung

Für die in Bild 9.4 gezeigte Verstärkerschaltung folgt wegen $U_D \approx 0$ unmittelbar

$$U_a = \left(1 + \frac{R_1}{R_2}\right) \cdot U_e \; .$$

(9.2)

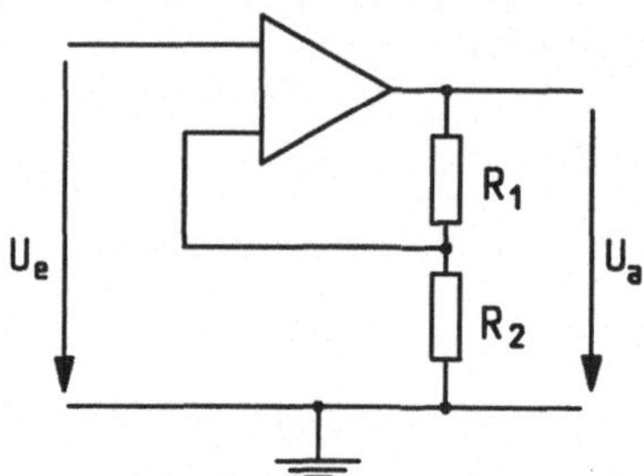

**Bild 9.4**
Verstärkerschaltung

Zur Dimensionierung der Teilerwiderstände wird beispielsweise der kleinere Widerstand mit $R_2 = 1\,\mathrm{k\Omega}$ angenommen und der zweite über die geforderte Verstärkung $e = U_a/U_e$ berechnet.

## c) Additionsschaltung

Die Additionsschaltung dient zur gewichteten additiven Zusammenfassung mehrerer gleichartiger Meßwerte.

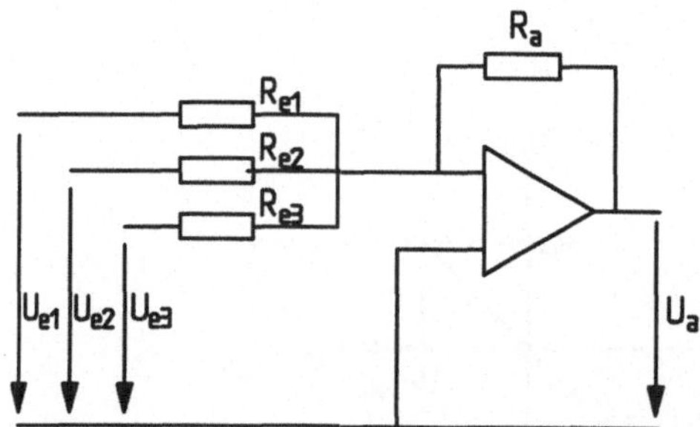

**Bild 9.5**
Additionsschaltung

Wegen $I_{e1} = I_{e2} = I_{en} \approx 0$ folgt aus der Stromsignaladdition

$$I_1 + I_2 + ... + I_n + I_a = 0 \quad \text{mit} \quad I_1 = U_{e1}/R_{E1} \text{ etc und } I_a = U_a/R_a:$$

$$U_a = -R_a \cdot \left(\frac{U_{e1}}{R_{e1}} + \frac{U_{e2}}{R_{e2}} + ... + \frac{U_{en}}{R_{en}}\right),$$

(9.3a)

bzw für gleichgewichtete Signaladdition:

$$U_a = -\frac{R_a}{R_e}\left(U_{e1} + U_{e1} + ... + U_{en}\right) \; .$$

(9.3b)

Wir wählen als Beispiel für eine gewichtete Addition einen auf zwei verschiedenen Wägezellen gelagerten und unsymmetrisch belasteten Balken.

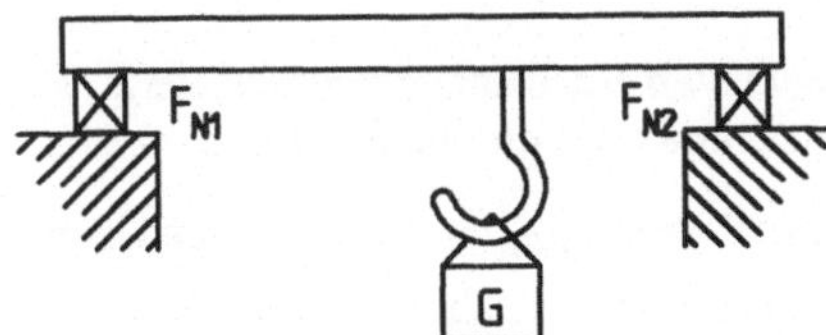


**Bild 9.6**
Unsymmetrischer Wägebalken

Die Nennlast der beiden Wägezellen sei $F_{N1} = 1$ bzw. $F_{N2} = 5$ to, der Kennwert betrage in beiden Fällen $C = 2$ mV/V und die Speisespannung $U_S = 10$ V. Das Ausgangssignal am Operationsverstärker soll 1 mV pro kg betragen.

Zur Dimensionierung der Beschaltungswiderstände wählen wir $R_a = 100$ kΩ und berechnen den Signalverlauf jeder Wägezelle einzeln:

$$1000 \text{ mV} = 100 \text{ kΩ } (20 \text{ mV}/R_{e1} + 0), \text{ daraus } R_{e1} = 2 \text{ kΩ} ,$$

$$5000 \text{ mV} = 100 \text{ kΩ } (0 + 20 \text{ mV}/R_{e2}), \text{ daraus } R_{e2} = 0{,}4 \text{ kΩ} .$$

Zur Kontrolle nehmen wir in Balkenmitte eine Last von 1000 kg an und berechnen wieder das Ausgangssignal:

$$U_a = 100 \text{ kΩ } (10 \text{ mV}/2 \text{ kΩ} + 2 \text{ mV}/0{,}4 \text{ kΩ}) = 1000 \text{ mV } (= 1000 \text{ kg}) .$$

**d) Integrationsschaltung**

Mit der Integrationsschaltung lassen sich Meßsignale zeitlich integrieren. Ein Anwendungsbeispiel finden wir in der Trägheitsnavigation, wo aus dem über einen Beschleunigungsmesser gemessenen Signal durch zweimalige Integration die Geschwindigkeit und der zurückgelegte Weg bestimmt wird, entsprechend werden bei Schwingungsmessungen die Schnelle und die Amplitude ermittelt.

Aus der Stromsignaladdition am Operationsverstärkereingang erhalten wir mit

$$I_e = \frac{U_e}{R} \quad \text{und} \quad I_c = \frac{dQ}{dt} = \frac{dU_a}{dt}$$

$$U_a = -\frac{1}{RC} \cdot \int U_e \, dt . \tag{9.4}$$

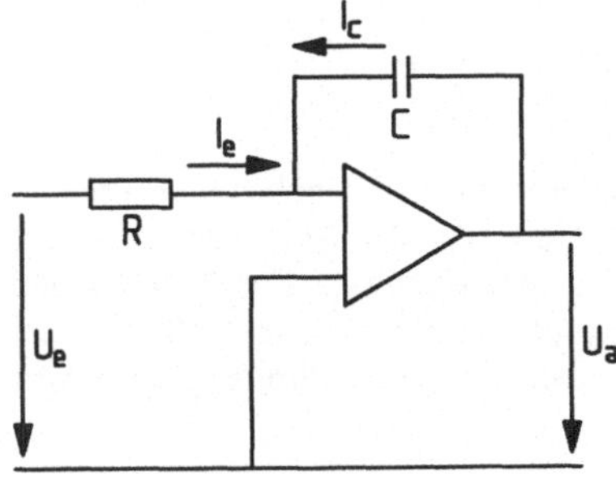


**Bild 9.7**
Integrationsschaltung

Die den Integrator kennzeichnende Größe $T = R \cdot C$ ist die Zeit, nach der bei einem konstanten Eingangssignal das Ausgangssignal den gleichen Betragswert erreicht:

$$U_a/U_e = -T/R \cdot C = -1.$$

Ein Beispiel haben wir bereits bei der in Kap. 8.3 behandelten Bandwaage kennengelernt, als weiteres Beispiel dimensionieren wir eine Schaltung zur Kurskorrektur von Satelliten.

Der Impuls $I = \int F \, dt$ des Korrekturtriebwerks soll digital mit $e_{DVM} = 1$ dig/mV und einer Auflösung von $\Delta I = 1$ Ns gemessen werden. Zur Schubkraftanzeige dient eine DMS-Kraftmeßzelle mit dem Kennwert $C = 2 mV/V$, der Speisespannung $U_S = 10$ V und der Nennkraft $F_N = 1000$ N.

Wir wählen beim Nennschub von 1000 N eine Brennzeit von $t = 10 s$ und benötigen dann zur Anzeige der $I = 1000$ N·10 s entsprechenden 10000 dig eine Verstärkerausgangsspannung von $U_a = 10$ V. Durch Einsetzen obiger Werte in Gleichung 9.4 erhalten wir:

10000 mV = $(1/R \cdot C)$ 20 mV · 10 s, und damit $R \cdot C = 0{,}02$ s. Wir wählen $R = 100$ kΩ und benötigen dann eine Kondensatorkapazität $C = 200$ nF.

### e) Differenzierschaltung

Das zeitliche Differenzieren von Meßsignalen finden wir wieder in der Schwingungstechnik, beispielsweise, wenn aus Relativwegmessern Geschwindigkeits- und Beschleunigungssignale gewonnen werden sollen. Weitere Anwendungen sind die Gewinnung von Änderungsgeschwindigkeiten, beispielsweise $d\vartheta/dt$ bei der kontrollierten Abkühlung oder Aufheizung von chemischen Prozessen.

Die Differenziergleichung ergibt sich aus $C \cdot dU_e/dt + U_a/R = 0$:

$$U_a = -R \cdot C \frac{dU_e}{dt} . \tag{9.5}$$

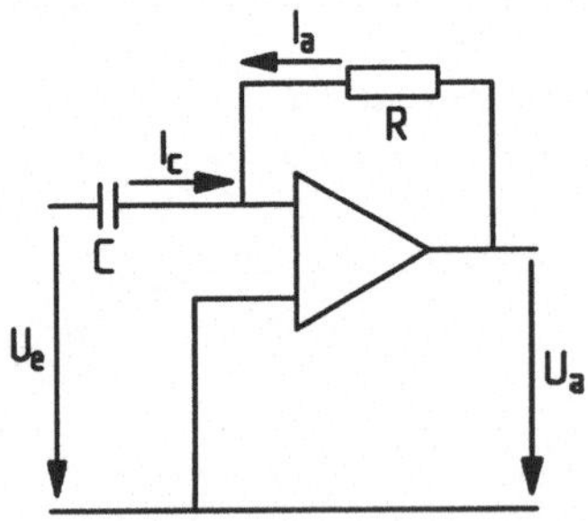


**Bild 9.8**
Differenzierschaltung

Als Anwendungsbeispiel wählen wir eine Dosierwägung aus einem Wägebehälter auf drei Wägezellen, bei dem aus der zeitlichen Änderung des Gewichts der Massenstrom dm/dt ermittelt wird. Die Nennlast pro Wägezelle beträgt 200 kg, der Kennwert $C = 2$ mV/V und die Speisespannung $U_S = 20$ V. Das dem Massenstrom dm/dt entsprechende Meßsignal am Ausgang des Differentiators soll für die maximale Austragsleistung von $(dm/dt)_{max} = 5$ kg/s einen Spannungswert von $U_{a,max} = 50$ mV annehmen.

Wir berechnen zunächst die Austragszeit für $3 \cdot 200$ kg = 600 kg zu t = 600 kg/5kgs$^{-1}$ = 120 s. Die zugehörige Änderung des aus der Parallelschaltung der drei Wägezellen gewonnenen Eingangssignals beträgt $U_e$ = 20 V $\cdot$ 2 mV/V = 40 mV. Einsetzen obiger Werte in die Bestimmungsgleichung 9.5 ergibt:  50 mV = RC 40 mV/120 s, und damit RC = 150 s.

Für eine gewählte Kapazität von C = 100 µF ist dann ein Widerstand von R = 1,5 MΩ erforderlich.

**f) Komperatorschaltung**

Die Komperatorschaltung wird vor allem als Soll-Ist-Vergleicher bei Abschaltvorgängen und bei der Digitalisierung analoger Meßsignale eingesetzt. Die prinzipielle Funktionsweise läßt sich am besten in der vereinfachten Schaltung nach Bild 9.11 verstehen. Der Zusammenhang zwischen den am Eingang anliegenden Spannungen ist gegeben durch:

$$U_D = U_R - U_e. \tag{9.6}$$

Im Normalfall liegen Referenz- und Eingangsspannung so weit auseinander, daß die Differenzspannung weit über der der in a) berechneten Größenordnung von einigen Mikrovolt liegt. Der Verstärker ist also übersteuert und die Ausgangsspannung durch die Versorgungsspannung und das Vorzeichen der Differenzspannung festgelegt: Solange die Eingangsspannung kleiner als die eingestellte Referenzspannung bleibt, ist $U_D$ positiv und die Ausgangsspannung damit gleich der positiven Versorgungsspannung. Wenn die Eingangsspannung die Referenzspannung überschreitet, schaltet der Komperator durch; die Ausgangsspannung wird negativ und bleibt in diesem Zustand solange, bis $U_e$ wieder kleiner als $U_R$ wird.
Der Nachteil dieser einfachen Schaltungsart wird in Bild 9.11c deutlich: wenn die Eingangsspannung schwankt oder von einem Wechselspannungsanteil überlagert ist, wird die Schaltbedingung $U_D$ = 0 mehrfach erfüllt, und das nachfolgende Relais fängt an zu flattern, was vor allem bei Zählvorgängen zu großen Fehlern führen kann.

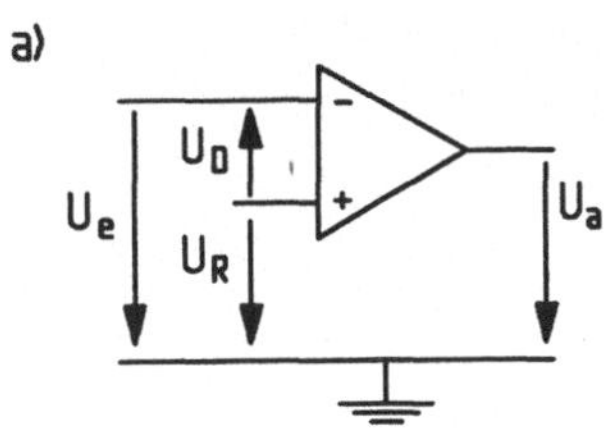

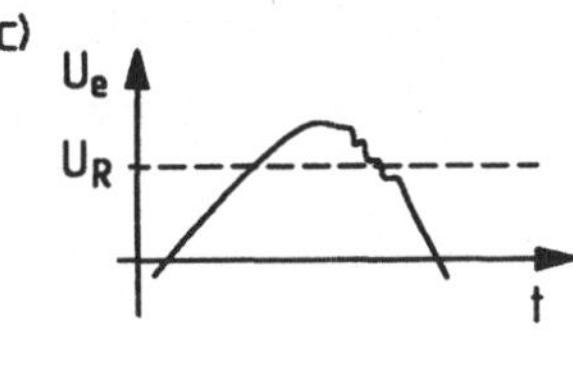

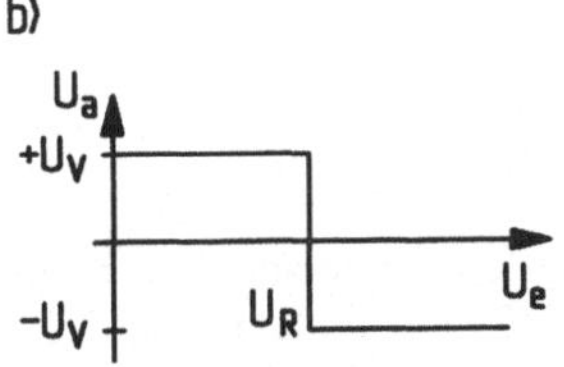

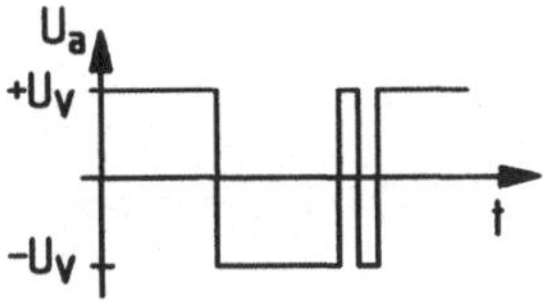

**Bild 9.9**  Komperator ohne Hysterese
  a) Schaltung
  b) Spannungsverhalten
  c) Zeitverhalten

Das unnötige Mehrfachschalten läßt sich vermeiden, wenn der Komperator mit einer künstlichen Hysterese ergänzt wird.

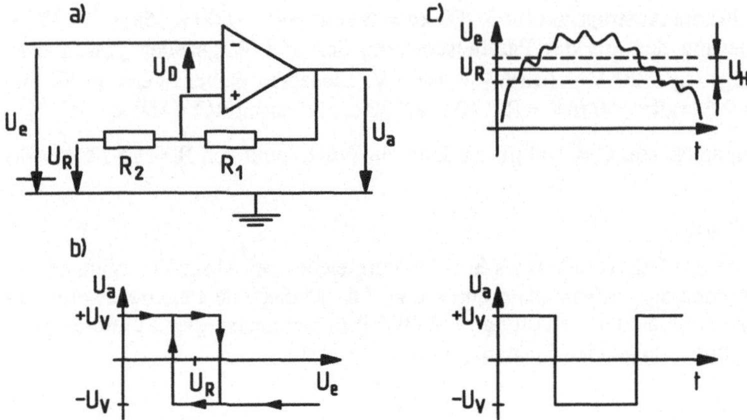

**Bild 9.10** Komperator mit Hysterese
    a) Schaltung
    b) Spannungsverhalten
    c) Zeitverhalten

Durch den Spannungsteiler fließt der vom Schaltzustand $U_a$ abhängige Strom $I = \dfrac{U_a - U_R}{R_1 + R_2}$.

Aus der Schaltbedingung $U_D = 0$ folgt, daß der Komperator bei Erreichen der Eingangsspannung

$$U_e = U_R + \frac{(U_a - U_R) \cdot R_2}{R_1 + R_2} \tag{9.7a}$$

umschaltet. Die gewünschte Hysterese $U_H$ entsteht aus den für die beiden unterschiedlichen Schaltzustände verschiedenen Ausgangsspannungen $U_{a+} = +U_V$ und $U_{a-} = -U_V$:

Bei ansteigender Eingangsspannung schaltet der Komperator bei

$$U_{e+} = U_R + \frac{(U_V - U_R) \cdot R_2}{R_1 + R_2} \tag{9.7b}$$

und bei abfallender Eingangsspannung bei

$$U_{e-} = U_R + \frac{(-U_V - U_R) \cdot R_2}{R_1 + R_2}$$

um, die beiden Schaltzustände sind also um eine über die Spannugsteilerwiderstände $R_1$ und $R_2$ einstellbare Hysterese $U_H = U_{e+} - U_{e-}$ gegenüber in dem Sinne versetzt, daß der Schaltvorgang erst nach über- bzw. unterschreiten der Regelspannung erfolgt:

$$U_H = \frac{R_2}{R_1 + R_2} \cdot 2 \cdot U_V . \tag{9.8}$$

Die Hysterese sollte etwa doppelt so groß wie die Schwankungen der Eingangsspannung gewählt werden.

### 9.2.2 Meßverstärker

Im Gegensatz zu aktiven Aufnehmern wie beispielsweise Thermoelementen, für die nur Gleichspannungsverstärker eingesetzt werden können, und im Gegensatz zu kapazitiven und induktiven passiven Aufnehmern, die nur in Wechselspannungstechnik verstärkt werden können, besteht bei den passiven ohmschen Widerstandsaufnehmern, also auch bei DMS-Aufnehmern, die Wahl zwischen einer Gleich- oder einer Wechselspannungsverstärkung.
Die Gleichspannungsverstärkung mittels Operationsverstärker haben wir bereits in Kap. 9.2.1 kennengelernt; allerdings ist die dort gezeigte Grundschaltung für die Praxis noch zu störanfällig und wird deshalb durch eine Differenzschaltung ersetzt. Bei der Wechselspannungsverstärkung wird der Meßwert auf das Meßsignal übertragen, indem die Amplitude der die Brücke speisenden Wechselspannung durch die Brückenverstimmung moduliert wird.

Da sich die beiden Verstärkungsmöglichkeiten hinsichtlich ihrer meßtechnischen Eigenschaften signifikant unterscheiden, muß von Fall zu Fall entschieden werden, welcher Verstärkertyp für den jeweils vorliegenden Einsatzfall am besten geeignet ist [53].

### a) Gleichspannungsverstärker

Gleichspannungsverstärker für Brückenausgangsspannungen werden zur gegenseitigen Kompensierung der Drift grundsätzlich in gegengetakteter Differenzschaltung betrieben; weiterhin charakteristisch ist die hohe Gegenkopplung zur Verbesserung der Stabilität und Linearität. Bild 9.11 zeigt in vereinfachter Ausführung den prinzipiellen Schaltungsaufbau.

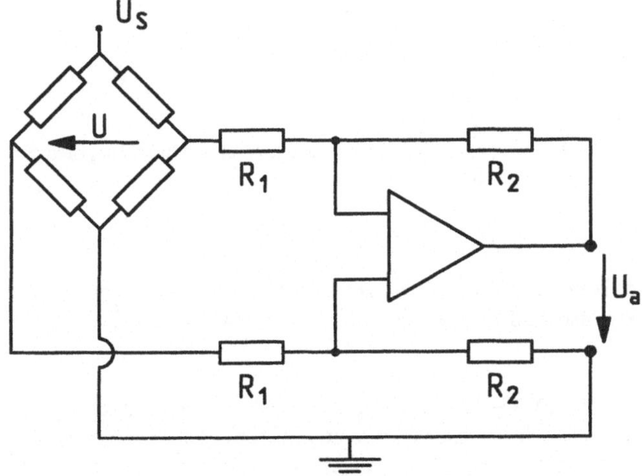


**Bild 9.11** Gleichspannungs-Differenzverstärker für DMS-Brücken

Mit den bereits bekannten idealisierten Annahmen $i_e = 0$ und $U_D = 0$ erhalten wir die verstärkte Ausgangsspannung $U_a$ als Funktion der Brückenausgangsspannung $U_e$ zu:

$$U_a = -(R_2/R_1)U_e \, . \tag{9.9}$$

**b) Trägerfrequenzverstärker**

Im Unterschied zu DMS-Messungen in Gleichspannungstechnik wird beim Trägerfrequenz-verfahren die DMS-Brücke mit Wechselspannung gespeist. Das durch die Widerstandsände-rungen modulierte Ausgangssignal wird in einem Wechselspannungsverstärker verstärkt und anschließend wieder gleichgerichtet und geglättet. Der Vorteil dieses auf den ersten Blick umständlich erscheinenden Verfahrens ist seine Unempfindlichkeit gegen äußere Störungen. Wir wollen dies am Beispiel einer das Meßsignal additiv überlagernden Thermospannung ver-deutlichen.

Für eine in Bild 9.14 angenommene positive Speisespannung erhalten wir als Aufnehmersignal die Summe aus Brücken- und Thermospannung: $U_+ = U_\varepsilon + U\vartheta$. Durch Umpolen erhalten wir bei der jetzt negativen Speisespannung den Wert $U_- = -U_\varepsilon + U\vartheta$. Bilden wir nun die Differenz der beiden Meßsignale, dann erhalten wir den um die Thermospannung bereinigten Wert zu

$$U_\varepsilon = \frac{U_+ - U_-}{2} \, . \qquad\qquad (9.10)$$

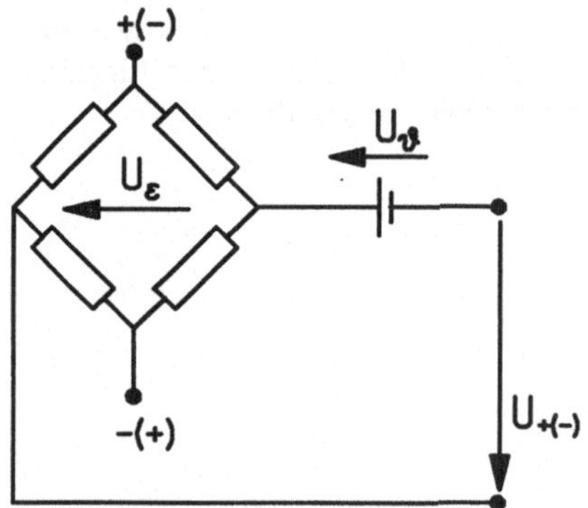


**Bild 9.12**
Eliminieren der Thermospannung durch Umpolen der
Speisespannung

In entsprechender Weise werden beim TF-Verstärker auch eingestreute Netzbrummanteile entfernt. Bild 9.13 zeigt als Blockschaltbild die prinzipielle Wirkungsweise des TF-Verfah-rens.

Der Trägerfrequenzgenerator speist die DMS-Brücke mit einer Wechselspannung konstanter Amplitude und Frequenz und gleichzeitig den phasenselektiven Gleichrichter mit einer Recht-eckspannung gleicher Phase. Wirkt nun auf den DMS-Aufnehmer beispielsweise eine durch sinusförmige Schwingungen verursachte Kraft F(t), so ergibt sich als Brückenausgangssignal U(t) das Produkt aus der jeweiligen TF-Spannung und der Dehnung. Das Produkt ist positiv, wenn sowohl die Dehnung als auch die TF-Halbwelle positiv ist. Bei negativer Dehnung bzw. Kraft wird das Ausgangssignal bei positiver TF-Halbwelle negativ, und es entsteht ein Pha-sensprung zwischen dem TF-Eingangssignal und dem Brückenausgangssignal. Dieser Phasen-sprung beim Nulldurchgang des Meßwertes dient zur Identifizierung seines Vorzeichens, in-dem der Gleichrichter die um 180° verschobenen Signalanteile nach unten klappt. Anschlie-ßend wird das Signal über einen Tiefpaß geglättet und kann nun als Gleichstromsignal ange-zeigt werden.

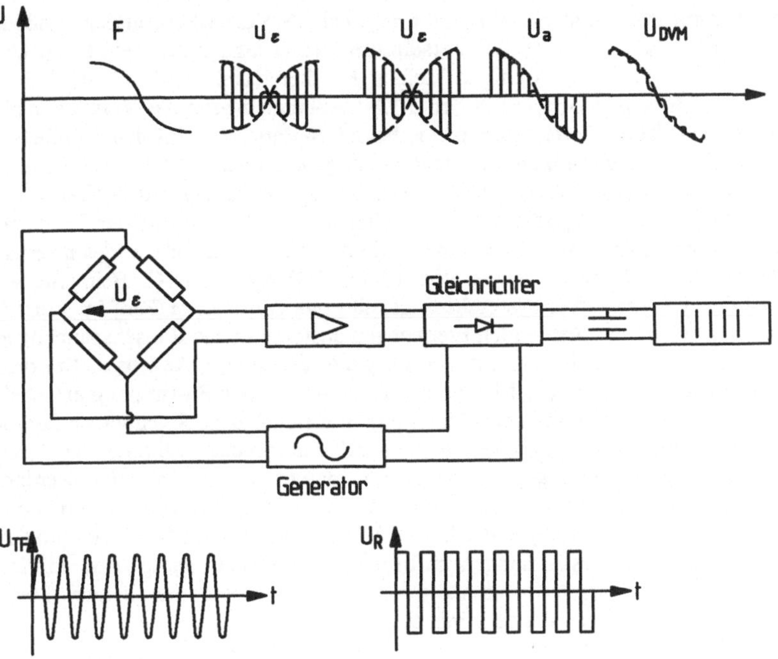



**Bild 9.13** Blockschaltbild des TF-Verstärkers mit Signalverlauf

## c) Vergleich der beiden Verfahren

Für einen Vergleich zwischen GS- und TF-Verfahren sollte von Geräten etwa gleicher Preisklasse ausgegangen werden, da systembedingte Nachteile sich in einem gewissen Bereich durch aufwendigere Schaltungstechniken und höherwertige Bauteile ausgleichen lassen. Die wichtigsten Unterschiede bestehen im dynamischen Verhalten bei der Messung zeitlich veränderlicher Größen und in der Anfälligkeit bezüglich Störungen. Das dynamische Verhalten wird durch die in Kapitel 10 definierten Kenngrößen "Einschwingzeit $T_E$" bei sprunghaften Meßgrößenänderungen und "Grenzfrequenz $\omega_g$" für periodische Meßgrößen beschrieben, in beiden Fällen ist der GS-Verstärker eindeutig im Vorteil. Die Anstiegszeit wird vor allem durch Kapazitäten verlangsamt, dies führt auf Grund des beim TF-Verstärker unvermeidlichen Tiefpasses zu im ms-Bereich liegenden Einschwingzeiten, während sie beim GS-Verstärker im µs-Bereich liegen. Die Grenzfrequenz wird beim GS-Verstärker nur durch die Trägheit der Bauelemente bestimmt und liegt in der Größenordnung von einigen 10 kHz. Beim TF-Verstärker dagegen überträgt und verstärkt der Wechselspannungsverstärker nur einen relativ schmalbandigen Bereich, der mit ansteigender Trägerfrequenz größer wird. Dies führt zum Beispiel bei einem 225 Hz TF-Verstärker zu Grenzfrequenzen in der Größenordnung von einigen zehn Hertz, die beim Übergang auf 5 kHz auf einige hundert Hertz ansteigen. Bei noch höheren erforderlichen Grenzfrequenzen kann auf einen 50 kHz TF-Verstärker übergegangen werden, der in den Bereich des GS-Verstärkers kommt. Vor einer diesbezüglichen Entscheidung sollte aber gemäß Kap. 10 zunächst unter Beachtung der Anschlußmassen die Grenzfrequenz des Aufnehmers betrachtet werden. Bei der Betrachtung der Störanfälligkeit ist dagegen der TF-Verstärker durchgängig im Vorteil oder zumindest gleichwertig.

Der Temperatureinfluß auf den Verstärkernullpunkt liegt bei GS-Verstärkern in der Größenordnung von einigen mV, während er bei TF-Verstärkern kleiner als ein mV sein kann. Der Unterschied verstärkt sich allerdings, wenn in kleinen Meßbereichen gemessen wird, beispielsweise vergrößert sich beim Übergang in den 10%-Meßbereich beim TF-Verstärker die Nullpunktdrift nur um den Faktor Zwei, während sie beim GS-Verstärker auf den zehnfachen Wert ansteigt. Die Nullpunktstabilität ist immer dann wichtig, wenn der lastfreie Zustand über einen längeren Zeitraum nicht kontrolliert werden kann, beispielsweise bei den in Kap. 7 beschriebenen, in Direktapplikation ausgeführten Füllstandsmeßeinrichtungen. Bei der Temperaturabhängigkeit der Verstärkerempfindlichkeit sind beide Verstärkertypen etwa gleichwertig; typische Werte liegen in der Größenordnung von 10 bis 100 ppm pro °C. Beim Signal-Rauschverhältnis ist der TF-Verstärker systembedingt mit etwa dem Faktor Fünf im Vorteil, da die Rauschspannung bei kleiner werdenden Frequenzen ansteigt; kleine Rauschspannungen ermöglichen vor allem bessere Auflösungen des Meßsignals und ruhige Anzeigen. Bei dem Vergleich bezüglich Einstreuungen in die Meßleitungen ist die Art der Einstreuung entscheidend. Elektrische Einstreuungen rufen in den Meßleitungen gleichphasige Spannungen hervor und werden damit auch beim GS-Verstärker weitgehend unterdrückt, während die durch magnetische Einstreuung verursachten gegenphasigen Spannungen voll mit verstärkt werden. Beim TF-Verstärker dagegen werden auf Grund des schmalbandigen Übertragungsverhaltens beide Störungsarten praktisch vollständig unterdrückt. Dieser Vorteil wird beim TF-Verstärker noch deutlicher, wenn Thermospannungen auftreten, die hier vollständig ohne Einfluß bleiben, während sie beim GS-Verstärker als additive Störung besonders bei kleinen Meßsignalen zu unzulässig großen Fehlern führen können.

## 9.3 Digitale Meßwertverarbeitung

### 9.3.1 Duales und BCD Zahlensystem

Die Darstellung einer Dualzahl erfolgt in Potenzen von 2:

$$Z = a_n \cdot 2^{n-1} + \ldots + a_4 \cdot 2^3 + a_3 \cdot 2^2 + a_2 \cdot 2^1 + a_1 \cdot 2^0$$
$$= \ldots\ldots\ldots\ldots\ldots + a_4 \cdot 8 + a_3 \cdot 4 + a_2 \cdot 2 + a_1 \cdot 1$$

Die Umrechnung einer Dezimalzahl in eine Dualzahl erfolgt entsprechend folgendem Beispiel.

| | |
|---|---|
| 0 | 0 |
| 1 | 1 |
| 2 | 10 |
| 3 | 11 |
| 4 | 100 |
| 5 | 101 |
| 6 | 110 |
| 7 | 111 |
| 8 | 1000 |
| 9 | 1001 |
| 10 | 1010 |
| 11 | 1011 |
| 12 | 1100 |
| 13 | 1101 |
| 14 | 1110 |
| 15 | 1111 |
| 16 | 10000 |

usw.

Umrechnung dezimal-dual:

z.B. 97 : 2 = 48    Rest 1 LSB
    48 : 2 = 24    Rest 0
    24 : 2 = 12    Rest 0
    12 : 2 = 6     Rest 0
     6 : 2 = 3     Rest 0
     3 : 2 = 1     Rest 1
     1 : 2 = 0     Rest 1 MSB

Ergebnis: 1100001

Probe: $1 \cdot 64 + 1 \cdot 32 + 1 \cdot 1 = 97$

LSB: Least Significant Bit
MSB: Most Signifacant Bit

Eine einzelne Ziffer einer Dualzahl wird als "bit" bezeichnet.

Eine Dualzahl mit n Ziffern bzw. bit kann $2^n$ Zustände bzw. Zahlenwerte annehmen, z.B. eine Vierbitzahl 16 Zustände entsprechend den Zahlen von $0 - 15$.

| n | 1 | 2 | 3 | 4 | 5 | 6 | 7 | 8 | 9 | 10 | 11 | 12 |
|---|---|---|---|---|---|---|---|---|---|----|----|----|
| $2^n$ | 2 | 4 | 8 | 16 | 32 | 64 | 128 | 256 | 512 | 1024 | 2048 | 4096 |

Eine Folge von 8 bit wird als Byte bezeichnet. Die resultierenden 264 Möglichkeiten genügen beispielsweise zur Definition des ASCII-Codes, in dem Buchstaben, Dezimalziffern und Zeichen durch jeweils eine eindeutige Kombination aus acht Einsen und Nullen dargestellt wird. Die weitere Zusammenfassung erfolgt analog zum Dezimalsystem durch die Definition eines Kilobytes KB mit 1024 Byte und eines Megabytes MB mit 1024 KB usw.

Als Kompromiß zwischen der für Rechner unleserlichen Dezimalzahl und der für Menschen unhandlichen Dualzahl wird die BCD-Darstellung (Binary Coded Decimals) benutzt, bei der die einzelnen Ziffern der Dezimalzahlen durch vierstellige Dualzahlen dargestellt werden.

Beispiel:   4711:  0100 0111 0001 0001
Probe:      $4711 = 4 \cdot 1000 + 7 \cdot 100 + 1 \cdot 10 + 1 \cdot 1$

### 9.3.2 Digital/Analog-Umsetzer

Beim DAU wird das beispielsweise im BCD-Code dargestellte, digitale Signal in ein stufen-
förmiges, quasianaloges Signal umgesetzt. Die Realisierung erfolgt über einen als Konstantstromquelle geschalteten Operationsverstärker mit einer entsprechend der Wertigkeit der
BCD-Ziffern abgestuften, durch parallel liegende Kontakte gesteuerten Widerstandsdekade.

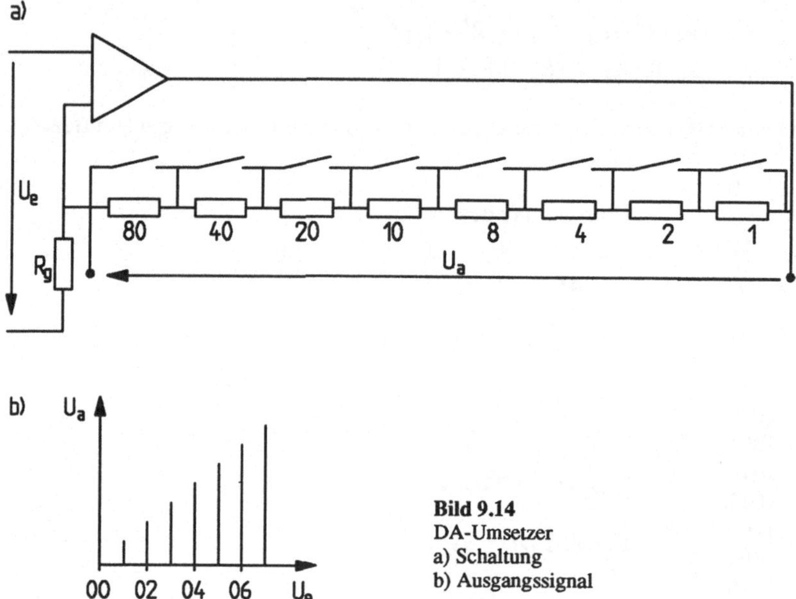



**Bild 9.14**
DA-Umsetzer
a) Schaltung
b) Ausgangssignal

Der in der gezeigten Weise geschaltete Operationsverstärker liefert unabhängig vom Ausgangswiderstand ein Stromsignal von

$$I_0 = \frac{U_0}{R_g} \,. \tag{9.11}$$

Die Ohm-Werte der Teilerwiderstände sind entsprechend ihrer durch den Dualcode vorgegebenen Wertigkeit in 1-2-4-8er Stufen geteilt und steigen entsprechend der dezimalen Wertigkeit jeweils um den Faktor zehn. Die zu den Widerständen parallel liegenden Schalter werden
über den BCD-Code bei 0 geschlossen und bei 1 geöffnet. Bei geöffneten Schalter fließt der
Strom $I_0$ über den zugehörigen Widerstand und erzeugt eine zur Wertigkeit des Widerstandes
proportionale Spannung; die Summe aller so erzeugten Spannungen ergibt das Ausgangssignal. Bei der gezeigten Schaltung mit nur zwei BCD-Stellen ist das Analogsignal mit 0 bis
99 Signalschritten noch relativ grob strukturiert; wir wollen die Schaltung für eine Ausgangsspannung von 0 bis 0,99 V dimensionieren. Zu diesem Zweck legen wir an den Eingang eine
Spannung von beispielsweise 5V und berechnen für den einer Spannung von 0,99 V entsprechenden Widerstand $R_{0,99} = 80 + 10 + 8 + 1 = 99\ \Omega$ den erforderlichen Strom zu $I_0 = 0,99$
V/99 $\Omega$ = 10 mA und mit Gleichung 9.11 den Festwiderstand $R_g = 500\ \Omega$.

Zur Kontrolle berechnen wir das einem BCD-Wert von 67 dig entsprechende Ausgangssignal:
$67 = 0110\ 0111$, $R_{0,67} = (40 + 20 + 4 + 2 + 1)\Omega = 67\ \Omega$, damit U = 67 $\Omega \cdot$ 0,01 A = 0,67 V.

### 9.3.3 Analog/Digital-Umsetzer

So, wie der Meßfühler die Verbindung zwischen dem realen Prozeß zu den den Prozeß abbildenden, im allgemeinen analogen elektrischen Signalen darstellt, so dient der A/D-Wandler dem Übergang von der analogen Signalverarbeitung in die noch abstraktere, digitale Welt des Rechners [54]. Die Digitalisierung eines analogen Signals geschieht in zwei Stufen: der Einteilung eines definierten Signalbereichs in diskrete Signalwerte: **Quantisierung**, und der eindeutigen Bezeichnung jedes Signalwertes : **Codierung**.

Bei einem idealen A/D Wandler liegen die Stufen des Ausgangssignals symmetrisch zu der das Analogsignal zwischen 0 und $U_{max}$ verkörpernden Spannungsgeraden.

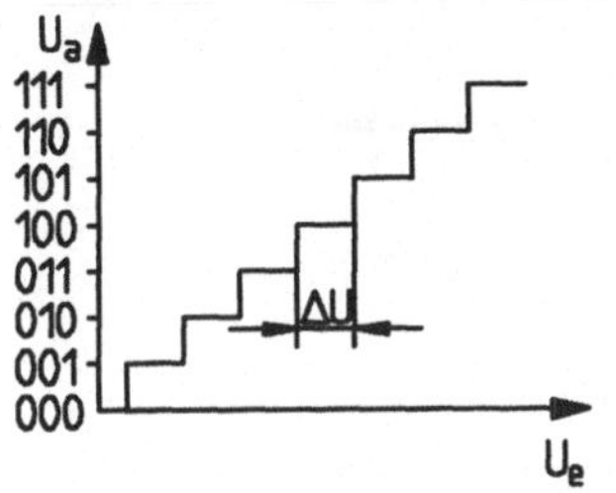


**Bild 9.15**
Übertragungsverhalten eines idealen A/D Wandlers

Der bei der Digitalisierung entstehende Informationsverlust ist umso kleiner, je größer die Zahl der Quantisierungsschritte ist. Für einen n-bit Wandler mit dem Signalbereich $U_{max}$ beträgt das kleinste auflösbare Spannungssignal:

$$\Delta U = \frac{U_{max.}}{2^n} \cdot \qquad (9.12)$$

Die erforderliche Meßsignalauflösung $\Delta U$ erhalten wir aus der allgemeinen Forderung, daß man zum Erreichen einer bestimmten Meßwertgenauigkeit E eine um etwa fünf- bis zehnmal höhere Meßwertauflösung $\Delta x$ benötigt:

$$\Delta U_{erf.} = \Delta x \cdot e \approx e \cdot \frac{E}{5...10} \qquad (9.13)$$

mit e als der Empfindlichkeit des Meßwertaufnehmers multipliziert mit der Verstärkerempfindlichkeit.

Wählen wir als Beispiel eine Wägezelle mit der maximalen Wägefähigkeit G = 1000 kg, dem maximalen Ausgangssignal $U_a$ = 25 mV und einer geforderten Genauigkeit von 1 kg. Die Empfindlichkeit der Wägezelle beträgt dann e = 25 mV / 1000 kg = 0,025 mV/kg.

Wir wählen einen 12 bit A/D Wandler mit 0–1 V Eingangsspannungsbereich, legen im ersten Versuch die Wägezellenspannung unverstärkt auf den A/D Wandler und erhalten damit aus der Meßsignalauflösung von $\Delta U$ = 1000 mV/$2^{12}$ = 0,25 mV eine Meßwertauflösung von $\Delta G = \Delta U/e$ = 0,25 mV/0,025 mV/kg = 10 kg.

Die ohne Anpassung erreichte Auflösung ist also um etwa den Faktor 50 zu grob. Wir nutzen deshalb den vollen Eingangsbereich des A/D Wandlers, indem wir das Wägezellensignal um den Faktor 40 verstärken, und erhalten die mit 12 bit maximal erreichbare Meßwertauflösung von $\Delta G = \Delta U/e$ = 1000 mV/(4096·1mV/kg) ≈ 0,25 kg, womit die oben aufgestellte Forderung als knapp erfüllt anzusehen ist. In der Praxis sollte man den Eingangsbereich allerdings nicht voll ausnutzen, da der A/D Wandler sonst bei einem eventuellen positiven Driften bereits für zulässige Spannungswerte in den Überlaufmodus geraten kann und dann falsch anzeigt.

Wird das digitalisierte Signal später wieder in ein analoges Signal zurückverwandelt, dann ist dieses von dem sogenannten Quantisierungsrauschen überlagert, dessen Größe ebenfalls von der gewählten Auflösung abhängt. Das Quantisierungsrauschen ergibt sich aus der Differenz zwischen analogem Eingangs- und Ausgangssignal.

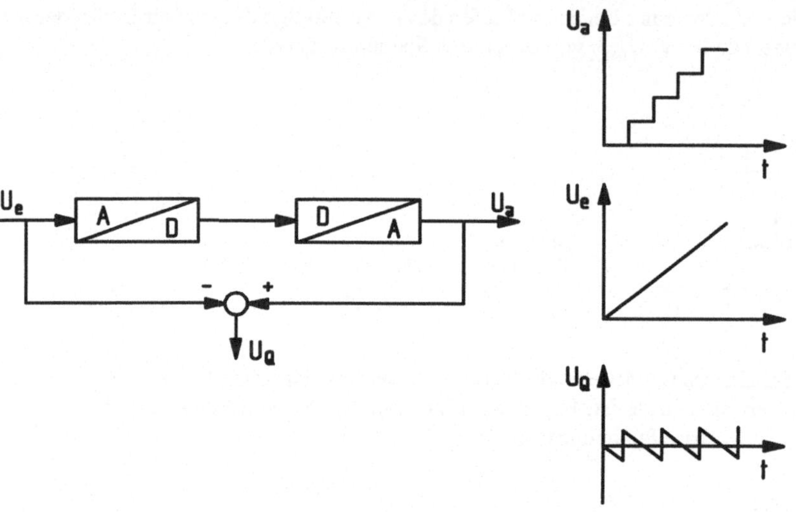

**Bild 9.16** Darstellung des Quantisierungsrauschens

Ein wichtiges Beispiel für den schädlichen Einfluß des Quantisierungsrauschens ist die Sollwertvorgabe durch den Rechner, bei der die treppenförmige Struktur des Sollwertsignals zu Instabilitäten im Regelkreis führen kann.

Neben der Auflösung und dem Eingangsbereich spielt bei der Auswahl von A/D Wandlern auch die Umsetzgeschwindigkeit eine wichtige Rolle; diese wird vor allem durch die Arbeitsweise begrenzt.

### a) A/D – Umsetzer mit parallelen Komperatoren:

Die zu digitalisierende Spannung wird mit verschiedenen durch einen Spannungsteiler gebildeten Referenzspannungen verglichen und durch die nachfolgende Komperatorschaltung dem entsprechenden Spannungsbereich zugeordnet, indem die Komperatorausgangssignale durch und/oder-Verknüpfungen in den entsprechenden BCD-Wert umgeformt werden.
Die Meßsignalauflösung beträgt im gezeigten Beispiel 25%. In der Praxis ist dieses natürlich nicht ausreichend, jedoch sind einer beliebigen Verfeinerung der Auflösung durch den stark ansteigenden Aufwand Grenzen gesteckt.

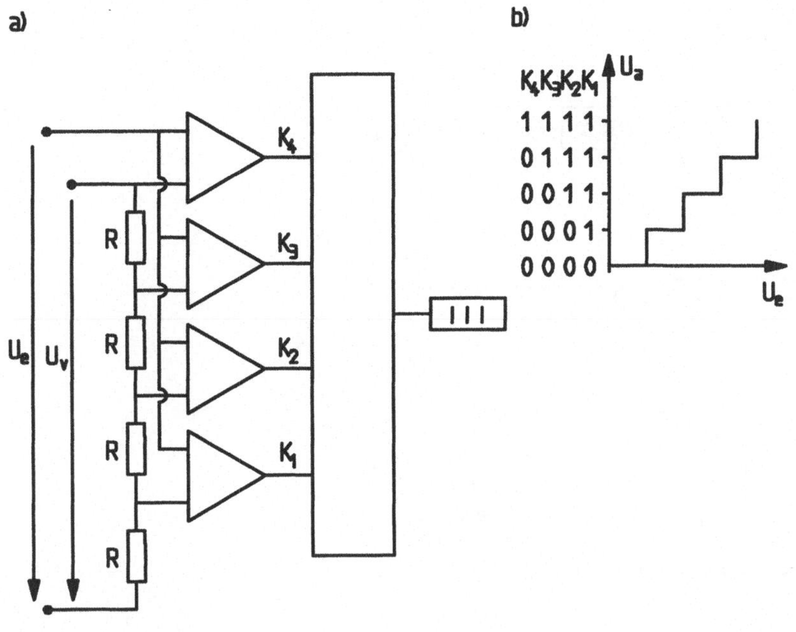



**Bild 9.17** Parallel-ADU
   a) Schaltung
   b) Ausgangssignal

Für einen 8-bit Wandler mit einer Auflösung von $1/2^8 = 0,4\ \%$ sind bereits 255 Komperatoren erforderlich; die heutige Grenze liegt bei etwa 12 bit mit 4 095 Komperatoren.

Der große Vorteil der parallel arbeitenden AD-Wandler ist ihre hohe Umsetzgeschwindigkeit (Flash Wandler), die Abtastraten bis mehr als 10 MHz erlauben.

**b) Inkrementale A/D-Stufenumsetzer:**

Mit diesen seriell arbeitenden Umsetzern können wesentlich höhere Auflösungen erzielt werden. Sie vergleichen die zu messende Spannung $U_e$ mit einer sich taktgesteuert stufenweise erhöhenden Vergleichsspannung $U_V = \Delta U_V,\ 2{\cdot}\Delta U_V\ ..\ n{\cdot}\Delta U_V$. Bei Erreichen der zu messenden Spannung schaltet der Komperator auf 0 und stoppt den Zähler. Der aktuelle Zählerstand liefert dann über die gezählten Referenzspannungsstufen den gesuchten Digitalwert. Die Auflösung wird durch die Zahl der Quantisierungsschritte des Digital-Analog-Umformers bestimmt. Falls die Widerstandskette in Bild 9.14 beispielsweise durch die Widerstände 1, 2, 4, 8, 16, 32 gebildet wird, handelt es sich um einen 6-bit ADU mit $Z = 2^6 = 64$ Quantisierungsstufen.

Nachteilig gegenüber dem parallel arbeitenden Umsetzer ist die wesentlich größere Meßzeit. Diese kann verringert werden durch Nachlaufumsetzer, die bei jedem neuen Takt vom vorangegangenen Spannungswert aus starten, oder durch sogenannte Wägeumsetzer, bei denen die Referenzspannung in größeren Stufen geändert wird.

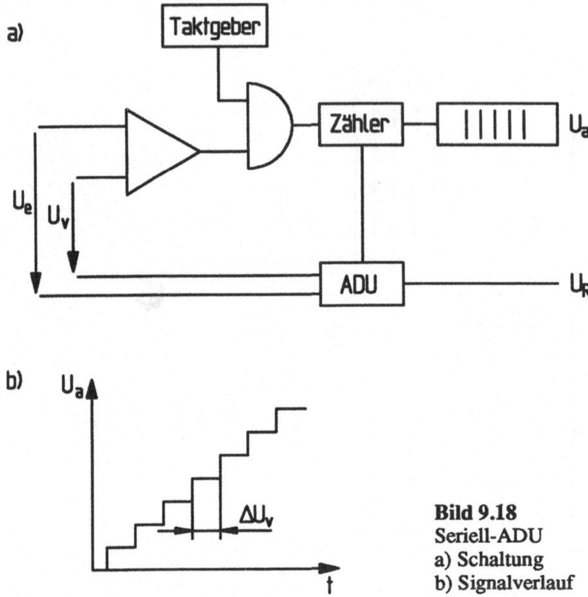



**Bild 9.18**
Seriell-ADU
a) Schaltung
b) Signalverlauf

Die Umsetzungsgeschwindigkeit hängt von der bit-Zahl ab, beispielsweise können mit einem 16-bit-ADU Abtastraten bis ca. 50 kHz erreicht werden, bei 14 bit verdoppelt sich die Abtastrate.

Sowohl dem parallel als auch dem nach obigen Verfahren arbeitenden seriellen A/D-Wandlern ist der Nachteil gemeinsam, daß jeweils der im Moment des Vergleichs anstehende Augenblickswert der abgetasteten Spannung übernommen wird. Dies ist insbesondere dann störend, wenn das Analogsignal von beispielsweise periodischen oder stochastischen Störungen überlagert ist.

### c) Dual-Slope-Umsetzer

Der auf der Basis der Zeitmessung aufgebaute Dual-Slope-Umsetzer wirkt während der Meßwertübernahme integrierend und vermeidet damit bei entsprechender Wahl der Integrationszeit den oben erwähnten Nachteil.
Der wesentliche Baustein des DSU ist ein als Integrator geschalteter Operationsverstärker. Während der Meßwertaufnahme liegt die zu digitalisierende Spannung am Integratoreingang und läßt die Integratorausgangsspannung negativ solange ansteigen, bis der Schalter S durch die Steuereinheit von der Meßspannung auf eine negative Referenzspannung $U_R$ umgeschaltet wird. Gleichzeitig wird das Signal des Taktgebers auf das UND-Glied geschaltet und startet dadurch den Zähler Z. Der Integrator wird jetzt durch die konstante Referenzspannung $U_R$ wieder entladen; sobald er den Wert Null erreicht, schaltet der Komperator durch und stoppt den Zählvorgang. Die jetzt digital vorliegende Spannung ist proportional zu dem Verhältnis aus gemessener Entladezeit $T_E$ und vorwählbarer Integrationszeit T:

$$U_a = -\frac{1}{R \cdot C} \cdot \int (U_e \, dt - U_R \cdot T_E) = 0 \quad \text{d.h.} \quad U_e = \frac{U_R \cdot T_E}{T} \; .$$

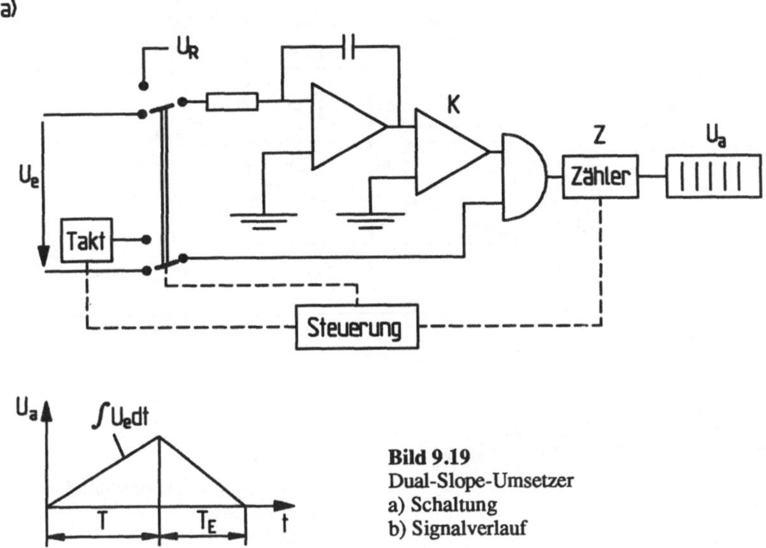



**Bild 9.19**
Dual-Slope-Umsetzer
a) Schaltung
b) Signalverlauf

Da die Zeiten $T_E$ und $T$ durch Zählen der mit dem gleichen Taktgenerator erzeugten Impulse gemessen werden, gehen eventuelle Frequenzänderungen nicht in das Ergebnis ein, ebenso haben temperatur- und alterungsbedingte Änderungen in Widerstand R und Kapazität C keinen Einfluß. Integrierende AD-Wandler integrieren im allgemeinen über mehrere Netzperioden, um so den Einfluß einen eventuell das Meßsignal überlagernden Netzbrumms zu eliminieren.

### 9.3.4 Multiplexer

Multiplexer sind Umschalter, die nacheinander das Meßsignal mehrerer Meßstellen auf ein gemeinsames Auswerte-, Verstärker oder Anzeigegerät legen. Der sich bei der seriellen Meßwertverarbeitung ergebende Kostenvorteil wird also mit einer mit der Zahl der Meßstellen ansteigenden Verarbeitungszeit erkauft.

Die einfachste Form der Meßstellenumschaltung ist das Scannen, bei der mehrere Meßstellen mit nur einem Meßaufnehmer abgefragt werden. Das bekannteste Beispiel hierzu ist die Messung des Strömungsprofils einer im Windkanal getesteten Tragfläche über einen mechanischen Druckumschalter.

Bei den elektrische Meßsignale schaltenden Multiplexern kann das Signal entweder jeweils schon vor dem MUX oder mit nur einem Verstärker nach dem MUX verstärkt werden. Im ersten Fall des "high level multiplexing" werden die Meßsignale bereits vor dem MUX auf einen Pegel von 1 bis 10 V verstärkt, um den Einfluß des Signalrauschens zu reduzieren. Beim "low level multiplexing" mit nur einem Verstärker nach dem MUX kann ein sehr hochwertiger Verstärker eingesetzt werden; allerdings können Verstärkungsanpassungen an die verschiedenen Kanäle notwendig werden.

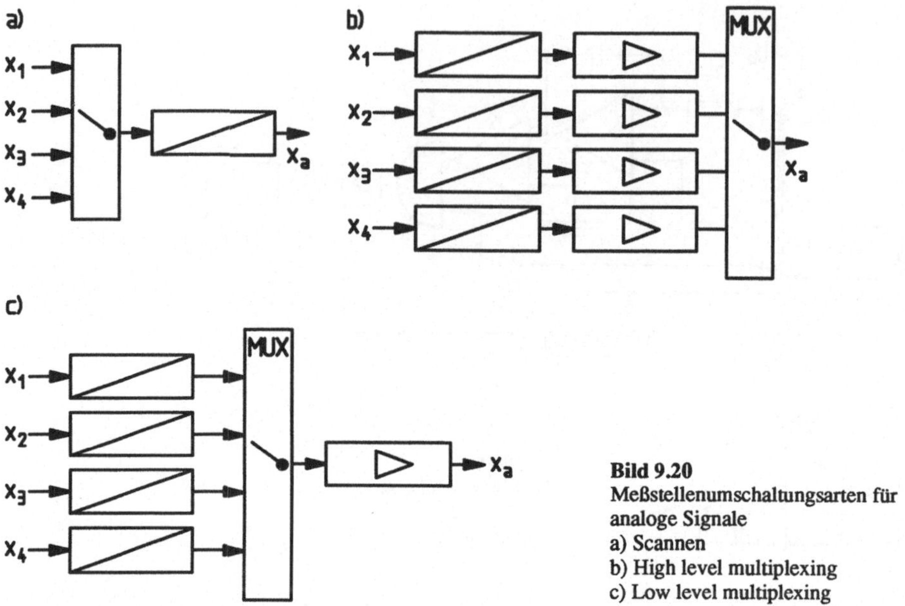

**Bild 9.20**
Meßstellenumschaltungsarten für
analoge Signale
a) Scannen
b) High level multiplexing
c) Low level multiplexing

Multiplexer werden normalerweise mit wahlweise 4, 8, 16, oder 32 Eingängen angeboten.
Wenn die Zahl der Meßstellen die Zahl der Eingänge übersteigt, können mehrere MUX entweder im Ein-Ebenen-Betrieb parallel oder im Zwei-Ebenen-Betrieb in Reihe geschaltet werden. Bei der Signalführung ist darauf zu achten, ob die Eingangssignale auf ein gemeinsames
Grundpotential gelegt werden dürfen; man spricht in diesem Fall von "single ended" Eingängen. Beispielsweise bei der Abfrage mehrerer mit einer gemeinsamen Spannungsquelle ge-
speister DMS-Brücken müssen beide Eingänge von den anderen isoliert werden; bei dieser
mit "Differentiellen Eingängen" auszuführenden Schaltung halbiert sich bei den meisten Bauarten allerdings die Zahl der auf einer Karte verfügbaren Kanäle.

Als Beispiel zur Erläuterung der Funktionsweise eines MUX betrachten wir einen Multiplexer
mit in Relaistechnik aufgebauten DE Eingängen.

Die Steuerung der Relais erfolgt über vier UND-Gatter, die von einem zweistelligen Dual-
zähler angesteuert werden, der kontinuierlich von 00 bis 11 zählt und die Adressenleitungen
jeweils mit 0 oder 1 belegt. Durch die gewählte Verknüpfung kann nacheinander immer nur
eine UND-Bedingung erfüllt sein, so daß die den vier Eingangsspannungen zugeordneten
Relais nacheinander schließen und damit nur das jeweils angesteuerte Eingangssignal auf den
Ausgang durchschaltet.

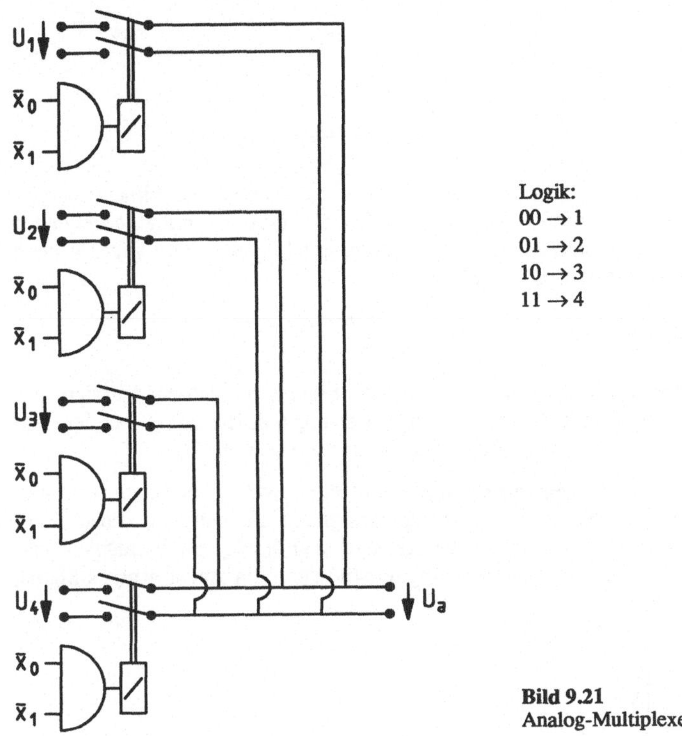



**Bild 9.21**
Analog-Multiplexer

Der Nachteil der begrenzten Lebensdauer bis zu $10^{10}$ Schaltungen, langsamer Schaltgeschwindigkeit und eventueller Fehler durch Thermospannungen wird vermieden, wenn die mechanischen Relais durch als Schalter betriebene MOS-Feldeffekttransistoren ersetzt werden, allerdings sollten MOS-FET-Multiplexer wegen des relativ hohen Übergangswiderstandes von ca 50 $\Omega$ und des nicht unendlich großen Sperrwiderstandes von ca. $10^9$ $\Omega$ möglichst mit Vorverstärkern eingesetzt werden. Die Schaltfrequenz ist bei Reed-Relais auf Grund des Kontaktprellens auf etwa 100 Hz und bei Halbleiterrelais auf Grund der erforderlichen Einschwingzeit auf etwa 1000 kHz begrenzt.

Zur Sicherung des analogen Wertes während der AD-Wandlung ist zwischen dem Multiplexerausgang und dem ADU-Eingang ein "Sample und Hold"-Baustein angebracht. Dieser besteht im wesentlichen aus einem Kondensator zur Signalspeicherung, einem Schalter und jeweils einen Buffer an Ein- und Ausgang zur Signalanpassung.
Im Übernahmemodus ist der Schalter geschlossen, und das analoge Eingangssignal wird im Kondensator gespeichert. Im anschließenden Haltemodus ist der Schalter geöffnet, und der ADU kann den Meßwert übernehmen.

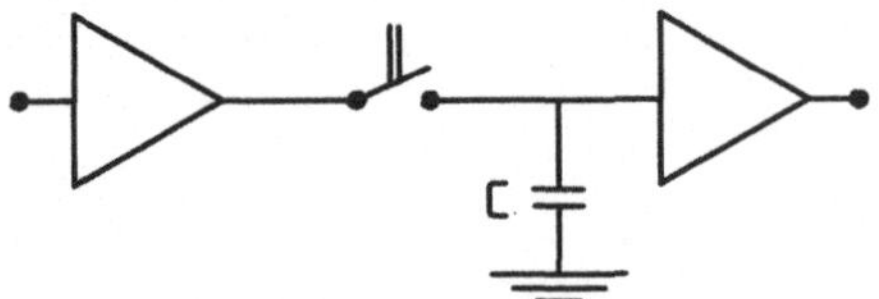

**Bild 9.22**
"Sample und Hold"-Baustein

Wenn die zeitgleiche Erfassung mehrerer Signale gefordert ist, müssen die Eingangskanäle
des Multiplexers einzeln mit S&H Stufen ausgeführt werden. Bei diesen simultan arbeitenden
SS&H Multiplexern werden die Signale vor der Digitalisierung alle gleichzeitig abgespeichert
und anschließend nacheinander auf den ADU geführt.

### 9.3.5 Zeitverhalten digitaler Signale

Bei Meßsignalen mit höherfrequenten, zur Beurteilung des Signals relevanten Anteilen, wie
sie zum Beispiel bei Schwingungs- und Beschleunigungsmessungen auftreten, ist bei der digitalen Abtastung das Zeitverhalten der verwendeten Bausteine zu beachten.

Jeder ADU benötigt zur Umformung des analogen Signales eine zwar kleine, aber nicht vernachlässigbare Zeitspanne $T_U$. Änderungen des Eingangssignals, die während dieser Zeitspanne erfolgen, können vom ADU nicht erfaßt werden und sind damit im Digitalsignal verloren. Wir betrachten dazu als Resultat einer Schwingungsmessung ein sinusförmiges Signal,
das wir digital weiterverarbeiten wollen.

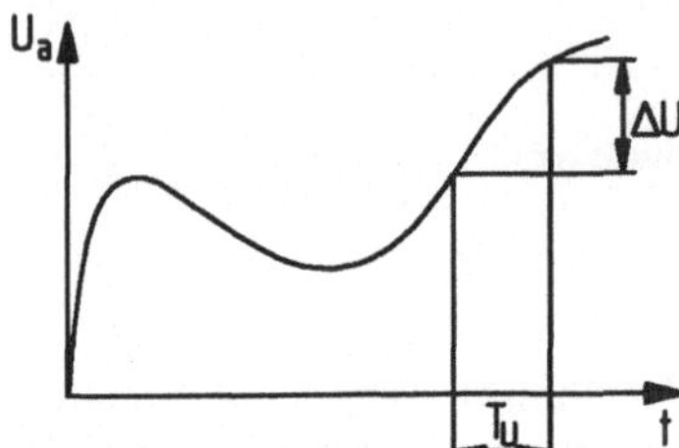

**Bild 9.23**
Amplitudenunsicherheit bei der Digitalisierung
zeitveränderlicher Signale

Die Amplitudenänderung während der Umsetzzeit $T_U$ steigt mit größer werdender Änderungsgeschwindigkeit dU/dt des Meßsignals:

$$\Delta U = T_U \cdot \frac{dU}{dt} \ .$$

(9.14)

Damit entsteht bei der Abtastung eines Sinus die größte Meßunsicherheit im Nulldurchgang:

$$\Delta U_{max.} = T_U \cdot U \cdot 2 \cdot \pi \cdot f$$

(9.15)

mit U als Spannungsamplitude und f als Signalfrequenz.

Damit folgt mit $\Delta U/2U = 1/2^n$ für einen n-bit ADU, daß die Umsetzzeit den Wert

$$T_{U,max.} = \frac{1}{\pi \cdot f \cdot 2^n}$$

(9.16)

nicht überschreiten darf, wenn seine Auflösung voll ausgenutzt werden soll.

Betrachten wir als Beispiel einen 12-bit-ADU mit 1 µs Umwandlungszeit, dann ergibt sich mit Gleichung 9.16 die maximal auflösbare Signalfrequenz zu $f_{max} = 78$ Hz. Soll beispielsweise eine Sinusschwingung nach ihrer Digitalisierung wieder analog dargestellt werden, so stellt sich die Frage nach der erforderlichen Abtastfrequenz. Bild 9.26 zeigt als Beispiel das sich bei einer Abtastperiode von 10% der Meßsignalperiodendauer T ergebende Ausgangssignal.

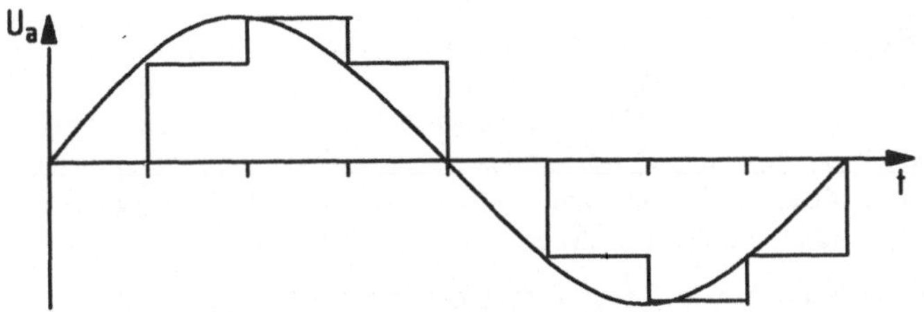

**Bild 9.24** Digitalisiertes und rekonstruiertes Sinussignal

Eine Frequenzanalyse des so rekonstruierten Signals zeigt jetzt eine um ca. 2% gedämpfte Grundwelle und Oberwellen der Frequenz $n/T_a$, wobei die erste Oberwelle eine Amplitude von etwa 8% der Grundwelle hat. In der Praxis wird die Abtastfrequenz zur Reduzierung der Grundwellendämpfung auf 1% und der ersten Oberwelle auf 5 % noch etwas erhöht:

$$f_{a,min.}(\text{Signal}) = 15 \cdot f_{max,rel} \tag{9.17}$$

mit $f_{max,rel}$ als der höchsten im Frequenzspektrum vorkommenden, zur Beurteilung des Meßwertes relevanten Frequenz.

In den meisten Fällen enthält das Frequenzspektrum des Meßsignals noch höhere, z.B. vom Rauschen herrührende Frequenzanteile, die als nicht relevant zwar nicht rekonstruiert werden sollen, aber dennoch zu beträchtlichen Fehlern bzw. Fehlbeurteilungen führen können, wenn die Abtastfrequenz zu gering gewählt wurde. Wir kennen dieses Phänomen beispielsweise von Westernfilmen, bei denen die Bildfolgefrequenz zur Wiedergabe eines sich schnell drehenden Speichenrades zu gering ist und dieses sich dann scheinbar rückwärts dreht. Zur Verdeutlichung betrachten wir ein sinusförmiges Rauschsignal, das mit einer etwa der Sinusfrequenz entsprechenden Abtastrate digitalisiert wird.

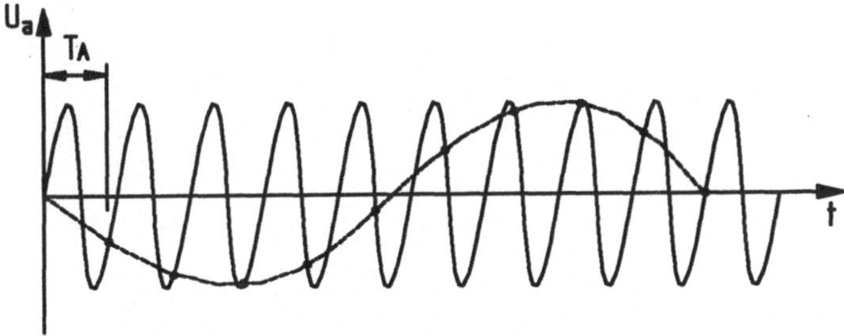

**Bild 9.25** Erzeugung einer Scheinfrequenz bei zu niedrig gewählter Abtastrate

Wird dieses Signal nach der Digitalisierung wieder rekonstruiert, erscheint wiederum ein Sinussignal, allerdings mit einer im Beispiel auf ein neuntel reduzierten Frequenz. Zur Vermeidung dieser Aliasfrequenz muß die Abtastrate mindestens zweifach größer als die höchste im Meßsignalspektrum vorkommende Frequenz gewählt werden:

$$f_{a,min}(\text{Alias}) \geq 2\, f_{max} \tag{9.18}$$

mit $f_{max}$ als der höchsten, im Signalspektrum vorkommenden Frequenz.

Falls die zur Vermeidung des Aliaseffektes erforderliche Abtastrate die gewählte bzw. vorliegende Abtastrate übersteigt, muß ein als Tiefpaß wirkendes Antialiasfilter vorgeschaltet werden. Da das Filter sowohl an die Meßaufgabe als auch an den ADU angepaßt wird, muß vor dem Multiplexer für jeden Analogkanal ein eigenes Filter eingesetzt werden.

Die Wahl des Filtertyps wird durch die Art der Meßaufgabe bestimmt. Ist vor allem die Form des Signals wesentlich, sind Besselfilter vorzuziehen, da diese eine zur Frequenz weitgehend proportionale Phasenverschiebung aufweisen.

Für quantitative Signalauswertungen dagegen sind Butterworthfilter geeigneter, da sie im Sperrbereich eine größere Abschwächung bewirken; allerdings ist die Phasenverschiebung größer.

Die Grenzfrequenz des Filters ist so zu wählen, daß entsprechend dem in Gleichung 9.18 definierten Shannonschen Abtasttheorem alle im Signal enthaltenen Frequenzanteile, die höher als die halbe Abtastfrequenz sind, auf eine Amplitude abgeschwächt werden, die kleiner als die Auflösung des AD-Wandlers ist.

# 10 Rechnerische Behandlung von Meßfehlern

## 10.1 Statische Meßfehler

### 10.1.1 Definition und Unterscheidung

**Statische Meßfehler** sind die bei der Messung zeitlich konstanter Größen verbleibenden Meßfehler nach dem Abklingen von Einschwingvorgängen in der Meßeinrichtung.

Je nach Fehlernatur unterscheidet man zwischen systematischen ($E_s$) und zufälligen ($E_z$) Meßfehlern.

Betrachten wir als Beispiel einen Meßschieber mit abgenutzten Meßschneiden, mit dem zehnmal das gleiche Werkstück gemessen wird, so werden die abgelesenen Werte abhängig von Anpreßdruck, Verkanten und Interpolation im Zehntelbereich scheinbar regellos schwanken. Bildet man den Mittelwert, so wird dieser um den Betrag der Schneidenabnutzung zu klein sein.

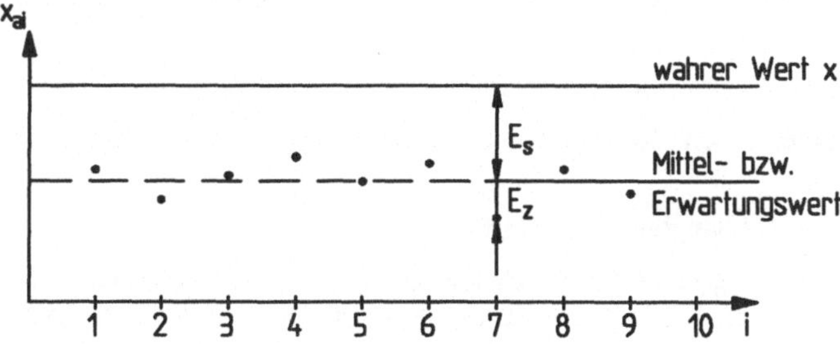


**Bild 10.1** Definition des systematischen und zufälligen Fehlers

Bei ständiger Wiederholung einer Einzelmessung streuen die Meßwerte also um einen mittleren Wert, der bei Vorliegen eines systematischen Fehlers vom wahren Wert abweicht. Daraus resultieren folgende Fehlerdefinitionen:

Der **"Systematische Fehler $E_s$"** ist die Differenz zwischen dem Erwartungswert und der wahren Meßgröße. Er ist durch ein erneutes Kollektiv von unter gleichen Meßbedingungen erhaltenen Meßwerten nach Vorzeichen und Größe reproduzierbar und damit voraussagbar.

Der **"Zufällige Fehler $E_z$"** ist die Differenz zwischen dem Einzelmeßwert und dem Erwartungswert. Er ist weder nach Vorzeichen noch nach Größe verhersagbar.

Die Grenze zwischen systematischen und zufälligen Fehlern ist allerdings fließend; sie wird bestimmt durch den Aufwand, der zur Aufdeckung und Berücksichtigung des systematischen Fehlers noch vertretbar ist.

### 10.1.2 Systematische Meßfehler

Die Vorgehensweise bei der Behandlung systematischer Fehler erfolgt entsprechend den in Kap. 2.5 beschriebenen Fehlerarten.

Beim Rückwirkungsfehler sind die den Meßprozeß begleitenden physikalischen Vorgänge zu berechnen, beispielsweise bei einer Messung der Längenänderung an einer Kunststoffprobe mit einem DMS-Biegebalken nach Bild 6.38 die durch die Federkonstante des Meßgerätes bestimmbare Kraft auf die Probe und damit die durch die Elastizität der Probe sich einstellende Längenänderung als Meßfehler.

Der systematische Anteil der durch äußere oder innere Störungen verursachten Fehler ist durch die Abweichung der realen Übertragungskennlinie vom idealen Verlauf zu erkennen. Voraussetzung für eine mögliche Korrektur ist, daß die Abweichung bekannt oder berechenbar ist.

Ablesefehler sind mit Ausnahme des Parallaxefehlers meistens zufällig und damit nicht korrigierbar.

Der Repräsentativitätsfehler ist seiner Natur nach rein systematisch; er wird durch eine eindeutige Definition der Meßsituation vollständig eliminiert.

Zur Behandlung systematischer Meßfehler bestehen folgende Möglichkeiten:

    1) Kalibrierung des Meßsystems mit Meßgrößen, deren wahrer Wert bekannt ist, durch

        a) Meßnormale, deren Absolutgenauigkeit besser ist als die vom Meßgerät geforderte Meßgenauigkeit,

        b) Messen des "wahren Wertes" mit genauerem Meßgerät,

    2) Berechnung oder meßtechnische Korrektur des Fehlers aus der Abweichung von der realen Kennlinie,

    3) Berechnung meßgeräteunabhängiger Einflußgrößen.

Als Beispiel zu 1a dient die Eichung einer Straßenfahrzeugwaage. Die einzelnen Gewichte werden nacheinander auf die Waagenplattform gerollt, wobei neben der Linearität der Anzeige auch die Anzeigegleichheit bei Belastung auf verschiedenen Positionen mit dem gleichen Gewicht überprüft wird.

Sind nicht genügend Eichgewichte vorhanden, kann man sich bei Vorhandensein transportabler Ersatzlasten dadurch behelfen, daß jeweils zunächst die bekannte Last aufgebracht wird und anschließend eine Ersatzlast solange erhöht wird, bis wieder die gleiche Anzeige erscheint. Dieses sogenannte Staffelverfahren läßt sich ohne wesentlichen Genauigkeitsverlust bis zur Höchstlast fortsetzen.

Für Länder ohne entwickeltes Eichwesen empfiehlt sich ein neu entwickeltes Verfahren, das ganz ohne Eichgewichte arbeitet und hier als Beispiel zu Fall 1b dient. Bei dieser Kalibriermethode wird die Belastung anstatt durch bekannte Totlastgewichte über eine hydraulische Belastungseinrichtung aufgebracht, wobei die Belastungskräfte mit hochgenauen DMS-Wägezellen gemessen werden [55].

Ein typisches Beispiel für eine konstante Abweichung der Kennlinie entsprechend Fall 2 ist eine zusätzliche Taralast auf der Straßenfahrzeugwaage, die z.B. durch Verschmutzung entsteht.

Diese Abweichung wird bei unbelasteter Waage durch Nullstellen der Anzeige (Tarieren) korrigiert.

Wenn die Kennlinie sich auf Grund einer äußeren Störung über das zulässige Maß verändert, kann dieser Einfluß durch getrennte Erfassung der Störgröße im Rechner oder über eine elektrische Korrekturschaltung kompensiert werden [56]. Bei den DMS-Wägezellen wird diese Kompensation, wie in Kap. 4.5 beschrieben, bereits in der Brückenschaltung vorgenommen.

Als Beispiel für einen nicht vom Meßgerät verursachten Fehler entsprechend Fall 3 dient die Formel zur Korrektur des Luftauftriebes bei der Kraftkalibrierung mit Gewichten:

$$F = m \cdot g_{\text{örtlich}} \cdot \left(1 - \frac{\rho_{\text{Luft}}}{\rho_{\text{Masse}}}\right). \tag{10.1}$$

Die Berechnung der systematischen Meßfehler dient entweder der Ermittlung von Fehlerangaben oder der rechnerischen Korrektur des Meßwerts. Allgemein besteht der Trend in der Aufnehmerentwicklung, Störgrößen zeitsynchron zu erfassen und bereits im Meßsignal zu kompensieren; ein Beispiel hierzu ist die in Kap. 6.9 beschriebene Kompensation mechanischer Schwingungen bei Wägevorgängen durch zusätzliche Beschleunigungsaufnehmer.

### 10.1.3 Zufällige Meßfehler

Zufällige Meßfehler sind alle nicht systematisch erfaßbaren Fehler. Bei mehrfacher Wiederholung schwanken sie scheinbar regellos innerhalb eines gewissen Bereichs, dessen Größe damit ein Maß für die Reproduzierbarkeit der Messung darstellt.

Die Reproduzierbarkeit ist eines der wichtigsten Merkmale für die Beurteilung der Güte eines Meßverfahrens. Allgemein gilt die Regel, das der Schwankungsbereich der Anzeigewerte bei mehrfacher Wiederholung einer Messung unter gleichen Versuchsbedingungen nicht mehr als ein Drittel des zulässigen Fehlers betragen sollte. Es gehört damit zu einer der wichtigsten Aufgaben des Meßingenieurs, die Ursache für zunächst scheinbar zufällige Fehler aufzufinden und diesen dann als systematischen Fehler nach einer der im vorigen Kapitel besprochenen Methoden zu beheben. Betrachten wir dazu unser ursprüngliches Beispiel der Fahrzeugtankwägung. Bevor es darum ginge, die Absolutgenauigkeit dieses Meßverfahrens nachzuweisen, würde man die Reproduzierbarkeit feststellen durch beispielsweise zehn Messungen mit gleichen Tankinhalt. Um ein realistisches Ergebnis zu erhalten, wird das Tankfahrzeug zwischen jeweils zwei Messungen etwas rangieren. Nehmen wir an, bei den ersten beiden Messungen werden die Druckwerte $p_1 = 245{,}3$ und $p_2 = 245{,}7$ mbar gemessen, dann beträgt der Mittelwert 245,5 mbar. Wenn wir nun bei der dritten Messung beispielsweise einen Druck von 245,2 mbar messen, beträgt der zweite Mittelwert abweichend zum ersten 245,4 mbar, und bei einem vierten Meßwert von 245,6 mbar würden wir 245,45 mbar als Mittelwert erhalten. Je öfter wir nun messen, desto konstanter wird der Mittelwert, bis er bei spätestens $n = \infty$ in den sicher voraussagbaren Erwartungswert $\mu$ übergeht und der zufällige Fehler für den Mittelwert der Mehrfachmessung vollständig eliminiert ist. Da die Methode der Mittelwertbildung für die vorliegende Aufgabenstellung sicher nicht akzeptabel ist, müssen wir, wenn die Abweichungen der Einzelmessungen vom Erwartungswert zu groß sind, den zufälligen Fehler verkleinern, indem wir einen Teil davon als systematischen Fehler abspalten. Da die Abweichungen immer nach dem Rangiervorgang auftraten, ist die Vermutung naheliegend, daß unterschiedliche Neigungszustände des Tankfahrzeuges als Ursache für die starken Meßwertschwankungen anzusehen sind. Gehen wir nun davon aus, daß sich diese Vermutung nach Einbau von zwei unter 90° zueinander liegenden Neigungsmessern bestätigt und die neuen Meßwerte nach rechnerischer oder meßtechnischer Bereinigung des Neigungsfehlers innerhalb der zulässigen Grenzen liegen.

Fassen wir das Ergebnis unseres kleinen Gedankenexperiments zusammen: Bei ständiger Wiederholung einer Einzelmessung strebt der

$$\text{Mittelwert} \quad \overline{x} = \sum \frac{x_{ai}}{n} \tag{10.2}$$

einer konstanten und bei gleichbleibenden Meßbedingungen wiederholbaren Größe zu, dem sogenannten

$$\text{Erwartungswert} \quad \mu = \lim_{n \to \infty} \sum \frac{x_{ai} - \overline{x}}{n}, \tag{10.3}$$

d.h. die zunächst regellos schwankenden Anzeigewerte gehorchen in Wirklichkeit dennoch einer verborgenen Gesetzmäßigkeit, die eine zuverlässige Voraussage erlauben.

Neben dem Erwartungswert ist auch die Verteilung der Einzelmeßwerte voraussagbar: Die Häufigkeit der Meßwerte fällt mit dem Abstand vom Erwartungswert gegen Null, wir sprechen dann von einer **Normalverteilung**.

Zur quantitativen Beschreibung der Verteilungsfunktion dient die Definition der

$$\text{Häufigkeitsdichte } h_j = \frac{n_j}{n \cdot \Delta x} \tag{10.4}$$

$n$ = Zahl der Messungen, $n_j$ = Zahl der Meßwerte im Intervall $\Delta x$.

Die Häufigkeitsdichte ist damit die Wahrscheinlichkeit $n_j/n$ dafür, daß irgend ein Meßwert im Intervall $\Delta x_j$ liegt.

Nehmen wir als Beispiel wieder unser Tankfahrzeug und gehen zur quantitativen Berechnung der Verteilungsfunktion von einer Meßreihe mit 20 Druckmessungen aus. Zur Auswertung der Meßreihe betrachten wir zunächst nur die ersten beiden Spalten. Die 20 Meßwerte schwanken zwischen 245,41 und 245,51 mbar, und wir teilen diesen Bereich in sechs Intervalle $j = 1 - 6$ ein:

|  |  | $n_j$ |
|---|---|---|
| $j = 1$: | $p = 245{,}405 - 245{,}425$ mbar | 1 |
| $j = 2$: | $p = 245{,}425 - 245{,}445$ mbar | 3 |
| $j = 3$: | $p = 245{,}445 - 245{,}465$ mbar | 6 |
| $j = 4$: | $p = 245{,}465 - 245{,}485$ mbar | 6 |
| $j = 5$: | $p = 245{,}485 - 245{,}505$ mbar | 3 |
| $j = 6$: | $p = 245{,}505 - 245{,}525$ mbar | 1 |

Um das Ergebnis grafisch darzustellen, wird für jede Klasse $j$ mit $j = 1 - 6$ die Häufigkeitsdichte berechnet:

| $j$ | 1 | 2 | 3 | 4 | 5 | 6 |
|---|---|---|---|---|---|---|
| $h_j$ | 2,5 | 7,5 | 15 | 15 | 7,5 | 2,5 |

Ergebnis der Reproduzierbarkeitsmessung:

| i | $p_i$ [mbar] | $p_i - p$ [mbar] | $(p_i - p)^2 \cdot 10^{-4}$ |
|---|---|---|---|
| 1 | 245,41 | *–0,055 | 30,25 |
| 2 | 245,46 | –0,005 | 0,25 |
| 3 | 245,45 | –0,015 | 2,25 |
| 4 | 245,49 | 0,025 | 6,25 |
| 5 | 245,47 | 0,005 | 0,25 |
| 6 | 245,48 | 0,015 | 2,25 |
| 7 | 245,48 | 0,015 | 2,25 |
| 8 | 245,50 | * 0,035 | 12,25 |
| 9 | 245,45 | –0,015 | 2,25 |
| 10 | 245,46 | –0,005 | 0,25 |
| 11 | 245,43 | *–0,035 | 12,25 |
| 12 | 245,47 | 0,005 | 0,25 |
| 13 | 245,51 | * 0,045 | 20,25 |
| 14 | 245,46 | –0,005 | 0,25 |
| 15 | 245,45 | –0,015 | 2,25 |
| 16 | 245,43 | *–0,035 | 12,25 |
| 17 | 245,44 | –0,025 | 6,25 |
| 18 | 245,50 | * 0,035 | 12,25 |
| 19 | 245,47 | 0,005 | 0,25 |
| 20 | 245,48 | 0,015 | 2,25 |
| $\Sigma$ | 4909,29 | 0 | 127,00 |

**Tabelle 10.1** Meßwerttabelle

Die Verteilung der relativen Häufigkeit über dem Bereich der möglichen Meßwerte läßt sich als Histogramm darstellen:

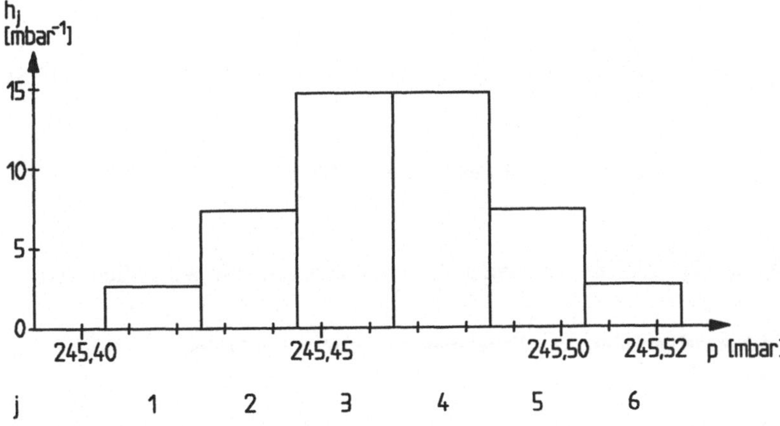


**Bild 10.2** Histogramm zur Druckmessung

Die Fläche unter der Häufigkeitsdichte ist auf "Eins" normiert:

$$\sum \left( h_j \cdot \Delta x \right) = \sum H_j = \sum \frac{n_j}{n} = 1 \ .$$

Damit entspricht die Fläche über einem Meßwertintervall $\Delta x$ der Wahrscheinlichkeit, daß ein Meßwert in diesem Intervall liegt:

$$h_j \cdot \Delta x = H_j = \frac{n_j}{n} \ .$$

Wir könnten also mit Hilfe des obigen Histogramms voraussagen, daß von beispielsweise $n = 200$ Messungen 120 Meßwerte im Druckbereich von 245,445 bis 245,485 mbar liegen:

$$0{,}04 \text{ mbar} \cdot 15 \ (\text{mbar})^{-1} = 0{,}6 \quad 0{,}6 \cdot 200 = 120 \ .$$

Das Rechnen mit diskreten Intervallen ist für die Praxis allerdings zu umständlich, deswegen erfolgt nun der Übergang zu infinitesimal kleinen Abschnitten:

$$\Delta x \qquad\qquad\qquad\qquad dx$$

$$h_j = \frac{n_j}{n \cdot \Delta x} \qquad\qquad p(x) = \frac{dn}{n \cdot dx}$$

mit $p(x) = $ Wahrscheinlichkeitsdichte.

Nach Gauß ergibt sich dann, unabhängig von der Art der physikalischen Meßgröße, für eine statistische Meßreihe immer die gleiche Kurvenform, die sogenannte Normalverteilung:

$$p(x) = \frac{1}{\sigma \cdot \sqrt{2 \cdot \pi}} \cdot e^{-\left( \frac{\left( x - \mu / \sigma \right)^2}{2} \right)} \tag{10.5}$$

mit $\sigma = \lim\limits_{n \to \infty} \sqrt{\dfrac{1}{n} \cdot \sum \left( x_i - \mu \right)^2}$ als Standardabweichung bzw. für $n \leq \infty$

$$S = \sqrt{\frac{1}{n-1} \cdot \sum \left( x_i - \overline{x} \right)^2} \quad \text{als Streuung und } \mu \text{ als Erwartungswert bzw. } x \text{ als Mittelwert.}$$

Wir wollen nun die Normalverteilung der Druckmessung ermitteln. Für den Mittelwert p der Meßreihe erhalten wir:

$$\overline{p} = \sum \frac{p_i}{n} = \frac{4909{,}29}{20} = 245{,}465 \text{ mbar} \quad \text{und für die Streuung S:}$$

$$S = \sqrt{\frac{1}{n-1} \cdot \sum \left( p_i - \overline{p} \right)^2} = \sqrt{\frac{1}{19} \cdot 0{,}0127} = 0{,}026 \text{ mbar} \ .$$

Damit läßt sich nun die Gaußsche Normalverteilung für unsere Meßreihe in guter Näherung berechnen:

| p[mbar] | 245,41 | 245,43 | 245,45 | 245,465 | 245,48 | 245,50 | 245,52 |
|---|---|---|---|---|---|---|---|
| p[1/mbar] | 1,64 | 6,20 | 13,00 | 15,35 | 13,00 | 6,20 | 1,64 |

Wir erhalten eine Darstellung, die dem oben abgeleiteten Histogramm entspricht:

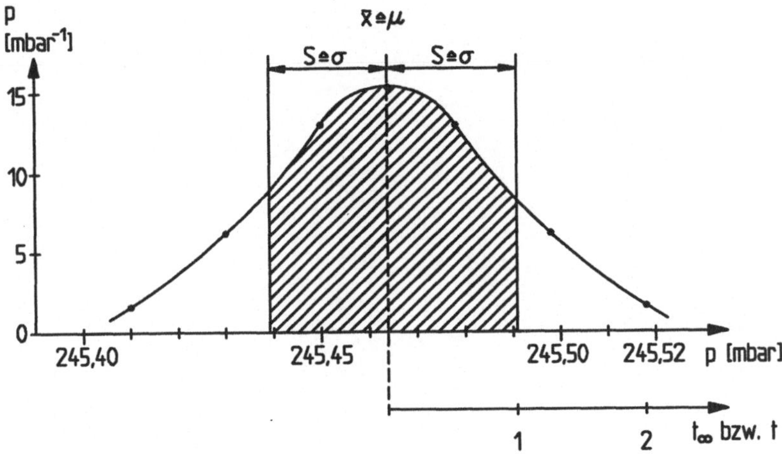


**Bild 10.3** Gaußverteilung zur Druckmessung

Ebenso wie bei der Häufigkeitsdichte entspricht auch bei der Wahrscheinlichkeitsdichte die Fläche unter der Funktion der Wahrscheinlichkeit dafür, daß ein Meßwert in dem betrachteten Intervall liegt:

$$\text{Wahrscheinlickeit } P(\%) = \int p(x)dx \;.$$

Für die Praxis wichtig sind vor allem die sogenannte 1-$\sigma$-Grenze für die Auswertung von Meßreihen (68% Wahrscheinlichkeit bzw. Vertrauensniveau) in der Forschung und die 2-$\sigma$–Grenze in der Fertigung (95% ). Daraus ergibt sich bei bekannter Standardabweichung $\sigma$ für eine Einzelmessung folgende Definition des zufälligen Fehlers:

$$E_z(x, P(\%)) = \pm t_\infty \cdot \sigma \,, \tag{10.6a}$$

d.h. bei der Einzelmessung einer Meßgröße x liegt der Erwartungswert $\mu$ mit einer Wahrscheinlichkeit von P(%) innerhalb der Vertrauensgrenzen von $x \pm E_z$.

Für eine Mehrfachmessung verkleinert sich der zufällige Fehler:

$$E_z = (\bar{x}, P(\%)) = \pm \left(\frac{t_\infty}{\sqrt{n}}\right) \cdot \sigma \,. \tag{10.6b}$$

Ist statt der Standardabweichung nur die Streuung S bekannt, müssen die Fehlergrenzen auf Grund der erhöhten Unsicherheit um so mehr vergrößert werden, je kleiner die Zahl n der Messungen ist, aus denen S ermittelt wurde:

$$\text{Einzelmessung: } E_z(x, P(\%)) = \pm t \cdot S \tag{10.6c}$$

$$\text{Mehrfachmessung: } E_z(\overline{x}, P(\%)) = \pm \left( \frac{t}{\sqrt{n}} \right) \cdot S \tag{10.6d}$$

Tabelle der t-Verteilung (Student-Funktion):

| n | t | $\dfrac{t}{\sqrt{n}}$ | t | $\dfrac{t}{\sqrt{n}}$ |
|---|---|---|---|---|
| | | P=68% | | P=95% |
| 2 | 1,84 | 1,30 | 12,71 | 8,98 |
| 3 | 1,32 | 0,76 | 4,30 | 2,48 |
| 4 | 1,20 | 0,60 | 3,18 | 1,59 |
| 6 | 1,11 | 0,45 | 2,57 | 1,05 |
| 10 | 1,06 | 0,34 | 2,26 | 0,71 |
| 20 | 1,03 | 0,23 | 2,09 | 0,48 |
| 50 | 1,01 | 0,14 | 2,01 | 0,28 |
| $\infty$ | 1,00 | $\dfrac{1}{\sqrt{n}}$ | 2,00 | $\dfrac{2}{\sqrt{n}}$ |

**Tabelle 10.2** Student-Funktion

Zur Übung berechnen wir nun für das vorhergehende Beispiel die Grenzen des zufälligen Fehlers für P = 68% und 95% für eine Einzelmessung und eine Mehrfachmessung mit n = 20:

$$E_z(x, 68\%) = t \cdot s = 1,03 \cdot 0,026 \text{ mbar} = 0,027 \text{ mbar}$$

$$E_z(x, 95\%) = t \cdot s = 2,09 \cdot 0,026 \text{ mbar} = 0,054 \text{ mbar}$$

$$E_z(x, 68\%) = \frac{t}{\sqrt{n}} \cdot s = 0,23 \cdot 0,026 \text{ mbar} = 0,006 \text{ mbar}$$

$$E_z(x, 95\%) = \frac{t}{\sqrt{n}} \cdot s = 0,048 \cdot 0,026 \text{ mbar} = 0,013 \text{ mbar}$$

Wir wollen das Ergebnis der beiden Einzelmessungsfehlergrenzen nachprüfen: Wenn von n = 20 Messungen 68% innerhalb des Vertrauensbereichs liegen, dann dürfen ca. ein Drittel, d.h. sechs bis sieben außerhalb liegen. Wir zählen in Tabelle 10.1 genau sechs Meßwerte (*) mit einer Abweichung von mehr als ±0,027 mbar, womit das Ergebnis konform mit unserer Erwartung ist. Entsprechendes gilt für die Messung mit 95% Vertrauensniveau, nur ein Meßwert von 20 (5%) liegt außerhalb des Vertrauensbereichs von ±0,054 mbar. Falls der systematische Fehler nicht korrigiert wurde, wird er zum zufälligen Fehler linear hinzuaddiert,

$$E = E_s + E_z \, ; \tag{10.7a}$$

wenn eine Komponente klein im Vergleich zur anderen ist, während bei Fehlergrößen gleicher Größenordnung die quadratische Addition zur Anwendung kommt:

$$E = \sqrt{E_z{}^2 + E_s{}^2} \, . \tag{10.7b}$$

### 10.1.4 Fehlerfortpflanzung

Wenn eine physikalische Größe y aus dem funktionellen Zusammenhang

$$y = f(x_1, x_2, \dots x_n)$$

mehrerer fehlerbehafteter Meßgrößen $x_i$ gebildet wird, errechnet sich der Fehler der gesuchten Größe aus der Funktion und den Einzelmeßfehlern.

**Fehlerfortpflanzung systematischer Fehler:**

Der Gesamtfehler $E_s$ wird über das totale Differential der Funktion gewonnen, wobei nach allen Meßgrößen partiell differenziert wird:

$$E_s = \sum_{i=1}^{n} \frac{\partial f}{\partial x_i} \cdot E_{si} \; . \qquad\qquad (10.8a)$$

**Fehlerfortpflanzung zufälliger Fehler:**

Die Gesamtstandardabweichung $\sigma$ errechnet sich über das Gaußsche Fehlerfortpflanzungsgesetz:

$$\sigma = \sqrt{\sum\left(\frac{\partial f}{\partial x_i}\sigma_i\right)^2} \quad \text{bzw.} \quad S = \sqrt{\sum\left(\frac{\partial f}{\partial x_i}S_i\right)^2} \; . \qquad\qquad (10.8b)$$

**Hinweis**: Dividieren Sie nach dem Differenzieren erst durch die Funktion und rechnen Sie dann mit den Relativwerten weiter!

Zur Übung betrachten wir die Bandwaagenaufgabe in Kap.8.3:

mit:   $m_1 = m_2 = 100\ \text{kg}$      $E_{s,m} = \pm 0{,}1\ \text{kg}$      $\sigma_m = \pm 0{,}03\ \text{kg}$

       $\omega = 20/\text{s}$      $E_{s,\omega} = \pm 0{,}04/\text{s}$      $\sigma_\omega = \pm 0{,}01/\text{s}$

       $r = 5\ \text{cm}$      $E_{s,r} = \pm 0{,}025\ \text{cm}$      $\sigma_r = \pm 0{,}005\ \text{cm}$

erhalten wir über die Funktion $m = (m_1 + m_2)\cdot\omega\cdot r\ /\ s$ nach Bildung des totalen Differentials den systematischen Fehler

$$\varepsilon = 0{,}1\% + 0{,}2\% + 0{,}5\% = 0{,}8\%$$

und die relative Standardabweichung

$$\frac{\sigma}{m} = \sqrt{\left(\frac{0{,}03}{100}\right)^2 + \left(\frac{0{,}01}{20}\right)^2 + \left(\frac{0{,}005}{5}\right)^2} = 0{,}12\% \; .$$

Eine wichtige Anwendung findet das Fehlerfortpflanzungsgesetz bei der Berechnung des Gesamtfehlers einer Meßkette: $e_{ges} = e_1 \cdot e_2 \cdot e_3$, für die sich der relative systematische Fehler als Summe der relativen Einzelfehler und die relative Standardabweichung als quadratische Summe der relativen Standardabweichungen ergibt.

## 10.2 Dynamische Fehler

### 10.2.1 Definition und Unterscheidung

Dynamische Fehler entstehen bei jeder Messung, bei der zwischen Meßwertaufnahme und Meßwertanzeige Vorgänge erforderlich sind, die eine nicht vernachlässigbare Zeit benötigen. Diese Vorgänge können sein das Bewegen von Massen (Zeiger) und das Laden und Entladen von Energiespeichern (Kondensatoren, Spulen, Wärmespeicher, Druckspeicher etc.).

Dynamische Fehler entstehen somit sowohl bei der Messung stationärer, d.h. während der Messung weitgehend konstanter Meßgrößen, als auch bei der Messung dynamischer, d.h. während der Messung veränderlicher Meßgrößen.

Die im folgenden Beispiel gewählte Temperaturmessung verdeutlicht den Unterschied zwischen beiden Situationen und dient zur Definition des dynamischen Fehlers:

Gemessen werden jeweils mit einem Quecksilberthermometer die Antwortfunktion auf

a) einen "Sprunghaften Anstieg" der Temperatur, der z.B. beim plötzlichen Eintauchen des Thermometers in ein Medium konstanter Temperatur auftritt:

   "Stationäre Messung",

b) eine sich zeitlich verändernde Temperatur, wie sie z.B. in Kühlwasserleitungen zu beobachten ist:

   "Dynamische Messung".

Die folgenden Abbildungen zeigen zunächst ohne theoretische Begründung als Ergebnis der gedachten Versuchsanordnung das in beiden Fällen zu erwartende Ausgangssignal $\vartheta_a$ des Thermometers zusammen mit der Eingangsgröße $\vartheta$ aufgetragen über der Zeit t:

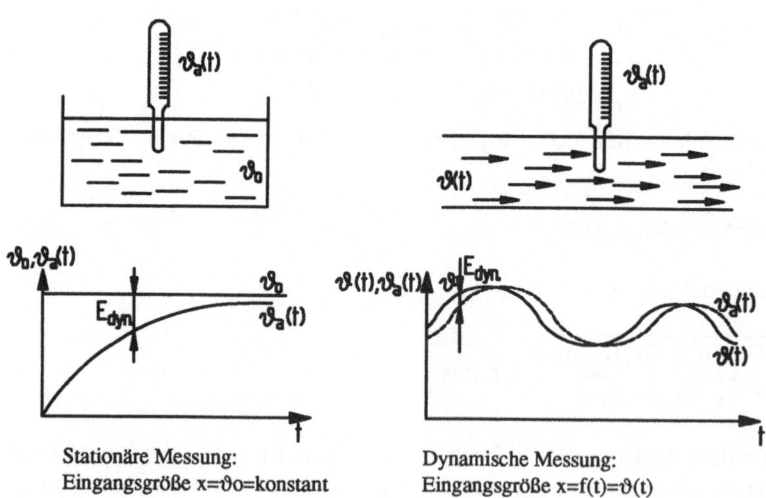


**Bild 10.4** Definition des dynamischen Fehlers

In beiden Fällen ist der dynamische Fehler zeitabhängig und läßt sich in Anlehnung an die aus der Definition des statischen Fehlers "Falsch-Richtig" als Differenz zwischen dem zum Zeitpunkt t angezeigten Wert $x_a(t)$ und der zum gleichen Zeitpunkt tatsächlich vorliegenden Meßgröße $x(t)$ definieren:

$$E_{dyn}(t) = x_a(t) - x(t)$$

**Aus der qualitativen Betrachtung der zeitlichen Veränderung des dynamischen Fehlers ergeben sich für stationäre und dynamische Messungen verschiedene Konsequenzen:**

– Der dynamische Fehler wird bei stationären Messungen umso kleiner, je länger mit dem Ablesen gewartet wird, er konvergiert für $t \rightarrow \infty$ gegen Null.

– Der auf Grund der Amplitudenabschwächung auftretende Fehler für eine Einzelmessung bei dynamischen Messungen wird erwartungsgemäß umso kleiner werden, je langsamer die Änderung der Meßgröße erfolgt, d.h. je kleiner die mittlere Frequenz ist. Die gleiche Überlegung gilt für die bei dynamischen Messungen auftretende Phasenverschiebung $\varphi(\omega)$ zwischen Meßgröße und Meßsignal, die vor allem bei Regel- und Abschaltvorgängen zu beachten ist.

– Für beide Fälle gilt, daß der dynamische Fehler umso kleiner wird, je kleiner die das dynamische Verhalten beschreibende Zeitkonstante T wird.

**Bei der Untersuchung dynamischer Fehler geht es also vorwiegend um die Behandlung folgender Fragen:**

– Wie groß ist bei statischen Messungen der dynamische Fehler nach einer bestimmten Ablesezeit, bzw. wie lange muß mit dem Ablesen gewartet werden, damit ein vorgegebener zulässiger Fehler nicht überschritten wird, und durch Veränderung welcher Parameter lassen sich Ablesezeit und Fehler verringern?

– Wie groß sind bei dynamischen Messungen die Phasenverschiebung und die Amplitudenabschwächung als Funktion der Änderungsgeschwindigkeit der Meßgröße, und wie lassen sich diese Größen möglichst übersichtlich darstellen?

Die mathematische Behandlung der genannten Fragenkomplexe erfolgt in enger Anlehnung an die Behandlung des Übertragungsverhaltens bei Regelvorgängen.

### 10.2.2 Bestimmung der systemrelevanten Differentialgleichungen

Die wichtigsten der in der Praxis vorkommenden Meßaufgaben werden durch eine der beiden folgenden Differentialgleichungen beschrieben:

$$e \cdot x = x_a + T \cdot \dot{x}_a \quad \text{für PT 1-Systeme,} \tag{10.9a}$$

die z.B. Temperatur- und Druckmeßstrecken beschreiben, und

$$e \cdot x = x_a + a_1 \dot{x}_a + a_2 \ddot{x}_a \quad \text{für PT 2-Systeme,} \tag{10.9b}$$

die das Verhalten von Meßsystemen beschreiben, bei denen Massenbeschleunigungskräfte zu berücksichtigen sind.

Als erstes Beispiel für ein PT-1-System (d.h. ein Proportionalsystem, das durch eine Differentialgleichung erster Ordnung beschrieben wird), dient die bereits erwähnte Temperaturmessung mittels eines Ausdehnungsthermometers.

Die Wärmebilanz während einer Temperaturänderung führt, unter Vernachlässigung von Wärmeverlusten, zu folgendem Ansatz:

$$\dot{q} \text{ (zugeführt)} = \dot{q} \text{ (gespeichert) bzw.: } A\,\alpha(\vartheta - \vartheta_a) = m\cdot c\cdot \dot{\vartheta}_a$$

mit $\quad \alpha$ = Wärmeübergangszahl zwischen Medium und Thermometer
$\quad\quad$ A = Wärmeübertragungsfläche
$\quad\quad$ m = zu erwärmende Thermometermasse
$\quad\quad$ c = spezifische Wärme des Thermometers.

Mit der Definition einer Zeitkonstanten $T = m\cdot c/\alpha\cdot A$ ergibt sich dann die das PT-1-System beschreibende Differentialgleichung:

$$\vartheta = \vartheta_a + T\cdot\dot{\vartheta}_a . \tag{10.10a}$$

Entsprechend läßt sich die das Druckmeßsystem beschreibende Differentialgleichung ableiten:

$$p = p_a + T\cdot\dot{p}_a \tag{10.10b}$$

$$T = m / p\cdot k$$

mit $\quad$ m = mittlere Gasmasse in kg
$\quad\quad$ p = mittlerer Gasdruck in $N/m^2$
$\quad\quad$ k = Drosselkoeffizient in $kg/s / N/m^2$

Weitere in der Meßtechnik vorkommende PT-1-Systeme sind Spulen, Kondensatoren und alle Halbleiterbauelemente.

**DMS-Aufnehmer werden als gedämpfte Feder-Masse-Systeme durch das PT-2-System beschrieben.**

Betrachten wir dazu als die häufigsten Anwendungen die Kraft-, die Beschleunigungs- und die Druckmessung. Da auch die Druck- und die Beschleunigungsmessung über das Messen einer Kraft erfolgen, können wir alle Aufgaben durch ein gemeinsames physikalisches Modell beschreiben. Als Eingangsgröße x setzen wir die zu messende Kraft F an. Da die Ausgangsgröße "Spannung U" zur Dehnung und damit auch zur Längenänderung proportional ist, definieren wir o.B.d.A. den Meßweg als Ausgangsgröße $x_a$.

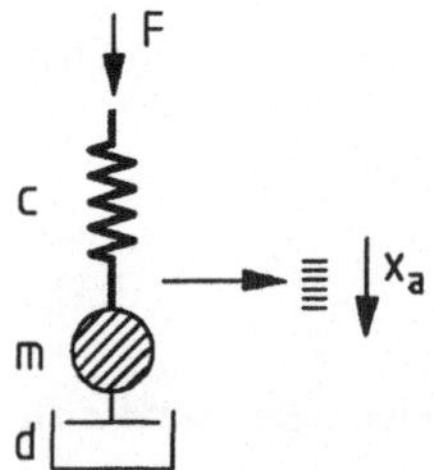


**Bild 10.5**
Physikalisches Modell zur Kraftmessung mit DMS

Die Konstante d beschreibt die geschwindigkeitsabhängige Dämpfung, m ist die bewegte Meßkörpermasse und c die Federkonstante.

Das Kräftegleichgewicht führt zu folgendem Ansatz:

$$F = c \cdot x_a + d \cdot \dot{x}_a + m \cdot \ddot{x}_a$$

bzw. mit der Resonanzfrequenz $\omega_0 = \sqrt{\dfrac{c}{m}}$ und der generalisierten Dämpfungskonstanten $D = d\omega_0/2c$ zu der allgemeinen Form:

$$\frac{1}{c} \cdot F = x_a + \frac{2 \cdot D}{\omega_0} \cdot \dot{x}_a + \left(\frac{1}{\omega_0}\right)^2 \cdot \ddot{x}_a \ . \tag{10.11}$$

Damit sind die wichtigsten Meßelemente durch ihre Differentialgleichung beschrieben, die allerdings in ihrer ungelösten Form nur schwer zu interpretieren ist. Die beiden folgenden Kapitel behandeln deshalb ausführlich die sich ergebenden Konsequenzen, getrennt für die Fälle stationärer bzw. quasistationärer Meßwerte und dynamischer, d.h. schnell veränderlicher Meßwerte.

### 10.2.3 Beschreibung des dynamischen Fehlers zeitlich konstanter Meßgrößen

Das Übertragungsverhalten eines Meßsystems oder einer Meßstreckenkomponente läßt sich am anschaulichsten durch die Antwortfunktion des Ausgangssignals als Reaktion auf ein bestimmtes standardisiertes Eingangssignal darstellen. Die Funktion des Ausgangssignals läßt sich sowohl rechnerisch durch Lösen der Differentialgleichung als auch experimentell durch zeitparalleles Aufzeichnen der beiden Signale mittels Schreiber oder Doppelstrahloszilloskop gewinnen. Die überschaubarste Möglichkeit für stationäre Messungen ist die Verwendung eines rechteckförmigen Eingangssignals; die Antwortfunktion auf diese sprunghafte Änderung wird als Sprungantwort bezeichnet.
Die folgende Abbildung gibt einen Überblick über die wichtigsten bei Meßgeräten auftretenden Sprungantworten:

Die Einschwingzeit $T_E$ dient als Kennwert für das dynamische Verhalten von Meßgeräten, sie ist definiert als die nach einem sprunghaften Anstieg des Eingangssignals erforderliche Zeit, nach der das Ausgangssignal innerhalb eines Toleranzbandes von $\pm$ 5% bezogen auf $x_a = e \cdot x$ liegt.

Fall (a) beschreibt, wie anschließend durch Lösen der Differentialgleichung gezeigt wird, den Fall des PT-1 Systems, die Fälle (b), (c) und (d) für verschiedene Dämpfungen den Fall des PT-2 Systems. Dabei ist bei stationären Messungen der Fall (c) anzustreben, damit das Ausgangssignal nicht unnötig langsam ansteigt (d), ohne dabei allerdings bei zu schwach gewählter Dämpfung zu einem das Ablesen störenden zu starken Überschwingen zu führen (b). Allen Fällen gemeinsam ist die Eigenschaft, daß das Ausgangssignal $x_a$ erst für $t \rightarrow \infty$ seinen stationären Endzustand $x_a = e \cdot x$ erreicht.

Der anzustrebende sogenannte aperiodische Grenzfall, bei dem das Ausgangssignal nur einmal über den stationären Endzustand überschwingt (Fall c), läßt sich durch gezielte Abstimmung der Parameter "Federkonstante", "Masse" und "Dämpfung" einstellen.

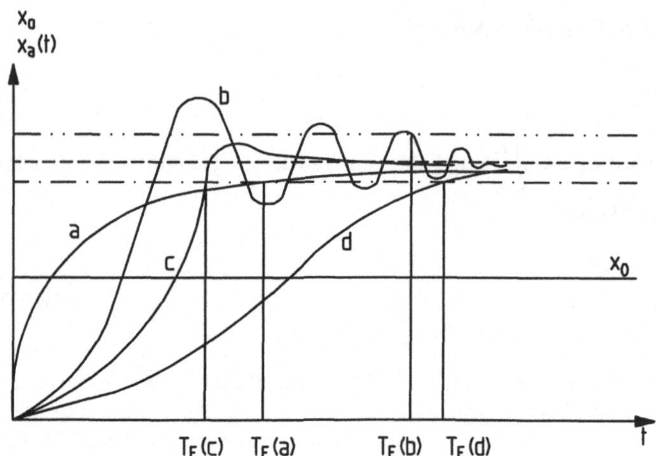



**Bild 10.6** Sprungantworten für das PT-1 und PT-2 System

Wir wollen die Differentialgleichung für das PT-1 System lösen:

Aus $\; e \cdot x = x_a + T \cdot \dot{x}_a \;$ folgt: $\displaystyle \int \frac{d(x_a - e \cdot x)}{(x_a - e \cdot x)} = - \int \left( \frac{1}{T} \right) dt \;$ .

Das so erhaltene Integral ist integrierbar und man erhält mit der Anfangsbedingung $x_a(t=0)=0$:

$$x_a = e \cdot x \cdot \left( 1 - e^{-t/T} \right). \tag{10.12}$$

Die erhaltene e-Funktion ermöglicht bei zuvor rechnerisch oder experimentell ermittelter Zeitkonstante T die Abschätzung des nach einer vorgegebenen Ablesezeit $t_a$ noch verbleibenden dynamischen Fehlers, bzw. umgekehrt die Mindestwartezeit, um einen vorgegebenen dynamischen Fehler nicht zu überschreiten.

Für das PT-1 System läßt sich jetzt die oben definierte Einschwingzeit berechnen:

Aus $x_a/(ex)= 1 - e^{-t/T}$ und $x_a/(e\,x) = 0{,}95$ für 5% Restfehler folgt:

$$0{,}05 = e^{-\frac{T_E}{T}} \quad \text{und damit:} \quad T_E = 3\,T. \tag{10.13}$$

### 10.2.4 Beschreibung des dynamischen Fehlers zeitlich nicht konstanter Meßgrößen

Das dynamische Verhalten von Meßsystemen ist vor allem bei Regelvorgängen zu beachten, bei denen die Eingangsgröße starken Schwankungen unterworfen ist. Wie am Anfang des Kapitels bereits erwähnt, tritt neben einer Veränderung der Signalspitzenwerte weiterhin eine Phasenverschiebung zwischen Meßwert und Meßsignal auf, die besonders bei zeitkritischen Regelvorgängen zu berücksichtigen ist. Das wohl bekannteste Beispiel hierzu ist das ABS-System bei Kraftfahrzeugen.

Zur Simulation des Meßwertes dient als Eingangssignal eine harmonische Schwingung mit konstanter Amplitude x und Frequenz:

$$x(t) = \hat{x} \cdot \sin(\omega \cdot t) \ .$$

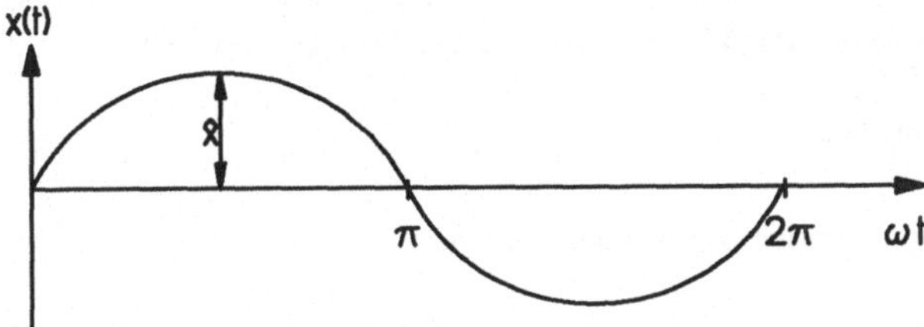

**Bild 10.7** Testeingangssignal für dynamische Messungen

Als Ausgangssignal erhält man dann ebenfalls eine harmonische Schwingung gleicher Frequenz, aber im allgemeinen mit veränderter Amplitude und um die Phasenverschiebung $\varphi$ zeitverzögert:

$$x_a(t) = \hat{x}_a \cdot \sin(\omega \cdot t + \varphi) \ .$$

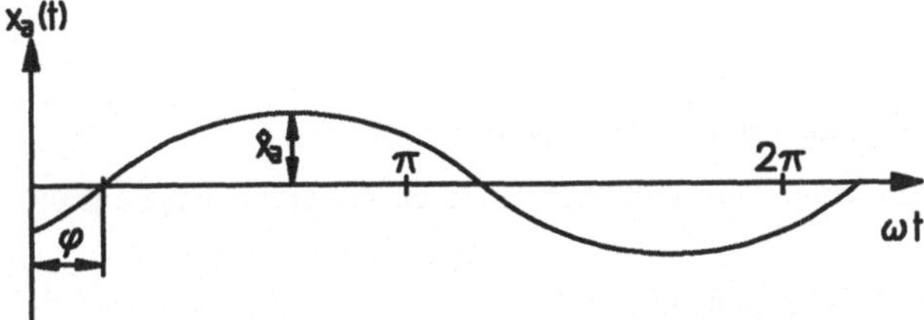

**Bild 10.8** Ausgangssignal

Das zur Beurteilung der dynamischen Eigenschaften wichtige Amplitudenverhältnis $\hat{x}_a / \hat{x}$ wird als dynamische Empfindlichkeit definiert:

$$e_{\text{dyn.}} = \frac{\hat{x}_a}{\hat{x}} \ . \tag{10.14}$$

Für den Fall der stationären Messung, d.h. für $\omega = 0$, geht $e_{\text{dyn}}$ über in die bereits bekannte statische Empfindlichkeit $e = x_a/x$.

Die Größen $e_{\text{dyn}}$ und $\varphi$ sind beide frequenzabhängig, die Ableitung ihrer Bestimmungsgleichungen erfolgt wie im folgenden skizziert in der komplexen Zahlenebene.

**Berechnung der Übertragungsfunktion:**

Zur Berechnung der Übertragungsfunktion $G(i\omega)$ werden das Eingangssignal $x(t) = x\,\sin(\omega\cdot t)$ und das Ausgangssignal $x_a = \hat{x}_a \cdot \sin(\omega\cdot t + \varphi)$ in komplexer Schreibweise geschrieben:

$$x = \hat{x} \cdot e^{i\omega t} \quad \text{und} \quad x_a = \hat{x}_a \cdot e^{i(\omega t + \varphi)}\,.$$

Damit wird die Übertragungsfunktion (Frequenzgang) definiert zu:

$$G(i\omega) = \frac{\hat{x}_a}{\hat{x}} \cdot e^{i\omega} \tag{10.15}$$

mit $\hat{x}_a / \hat{x}$ als dynamischer Verstärkung $e_{dyn}$ und $\varphi$ als Phasenverschiebung.

Die komplexe Größe $G(i\omega)$ enthält alle notwendigen Informationen zur Beschreibung des dynamischen Verhaltens eines Meßsystems:

$$e_{dyn.} = \frac{\hat{x}_a}{\hat{x}} = \sqrt{\mathrm{Re}(G)^2 + \mathrm{Im}(G)^2} \tag{10.16a}$$

$$\varphi = \arctan\left(\frac{\mathrm{Im}(G)}{\mathrm{Re}(G)}\right). \tag{10.16b}$$

Die Bestimmung der Übertragungsfunktion erfolgt nach folgendem Schema:

a) Ermittlung der Differentialgleichung aus dem physikalischen Zusammenhang entsprechend Kapitel 10.2.2

b) Koeffizientenvergleich mit der allgemeinen Form:
$$e_0 \cdot x + e_1 \cdot \dot{x} + ... + e_m \cdot x = a_0 \cdot x_a + a_1 \cdot \dot{x}_a + ... + a_n \cdot x_a$$

c) Einsetzen der gewonnenen Koeffizienten in die Bestimmungsgleichung:
$$G(i\omega) = \frac{e_0 + e_1 \cdot i\omega + ... e_m (i\omega)^m}{a_0 + a_1 \cdot i\omega + ... a_n (i\omega)^n}$$

d) Trennung von Realteil und Imaginärteil in Zähler und Nenner.

e) Komplex konjugiert erweitern:
$$G(i\omega))\frac{a + bi}{c + di} = \frac{(a + bi)\cdot(c - di)}{(c + di)\cdot(c - di)} = \frac{ac + bd + (bc - ad)\cdot i}{c^2 + d^2}$$

f) Aufspaltung in Real- und Imaginärteil:
$$\mathrm{Re}(G) = \frac{ac + bd}{c^2 + d^2} \quad \mathrm{Im}(G) = \frac{bc - ad}{c^2 + d^2}$$

g) Berechnung von $e_{dyn}$ und $\varphi$ nach obigen Formeln.

Wir erhalten mit obigen Formalismus für das PT-1 System:
$$G(i\omega) = \frac{1}{1 + T \cdot \omega i} = \frac{1 - T \cdot \omega i}{1 + \omega^2 \cdot T^2}$$

und daraus mit den Gleichungen 10.16a und b:

$$e_{dyn.} = \frac{e}{\sqrt{1+\omega^2 \cdot T^2}} \qquad \varphi = \arctan(-\omega T) \qquad\qquad (10.17a)$$

und entsprechend für das PT-2 System zur Kraft- und Druckmessung:

$$G(i\omega) = \frac{e}{1+2\cdot D\cdot \frac{\omega}{\omega_0}\cdot i - \left(\frac{\omega}{\omega_0}\right)^2} = \frac{e\cdot\left(1-\left(\frac{\omega}{\omega_0}\right)^2 - 2\cdot D\cdot\frac{\omega}{\omega_0}\cdot i\right)}{\left(1-\left(\frac{\omega}{\omega_0}\right)^2\right)^2 + \left(2\cdot D\cdot\frac{\omega}{\omega_0}\right)^2}$$

$$e_{dyn.} = \frac{e}{\sqrt{\left(1-\left(\frac{\omega}{\omega_0}\right)^2\right)^2 + 4\cdot D^2\cdot\left(\frac{\omega}{\omega_0}\right)^2}} \qquad \varphi = \arctan\left(-\frac{2\cdot D\cdot\frac{\omega}{\omega_0}}{1-\left(\frac{\omega}{\omega_0}\right)^2}\right). \qquad (10.17b)$$

Eine einfache Grenzwertbetrachtung bestätigt die Plausibilität der angegebenen Formeln: Für $\omega = 0$, d.h. für den Fall konstanter Meßgrößen, geht die dynamische Verstärkung $e_{dyn}$ in beiden Fällen über in die statische Verstärkung e, und für $\omega = \infty$ wird $e_{dyn}$ erwartungsgemäß Null. Entsprechend wird auch die Phasenverschiebung $\varphi$ gleich Null für $\omega = 0$ und konvergiert gegen die Werte $90^0$ bzw. $180^0$ für $\omega = \infty$.

Das dynamische Verhalten trägheitsbehafteter Meßsysteme läßt sich analog zum Vorgehen in der Regelungstechnik grafisch sowohl in Form des Bodediagramms als auch einer Ortsgangkurve übersichtlich darstellen.

Als Beispiel für ein PT-1-System wählen wir die Temperaturmessung mit einem Kupfer-Konstantan-Thermoelement:

| | |
|---|---|
| Statische Empfindlichkeit: | $e = 40~\mu V/K$ |
| Masse der Thermoelementspitze: | $m = 0,02$ gr |
| Wärmeübertragungsfläche: | $A = 15~mm^2$ |
| Spezifische Wärmekapazität: | $c = 400$ Ws/kgK |
| Wärmeübergangszahl: | $\alpha = 90~W/m^2K$ |

Durch Einsetzen obiger Werte in Gleichung 10.10a erhalten wir für das Thermoelement eine Zeitkonstante T von ca. 6 s.

Durch Variation der Kreisfrequenz $\omega$ von Null bis Unendlich ergibt sich damit für das betrachtete PT-1 System folgende Wertetabelle:

| $\omega$ in $s^{-1}$ | 0 | 0,01 | 0,05 | 0,1 | 0,5 | 1 | $\infty$ |
|---|---|---|---|---|---|---|---|
| $e_{dyn}$ in $\mu V/°C$ | 40 | 39,8 | 38,3 | 34,3 | 12,6 | 6,6 | 0 |
| $e_{dyn}/e$ | 1 | 0,998 | 0,96 | 0,86 | 0,32 | 0,17 | 0 |
| $\varphi$ in ° | 0 | -3,4 | -16,7 | -31,0 | -71,6 | -80,5 | -90 |

Der Informationsgehalt der folgenden grafischen Darstellungen ist gleichwertig, die Ortsgangkurve ist einfacher zu zeichnen und das Bodediagramm übersichtlicher abzulesen.

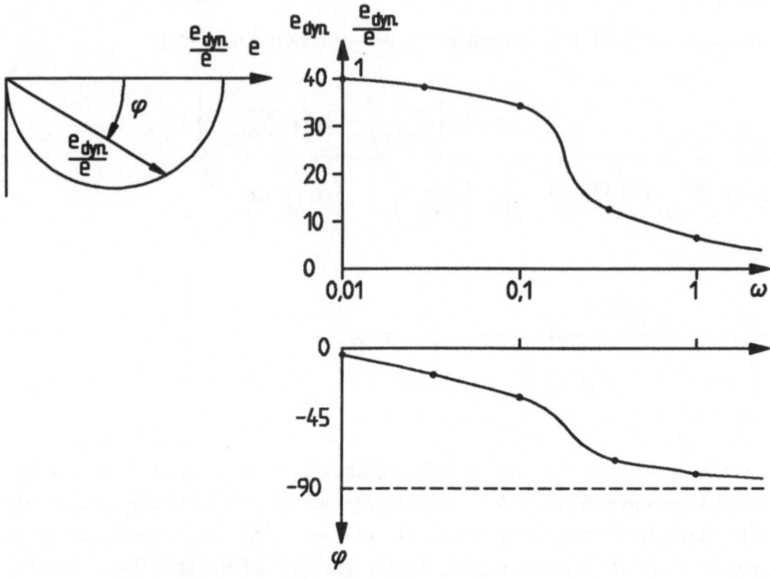

**Bild 10.9** Übertragungsverhalten der Temperaturmessung

Als Beispiel für ein PT-2-System betrachten wir die Druckmessung mit dem in Kapitel 4.2 beschriebenen DMS-Biegebalken:

Balken:     b = 20 mm,
            h = 8 mm,
            l = 120 mm,
            $E = 2 \cdot 10^7/cm^2$

Membran- und anteilige Balkenmasse: M = 100 gr
Dämpfung: $d = 0,5 \ N/cms^{-1}$

Die Federkonstante ergibt sich aus der Balkendurchbiegung zu:

$$c = \frac{F}{x} = \frac{3 \cdot E \cdot I}{l^3} \approx 3000 N/cm \ ;$$

damit: $\omega_o = \sqrt{\dfrac{c}{m}} \approx 1700 \ s^{-1}$   und   $D = \dfrac{d \cdot \omega_o}{2 \cdot c} \approx 0,14 \ .$

Wir variieren die Frequenz $\omega$ des Meßsignals, berechnen mit den Gleichungen 10.17b das
Übertragungsverhalten,

| $\omega$ | 100 | 500 | 1000 | 1700 | 2000 | 2500 | 3000 | 5000 |
|---|---|---|---|---|---|---|---|---|
| $e_{dyn}/e$ | 1,003 | 1,09 | 1,48 | 3,57 | 1,98 | 0,81 | 0,46 | 0 ,13 |
| $\varphi$ | -1° | -5° | -14° | -90° | -139° | -157° | -167° | -174° |

und stellen das Ergebnis wieder grafisch dar:

Ortsgangkurve:                              Bode-Diagramm:

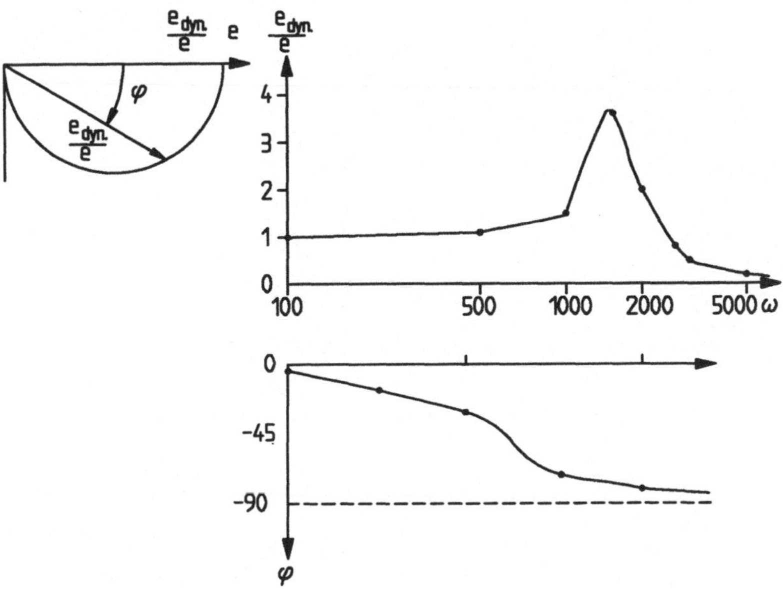

**Bild 10.10** Übertragungsverhalten des Druckaufnehmers

In der Praxis arbeitet man beim PT-2 System bevorzugt mit dem normierten Bode-Diagramm, das mit der Darstellung von $e_{dyn}/e$ und $\varphi$ über $\omega/\omega_0$ ebenfalls aus den Gleichungen 10.17b gewonnen wird.

Die Bild 10.11 entsprechende Darstellung für das Übertragungsverhalten von Absolutschwingungsaufnehmern finden wir in Kap. 6.7.3, Bild 6.40.

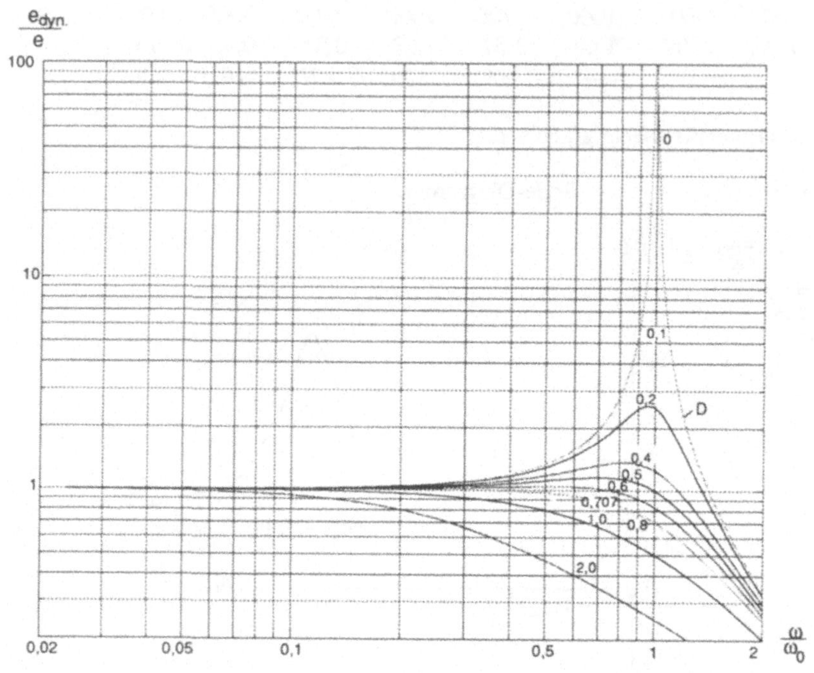


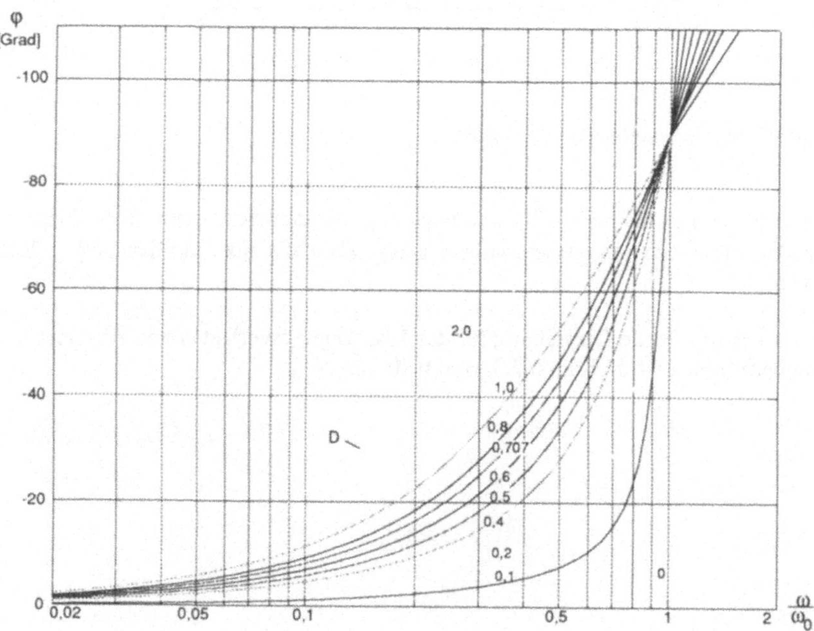


**Bild 10.11** Dynamisches Übertragungsverhalten für DMS Kraft-, Druck- und Beschleunigungsaufnehmer

Entsprechend der das dynamische Verhalten bei stationären Messungen kennzeichnenden Einschwingzeit $T_E$ wird für dynamische Messungen eine Grenzfrequenz $\omega_g$ definiert:

$\omega_g$ ist die Frequenz, bei der die dynamische Verstärkung zuerst den Wert $\sqrt{2} \cdot e$ überschreitet oder $\dfrac{1}{\sqrt{2}} \cdot e$ unterschreitet.

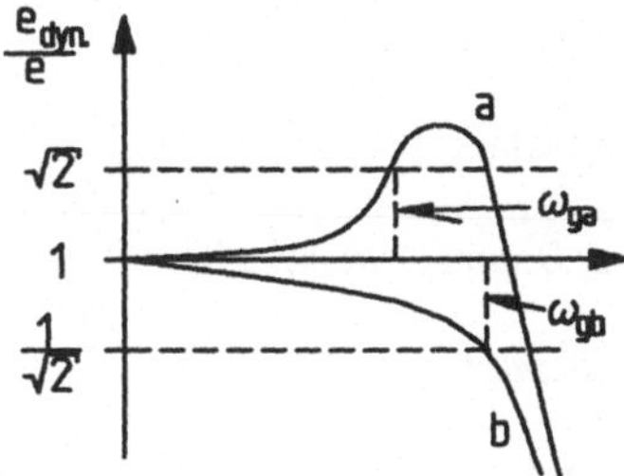


**Bild 10.12**
Definition der Grenzfrequenz

Die gegebene Definition führt damit durch Anwendung auf die dynamische Verstärkung beim PT-1-System auf die Beziehung:

$$T_E = \frac{3}{\omega_g} \tag{10.18}$$

Für das PT-2-System benutzt man zur Ermittlung der Grenzfrequenz das normierte Bodediagramm.

Für den oben berechneten Druckaufnehmer lesen wir für $D = 0.14$ und $e_{dyn}/e = \sqrt{2}$ das Frequenzverhältnis $\omega_g/\omega_0 \approx 0{,}5$ ab, d.h. der Aufnehmer ist, bei maximal etwa 40% positiven Fehler, im Frequenzbereich von $f = 0$ bis $0{,}5 \cdot 1\,700/2\pi = 135$ Hz nutzbar.

Die bei der Grenzfrequenz auftretende Phasenverschiebung lesen wir zu $\varphi = -10°$ ab, damit beträgt die Zeitverzögerung zwischen Ein- und Ausgangssignal $\Delta t = (\varphi 2\pi/360°)/\omega_g = -0{,}2$ ms.

Der nutzbare Frequenzbereich läßt sich etwa verdoppeln, wenn die Dämpfung auf den optimalen Wert von $D \approx 0{,}7$ angehoben wird. Die Grenzfrequenz wird dann gleich der Resonanzfrequenz, die Amplitude ist um etwa 30% abgeschwächt und das Ausgangssignal um $-90°$ phasenverschoben.

# Literaturverzeichnis


[1]    Giesecke, P., Preußer, T.: Vorrichtung zur Ermittlung des Gewichts einer Flüssigkeit in einem beweglichen Behälter, Patentschrift DE 37 17 417 C2

[2]    Riedl, R.: Evolutionäre Erkenntnistheorie, Verlag Parey, Berlin, 1987

[3]    Schrüfer, E.: Elektrische Meßtechnik, Hanser Verlag, München, 1984

[4]    Haug, A.: Angewandte Elektrische Meßtechnik, Vieweg, Braunschweig,1990

[5]    Profos, P.: Handbuch der Industriellen Meßtechnik, Vulkanverlag

[6]    Böge, A.: Mechanik und Festigkeitslehre, Vieweg, Braunschweig,1992

[7]    Berger, J.: Technische Mechanik für Ingenieure, Band 1 und 2, Vieweg, Braunschweig 1991

[8]    Beckers, J.H.: Zur Wahl von Gleichspannungs- oder Trägerfrequenzverfahren beim elektrischen Messen mechanischer Größen, VDI-Zeitschrift, 1970, Heft 20 und 21.

[9]    Ort, W.: Aufgedampft oder gesputtert, Elektrotechnik, 66, H 7, April 84

[10]   Hoffman, K.: Eine Einführung in die Technik des Messens mit DMS, HBM Darmstadt

[11]   Hottinger Baldwin Meßtechnik, Der Weg zum Meßgrößenaufnehmer, Darmstadt, 1989

[12]   Paetow, J.: Parallelschaltung von DMS-Aufnehmern, Wägen und Dosieren, 6/1987

[13]   Giesecke, P., Heimer, H., Schafferhans, D.: Sechs-Komponenten-Windkanalwaage mit direkter Krafteinleitung in Wägezellen, VDI-Berichte Nr. 312, 1978

[14]   Giesecke, P., Polanski, L.,Preußer, T.: Advances in the Development of Wind Tunnel Balance Systems, SAE-Paper, Michigan 1989

[15]   Peiter, A.: Handbuch der Spannungsmessung, Vieweg, Braunschweig/Wiesbaden, 1992

[16]   Keil, S.: Analyse ebener Spannungszustände mit Hilfe von Dehnungsmeßstreifen, Messtechnische Briefe, HBM, Darmstadt, 1 u. 2/ 1972

[17]   Keil, S.: Zur Eigenspannungsermittlung mit DMS-Bohrlochrosetten, Messtechnische Briefe, HBM Darmstadt, 3/1975

[18]   Böhm, W., Stücker, E., Wolf, H.: Grundlagen und Anwendungsmöglichkeiten des Ring-Kern-Verfahrens zum Ermitteln von Eigenspannungen, MTB 16, 2 u. 3/1980, HBM Darmstadt,

[19]   Bray, A., Barbato,G., Levi, R.:Theory and Praxis of Force Measurement, Academic Press, London, 1990

[20]  Measurement Group, Inc.: Strain Gage Based Transducers, Raleigh, North Carolina.

[21]  Giesecke, P., Remmel, G.: Kraftmeßdose, Patentschrift DE 3736154 C2

[22]  Bischoff, B., Giesecke, P., Remmel, G., Rettig, M.: Kraftmeßdose, Patentschrift DE 3924629 C2

[23]  Giesecke, P.: Determination of Aerodynamic Forces and Moments, Ingenieurs de le automobile, SIA-Paper, Septembre 1985

[24]  Giesecke, P.: Entwicklungsstufen der externen Windkanalwaage, Jahrestagung der Deutschen Gesellschaft für Luft- und Raumfahrt, Hamburg, Okt. 1984

[25]  Giesecke, P.: Verfahren und Vorrichtung zur Bestimmung von Momenten bei aerodynamischen Messungen an Fahrzeugen auf Windkanalwaagen, Europäische Patentschrift EP 0 168 527 B1

[26]  Giesecke, P., Holland, H.J.: Pyramidenwaage zur Ermittlung von Kräften und Momenten, insbesondere in Windkanälen, Deutsche Patentschrift DE 29 26 213 C2

[27]  Giesecke, P.: Waagenanordnung mit einer Pyramidenwaage zur Ermittlung von Kräften und Momenten, Deutsche Patentschrift DE 38 20 680 C2

[28]  Weiler, W.: Handbuch der Kraftmessung, Vieweg, Braunschweig,1992, Kap. 4.2, Giesecke,'P.: Mehrkomponenten-Kraftaufnehmer

[29]  Ewald, B.: Meßtechnik 2, Vorlesungsscript Technische Hochschule Darmstadt SS 91

[30]  Ewald, B.: Development of Electron Beam Welded Strain -Gaged Wind-Tunnel Balances, Journal of Aircraft, Vol. 16, Number 5, 1979

[31]  Hirzinger, G., Dietrich, J.: Multi-Sensor-System für Roboter, Technisches Messen, Oldenbourg,  Sensoren 88.

[32]  Ewald, B., Giesecke, P., Graewe, E., Polanski, L.: Automatic Calibration Machine for Cryogenic and Conventional Internal Strain Gage Balance, AIAA 16th Aerodynamic Ground Testing Conference, 1990, Seattle.

[33]  Ewald, B. Giesecke, P., Graewe, E.: Kalibriereinrichtung für eine interne Windkanalwaage, Europäische Patentschrift EP 0 340 316 C1

[34]  Schnell, G.: Sensoren in der Automatisierungstechnik, Vieweg, Braunschweig, 1991

[35]  Conrads,W.: Die zweite Sensorgeneration: Halbleiter-Drucksensoren mit integrierter Signalaufbereitung, Markt u. Technik Nr. 42, 1984

[36]  Giesecke, P.: Störgrößenkompensierte DMS-Direktapplikation, Maschinenmarkt,

[37]  Giesecke, P.: Mit direkt applizierten Dehnungsmeßstreifen präzise Wägen und Dosieren,

[38]  Giesecke, P.: Sechs-Komponenten-Plattform-Windkanalwaage mit "on-Line" Korrektur der Schwerpunktsverschiebung, Automobiltechnische Zeitschrift 87

[39]  Daryoush Rafie-Dehkordi: Verfahren und Software zur Störgrößenkompensation bei DMS-Messungen, Diplomarbeit an der Fachhochschule Frankfurt, 1993.

[40]  Pühler, J.: Forschungsprojekt "Störgrößeneliminierung in der Wägetechnik", Universität Karlsruhe, Institut für Prozeßmeßtechnik und Prozeßleittechnik.

[41]  Kronmüller, H.: Dynamische Wägen-Fahrtverwägung, Wägen und Dosieren, 1/1982

[42]  Jost, G.: Kontrollstation zur Überwachung der Beladung von Güterzügen im rollenden Betrieb, Kernforschungszentrum Karlsruhe, PDV-Bericht 194, 1980

[43]  Giesecke, P., Rettig, M.: Wägevorrichtung für die statische und dynamische Wägung von Schienenfahrzeugen, Europäische Patentschrift EP 0 281 640 B1

[44]  Graf, Armin: DMS-Direktapplikation an Silo- und Bunkeranlagen, Diplomarbeit an der Fachhochschule Frankfurt, 1993.

[45]  Giesecke, P., Preusser, T.: Von Waagen und Waagenbauern, Reihe Meisterliches Handwerk, Carl Schenck AG, Darmstadt.

[46]  Kochsiek, M.: Handbuch des Wägens, 1988, Vieweg, Braunschweig/Wiesbaden

[47]  Giesecke, P.: Plattform- oder Brückenwaage aus Einzelplattformen, Offenlegungsschrift DE 36 15 598 A1

[48]  Giesecke, P., Feith, J.: Verfahren zur Herstellung einer Brückenwaage mit Wägezelleneinbaueinheit, Europäische Patentschrift EP 0 108 164 B1

[49]  Giesecke, P., Theiss, D.: Krafteinleitungsglied für eine Wägezelle, Europäische Patentschrift EP 0 109 977 B1

[50]  Giesecke, P., Polansky, L.: Vorrichtung zur Eichung von Waagen, insbesondere Fahrzeugwaagen, Patentschrift DE 34 47 382 C2

[51]  Schuster, A.: Industrielle Wägetechnik, Carl Schenck AG, Darmstadt, 1983

[52]  Kronmüller, H.: Prinzipien der Prozeßmeßtechnik, Schnäcker-Verlag Karlsruhe

[53]  Heringhaus, E.: TF- und GS-Meßverstärker für das Messen mechanischer Größen, ein Vergleich aus anwendungstechnischer Sicht, MTB 18 (1982), Darmstadt

[54]  Enden, A., Verhoeckx, N.: Digitale Signalverarbeitung, Vieweg, 1990

[55]  Giesecke, P.: Hydraulic Calibration Unit for the Calibration of High-Capacity Scales, OIML, Paris, 1985

[56]  Gassmann, H., Giesecke, P.: Justierverfahren für eine Wägevorrichtung und dazu geeignete Vorrichtung, Europäische Patentschrift EP 0 123 777 B1

# Sachwortverzeichnis

## DMS von HBM...

# Vielseitig in der Anwendung

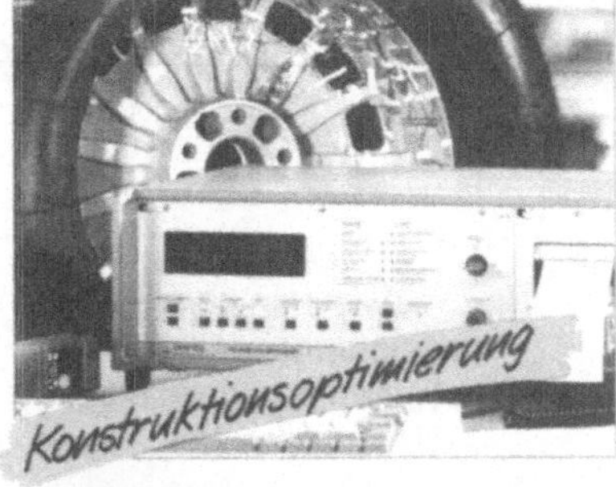

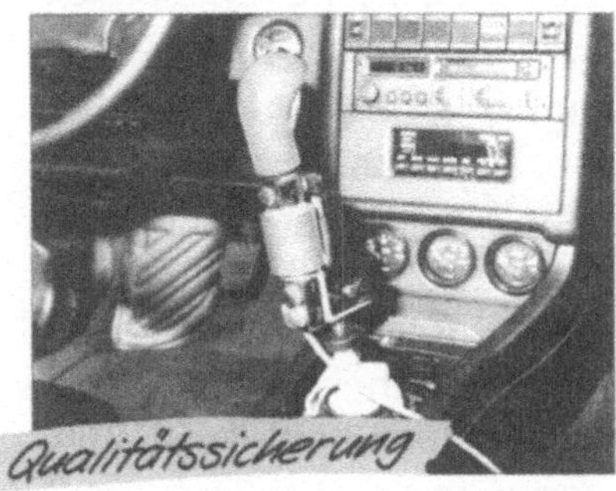


Der DMS-Katalog gibt Ihnen neben einem Überblick über das DMS-Gesamtprogramm auch viele nützliche Anwendungshinweise. Fordern Sie ihn an.

**HOTTINGER BALDWIN MESSTECHNIK GMBH**
Postfach 100 151, 64201 Darmstadt
Im Tiefen See 45, 64293 Darmstadt
Telefon: (06151) 803-0 • Telefax: 06151) 895677

# Vorsprung durch Erfahrung

Zwischen dem im Bild gezeigten Draht-DMS und der Aufnehmerapplikation in Dünnfilmtechnik liegen Jahrzehnte innovativer Entwicklung bei HBM in Darmstadt.

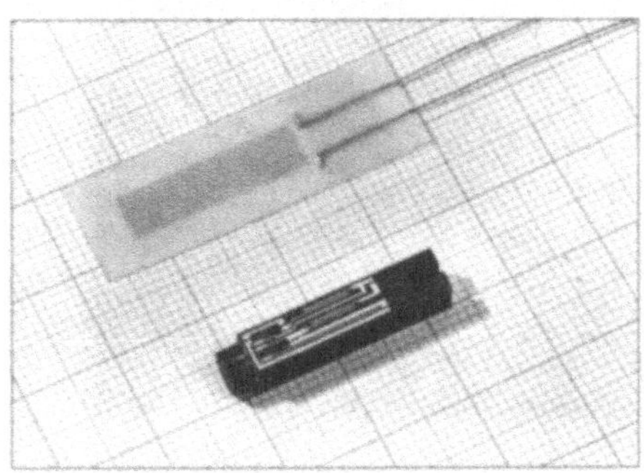

Seit mehr als 40 Jahren werden in unterschiedlichsten Anwendungsgebieten meßtechnische Aufgaben mit Geräten aus unserem Haus gelöst. Unser umfangreiches Programm reicht von Dehnungsmeßsteifen über Meßgrößenaufnehmer bis hin zu digitalen Komplettmeßketten mit anwendungsspezifischer Software.